非平稳时变分析的往复压缩机故障诊断技术

刘 岩 著

北京出版集团
北京出版社

图书在版编目（CIP）数据

非平稳时变分析的往复压缩机故障诊断技术 / 刘岩
著. — 北京 ： 北京出版社，2022.1
ISBN 978-7-200-16373-5

Ⅰ．①非… Ⅱ．①刘… Ⅲ．①往复式压缩机－故障诊
断 Ⅳ．①TH457.07

中国版本图书馆CIP数据核字 (2022) 第007891号

非平稳时变分析的往复压缩机故障诊断技术
FEIPINGWEN SHIBIAN FENXI DE WANGFU YASUOJI GUZHANG ZHENDUAN JISHU

刘岩　著

出　　版　北京出版集团
　　　　　北京出版社
地　　址　北京北三环中路6号
邮　　编　100120
网　　址　www.bph.com.cn
总 发 行　北京出版集团
经　　销　新华书店
印　　刷　三河市天润建兴印务有限公司
开　　本　787毫米×1092毫米　16开本
印　　张　21
字　　数　388千字
版印次　2022年1月第1版　2023年9月第1次印刷
书　　号　ISBN 978-7-200-16373-5
定　　价　68.00元
质量监督电话　010-58572697，58572393
如有印装质量问题，由本社负责调换

序 言

　　故障诊断技术是保证机器安全运行的重要手段，经过近 30 年的发展，取得了一系列重大而有益的成果，基于现代信号处理技术的智能故障诊断监测与预示保护技术应运而生，在信息技术的飞跃式发展的引领下，已成为故障诊断的主流手段，并极大地促进了该交叉性学科的发展。

　　往复式压缩机作为能源领域重要的动力设备，不同于旋转机械的结构和性能，既体现了其在行业中不可替代的重要作用，又带来了组件多、故障率高、检测与诊断困难的诸多问题。国内外学者也普遍意识到，往复式压缩机振动信号表现出的非平稳时变性、非线性准周期性、多源耦合冲击性和循环非平稳调制性等特点，使得往复压缩机振动信号难以被传统、单一技术手段有效处理；同时，监测数据的非标准化、盲故障源的信号分离，以及大数据背景下的监测诊断对故障模式识别结论的普适性、监测预警的时效性等亟待解决的问题，也对故障诊断技术的未来发展提出了巨大挑战；通用的、综合性诊断软件与精确的、专业化诊断系统的矛盾与统一，推动着该技术探索和实践研究的不断深入。

　　本书从非平稳时变分析技术在往复压缩机故障诊断中的应用角度，面向石化行业大型往复式压缩机的典型故障进行了较深入的论述，其研究内容也是科研团队依托东北石油大学石油机械工程重点实验室，对近几年的研究探索与实践的部分总结。本书以 2D12 往复式压缩机在企业中的故障表现和在生产现场开展的大量的故障模拟试验为依据，涵盖了系统动力学仿真与部件运动分析、非平稳信号的自适应分解技术及应用、多重分形理论和信息熵理论的应用、时变滤波与深度字典学习的盲源分析等理论与技术，并针对轴承、气阀等高风险故障模式识别与分类的有效性问题进行了一系列较深入的诊断方法与技术革新的探索。本书具有一定的学术特色和研究参考价值，相信对广大致力于往复压缩机研究方向的科研读者会有较大的帮助，并希望对本领域的技术进步和推广应用起到积极作用。

　　同时，希望更多的专家学者和专业技术人员，共同交流有关该技术领域的构想，提出建议与意见，推进该技术研究的发展！

东北石油大学

博士生导师/教授

王金东

前　言

随着现代科学技术条的不断进步，有着"通用机械"之称的往复压缩机正朝着复杂化、大功率的方向发展，特别是在石油炼化、天然气储运等能源动力领域中，大型往复压缩机整机可靠性因受关键部件工作状态影响，在易燃易爆、高压与高腐蚀性等工作环境中，随着其服役时间的增加，典型部件表现出的性能周期弱化趋势，蕴含着巨大的安全隐患，带来的事故后果危害巨大；同时，故障的隐蔽性、突发性，也使得传统的、单一的时频分析技术难以有效解决。本书结合检测诊断实例，从非平稳时变分析技术角度，较系统地对采集的压缩机非平稳、非线性的振动信号开展了一定深度的研究与诊断实践探索。

全书共8章，其中第1章导入式地介绍了往复压缩机故障诊断的诊断技术背景与发展现状；第2章从压缩机的故障表现，对典型部件进行了动力学与仿真分析，解决了故障数据样本不足的问题，也为模拟故障试验分析与对比、标准数据库构建提供参照；第3章概括性地介绍了信号非平稳时变分析的主要技术方法，为该技术的应用做出理论铺垫；第4、5章，对气阀、轴承两种高危的典型故障，将多种信号非平稳时变分析技术融合，进行了诊断分析与模拟故障试验验证，提高了模式识别与分类的有效性；设备状态评估与故障预警是故障诊断技术的延伸，第6章通过非线性特征分类算法对熵谱等特征参数进行分类并形成评估指标以实现衰退预警；第7章结合盲信号处理技术，通过复合故障刚柔耦合建模，引入深度学习技术对表现较隐蔽的轴承耦合故障进行了研究探索。

本书的内容由桂林航天工业学院刘岩统稿编撰，感谢东北石油大学石油机械工程重点实验室故障诊断课题组人员提供的成果支撑，特别感谢沈阳理工大学李颖博士为本书的部分章节编写提供的帮助；同时，书中内容引用业内专家文献的未注明之处，请同行谅解并在这里一并表示感谢。

非平稳时变分析技术涉及较多的应用领域、深入理解其概念本质需要较深的数学基础，本书力求先进性与实用性的结合，通过诊断实例展现技术方法的运用，由于笔者的时间与水平限制，书中介绍的理论与时间开展的深度还不够，理解还有偏颇，难免有许多错误和不足，恳请各位专家、同行批评指正。

本书受国家自然科学基金（地区基金）项目"机械臂熔融沉积式增材制造运动建模、分层算法及路径规划研究"（51965014）；广西自然科学基金项目"低温余热耦合太阳能光热用于生物质气化制氢的热动力学特性"（2018GXNSFAA281306）共同支持。

编　者
2021 年 1 月 3 日

目　录

第1章 绪 论

1.1 故障检测与诊断的基础知识

1.1.1 故障诊断的定义与术语

（一）基本概念

"故障诊断"来源于仿生学，机械"故障"一般指机械装置丧失了其所应具有的能力，也就是机械设备运行功能的"失常"，说明功能并非完全失效或者损坏，而是可以恢复"正常"。机械设备一旦发生故障，会给产品质量、生产，甚至人的生命安全造成严重影响。为了使设备保持正常的运行状态，一般情况下必须采用合适的方法进行维修[1]。所谓"诊断"，会让人认为是一种医学术语，包含两个方面的主要内容："诊"对机械设备客观状态做监测，即采集和处理信息等；"断"为确定故障的性质、程度、部位及原因，进一步提出相应的对策等。机械故障诊断与医学诊断的对比见表1-1。

表1-1　机械故障诊断与医学诊断的对比

机械诊断方法	医学诊断方法	原理及特征信息
看、听、摸、闻	中医：望、闻、问、切； 西医：望、触、叩、听、嗅	通过形貌、声音、颜色、气味来诊断
温度监测	测量体温	观察温度变化
振动与噪声监测	听心音、做心电图	通过振动大小、变化进行诊断
油液分析	验血、验尿	观察物理、化学成分及磨粒（细胞）形态变化
应力应变测量	测量血压	观察压力或应力变化
无损监测	超声检查、CT检查	观察机体内部缺陷
查阅技术档案资料	问病史	找规律、查原因、做判断

从系统论的角度来看，机械设备也是一个系统，同其他系统一样均是元素按一定的规律聚合而成，具有一定的层次性。机械系统的基本状态取决于其构成零部件的状态，其输出取决于基本状态及与外界的关系。机械系统按照"构造"与"功能"可分为三个类型：

（1）简单系统：在构造上，系统由一个或多个物理元件组成，元件之间的联系是确定的，系统的输出—输入之间存在着构造所决定的定量或逻辑上的因果关系。

（2）复合系统：在构造上，该系统由多个简单系统作为元素组合而成，这种组合是多层次的，层次之间的联系也是确定的，因而在功能上，其特点与简单系统相同。

（3）复杂系统：在构造上，此系统由多个子系统作为元素组合而成，即为多层次的，在子系统内，层次之间的联系至少是不完全确定的。在功能上，系统的输出与输入之间存在着由构造所决定的一般并非严格的定量或逻辑上的因果关系。

机械设备很显然是复杂系统，因为这类系统的输出一般表现为模拟量。对于相同的机械设备而言，相同的机械元件本身的几何特性（尺寸、形状、表面形貌等）也不可能完全一致，相同的联系（压力、间隙、介质状况等）也不可能完全一致，所以在完全相同的工作环境下，相同机械设备的状态与行为也很难一致，是非确定的。

判断机械设备发生故障的一般准则是：在给定的工作条件下，机械设备的功能与约束的条件若不能满足正常运行或设计期望的要求，就可以判断该设备发生了故障。而机械设备的故障诊断，是指查明导致该复杂系统发生故障的指定层次子系统联系的劣化状态。即故障诊断的实质就是状态识别。

机械设备的故障，从其产生的因果关系上分为两类：一类是原发性故障，即故障源；另一类是继发性故障，即由其他故障所引发的，当故障源消失时，这类故障一般也会消失，当然它也可能成为一个新的故障源。

机械设备劣化进程中的一般性规律：机械设备是由成千上万个零件组成的，经过一段时间的运行，有的零件会失效，造成故障。机械设备出现故障的时间有所不同，有的两三天，有的连续运行五六年，产生上述现象的原因是什么？事实上，设计合理的机械设备不应该出现较多的早期故障。根据机械设备的维修统计，得出了一般机械设备劣化进程的规律，如图1.1所示，由于曲线的形状类似浴盆的剖面线，常称为浴盆曲线。

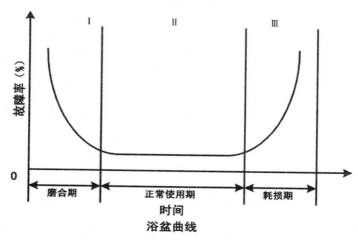

图1.1　浴盆曲线图

浴盆曲线沿时间轴分为三部分：

Ⅰ——磨合期，表示新机械设备的跑合阶段，这时故障率较高。

Ⅱ——正常使用期，表示机械设备经跑合后处于稳定的阶段，此时故障率最低。

Ⅲ——耗损期，表示机械设备因磨损疲劳腐蚀已处于老年阶段，该阶段故障率逐步升高。

一般现场运行的机械设备都处于Ⅱ、Ⅲ阶段，可以取浴盆曲线的一半，称为劣化曲线，如图1.2所示。

劣化曲线沿纵坐标分为三个阶段：

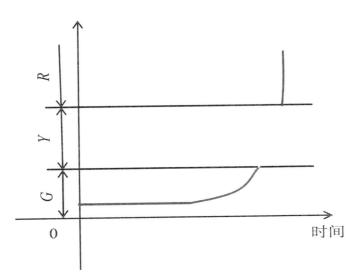

图 1.2　劣化曲线

绿区（G）——浴盆曲线的正常使用阶段，即故障率最低的阶段，该阶段机械设备处于良好状态。

黄区（Y）——浴盆曲线Ⅲ区的初始阶段，该阶段故障率已有抬高的趋势，此时机械设备处于注意状态。

红区（R）——浴盆曲线Ⅲ区故障率已大幅度上升的阶段，该阶段机械设备处于严重或危险状态，要准备随时停机。

以上所述为一般规律，但对于某一台机器，究竟什么时刻处于黄区什么时刻处于红区则是未知的，因此应在按一般规律处于黄区时就进行必要的测量及诊断，以确定是否处于黄区还是已进入红区。对于重要的设备，处于绿区时就可以进行必要的测量及诊断，这样可以避免个别设备提前进入黄区及红区。

（二）术语

（1）信号检测：选择正确的测试仪器和测试方法，测量出能够正确反映设备实际状态的各种信号，例如应力参数、设备劣化的征兆参数、运行性能参数等，这些状态信号建立起了初始模式。

（2）特征提取：对于初始模式的状态信号，可以通过放大、压缩，或是形式变换、消除噪声干扰等方法，提取故障特征，形成待检模式。

（3）状态识别：根据理论分析，并结合故障实例，通过数据库技术建立故障档案库的基准模式，比较分析待检模式与基准模式，进而区别设备的正常与异常状态。

（4）预报决策：经过判别，如果设备状态正常，可继续监测，重复上述过程；若设备呈现异常状态，需查明故障情况，做出趋势分析，预测其发展和剩余运行时间，进而针对问题提出控制措施和维修决策。

（三）诊断过程

依据诊断内容，机械设备的诊断过程可以表述为图 1.3。

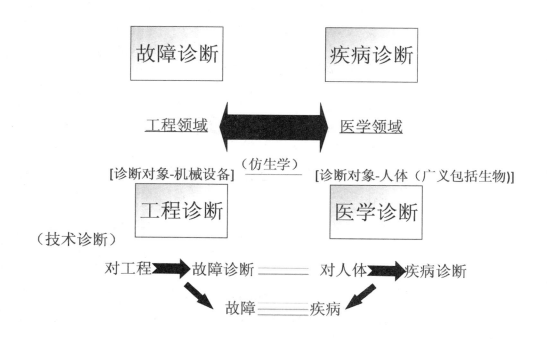

图 1.3　机械设备的诊断过程

1.1.2　故障诊断背景与意义

机械故障诊断技术起源于 20 世纪 60 年代的美国[2]。当时，在美国宇航局（NASA）的倡导下，美国成立了美国机械故障预防小组（MFPG）。该小组决定每年召开两次会议，并就：

①机械故障预防定义、计划方式、组织问题等故障诊断理论；

②轴承、直升机传动装置、飞机燃气轮中等故障诊断现场问题；

③振动分析技术、油液光谱分析技术等监测手段问题进行了探索和交流。

其后，随着人们对设备诊断技术的认识进一步提高，特别是实施故障诊断技术可带来巨大的经济效益，该项技术在美国得到了迅速的发展，形成了如美国本特利内达华（gently Nevada）公司的 3500 系列设备保护系统、美国 Radial 公司开发的汽轮发电机组振动诊断专家系统（Turbomac）、美国西屋公司的移动诊断中心（MDC）等一系列故障诊断实用系统。当故障诊断技术在美国大规模发展的同时，欧洲国家也展开了对诊断技术的研究。其中，以 R. A. Collacott 为首的英国机械保健中心于 20 世纪 60 年代末开始宣传、咨询和培训设备诊断技术，并取得了很好的成效。随后，瑞典的 SPM 仪器公司、丹麦的 BK 公司、德国的 All Inez technique 研究所等也在设备故障诊断研究中形成了各自独有的特色，相继开发出状态监测与故障诊断系统，如法国的 SMAV 系统、瑞士的 MACS 系统、德国申克公司的 Vibrocontrol 4000 振动监测系统等。随着故障诊断技术的持续发展，研究领域也从 20 世纪 60 年代的核电、航空、宇航等高端科技发展逐步向冶金、石化、发电、船舶等各个行业领域扩展。我国自 20 世纪 80 年代起开始对故障监测与诊断领域展开研究[3,4]。经过了近四十年的大力发展，已将设备故障监测与诊断技术确定为重大攻关课题，并由国家组织科研人员，投入巨资对其展开研究，已经取得了一系列科研成果与技术突破，并在实际生产应用中初步显现出成效。目前，形成了以西安交通大学、哈尔滨工业大学、上海交通大学、华北电力大学等高等院校为核心，郑州机械研究所、河北电力研究所等研究所，东方电机股份有限公司、中国石油化工有限公司等公司组成的产学研一体化的研究体系。于 2005 年开始出台了一系列国家标准，诸如《GB/T 19873.1－2005 机械状态监测与诊断振动状态监测》、《GB 22393－2008－T 机器状态监测与诊断一般指南》等。汽轮发电机组状态监测与故障诊断系统（MMMD）、S8000 大型旋转机械在线状态监测和分析系统等系统，则成为国内同类系统研究中典型性代表。虽然国内目前在机械故障诊断方面已取得了一定成果，但从整体水平而言，特别是对比于国外的故障监测与诊断系统，在理论研究和实践应用两方面仍还存在一定的差距。

1.1.3　机械故障诊断技术的分类

（一）按诊断对象分类

（1）旋转机械诊断技术：对象为转子、轴系、叶轮、泵、转风机、离心机、蒸汽涡轮机、燃气涡轮机、电动机及汽轮发电机组、水轮发电机组等。

（2）往复机械诊断技术：对象为内燃机、压气机、活塞曲柄和连杆机构、柱塞转盘机等。

（3）工程结构诊断技术：对象为金属结构、框架、桥梁、容器、建筑物、地桩等。

（4）机械零件诊断技术：对象为转轴、轴承、齿轮、连接件等。

（5）液压设备诊断技术：对象为液压泵、液压缸、液压阀、液压管路、液压系统等。

（6）电气设备诊断技术：对象为发电机、电动机、变压器、开关电器等。

（7）生产过程综合诊断技术：对象为机床加工过程、轧制生产过程、纺织生产过程、船舶运输过程、核电生产过程、石化生产过程等。

（二）按诊断方法（或技术）分类

（1）振动诊断法：以平衡振动、瞬态振动、机械导纳及模态参数为检测目标，进行特征分析、谱分析和时频域分析，也包含有相位信息的全息谱诊断方法和其他方法。

（2）声学诊断法：以噪声、声阻、超声、声发射为检测目标，进行声级、声强、声源、声场、声谱分析。

（3）温度诊断法：以温度、温差、温度场、热像为检测目标，进行温变量、温度场、红外热像识别与分析。

（4）污染物诊断法：以泄漏物，残留物，气、液、固体的成分为检测目标，进行液气成分变化、油质磨损分析。

（5）诊断法：以强度、压力、电参数等为检测目标，进行结构损伤分析、流体压力和变化分析以及系统性能分析。

（6）形貌诊断法：以裂纹、变形、斑点、凹坑、色泽等为检测目标，进行结构强度、应力集中、裂纹破损、摩擦磨损等现象分析。

（三）按目的、要求和条件分类

（1）性能诊断和运行诊断

性能诊断是针对新安装或新维修的设备及其组件，需要诊断这些设备的性能是否正常，并且按诊断结果对它们进行调整。而运行诊断是针对正在工作中的设备或组件，进行运行状态监测，以便对其故障的发生和发展进行早期诊断。

（2）在线诊断和离线诊断

在线诊断一般是指对现场正在运行的设备进行自动实时诊断。这类被诊断设备都是重要的关键设备。而离线诊断是通过记录仪将现场设备的状态信号记录下来，带回实验室结合机组状态的历史档案资料做出综合分析。

（3）直接诊断和间接诊断

直接诊断是根据关键零部件的信息直接确定其状态，如轴承间隙、齿面磨损、叶片的裂纹以及在腐蚀环境下管道的壁厚等。直接诊断有时受到设备结构和工作条件的限制而无法实现，这时就需要采用间接诊断。间接诊断是通过二次诊断信息来间接判断设备中关键零部件的状态变化。多数二次诊断信息属于综合信息，因此，容易发生误诊断或出现伪报警和漏检的可能。

（4）简易诊断和精密诊断

简易诊断：使用便携式监测和诊断仪器，一般由现场作业人员实施，能对机械设备的运行状态迅速有效地做出概括评价。它具有下列功能：

①机械设备的应力状态和趋向控制、超差报警、异常应力的检测；

②机械设备的劣化和故障的趋向控制、超差报警及早期发现（功能方面）；

③机械设备的监测与保护，及早发现有问题的设备。

精密诊断：使用多种高端仪器设备，一般由故障诊断专家来实施。它具有下列功能：

①确定故障的部位和模式，了解故障产生的原因；

②估算故障的危险程度，预测其发展趋势，考量剩余寿命；

③确定消除故障、改善机械设备状态的方法。

1.1.4　机械故障诊断技术和方法简述

故障诊断技术和方法很多，必须结合设备故障的特点来获取故障征兆的有效信号，并且相应地采用不同的诊断技术和方法。常用的典型诊断技术和方法简述如下：

（一）振动诊断技术

对比正常机器或结构的动态性（如固有频率、振型、传递函数等）与异常机器或结构的动态特性的不同，来判断机器或结构是否存在故障的技术被称为振动诊断技术。对于在生产中连续运行的机械设备，根据它在运行中的代表其动态特性的振动信号，采用振动诊断技术可以在不停机的条件下实现在线监测和故障诊断。对于静态设备或工程结构，可以对它施加人工激励，然后根据反映其动态特性的响应，采用振动诊断技术可以判断出是否存在损伤或裂纹。振动诊断技术所采用的方法可以有很多，如振动特征分析、振动频谱分析、振动倒谱分析、振动包络分析、振动全息谱分析、振动三维图分析、振动超工频或亚工频谱波分析、振动时域分析、振动模态分析等。振动诊断技术在机械设备故障诊断中应用得十分广泛，且方便、可靠。

另外，在产品的无损检验中，振动诊断也有它的特殊地位，例如，焊接和胶接的质量用超声波或 X 射线透视无法准确判别的情况下，用振动诊断可以清晰地区别缺陷及部位。又如，铝合金自行车车架是用高强度航空胶黏结的，往往由于黏结表面清理不干净，产生假黏结现象，胶充满了黏结空间，而实际上是虚黏，若用 X 射线和超声波探测并无异常现象，而用振动诊断却可以很准确地区别胶接质量的好坏。

（二）声学诊断技术

声学诊断技术一般包括噪声诊断技术、超声诊断技术和声发射诊断技术。噪声诊断技术是采集机械设备运行时所发出的噪声，并进行相应的信号处理、分析和诊断，来判断机器运行的状态是否正常，以及异常时的部位、大小、严重程度。对于工程结构和机械零件的损伤常采用敲击声诊断法。

超声波诊断技术是对被检测设备发射出超声波，根据接收的回波来判断被检设备的正常与否。它常用于现场监测管道腐蚀、铸锻件缺陷、柴油机活塞裂纹等。声发射诊断技术是根据金属材料发生故障时，通过晶界位移所释放出来的弹性应力波的大小、形态、频率等来判断金属结构的故障部位、大小及严重程度。声发射诊断技术主要用于检测、诊断金属构件的裂纹发生和发展、应变老化、周期性超载焊接质量等方面。

（三）温度诊断技术

大多数机械设备的运行状态都与温度相关。例如，传热率与温度梯度和原动机与加工设备的性能密切相关，因此，根据系统及其周围环境温度的变化，可以识别系统运行状态的变化。温度监测技术在机械设备诊断中是最早采用的一种技术，随着现代热力学传感器和检测技术的发展，温度诊断技术已经成为故障诊断技术的重要方向。常用的方法有：

（1）一般温度监测诊断技术：以温度、温差、温度场的变化为检测目标，采用各种类型的温度传感器，进行不同状态量的比较和分析。

（2）红外监测诊断技术：采用红外测温或红外热成像技术，进行各种不同状态的识别、分析和诊断。

（四）油液分析诊断技术

油液分析诊断技术主要有铁谱技术、光谱技术和磁塞技术。较为普及的是磁塞技术和铁谱技术。

磁塞技术即利用安装在机器循环润滑油箱底部的磁性塞子，吸附润滑油中的铁磁性磨粒，并依此判断机器运行状态的一项技术。磁塞技术对于机器故障中后期或者突发故障的判断较为准确。

铁谱技术是以机器润滑油中的金属磨粒为标本，检测时使其梯度沉积在观察玻璃片上，通过显微镜进行观察、分析和诊断，是一种不解体的检验方法。因为可以观察较为细小的磨粒沉积，所以可以判断早期的机械故障。

1.1.5　机械故障诊断的理论基础概述

（一）数学基础

在数学方面，信号数据的采集和处理、状态监测和故障诊断技术广泛地应用高等数学和现代数学的许多分支。从经典的微分方程和差分方程到近代的有限元和边界元法，从概率论、随机过程、回归分析和数理统计到最优化方法、运筹学、误差理论、数据处理和计算数学、电子计算机尤其是微型计算机。近 20 年来，傅里叶变换、Z 变换、拉普拉斯变换等积分变换的广泛应用以及快速傅里叶变换技术的发明，给频域内信息的识别和诊断提供了有力的手段。

在时域内，作为概率论分支的时间序列法在数据处理中的迅速推广和应用，为系统的建模和识别、在线监测和故障诊断、预报和估算寿命提供了非常方便和准确的工具，其应用范围更加广泛，可以适用于各种各样的系统，如线性系统和非线性系统，也可以用于平稳和非平稳的过程。在故障诊断技术数学基础方面的发展动态是，模拟人脑的思维模式的模糊数学的产生、应用和发展，通过灰色系统理论的引入，显示出其另一个动向，小波变换和分形几何的分析方法为非平稳随机过程的数据处理提供了精确的方法，其时频分析功能构成了数据处理的新动向。微型计算机在诊断应用中进入了人工智能阶段，也就是智能诊断阶段，出现了智能诊断系统。

（二）物理基础

在物理学方面，几乎全部物理学科的内容都已经应用到故障诊断中，在物态特性方面利用气体和液体的特性来发现泄漏现象；在光学方面，利用了光学和光谱分析方法；在热学方面，应用了温度监测、红外技术和热像技术；在声学方面，应用了噪声分析技术、声发射技术和超声波技术；在放射线学方面，应用了 X 射线探伤；在电学方面，应用了电测技术、涡流特性识别技术和无线电遥测技术等。

（三）力学基础

在力学方面，应用到机械与结构的力和力矩的监测技术，包括静态和动态测试，尤其是振动分析方法形成的振动分析技术、应用线性振动和非线性振动理论、随机振动和现代结构力学的理论，在机械设备的故障诊断中具有特殊的重要意义。振动诊断技术在被诊断系统的信号采集、数据处理、故障识别和诊断中显示出简便可靠的优越性，尤其适用于不停机在线监测和诊断报警。断裂力学在设计中的应用，为裂纹控制和裂纹发展的趋势预报，以及为疲劳破坏分析和寿命估算提供了理论基础。

（四）化学基础

在化学方面，污染的监测和分析，如空气的污染、液体和油液等流体的污染、油液中磨损微粒的铁谱分析，以及机器或结构材料腐蚀的监测和预报等，从另一个角度为故障诊断提供了重要信息。

在物理、力学和化学方面，其基础理论直接为机器运行状态的监测、故障的识别和诊断提供了方法和工具，因此涉及的学科比数学还要多，涉及的范围也比数学要宽广得多。这些数学、物理、力学和化学等基础理论为人们研究、分析和掌握各种诊断方法提供了科学原理上的依据，为由局部推测整体、从现象判断本质和由当前预见未来建立了可靠的基础，使人们能够对机械设备和工艺过程等生产系统进行正确诊断。

1.1.6　机械故障诊断技术的发展趋势

随着现代科学技术的发展，特别是信息技术、计算机技术、传感器技术等多种新技术的出现，数据采集、信号处理和分析手段日臻完善，从前无法和难以解决的故障诊断问题变得可能和容易起来。设备故障诊断技术正在变成计算机、控制、通信和人工智能的集成技术。

近年来故障诊断技术呈现以下发展趋势。

（一）诊断对象的多样化

故障诊断技术应用领域已经从最早的军事装备，应用到石化、冶金、电力等工业大型关键机组、机泵群，并且已经从单纯的机械领域拓宽到其他应用领域，如今的故障诊断技术在大型发电系统、水利系统、核能系统、航空航天系统、远洋船舶、交通运输等许多领域发挥着巨大的作用，如监控核反应堆的运行状态、航天器的姿态以及生产过程的监控和诊断等。

（二）诊断技术多元化

诊断技术吸收了大量现代科技成果，使诊断技术可以利用振动、噪声、应力、温度、油液、电磁、光、射线等多种信息实施诊断，如前所述，还可以同时利用几种方法进行综合诊断。近年来，激光和光栅光纤传感器以及嵌入式系统也在实际工程中得到了广泛应用。激光技术已经从军事、医疗、机械加工等领域深入发展到振动测量和设备故障诊断中，并成功应用于旋转机械故障诊断等方面；光栅光纤传感器已经在电缆温度监测、火灾和易燃易爆及有毒气体预警、桥梁等大型构筑物安全监测等领域得到应用。

与此同时，多种现代信号处理方法，如神经网络、全息谱技术、小波分析、数据融合技术、数据挖掘技术等前沿科学技术成果也被用于故障诊断领域，提高了诊断的准确性。

（三）故障诊断实时化

实时监测是航空航天技术和现代化工业生产的要求。现代化工业要求向生产装备的高度自动化、集成化和大型化发展，越复杂的工业设备，越应当具备高度的可靠性和抵御故障的能力，以确保系统安全、稳定、长期、满负荷、优化运行。为此需要快速、有效的故障信号采集、传输、存储、分析和识别以及决策支持。高性能计算机和网络通信以及现代分析技术、故障机理研究和专家系统的开发为实时诊断提供了技术保障。

（四）诊断监控一体化

现代高速、高自动化的工业装备和航天器不仅要求监测诊断故障，而且要求监测、诊断、控制一体化，能探测出故障的早期征兆，实时诊断预测，并及时对装备进行主动控制。机器装备的故障不是人去处理，而是由装备本身控制系统按照诊断的结果发出指令去排除故障或采取相应对策，以确保安全和正常运行。

（五）诊断方法智能化

在工业现场，从监测到的故障信息去判别故障原因往往需要技术人员具有较高的专业水平和现场诊断经验，要想将诊断技术推广应用，就必须使仪器或系统智能化，制造出"傻瓜式"诊断系统，这样可以降低对使用者技术水平的要求。应当充分利用计算机及其软件技术和专家知识、经验使诊断系统智能化，从而使普通技术人员使用诊断系统得到的结果达到诊断专家的水平。神经网络、专家系统、决策支持系统和数据挖掘技术等可以为实现人工智能诊断提供技术支持。

（六）监测诊断系统网络化

随着网络的普及应用，国内外许多大型企业设备管理已经向网络化发展，设备监测和故障诊断网络化已成必然。采用传感器群对工业装备进行监测，将数据采集系统有线或无线通信与监测诊断系统、企业管理信息系统通过网络相连，使管理部门及时获取设备的运行状态信息，有利于科学维修决策。借助网络还可以获得范围广泛的专家支持、网上会诊，实现远程诊断。

（七）诊断系统可扩展化

由于监测诊断系统实现了网络化，在许多场合与现代智能控制、现代智能控制器件（如 PLC）连接，可以做到信息共享；机器的监测系统可以显示设备的工作状况，而智能控制器件也可以显示机器的运行状态和故障水平。监测系统可以设若干数据采集工作站，如所要监测的机器增加了，可通过增设新的数据采集站任意扩展。

（八）诊断信息数据库化

机器的工作状态数据、机器的结构参数和知识是动态的海量数据。基于数据库的动态监测系统为处理、查询和利用大量的监测数据、故障信息数据、知识数据提供了技术保证。关系模型和面向对象的数据库理论、分布式数据库管理系统、数据仓库技术，以及建立在这些技术基础上的先进决策支持系统、高级管理人员信息系统、数据挖掘技术等，为故障诊断提供了新的发展方向，也为企业决策提供了更可靠的依据。

（九） 诊断技术产业化

国内外许多以监测诊断系统为产品的高科技公司不仅注重开发和生产，而且十分重视用户培训和售后技术及维修服务，致力于诊断系统产业化、实用化。近年来，我国自行开发研制的在线监测诊断系统已经占据了石化、冶金、电力等行业的市场，如往复压缩机械监测诊断系统，自主开发的产品已经独占中国市场，十几年前国外监测诊断系统垄断中国市场的局面已经不复存在。

（十） 机械设备诊断技术工程化

机械故障诊断技术原来只是用于机器出现故障去查找原因，现在逐渐发展到监测和预防故障，取得了杜绝事故的减灾效益；近年来又开展了基于诊断改进机器、基于诊断指导机器优化运行、基于诊断设计新一代机器等，在企业实施取得了巨大的经济效益，这一工程被称为设备诊断工程。

1.2 往复压缩机故障诊断技术概述

1.2.1 往复压缩机故障诊断技术发展现状

往复压缩机虽然在结构上有平面尺寸较大、单机排气量相对较小、易损件多以及无故障运行时间相对较短等缺点，但是它在使用上具有相对排气压力较高、热效率高、气量调节时排气压力基本不变、投资可分期实施等优点，因而在国内各行业得到最广泛的应用。国际著名制造厂商亦从未停止过往复式压缩机的研制开发，如美国 DRESSER—RAND、德国 BAB－COCK－BORSIG、德国萨克森林格机器制造（ZM）公司 SACHSENRING MASCHINENBAU. GMBH ZWICKAU、奥地利 LMF 公司、德国诺尔曼·艾索公司的乌尔琛机械厂—WURZEN/NEA 等。

由于往复式压缩机在结构和性能上优缺点并存，因此，其主要发展方向就是发挥优势，改造不足。在结构上往复式压缩机向大型化、高低压段分开、减少摩擦功率损耗方向发展，同时，努力开展其状态监测与故障诊断的研究工作。

早期的往复式压缩机的故障诊断主要是依靠人工，采用触、摸、听、看等手段对设备进行诊断，通过经验的一定积累，人们可以对一些设备故障做出判断。但这种手段由于其局限性和不完备性，已经不能适应生产对压缩机可靠性的要求。而且信息技术和计算机技术的迅速发展以及各种先进数学算法的出现，为压缩机故障诊断技术的发展提供了有利条件。人工智能、计算机网络技术和传感技术等已经成为压缩机故障诊断系统不可缺少的部分。

目前在国外，研究机械设备故障诊断的基础理论和应用技术的机构已经遍及美国、日本的许多研究机构。1982 年由欧洲著名的国际测量学会（IMEKO）技术诊断委员会发起召开的国际会议每隔一年或两年举行一次，这对促进诊断技术的发展起到了积极作用。目前，故障诊断技术在往复式压缩机故障诊断中的应用也取得了很大进展。

对往复压缩机的状态监测最初应用于美国,在那里有大量的用于输气的往复压缩机。定期维修是昂贵的,于是状态维修被采用。对往复压缩机状态监测与故障诊断的研究处于领先地位的是 Hoerbiger 公司,此公司是奥地利专门从事往复压缩机监测与诊断的公司,原来从事有关阀门及液压元件的开发与制造,后来与美国 Liberty 公司合作,开始进行有关往复压缩机的监测与诊断工作。其中 Liberty 公司负责技术的开发研究,Hoerbiger 公司负责推广服务。Liberty – Hoerbiger 公司有着 29 年压缩机状态监测的经验,他们研制的状态监测和诊断系统可对压缩机的状态进行离线分析和在线监控。美国学者曾经利用气缸内的压力信号判断气阀故障以及活塞环的磨损;捷克学者曾对千余种不同类型的压缩机建立了常规性能参数数据库,来确定基本参数,用以判断压缩机的工作状态。

在往复式压缩机故障诊断装置的研究中,由于往复机械结构上固有的复杂性,目前国外研究学者的基本思路是将在线的监测系统加以扩展,增添相应的往复机械的监测系统,对其某些关键部位,如十字头滑道、活塞杆、进出口气阀、机体等加以监测,以及时判断机器运行状态。实用产品已经面世的有:丹麦的 BK 公司推出的 3540 型机器监测系统,美国本特利公司研制的 3300 监测系统。值得一提的是,德国申克公司推出的 VP41(VIBRO-PORT41)智能化机器分析测量仪以及德国 DB 公司推出的 SYSTEM2 多功能维修工作站是对压缩机组振动信号进行分析与诊断仪器中的佼佼者。其中,数据采集器的发展也令人瞩目,英国 DI 公司推出的双通道数据采集器 PL302,被认为是世界上新一代具有细化功能的数据采集器,其细化率可达到 80 倍。这一切都生动地体现出了人们对往复式压缩机故障诊断的极大关注和所做的努力。总而言之,到目前为止,对往复式压缩机故障诊断技术的研究正在如火如荼地进行着,处于非常活跃的发展阶段。

对国内的往复式压缩机同行们来说,他们在对压缩机常规性能参数的监测和控制方面进行了大胆的尝试,做了大量的工作,以求改变目前压缩机的操作人员仅用耳听、眼看、手摸和简易仪器,凭借经验判断故障的局面。西安交通大学的研究人员在深入研究压缩机的工作机理的基础上,建立起一系列数学模型,通过对数学模型的仿真计算,构造压缩机在不同故障条件下的标准样本库,朝着建立往复式压缩机故障诊断专家系统的目标而努力着。在设备诊断监测仪器的研制开发上,我国业内的同行们也紧跟着国外的步伐,并已经取得了一定的成绩。东南大学和南京压缩机厂合作已经成功研制出了 $20m^3$ 空压机微机测控装置;山西省自动化研究所为重庆气体压缩机厂研制了 YW – 302/4、YW – 302/8 型机组电脑机组群控装置;南昌机务段研制了 SMC – 901 计算机监测系统。

然而由于往复式压缩机结构复杂、激励源众多等特点,目前国内尚无一套成熟的诊断系统可用于生产实践,国外的研究成果又不能完全适应国内生产需要。而往复式压缩机既有受交变载荷的部件,又有很多在高压下滑动的部件,还存在气体产生压缩热、压力脉动等因素,使压缩机在运行中有较高的故障率,严重影响企业的经济效益[5]。

往复压缩机故障种类多,对于其故障诊断技术的研究一直以来都得到了国内外学者的广泛关注。在故障诊断识别方法上,美国学者根据压缩机气缸内压力的变化趋势,判断气阀的工作状态以及活塞环的磨损情况[6,7];捷克学者通过建立多种类型压缩机常规参数数据库,判断压缩机整体的工作状态[7,8];北京化工大学对往复式压缩机吸气阀、排气阀进行了一系列破坏性实验,对现场机组气阀的各类故障情况进行了真实模拟,能够有效识别往复压缩机气阀的故障特征[9];也有专家通过对往复式压缩机的缸盖振动信号进行过简单分析,准确判断了压缩机内部的工作状态[10,11];还有许多专家对基于示功图修正的往复压缩机故障诊断方法也进行了较为深入的研究[12-14]，通过示功图推断压缩机故障类型等。在信号处理方面，时频分析是最基础也是最直观的方法[15]；傅里叶变化、小波及小波包分析、PCA 分析、HHT 信号处理等也越来越多的应用在往复压缩机故障诊断领域[18-24]，对非稳态信号的提取处理取得了不错的效果。往复压缩机故障诊断技术的发展比较迅速，也形成了许多有针对性的信号处理和故障诊断方法，但每种方法理论都存在一定的局限性，对压缩机的监测也不够全面，有些故障诊断较为困难，对非稳态信号的处理也没有形成成熟的、较为精确的方法理论，因此在往复压缩机故障诊断领域还需要国内外学者进行不断的探索。

由于往复压缩机结构的复杂性，所以出现故障的零部件较多，引起事故的原因不一。根据石化企业的不完全统计，近年来往复压缩机每年发生重大安全事故约 32 起，且主要发生在主机部分[25]，造成了重大的人身财产损失。

往复压缩机运转过程中部件之间的激励和响应的相互耦合使往复式压缩机故障呈现非线性和调频特性，使得其故障特征信号分析处理极为困难[26]。经过多年的发展，国内外学者研究了很多种信号处理分析方法，如下：

（1）时频分析法

时域分析法是传统的故障信号分析方法，通过在时间轴上对信号进行形态和统计分析，可以比较直观的表现信号的特征[15]；频谱分析是将时域信号变换为频域信号，经过傅里叶变换分解为单一的谐波信号，对稳态信号的处理效果较好，是振动信号基础的分析方法[15]。因此，在旋转机械领域应用比较广泛。

（2）小波及小波包分析

小波分析是时频分析的延伸和发展，可以实现信号在不同频带、不同时刻的分离，克服了傅里叶变换的局限性。小波包分析将频带划分多层，并进一步分解没有细分的高频部分，使故障特征提取更加细化，是一种更加精细的分析方法，在非稳态信号的处理上较传统的时频分析进步很多，已被很多学者应用于往复压缩机特征信号处理上[16-19,22-24]。

（3）PCA 信号处理方法

PCA 分析法是通过建立数理模型，分解特征信号数据的协方差矩阵，得到其特征向量和特征值[27]，并由大到小进行排列，寻求主特征向量。在往复压缩机气阀故障诊断中，主特征向量可以作为气阀故障温度变化的特征参数，根据特征值相对正常时的变化量是正是负，来判断具体是哪个气阀发生故障[20]。

（4）HHT 非平稳信号处理方法

时频分析、小波变换等是基于信号由三角函数及其他函数线性叠加而成的前提，对其进行提取分离；而 HHT 信号处理方法最大的不同是将信号看作由一系列满足某种条件的固有模态函数及趋势项组成，经过分解后进行 Hilbert 变换，得到三维 Hilbert 时频谱进行信号的特征分析[21]。该方法可以保持单组分信号时域波形的完整性，对往复压缩机调频、调幅与调幅调频 3 大类信号在提取与时频分析上具有良好的处理能力[21]。

此外，还有一些其他的信号分析技术，如短时 Fourier 变换、Wigner-ville 分析法等在特征信号提取分离上的应用[21]。上述信号处理方法有各自的优缺点，在工业应用过程中，应结合实际工况，选取适当的一种或几种进行信号分析处理。

往复压缩机特征参数信号主要包括热力信号、振动信号以及噪声信号等，其中热力信号又包括各部件温度、排气量、排气压力、气缸内压力等。通过对特征信号的监测分析，识别判断压缩机的故障类型，是故障诊断技术的核心思想。目前，往复式压缩机的故障诊断监测方法主要有以下几种：

（1）热力性能监测法

温度是往复压缩机较为敏感的特征参数，监测温度的变化可以了解压缩机内部零部件的工作状态，如排气阀漏气，在吸气过程会出现倒吸现象，导致气阀温度升高；活塞杆拉伤，填料函的温度也会升高等[19]。使用温度监测方法时，传感器可置于机体外侧，不需改变壳体结构，操作方便。往复压缩机一个运动周期包括吸气、压缩、排气、膨胀 4 个过程，压力在 4 个过程中呈周期性变化，缸内压力变化曲线可直接反应压缩机是否正常运行。如吸气阀泄漏，吸气过程压力延长，排气过程缩短，膨胀过程曲线也会下移[28]。由于压力测点位于缸内，在缸盖或壳体其他位置要预留安装孔，这是压力监测需要特别注意的地方。

（2）振动监测法

振动信号也是往复压缩机故障诊断的一个敏感特征参数，如气阀损坏、活塞杆下沉、十字头螺栓松动、连杆磨损等大多数故障均伴随着振动信号的异常[28]。基于越来越成熟的信号分析技术，对往复压缩机非稳态振动信号的研究工作也越来越多，如通过加速度传感器测十字头滑道箱、汽缸侧壁、汽缸盖、轴承等处的振动信号来诊断动力性故障，是一种比较有效的方法[28]。

（3）位移监测法

往复压缩机活塞杆断裂通常会引起其他零部件的损坏，严重时甚至会引起机组爆炸。活塞杆断裂是瞬间发生的，断裂之前的裂纹监测非常困难，只能对断裂部位做事后分析[5]，目前还没有可靠有效的诊断预警方法。通过安装位移传感器，监测活塞杆的沉降量，间接了解活塞环、十字头等的磨损情况，可以作为一种辅助手段[28]。

（4）油液监测法

油液监测是通过对压缩机润滑油进行油液分析，检测样品内磨损颗粒的大小、形状、成分等，是一种比较理想的辅助手段。如用铁谱分析、光谱分析、颗粒计数等监测空压机运动副的磨损情况等[8,29,30]。有学者通过检测油品中的铜元素含量，发现大头瓦碎裂，成功避免了事故的发生[21]。

（5）噪声监测法

噪声信号中有机械设备运行的信号，也包含周围环境及其他噪声源的信号，因此，噪声监测在往复压缩机故障诊断中也可以作为一种可靠的辅助手段[8,28]。结合先进的噪声传感器，分离提取典型故障噪声信号，是往复压缩机故障诊断领域未来研究的一个热点和难点。

往复压缩机故障种类繁多，一个故障会引起多个特征参数的变化，因此在故障诊断过程中应该综合考虑多参数之间的关联性，以便更精确地识别故障类型。此外，人工智能系统和神经网络技术也越来越多地应用在往复压缩机故障诊断系统中[8]，使故障诊断技术达到了智能化的高度。按往复压缩机引起事故的零部件不同分类，各类故障所占的比例如图1.5 所示。其中，吸、排气阀故障概率最高，达到36%；其次，填料函、连杆、活塞杆等引起的事故所占比例也很高[25]。

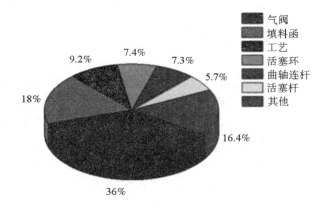

图例：
- 气阀
- 填料函
- 工艺
- 活塞环
- 曲轴连杆
- 活塞杆
- 其他

7.4%　7.3%　5.7%　9.2%　18%　16.4%　36%

图 1.5　往复压缩机各类故障所占比例

表 1-2 给出了常见故障类型及所采用监测诊断方法，为往复压缩机故障诊断提供一个参考[31]。

表 1-2　常见故障类型、原因分析及监测方法

关键部件		故障类型	表现形式	监测诊断方法
气阀		卡塞、漏气、阀片断裂、阀组损坏等	排气量不足；缸内压力异常；温度升高；振动异常	热力性能监测；振动监测；噪声监测
填料函		磨损、漏气等	排气量不足；温度异常	热力性能监测；振动监测；噪声监测
气缸		拉伤	温度异常	热力性能监测；振动监测
活塞组件	活塞环	过渡磨损	排气量不足；异常振动	热力性能监测；振动监测；噪声监测；油液分析
	活塞杆	断裂	异常振动和响声	位移监测；噪声监测
	其他	镜面磨损	排气量不足	热力性能监测；振动监测；油液分析
		余隙过大	排气量不足	热力性能监测
		气缸垫磨损	排气量不足	热力性能监测
		连接松动	异常振动和响声	振动监测
十字头和滑块		连接松动	异常振动和响声	振动监测
冷却水路			温度异常	热力性能监测

往复压缩机其他的事故类型还有曲轴断裂、气缸破裂、缸盖破裂、连杆断裂等，虽然在以往事故中出现的概率不高，但一旦发生，后果将会非常严重，因此在故障诊断预警技术的研究过程中不可忽视。

目前，活塞环磨损、填料函磨损、活塞杆沉降以及气阀故障等诊断技术已经相对成熟，但在往复压缩机内部，有些部件的故障诊断与识别有很大的困难，如活塞杆断裂、曲轴连杆断裂等，目前均没有有效可行的方法[5]。有文献提出用监测曲轴逆向载荷的方法判断活塞杆的运行状态，但可靠性尚有不足[32,33]。因此，现阶段对往复压缩机故障诊断研究的覆盖面不全。现阶段，我国科研单位与大型石化企业联系不够密切，各种研究方法大多局限于实验室的模拟阶段，石化企业的故障案例数据也没有形成系统的知识数据库[8]。因此，加强科研单位与企业的合作，对建立往复压缩机故障案例知识库有很大的帮助，也有利于形成通用的压缩机典型故障诊断规范。综上所述，鉴于各种特征信号分析处理提取方法的局限性及优缺点，结合大量的典型故障案例数据库，开发多种分析方法相结合的智能诊断系统，将会大大提高往复压缩机故障诊断的准确率，也是往复压缩机故障诊断领域的重要发展趋势之一。

1.2.2 往复压缩机振动信号特性

（1）非平稳时变特性

往复压缩机属于确定性系统，但是受到运行中随机因素影响，在多激励源的作用下产生的振动信号呈明显非平稳时变特征；即在观测时间段，其分布参数规律表现出随时间变化特征。往复式压缩机振动的激励源较多，包括进、排气冲击，气阀开启及落座冲击、活塞运动敲击等，以上冲击作为主要激振源均具有典型的不连续的时变特点；同时因联合运动与故障状态下部件间的振动耦合作用，使得振动信号的统计特征表现出高度不平稳的时变性。基于往复压缩机振动信号的非平稳时变表现，以平稳高斯假设为基础的传统信号分析方法，因缺乏有效表征手段，显然难以获得满意的分析和诊断结论；考虑到往复压缩机安全生产与连续运行的需求，基于非平稳时变特性分析及与之相适应的特征提取方法的研究势在必行。

（2）非线性准周期性

往复压缩机各个部件的非线性本质：如材料本身的非线性属性，滑动轴承摩擦副间隙与摩擦类型、机械连接松动以其制造安装缺陷等非线性因素，共同构成整个系统的非线性表现。由于压缩机内部结构复杂，采集到的机体表面振动信号是激励源经复杂的传递途径而形成，也必然展现出非线性特点。以曲柄连杆与十字头销轴间产生的磨损间隙故障为例，较大的销轴间隙使其接触时在往复惯性力作用下表现非线性碰撞响应，经十字头传递至十字头滑道，在滑动摩擦副非线性因素作用下，在缸体表面显示出明显的非线性叠加特征。

另外，往复压缩机振动信号的主冲击成分表现为类周期函数。对往复压缩机进行分析时，由于各部件并非同时作用运动，对系统产生的激励源在信号表现出一定的相位差，以曲轴旋转周期为基本周期的函数在时域上通常表现为叠加的周期特征，即在一定时间间隔叠加一系列不同周期波形的准周期性；因此，应结合非线性处理手段并考虑以一个以上的整周期信号作为分析单元，在减少了待处理的数据的同时，便于不同周期数据间的对比分析和提取，从而发现其故障特征和本质属性。

（3）多源耦合冲击特性

往复压缩机具有部件类型多样、组成结构复杂和运动形式各异等特点，从引起压缩机振动的激励源角度分析，往复压缩机可分为四类激励源：气体力、惯性力、机械冲击和摩擦力。其中，气体力所引起的振动激励源主要分为：由气缸压力波动造成的缸内气体冲击力、气阀周期性吸排气的气体冲击力和涡动引起的振动冲击；往复压缩机的两种惯性力可概括为：因曲柄、连杆旋转运动产生的转动惯性力，以及连杆与十字头、活塞在往复运动时产生的往复惯性力；另外，连杆大、小头与轴承、活塞与气缸壁、十字头与滑履、曲轴与支撑轴承、活塞杆与填料函等摩擦副相互作用也构成了摩擦振动。因此，上述激励源结合各自非线性的复杂传递路径，使得振动信号呈现互相干扰的耦合冲击型振动特性，即一个激励源在多个部件上传递和表现振动响应，因此，一个部件的振动信号也体现出多个单分量信号的耦合。

同时，往复压缩机运行过程中也会出现大量的撞击力：气阀在启落时阀片与阀座发生撞击、轴承摩擦副间隙的存在表现出的轴承与轴颈、销轴与轴瓦的撞击；上述撞击力表现往往是瞬态的，即在往复压缩机振动信号中出现丰富的冲击波群。可见，在多源的冲击下表现出耦合态的同时，运动部件因在故障时产生冲击形式与时刻的变化，也必然使振动信号中波形幅值与分布特性差异化；因此，冲击信号频带的宽频分布特征造成基于振动信号滤波、分解和识别的模糊性，增加了振动冲击特征提取的困难。总之振动信号的多源耦合特性和冲击特性带来的宽频分布特性，对信号分解与特征提取研究提出更高要求，是基于信号处理技术的故障诊断学科面临的全新挑战。

（4）循环非平稳调制特性

往复压缩机的振动是力传递部件对内部激励源的动力学响应，应该说往复压缩机结构的对称性和工作循环的周期性，决定了往复压缩机振动信号是一种特殊的循环非平稳信号。同时我们注意到，往复压缩机在自身往复运动的同时也具有旋转机械所包含的典型结构部件及运动。

从结构动力学角度分析，由于传递部件以固有频率对激振源产生振动响应，该振动响应又以自己的频率和幅值对固有频率形成调幅调制信号；同时，设备各个部件因出现磨损、变形、裂纹等性能衰退型劣化，使激振源的频率与幅值特性异化，而反映出复杂非线性、非平稳信号调制特征。因此往复压缩机振动信号表现为多分量调幅调频信号形式，基于有效解调方法的特征提取技术是故障识别的有效途径[34]。

综上所述，往复压缩机振动信号具有非平稳时变性、非线性准周期性、多源耦合冲击性和循环非平稳调制性等特点，使得往复压缩机振动信号难以被传统、单一技术手段有效处理。

参考文献

［1］屈梁生，何正嘉. 机械故障诊断学. 上海：上海科技技术出版社，1986.

［2］裴钧锋，杨其俊. 机械设备诊断技术［M］. 山东：石油大学出版社，1997.

［3］盛兆顺，尹琪岭. 设备状态监测与故障诊断技术及应用［M］. 北京：化学工业出版社，2003.

［4］陈大禧，朱铁光. 大型回转机械诊断现场实用技术［M］. 北京：机械工业出版社，2002.

［5］高金吉. 机器故障诊治与自愈化［M］. 北京：高等教育出版社，2012.

［6］Tankou D, Soedel W. Pressure signature of damaged valves［C］. Purdue Compressor Technology Conference, 1988：546－553.

［7］杨春强，杜随更，诸德鹏，等. 活塞式空气压缩机性能测试系统设计［J］. 科学技术与工程，2011, 11 (7)：1461－1467.

［8］王发辉，刘秀芳，程艳霞. 往复式压缩机故障诊断研究现状及展望［J］. 制冷空调与电力机械，2007, 28 (114)：77－80.

［9］毕文阳，江志农，刘锦南. 往复压缩机气阀故障模拟实验与诊断研究［J］. 流体机械，2013, 41 (6)：6－10.

［10］ Gaopin Lin，Danqing Wu. Indentification of Compressor Cylinder Pressure by Using CylinderHead Vibration Signals ［C］. ICTCC，1993.

［11］ Shanxiang Xu，Qiang Jiang. Expert Knowledge – Based Online Fault Diagnostic System for Reciprocating Compressor ［C］. ICTCC，1993.

［12］ 高晶波，王日新，徐敏强. 基于示功图修正的往复压缩机气阀故障诊断方法 ［J］. 压缩机技术，2009（3）：4 – 5.

［13］ 刘卫华，郁永章. 往复压缩机故障示功图诊断法研究 ［J］. 压缩机技术，2001（6）：9 – 12.

［14］ 黄卫东，侯振宇. 基于示功图的往复压缩机故障诊断技术 ［J］. 压缩机技术，2014（4）：61 – 64.

［15］ 金涛，童水光，汪希萱，等. 往复式活塞压缩机故障监测与诊断技术 ［J］. 流体机械，1999，27（11）：2831，46.

［16］ 袁小宏，屈梁生. 小波分析及其在压缩机气阀故障检测中的应用研究 ［J］. 振动工程学报，1999，12（3）：410 – 415.

［17］ 姚利斌，曹斌，张志新，等. 基于小波包分析的往复压缩机故障诊断 ［J］. 中国设备工程，2006（2）：48 – 50.

［18］ 程香平，丁雪兴，刘海亮，等. 小波分析在往复压缩机故障诊断中的应用 ［J］. 压缩机技术，2007（6）：19 – 21.

［19］ 董宁娟，赵洪金，高晶波. 基于参数识别和小波包分析的故障特征提取 ［J］. 噪声与振动控制，2008（5）：91 – 93.

［20］ 徐丰甜，李建，孔祥宇. 基于 PCA 的往复压缩机气阀故障异常监测方法 ［J］. 流体机械，2014，42（10）：52 – 55，59.

［21］ 赵海峰. 基于 HHT 的往复压缩机故障诊断研究 ［D］. 大庆，东北石油大学，2011.

［22］ 孙盛宇. 基于小波神经网络的往复压缩机故障诊断方法研究 ［J］. 压缩机技术，2009（5）：28 – 30.

［23］ 姚利斌. 小波分析在往复压缩机故障诊断中的研究应用 ［D］. 大连：大连理工大学，2005.

［24］ K Pearson. On lines and planes of closestfit to systems of points in space ［J］. Philosophical Magazine，1901，2（11）：559 – 572.

［25］ Stephen ML. Increasing the Reliability of Reciprocating Compressors on Hydrogen services ［J/OL］. hettp：//www. dresserrand. com/e tech/recip. asp. Machine Learning，1995，20：273 – 297.

［26］ 丛蕊，张威，杨亚勋. 分数阶 Fourier 变换在往复式压缩机故障诊断中的应用 ［J］. 化工机械，2005，42（2）：230 – 233.

［27］ 张海滨，卢迪. 往复压缩机气缸传热对压缩过程的影响 ［J］. 流体机械，2017，45（4）：49 – 53.

［28］ 张琳，朱瑞松，尤一匡，等. 往复压缩机监测与诊断技术研究现状与展望 ［J］. 化工进展，2004，23（10）：1099 – 1102.

［29］ 刘卫华，郁永章. 往复压缩机故障诊断技术研究现状与展望 ［J］. 压缩机技术，1999（3）：49 – 52.

［30］ 易良渠. 往复式空压机故障诊断 ［J］. 压缩机技术，1994（4）：43 – 46.

［31］ 张谦，舒悦，王乐，等. 往复压缩机故障诊断方法研究概述 ［J］. 流体机械，2018，46（3）：37 – 41.

［32］ 董良遇，王庆峰，张赟新，等. 一种基于变权 AHP 的故障模式与影响半定量分析方法.

［33］ Dresser – Rand Company. 活塞式压缩机活塞杆中缺陷的发现 ［P］. US5027651.

［34］ 傅雷. 面向状态监测和故障诊断的风力发电模拟技术及其应用研究 ［D］. 杭州：浙江大学博士论文，2018：13 – 15.

第2章 往复压缩机典型部件动力学分析与仿真

往复式压缩机结构复杂、激励源众多，需要对其进行动力学分析，有利于对往复式压缩机故障机理的认识；同时，机械设备故障诊断与状态估计过程是以先验知识为基础的，获取往复压缩机各状态数据是实现这一过程的前提。然而，由于往复压缩机结构复杂，故障形式多样，轴承间隙故障形成周期长，且故障试验成本极高，难以获得往复压缩机多类型轴承间隙故障的运行状态数据，致使其故障诊断与状态估计过程实施遇到瓶颈。本章以往复压缩机典型部件为对象，建立典型零件的动力学数学模型，本章以广泛应用于石化企业的 2D12 型对动式双作用石油气压缩机为例，对其典型部件进行动力、故障机理分析和仿真建模研究，为开展实验验证和信号监测提供理论依据。

2D12 – 70/0.1 ~ 13 对动式双作用压缩机主要参数如下：轴功率 500kw、排气量 70m³/min、一级排气压力 0.2746 ~ 0.2942Mpa、二级排气压力 1.2749Mpa、活塞行程 240mm、曲轴转速 496rpm。压缩机采用隔爆型异步电动机通过刚性联轴器和飞轮驱动曲轴旋转，带动两侧连杆，并经过十字头、活塞杆分别使一、二级活塞在一、二级气缸内作水平方向对动。当压缩机工作时，活塞两侧分别吸气和压气。一级气缸每一侧工作腔各有四个进气阀和四个排气阀，二级气缸每一侧工作腔各有两个进气阀和两个排气阀，皆为多环窄通道低行程的环状阀。进气阀在缸体的上部，排气阀在缸体的下部。

2.1 运动学和动力学分析

2.1.1 曲柄—连杆机构运动学分析

对于压缩机等往复式机械，大质量的活塞—曲柄连杆机构是主要的运动部件，属于正置式曲柄—连杆机构，它最大的特点是气缸中心线通过曲轴的回转中心，并垂直于曲柄的回转轴线，这一机构的运动关系决定了整个系统的动力学特性[1,2]。

由图 2.1 的几何关系，可求得活塞的位移、速度和加速度。ω 为曲柄的角速度，x 为由原点 O 沿 x 轴测得的 B 点的位置。连杆长度 $AB = l$；曲柄与连杆长度之比：$\lambda = r/l$，取时间为 t 时，曲柄转角则为：$\theta = \omega \cdot t$。

（1）活塞的位移

$$x(t) = r\cos\alpha + l\cos\beta$$

$$\lambda = \frac{r}{l} = \frac{\sin\beta}{\sin\alpha}$$

$$\cos\beta = \sqrt{1 - \sin^2\beta} = \sqrt{1 - \lambda^2 \sin^2\alpha}$$

$$x = r\cos\alpha + l\sqrt{1 - \lambda^2 \sin^2\alpha} \tag{2-1}$$

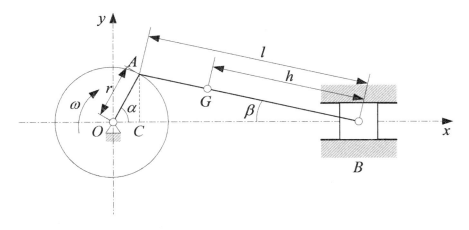

图2.1 压缩机结构几何模型

一般，连杆的长度都远大于曲柄的长度，λ 值一般都小于1/3.5，$|-\lambda^2 \sin^2\alpha| \le 1$，按二项式定理

$$\sqrt{1+x} = (1+x)^{1/2} = 1 + \frac{1}{2}x - \frac{1}{2 \cdot 4}x^2 + \frac{1 \cdot 3}{2 \cdot 4 \cdot 6}x^3 - \frac{1 \cdot 3 \cdot 5}{2 \cdot 4 \cdot 6 \cdot 8}x^4 + \cdots$$

展开公式（1），略去 λ 的高次项，得到活塞位移公式

$$x = r\cos\alpha + l - \frac{r\lambda}{4} + \frac{r\lambda}{4}\cos 2\alpha$$

即

$$x = r\cos\omega t + l - \frac{r\lambda}{4} + \frac{r\lambda}{4}\cos 2\omega t \qquad (2-2)$$

（2）活塞的速度

$$v = \dot{x}(t) = \frac{dx}{dt} = \frac{dx}{d\alpha} \cdot \frac{d\alpha}{dt} = \omega \cdot \frac{dx}{d\alpha} = -r\omega\left(\sin\omega t + \frac{\lambda}{2}\sin 2\omega t\right) \qquad (2-3)$$

（3）活塞的加速度

$$a = \ddot{x}(t) = r\omega^2(\cos\alpha + \lambda\cos 2\alpha)$$

即

$$a = r\omega^2(\cos\omega t + \lambda\cos 2\omega t) \qquad (2-4)$$

2.1.2 曲柄—连杆机构动力学分析

（1）活塞运动的动力学分析

设活塞质量为 m_B，则往复式压缩机运行时，作用在往复运动活塞上的惯性力为往复惯性力 Q_H，若连杆非常长，即 λ 很小时，活塞部分的往复惯性力 Q 为

$$Q_H = m_B\ddot{x} = m_B a = m_B r\omega^2\cos\alpha = m_B r\omega^2\cos\omega t$$

若连杆很短时，则活塞部分的惯性力 Q 为

$$Q_H = m_B\ddot{x} = m_B a = m_B r\omega^2(\cos\alpha + \cos 2\alpha)$$

如图2.2所示，P_c 沿连杆中心线方向，称为连杆推力；P_q 为周期性循环变化的气体压力；活塞受到的侧向力 P_H，P_H 垂直于气缸壁。则

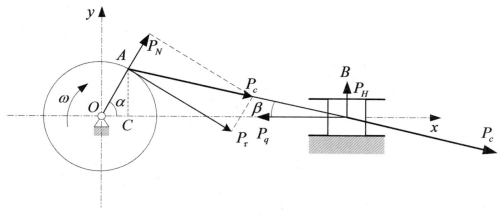

图2.2　各部件受力分析图

$$m_B \ddot{x} = -P_q + P_c\cos\beta$$

$$P_c\cos\beta = P_q + m_B r\omega^2(\cos\omega t + \lambda\cos2\omega t) \qquad (2-5)$$

$$P_H = P_c\sin\beta = P_c\cos\beta tg\beta$$

将公式（2-5）代入上式，得到

$$P_H = P_c\cos\beta tg\beta = (P_q + m_B r\omega^2(\cos\omega t + \lambda\cos2\omega t))tg\beta \qquad (2-6)$$

已知 $\sin\beta = \lambda\sin\alpha$，将其代入公式（2-6），得到

$$P_H = (P_q + m_B r\omega^2(\cos\omega t + \lambda\cos2\omega t))\frac{\lambda\sin\omega t}{\sqrt{1 - \lambda^2\sin^2\omega t}} \qquad (2-7)$$

（2）曲柄运动的动力分析

曲柄做圆周运动时，产生的惯性力在 x 方向和 y 方向的分量分别为

$$Q_{Qx} = m_Q r\omega^2\cos\omega t, \quad Q_{Qy} = m_Q r\omega^2\sin\omega t \qquad (2-8)$$

（3）连杆大端处作用力的分析

与连杆大端配合的曲柄销处，除连杆推力 P_c 外，还有连杆大端回转质量产生的离心力的作用。

曲柄在曲柄销处给予连杆的力 P_c，分解为沿着曲柄方向的法向力 P_N 和与曲柄方向垂直的切向力 P_τ，其中

$$P_N = P_c\cos(\alpha + \beta)$$

$$P_\tau = P_c\sin(\alpha + \beta)$$

如图2.1所示，设连杆的质量为 m_L，则大端旋转质量为 $m_L\dfrac{h}{l}$。则连杆大端回转质量产生的离心力为

$$Q_L = m_L r\omega^2\frac{h}{l} \qquad (2-9)$$

（4）连杆小端处作用力的分析

作用在连杆小端处的力，有沿往复运动轴线 x 轴方向的做周期性循环变化的气体压力 P_q 及活塞往复运动产生的往复惯性力 Q_H，故作用于连杆小端处的沿轴线方向 x 的总作用力为

$$P = P_q + Q_H$$

（5）曲柄销处的离心力

与电动机相联结的曲柄的质量为 m_X，质心距离转轴 O 的半径为 r_0，则作用在曲柄销处的离心力为 $m_X \cdot \omega^2 \cdot r_0$。

2.1.3 各主要运动部件转动力矩分析

（1）缸内气体压力产生的力矩

作用在活塞上的气体压力沿连杆方向的作用力为 $P_q \cdot \sec\beta$，则气缸压力对曲柄产生的力矩为

$$M_P = P_q \cdot \sec\beta \cdot r \cdot \sin(\alpha + \beta) \tag{2-10}$$

（2）活塞惯性力产生的力矩

活塞惯性力沿连杆方向的作用力为 $Q_H \cdot \sec\beta$，对曲柄产生的力矩为

$$
\begin{aligned}
M_Q &= Q_H \cdot \sec\beta \cdot r \cdot \sin(\alpha + \beta) \\
&= m_B \cdot \ddot{x} \cdot \sec\beta \cdot r \cdot \sin(\alpha + \beta) \\
&= m_B \cdot r^2\omega^2(\cos\alpha + \cos 2\alpha) \cdot \sec\beta \cdot \sin(\alpha + \beta) \\
&\approx m_B \cdot r^2 \cdot \omega^2 \cdot \left(\frac{\lambda}{4}\sin\omega t - \frac{\lambda}{2}\sin 2\omega t - \frac{3\lambda}{4}\sin 3\omega t - \frac{\lambda}{4}\sin 4\omega t\right)
\end{aligned}
\tag{2-11}
$$

（3）作用在曲柄销上的力对曲柄轴产生的力矩

$$M_{P_H} = P_H \cdot r \cdot \cos\alpha \tag{2-12}$$

（4）活塞运动对气缸壁的作用力对曲柄轴产生的力矩

$$M_{JT} = P_H \cdot r \cdot \frac{\sin(\alpha + \beta)}{\sin\beta} \tag{2-13}$$

2.1.4 气阀阀片动力学分析

阀片的受力状况如图2.3所示。图中：H 为阀片升程，F_1 为气体压力差，p 为气缸内压力，p_d 为排气压力，F_2 为弹簧压力。排气阀阀片运动方程为

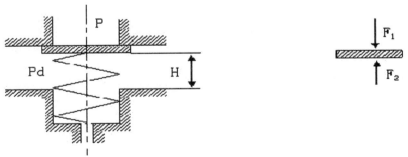

（a）气阀结构简图　　　　　　　　　　（b）阀片受力图

图2.3　阀片的动力学分析图

$$M_v \frac{\mathrm{d}^2 h}{\mathrm{d}t^2} = \beta(p - p_d)A_p - zk(h_o + h) \tag{2-14}$$

吸气阀阀片运动方程为

$$M_v \frac{\mathrm{d}^2 h}{\mathrm{d}t^2} = \beta(p_s - p)A_p - zk(h_o + h) \tag{2-15}$$

式中：β 为推力系数；A_p 为阀座口通道面积（m^2）；z 为一个气阀中弹簧的个数；k 为弹簧刚性系数（N/m^2）；h_o 为弹簧预压缩量（m）；h 为阀片位移（m）；M_v 为气阀当量运动质量，$M_v = M_1 + \frac{1}{3}M_2$（kg）；$M_1$ 为阀片质量（kg）；M_2 为阀簧质量（kg）；p_s 为吸气压力。

根据式（2-14）、（2-15）经过积分运算可以计算出阀片速度和位移。取曲轴运动的上止点为零点，自零点开始，随着曲轴转角加大，气缸体积增大，缸内气体绝热膨胀，气压降低，当缸内外压力差等于气阀弹簧预压缩力时，吸气阀阀片开启，并与升程限制器发生碰撞，随着气体进入气缸，同时因为气缸容积在不断扩大，缸内压力缓慢升高。活塞运行到接近最大体积处时，体积增加速度降低，缸内气压快速升高，阀片出现回落，并与阀座发生碰撞，完成了吸气过程。自180度开始进入压缩-排气过程。随着气缸体积减小，缸内气体绝热压缩，气压升高，当缸内外压力差等于气阀弹簧与压缩力时，排气阀阀片开启，并与升程限制器发生碰撞，随着气体排出气缸，同时因为气缸体积在不断减小，缸内压力缓慢降低。活塞运行到接近最小体积处时，排气速度降低，缸内气压快速降低，阀片出现回落，并与阀座发生碰撞，完成一个工作循环。

在一个工作循环过程中，吸气阀、排气阀各工作一次，同一阀片在开启与回落时分别产生两次冲击。

2.1.5 气缸内压力变化规律

在膨胀过程中，假设气体无热量交换，吸、排气阀和活塞环无泄漏，气体处于绝热膨胀状态，气体的热力学状态方程为

$$p_d V_0^k = p V^k \tag{2-16}$$

$$V = V_0 + \frac{\pi r D^2}{4}\left[\sin(\omega t) + \frac{\lambda}{2}\sin(2\omega t)\right] \tag{2-17}$$

式中：V_0 为气缸余隙容积；k 为多变指数；p_d 为排气压力；V 为气缸内气体体积（余隙容积和行程容积之和）；r 为曲柄半径；D 为活塞直径；λ 为曲柄半径与连杆长度之比；ω 为曲轴转速。

当气压差增大到 $F_1 = F_2$ 时，吸气阀开始打开。假设吸气过程气体与外界无热交换，气阀和活塞环无泄漏，则吸气过程的压力变化为

$$\frac{dp}{dt} = \left\{ P_s \left(\frac{p}{p_s}\right)^{\frac{1}{k}} a_{sv} A_{sv} \sqrt{\frac{2k}{k-1} R T_s \left[1 - \left(\frac{p}{p_s}\right)^{\frac{k-1}{k}}\right]} - p\frac{dv}{dt}\right\}\frac{k}{v} \tag{2-18}$$

式中：$\alpha_{sv} A_{sv}$ 为气阀当量流通面积；R 为热力学气体常数；T_s 为吸气阀腔内气体温度。

在压缩过程中，吸排气阀关闭，假设气阀和活塞环无泄漏，气体和外界无热交换，气体属于绝热压缩，热力学方程式为

$$p_s (V_0 + V_h)^k = p V^k \tag{2-19}$$

而排气过程热力学方程式为

$$\frac{dp}{dt} = \left\{ P \left(\frac{p_d}{p}\right)^{\frac{1}{k}} a_{dv} A_{dv} \sqrt{\frac{2k}{k-1} R T_d \left[\left(\frac{p}{p_d}\right)^{\frac{k-1}{k}} - 1\right]} + p\frac{dv}{dt}\right\}\frac{-k}{v} \tag{2-20}$$

式中：T_d 为排气阀腔内气体温度。

泄漏时气缸内压力的计算公式如下

$$p = p_\Sigma + p_i = (1 + \frac{m_i}{m_\Sigma})p_\Sigma \qquad (2-21)$$

式中：p 为气缸内气体压力；p_i 为泄漏的气体压力；p_Σ 为全部气体压力总和；m_Σ 为气缸内气体总质量。

$$m_\Sigma = m_c + m_{in} - m_{out} - m_i \qquad (2-22)$$

其中，余隙容积气体质量

$$m_c = \frac{p_d v_c}{R T_d} \qquad (2-23)$$

吸入气体质量

$$m_{in} = \int_{\theta_1}^{\pi} \rho_s a_{sv} A_{sv} \sqrt{\frac{2k}{k-1} R T_s \left[1 - \left(\frac{p}{p_s}\right)^{\frac{k-1}{k}} \right]} \qquad (2-24)$$

排出气体质量

$$m_{out} = \int_{\theta_2}^{2\pi} \rho_d a_{dv} A_{dv} \sqrt{\frac{2k}{k-1} R T_d \left[\left(\frac{p}{p_d}\right)^{\frac{k-1}{k}} - 1 \right]} \, dt \qquad (2-25)$$

泄漏气体质量

$$m_i = \frac{l \delta_y^{\ 3}}{\eta R T b}(p_{in}^{\ 2} - p_{out}^{\ 2}) \qquad (2-26)$$

式中：l 为阀座的展开长度；δ_y 为间隙高度；η 为动力黏性系数；b 为间隙在气流方向上的长度；p_{in} 为气缸内气体压力；p_{out} 为阀腔气体压力。

图 2.4 是正常与泄漏状态下一个循环周期气缸内压力的变化规律曲线。从图中可以看出以下规律：

（1）在膨胀过程中，气缸内压力低于排气腔压力，排气阀泄漏起主要作用。气体自排气腔向缸内泄漏，压力较正常值偏高，曲线上移，膨胀过程延长。

（2）吸气阀开启滞后，吸气过程的开启点随之延后，而结束点提前，即吸气阀提前关闭，膨胀过程时间缩短，吸气效率降低。

（3）压缩过程中，主要表现为吸气阀的泄漏，气量减小，压力较正常偏低。

（4）排气阀开启滞后，而结束点提前，压缩过程时间缩短，排气效率降低。

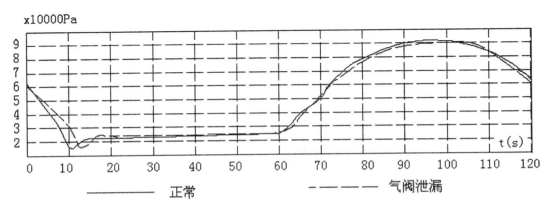

图 2.4　正常与泄漏故障下的气缸压力比较

2.2　常见故障机理分析

2D12 型往复式压缩机的故障主要有两类：磨损与泄漏。磨损属于机械性质，是机器动力性能故障，其主要特征是压缩机工作时异常的响声、振动和过热；泄漏属于流体性质，是机器热力性能故障，主要表现为压缩机工作时排气量不足，排气压力、温度及级间压力、温度异常等[3,4]。本书主要针对以下故障进行研究：

（1）由于气缸冷却系统漏水、润滑油使用不当或注油泵给油太少、运动机构发生故障等原因造成活塞环干摩擦，导致拉缸、卡死等故障。表现为气缸温升加剧、排气温度升高，负荷不平衡加大，主轴转速的循环波动和振动加剧。拉缸严重时就会出现卡死现象，这将引起曲轴、连杆、连杆螺栓等零件的断裂，故障的进一步发展将会引起压缩机严重受损。

（2）因磨损原因导致十字头滑板与滑道的间隙过大、活塞环与气缸间隙过大、活塞杆与气缸填料函的间隙增大。磨损加剧，使得对缸壁的冲击振动加剧，同时也使活塞杆在往复运动中沿气缸径向方向跳动加剧。

（3）长期运行导致气缸与气缸盖之间、气阀与气缸之间的垫片松动，或者气体入机前脱水不良，导致水进入气缸而产生液击等现象，这时不仅气缸的振动上升，还会出现明显的"水击"声。

（4）曲轴轴颈摩擦加剧，连杆轴瓦磨损严重。连杆大头、小头与轴承之间的磨损，连杆螺栓与十字头螺栓松动，使得轴承间隙增大，从而导致轴承座振动加剧。

（5）气阀组件出现故障：阀片或弹簧的断裂、阀片磨损、弹簧刚度变化等造成漏气及排气量不足。这种情况会带来压缩机的异常振动和响声，并在进、排气温度上表现较为明显。

采用故障树分析方法对上述故障的故障原因进行分析，得到 2D12 型往复式压缩机常见故障的故障树分析图，如图 2.5 所示。它直观地提供了往复式压缩机常见故障部位的诊断可能性，同时也就相应地决定了不同的诊断方法。

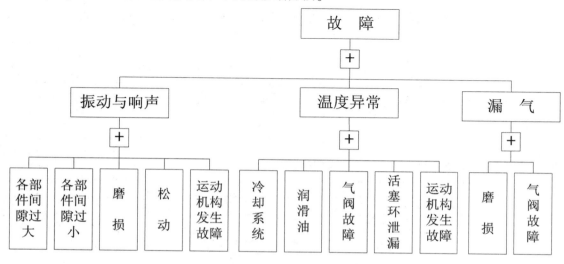

图 2.5　2D12 型往复式压缩机的故障树分析图

2.2.1　振动机理分析

在往复式压缩机的工作过程中，相对运动的部件较多，而各个部件的振动是对其内部激励力和故障的响应。在运行过程中，不仅故障会导致压缩机产生异常振动，而且压缩机的许多部件的正常运动也会造成往复式压缩机的振动。长久、强烈的振动必将引起压缩机部件的磨损、松动，部件之间的间隙增大、零部件过热，进而有可能导致故障的发生。因此，有必要对振动原因进行分析，区分正常状态下和故障状态下的振动信号特征，以便于对故障的诊断和征兆的提取。

为了对激励力进行分析，规定沿压缩机曲轴轴线的方向称为纵向，沿活塞轴线的方向称为横向，与上述两方向相垂直的方向称为垂向。

（1）活塞的往复惯性力

活塞往复运动时产生的往复惯性力，方向与活塞－连杆机构的运动方向一致，在理论上可表示为

$$Q_H = Q_{H1} + Q_{H2} = m_B r \omega^2 (\cos \omega t + \lambda \cos 2\omega t) \tag{2-27}$$

式中：$Q_{H1} = m_B r \omega^2 \cos \omega t$，其变化频率为 $\omega / 2\pi$，为曲柄转动频率，称为一级惯性力；$Q_{H2} = m_B r \omega^2 \lambda \cos 2\omega t$，其变化频率为 $2\omega / 2\pi$，为曲柄转动频率的二倍，称为二级惯性力。

在此，m_B 代表气缸中活塞部分的质量；r 表示曲柄半径；ω 表示曲柄的回转角速度，λ 表示曲柄半径与连杆长度之比。

一级、二级往复惯性力随曲柄转角 α 按一定周期变化，造成压缩机机体本身和基础的振动。若活塞等往复部件的质量相同（可以在装配时，对各缸往复运动部件进行选配，使其质量达到基本相同），且相对轴线对称放置，则 2D12 型压缩机的一级惯性力在理论上应相互抵消。

（2）旋转部件的离心惯性力

具有不平衡旋转质量的曲柄和连杆等旋转部件运动时也将产生离心惯性力，见公式（2-8）和（2-9）。该部分离心惯性力在压缩机的纵向和垂向都有分力，对这两个方向的振动都会产生激励作用，其频率为旋转部件的旋转角速度。离心惯性力对振动的影响是由旋转部件存在的少量的不平衡量决定的。

（3）压缩机的耦合振动

耦合振动主要是因为压缩机和基础之间的连接问题引起的，它是压缩机横向振动的起因。这里对其进行一下简要的定性分析。为了阐述的方便，且不失一般性，可把压缩机和基础之间的连接想象成四角为 4 个弹簧阻尼器的连接。整个压缩机就可简化为一个弹簧阻尼的振动系统。若各弹簧均匀受力，且激励力沿垂向时，则此系统为单自由度振动系统。但实际情况是，4 个弹簧受载严重不均，特别是激励力的作用线与垂向不重合，使得压缩机的振动变得复杂化。首先是各弹簧受力不均，造成变形不等，在振动激励下系统产生耦合振动。其次，垂向激励力的作用线与垂向坐标轴不重合，若把它们向坐标原点平移，就可以得到它们对纵向坐标轴、垂向坐标轴以及横向坐标轴的作用力矩。三个力矩的作用使得压缩机产生绕三个坐标轴的角振动，加剧了系统的耦合振动。

（4）压缩机各部件运动时的力矩

活塞等运动部件的惯性力（包括一级往复惯性力和二级往复惯性力）、气体压力产生转动力矩 M_Q、M_P 以及曲柄销作用在曲柄轴上的力矩 M_{P_H}，反作用在压缩机机体上，将产

生振动。M_{JT}也将使压缩机产生振动。

（5）引起振动的其他原因

①压缩机运行时内部产生的冲击振声源。由于各零部件的缺陷（如疲劳点蚀、机械损伤等）和运动件之间相互摩擦及碰撞所引起的高频冲击等组成。

②进气阀门、出气阀门机构的运动冲击也将作为一种激励源，使压缩机机体产生振动。

③气阀泄漏、气缸组件泄漏、气缸拉伤、填料函故障、部件连接松动、部件过度磨损等，都能在相应部位导致振动幅度的变化，并通过振动信号的特征量反映出来。

2.2.2　漏气机理分析

漏气是压缩机的常见故障之一，压缩机的气体泄漏有内、外泄漏之分。外泄漏是指气体直接漏入大气或管道中，气体有损失，使排气量减少；内泄漏是由压力较高的气腔向压力较低的气腔泄漏，然后仍排入排气管，内泄漏并不减少排气量。内泄漏和外泄漏都将影响压缩机的排气量和压力，是必须解决的问题。对于往复式压缩机来说，产生气体泄漏的原因主要有三种：

（1）填料函的泄漏：由于填料函的老化、破损等原因，导致压缩机工作时一部分被压缩气体漏到机外，直接影响到压缩机的排气量和输出压力，这种泄漏是外泄漏。

（2）气阀的泄漏：气阀泄漏的原因主要是由阀片折断和弹簧失效造成的。当气阀出现阀片折断故障时，该气阀在压缩机的膨胀、吸气、压缩、排气的一个完整的工作循环过程中总有气流通过，从而造成全程性漏气。气阀出现弹簧失效时，将导致气阀开启和闭合的提前或滞后，也将造成阶段性漏气。进气阀不能及时关闭，或关闭不严密，将导致已吸入气缸的气体在活塞返程时向进气管回流，因而减少了输出到排气管的排气量，气阀的泄漏对于压缩机而言属于外泄漏。

（3）气缸内活塞环的泄漏：如果压缩机的进气压力高于环境压力，则压缩机的进气、压缩、排气过程都有气体向外泄漏，可称为全循环外泄漏；如果气缸的进气压力等于环境压力，则进气过程没有外泄漏，基本上可以视作半循环外泄漏。

而对于以上这些泄漏来说，基本上都属于压缩机的热力性故障。因气阀的不严密，活塞环的磨损，管道及管系设备漏气，对压缩机排气量的影响将最为显著。其次，则对排气压力、温度及级间压力、温度等都将有很大的影响。上述泄漏情况的发生，都将对压缩机的振动状况产生影响。因此，对压缩机振动信号进行分析，找出压缩机漏气故障和振动信号之间的关系，是具有现实意义的。

在实际的故障测试过程中，由于缸盖和缸体的振动和声音信号中包含了压缩机的大部分故障诊断信号，对其振动信号进行计算机分析诊断，可诊断出压缩机主体的大多数故障。因而，在测试中，通过对一级、二级的进气阀、排气阀进行了检测。从气阀传出的噪声，一部分由阀片与阀挡或阀座的撞击产生，另一部分则由气流直接激发产生。前者的撞击噪声频带分布范围极宽，几乎包含了整个可听音频率范围的分量，而后者的流体发声的频带分布在较低的频率范围内。

2.2.3　气阀故障机理分析

气阀的作用是控制气缸中的气体吸入与排出。在大中型压缩机中，环形阀的使用最为普遍[5]。环形阀属于自动阀，即气阀的开启与闭合不是由专门的机构来操纵，而是靠阀门两侧的压力差来自动实现的。压缩机对于环形阀的总体要求是：开闭及时、不漏气、阻力损失小、使用寿命长、余隙容积小、结构简单、互换性好。在压缩机多种多样的故障中，气阀故障占总故障数的 60% 以上[6]，因此，进行气阀故障机理的研究是对整个压缩机进行故障诊断的重要组成部分。

环形阀一般由阀座、升程限制器、阀片、弹簧、气阀螺栓和螺母组成。由于环形阀结构复杂，零部件数量多（例如 2D12 压缩机一级气阀有 8 片阀片、24 个弹簧），长期在高温下承受着交变冲击载荷，极易发生故障。对结构、材质、制造工艺和操作条件完全相同的气阀，使用寿命在理论上应该是相近的，即失效时间呈正态分布。环形阀的阀座和升程限制器一般在使用中表现为中长期故障，阀片和弹簧在使用中表现为中短期故障，气阀螺栓和螺母的故障率较低。

阀座是气阀的主体，它与升程限制器一起构架了气阀组件的空间。阀座与升程限制器开通气体通道，是气体必经之处；阀座上的同心凸台表面经磨削加工，与阀片共同构成对气体密封结构；升程限制器对阀片具有导向及限制升程的作用。阀片升程的大小对压缩机有很大的影响，升程过大，阀片冲击大，影响阀片寿命；升程过小，气体通道截面小，气体流动阻力大，影响压气效率。阀座密封面的失效主要是由于锈蚀、积碳和磨损造成的。对于 2D12 天然气压缩机来说，由于压缩介质天然气是多种成分的混合气体，其中的水蒸气及硫化物是产生腐蚀的主要原因；吸入压缩机的气体中的灰尘颗粒以及高温下烃类分解则会形成积碳，腐蚀与积碳进一步加剧了气阀开启和闭合时的机械磨损。密封不良会造成气体回流，吸排气效率下降，工作温度升高、气体压力异常等现象，因此可以通过检测热力参数来判定故障；另一方面，气体泄漏也将造成振动噪声的变化。

弹簧在升程中具有缓冲阀片与升程限制器的撞击作用，在回程中具有辅助阀片自动复位并保证密封的作用。弹簧失效的主要形式是折断和弹性改变。弹簧失效后可以造成阀片不能准确、平稳地开启和闭合；弹力不一致，易使阀片歪斜、卡滞。弹簧失效的主要原因在于柱形弹簧钢丝直径小，对微小的外伤或腐蚀性缺口敏感所致。同时，高温蠕变和渗碳作用可能使弹簧弹性发生改变和金相组织的脆性改变。弹簧力的变化会影响气阀开启、闭合的准确性，弹力变小，阀片延迟关闭造成气体回流，引起循环气体温度、压力的变化；阀片对升程限制器的撞击强度增大，使冲击振动及噪声增大，影响阀片寿命。弹力变大，气阀开启时，气流压力不能使阀片贴在升程限制器表面，会引起阀片的震颤，同时也会造成能量损失，影响到压缩机的效率。弹簧断裂，可引起复杂的振动，阀片运动卡滞，以及引起阀片受力不均等。因此，弹簧故障在热力学和动力学参数方面都会有所反应。

阀片是气阀的关键部件，其作用是在吸气或排气结束时，关闭气流通道，它与阀座一起形成密封结构。阀片失效的主要形式是变形与折断，经调查，阀片的失效几乎全部都与弹簧不同形式的失效（折断或严重锈蚀）有关。弹簧的失效，引起了阀片工况的变化，阀片受力不均，开启、闭合冲击变大，最容易使阀片在短时间内造成变形和断裂。另外，阀片材料的硬度也是阀片断裂的主要原因之一，硬度过高阀片表面的微裂纹增加，抗脆性破坏的性能下降。阀片工作时要承受交变与冲击载荷，不仅需要较高的硬度，还需要足够的韧性和抗疲劳的能力。故障的阀片不能保证气体通道的正常开启与闭合，因此会造成气体泄漏与回流。碎裂的阀片将引起复杂的振动，碎片进入气缸将对活塞 – 气缸系统造成严重的破坏。故障信号在振动方面会表现明显。

上述分析表明，气阀各种故障都会引起压缩机热力性能和动力性能出现异常，相关的信号主要有气体温度、压力、流量、噪声、振动等信号。从测试工作的可行性和信号与故障联系的紧密程度对信号分析如下：

（1）温度信号

包括吸气腔温度、排气腔温度、缸内气体温度、阀体温度和气缸缸体温度等。上述温度信号中，阀体温度和缸体温度对故障的反应惯性大，变化缓慢，同时容易受到外界环境以及运行时间的影响，对于故障诊断来说不是理想的信号。在压缩机稳定工作达到相对的热平衡后，吸、排气腔气体温度变化不大，容易测量，而且对故障的反映较为敏感，应作为故障监测的特征信号。气缸内气体温度变化快，对仪器灵敏度要求高，测点须布置在气缸内部，因此实现困难。

（2）压力信号

压力信号包括吸、排气腔气体压力、气流脉动压力和缸内气体压力等。各气腔压力状况与故障有紧密联系，可以通过吸、排气气腔压力和压力脉动诊断故障，但是这种方法须针对各个气阀设置测点，在实践中不容易实现。吸、排气流量能很好地反应压缩机运行效率，但工程上对单个气阀实施流量测量较为困难。缸内气压信号也与故障联系紧密，气缸压力的变化可直接反映热力故障的原因，是较理想的诊断信号，压缩机的工作状态及故障大都可以通过气缸压力随时间的变化曲线反映出来。但在实际工作中，气缸压力的直接检测并不容易实现。由于气缸结构没有工艺测压口，而在生产现场开测压口对设备的安全、密封都需要较高技术，正是这些因素限制了气缸压力信号在故障诊断中的广泛应用。

（3）振动和声音信号

利用振动信号诊断故障，是当前应用比较多的信号，振动信号的检测方便，信号处理的方法也比较完善。但由于往复式压缩机的振动信号成分较为复杂，干扰因素多，因此需要在信号测点布置、信号处理、特征提取方面需要做综合考虑。噪声信号通常都是作为有害信号在系统设计时加以排除，机器噪声中包含大量的机器状态信息。往复式压缩机的气阀是冲击和敲击噪声的主要来源之一，冲击和敲击噪声信号必然带有阀片运行状态信息，通过对噪声信号进行分离及分析，可以了解设备运行状态，对设备进行状态监测及故障诊断。

2.3 动力学建模与分析

近些年来，伴随着计算机技术的飞跃，计算多体动力学及其相关软件得到了迅速发展，使得机械系统运动学和动力学模型的建立求解过程更为简化，为科技人员深入研究复杂机械设备的运动学和动力学性能提供了有效途径[7-9]。近些年来学者已在压缩机的动平衡优化方案改进，往复压缩机连杆动态应力、应变以及疲劳寿命评估分析等方面，利用多体动力学仿真方法进行了深入研究[10-13]。如若能应用多体动力学方法实现往复压缩机传动机构轴承不同间隙状态动力学性能的真实描述，可克服运行状态数据难以获取的瓶颈，使其故障诊断与状态估计过程得以实施。运动副间隙的存在，使得轴承与轴颈中心在运动过程中并不保持一致，两者之间产生了额外的自由度，在外力的作用下两者会不断地分离和碰撞，这正是机械系统振动的主要来源，所以，运动副间隙必然会对机械系统动力学性能产生显著影响。学者现已对运动副间隙模型及其对动力学性能的影响进行了大量研究，如提出了一维冲击副[14-15]、一维冲击杆[16-18]、二维冲击环[19-21]以及分离—碰撞—接触三状态模型[22-24]等，并应用这些模型分析了含运动副间隙的曲柄摇杆等机构的动力学特性[25-27]。在运动副间隙动力学模型方面，Hertz 接触力函数是广泛应用的接触力计算方法，然而，原有 Hertz 接触力函数仅考虑接触刚度计算接触力，并未考虑能量耗散问题，Lankarani 和 NikraveshP[28]对其进行了改进，引入了内部阻尼参数。基于改进 Hertz 接触力函数，Flores[29]进行了间隙运动副的建模方法研究，并分析了间隙对机械系统动力学的影响。ImedKhemili[30]考虑了机械系统的运动副间隙和构件的柔性，利用 ADAMS 软件中基于三状态运动学模型和改进 Hertz 接触力函数建立了曲柄滑块机构模型，并通过试验装置对仿真结果进行了验证。

如若能应用多体动力学方法实现往复压缩机传动机构轴承不同间隙状态动力学性能的真实描述，可克服运行状态数据难以获取的瓶颈，使其故障诊断与状态估计过程得以实施。

2.3.1　运动副间隙模型

(一)　运动副间隙运动学模型

含间隙运动副的典型结构如图 2.6 所示，图 2.6 中的径向间隙 c 定义为轴承与轴颈接触面半径之差。相比于构件的尺寸，运动副间隙值要小得多，在图 2.6 中为了便于说明将间隙进行了夸大显示。理想运动副模型中轴承与轴颈的几何中心是重合的，但在考虑运动副间隙后，二者的几何中心间便产生了两个相对自由度，分别是两个几何中心的相对位移矢量 r，以及水平方向与相对位移矢量 r 的绝对夹角 γ，两相对自由度的存在使得轴承和轴颈在平面内可以自由移动。

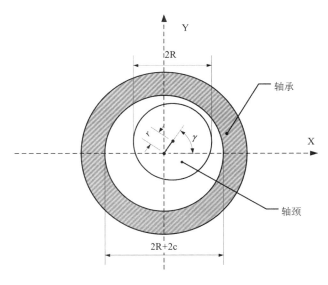

图 2.6　间隙运动副模型

轴承和轴颈在平面内相对移动可分为三种运动模式[31]，分别是：（1）自由飞行模式，在该模式下轴颈在轴承边界内自由移动，二者不发生接触；（2）碰撞分离模式，该模式发生在自由飞行模式的开始与结尾，也就是轴承与轴颈刚刚开始接触碰撞或结束接触并要分离的那一时刻，同时接触力相应地作用或消失；（3）连续接触模式，该模式下轴承与轴颈持续接触，但二者边界的穿透深度是不断变化的。

在连续接触模式下，运动副中相互作用的轴承与轴颈仅在接触面的法线方向上产生作用力。间隙运动副的运动模式可以通过径向间隙 c 和相对位移矢量 r 进行判断，定义穿透深度 δ 如下：

$$\delta = r - c。 \tag{2-28}$$

当穿透深度 $\delta < 0$ 时，轴承与轴颈处于自由飞行模式，二者不发生接触，无相互作用力；当穿透深度 $\delta = 0$ 时，轴承与轴颈处于碰撞分离模式，接触力开始作用或消失；当穿透深度 $\delta > 0$ 时，轴承与轴颈处于连续接触模式，二者发生接触变形并产生相互作用力。

（二）运动副间隙接触力函数

准确计算间隙运动副接触力的关键是提出有效的接触力数学模型，该模型要综合考虑碰撞表面几何特性、碰撞体材料属性和碰撞速度等因素。此外，为了能与系统运动学方程进行同步计算，所采用的方法应保证接触力计算过程具有良好的稳定性。

对两个质地均匀球体相撞过程产生的接触力，尽管文献资料提出了多种计算方法，但最著名的仍是基于弹性理论的 Hertz 接触力模型。但该模型仅考虑了接触弹性，忽略了碰撞过程的能量耗散，为此，Lankarani 和 Nikravesh 提出将该模型的法向接触力划分为弹性力和阻尼力两个分量，具体形式如下：

$$F_N = K\delta^n + D\dot{\delta}, \tag{2-29}$$

式中第一个分量代表了接触变形产生的弹性力，第二个分量代表了能量耗散产生的阻尼力。公式（2-29）中 K 为广义刚度系数，δ 为相对穿透深度，D 为滞后阻尼系数，$\dot{\delta}$ 为相对碰撞速度。指数 n 通常对于金属材料设置为 1.5。

广义刚度系数 K 是由接触表面的几何形状与材料属性共同确定的。对于球形接触表面，广义刚度系数 K 可以表示为两个相互碰撞球体半径及材料属性的函数：

$$K = \frac{4}{3\pi(h_1 + h_2)}\sqrt{\bar{R}}, \tag{2-30}$$

式中 $\bar{R}$ 和 h_i 分别为

$$\bar{R} = \frac{R_1 R_2}{R_1 + R_2}, \tag{2-31}$$

$$h_i = \frac{1 - v_i^2}{\pi E_i}, i = 1,2, \tag{2-32}$$

式中 R_i 为碰撞球体的半径，v_i 为碰撞球体材料的泊松比，E_i 为碰撞球体材料的弹性模量，其中 R_i 对于凹形表面为负数，凸形表面为正数。

在运动副的工作过程中，其间隙会随着轴承轴颈磨损而不断增大。但轴承轴颈材料的泊松比 v_i 和弹性模量 E_i 等属性理想情况下并不会随着间隙的增大发生改变，因此，对于同一转动副在不同间隙状态下，广义刚度系数 K 中的参数 h_i 不会发生改变。而广义刚度系数 K 中的参数 $\bar{R}$ 是由两接触面的几何形状参数决定的，随着间隙的增大，参数 $\bar{R}$ 会相应发生变化。不同的间隙状态下参数 $\bar{R}$ 之间的关系，可以根据公式（2-31）进行分析。假设一个直径为 r_1 的轴颈分别与径向间隙为 c_1 和 c_2 的两个轴承配合，则二者的参数 $\bar{R}_{c1}$ 和 $\bar{R}_{c2}$ 可分别表示为

$$\overline{R_{c1}} = \frac{-r_1(r_1+c_1)}{r_1-r_1-c_1} = \frac{r_1(r_1+c_1)}{c_1},$$

$$\overline{R_{c2}} = \frac{-r_1(r_1+c_2)}{r_1-r_1-c_2} = \frac{r_1(r_1+c_2)}{c_2}。$$

二者的广义刚度系数 K_{c1} 和 K_{c2} 之比可表示为

$$\frac{K_{c1}}{K_{c2}} = \frac{\sqrt{\overline{R_{c1}}}}{\sqrt{\overline{R_{c2}}}} = \sqrt{\frac{\dfrac{r_1(r_1+c_1)}{c_1}}{\dfrac{r_1(r_1+c_2)}{c_2}}} = \sqrt{\frac{c_2(r_1+c_1)}{c_1(r_1+c_2)}} \approx \sqrt{\frac{c_2}{c_1}},$$

式中间隙 c_1 和 c_2 之差相比于轴颈半径 r_1 忽略不计。

由 Lankarani 和 Nikravesh 提出的阻尼滞后系数 D 可以表示为

$$D = H\delta^n, \tag{2-33}$$

式中 H 为阻尼滞后因子。参数 H 可以通过分析两球体相互碰撞前后的能量损失来确定，具体形式为

$$H = \frac{3K(1-e^2)}{4\dot{\delta}^-}, \tag{2-34}$$

式中 e 为材料补偿系数，$\dot{\delta}^-$ 为两球体相互碰撞前的穿透速度。阻尼滞后因子 H 表示了接触力在动能损失过程中所做的功。将公式（2-34）代入公式（2-29）得

$$F_N = K\delta^n + \frac{3K(1-e^2)}{\dot{\delta}^-}\delta^n\dot{\delta}, \tag{2-35}$$

该接触力模型考虑了能量耗散的影响，对接触力计算问题具有通用性，且因其形式简单而被广泛应用于圆柱体的接触力计算。

运动副两接触面相互碰撞前的穿透速度 $\dot{\delta}^-$ 是与上一次碰撞结束时的分离速度，以及自由飞行模式下轴承与轴颈间的相对加速度有关的，间隙的增加实际上改变了自由飞行模式的运动路径，所以，间隙的增加改变了碰撞前的穿透速度 $\dot{\delta}^-$。而补偿系数 e 为材料的固有属性，是不会随着间隙的改变而变化的。因此，对公式（2-34）进行修改，将其不随间隙改变的参数整合在一起，具体形式为

$$H = \frac{H'K}{\dot{\delta}^-}, \tag{2-36}$$

式中 $H' = \dfrac{3(1-e^2)}{4}$，被命名为修订滞后阻尼因子，它是不随间隙变化而改变的。

将公式（2-36）所示的滞后阻尼因子带入到公式（2-35）中，既得到了修订接触力计算函数为

$$F_N = K\delta^n\left(1 + \frac{H'}{\dot{\delta}^-}\dot{\delta}\right), \tag{2-37}$$

通过以上分析，得出了对于同一运动副在不同间隙状态下广义刚度系数 K 之间的关系，并得知修订滞后阻尼因子 H' 是不随间隙的变化而变化的。所以，一旦得出某个间隙运动副模型在确定间隙状态下的最佳参数 K 和 H'，即可根据以上结论推导出其在另一间隙状态下的最佳模型参数，为往复压缩机在不同轴承间隙下动力学仿真的参数选择提供理论

依据。

（三） 含运动副间隙的多体动力学模型

Adams 是一款应用广泛的多体动力学分析软件，其采用多刚体系统动力学理论中的拉格朗日方程方法建立求解动力学方程，可对虚拟机械系统进行静力学、运动学和动力学分析。此外，Adams 与主流有限元分析软件间开发有接口，可通过多体动力学方法进行非线性动力学分析。上一节建立的含间隙二级曲柄滑块机构拉格朗日动力学方程变量众多，求解复杂，Adams 软件通过建立物理模型自动形成拉格朗日动力学方程，且求解算法成熟，因此，本章以 Adams 软件进行机构动力学方程求解。

本章以天然气输送增压站使用的 2D12 型往复压缩机为具体研究对象，该压缩机的结构与工艺参数如表 2－1 所示。在多体动力学建模时该压缩机传动机构的曲柄、连杆、十字头、十字头销、活塞杆和活塞均视为刚体。鉴于 Adams 软件 3 维建模功能不足，采用常用的 3 维建模软件 Solidworks 建立了传动机构模型，并以 parasolid 文件格式导入至 Adams 软件中。

虽然在模型仿真结果中直接获取传动机构零部件的动力学参数可以有效反映运动副间隙状态，但是压缩机结构复杂，且在运行时具有结构不可解体性，所以，内部传动机构零部件的动力学参数无法直接测量。而间隙状态仍可以通过压缩机气缸和曲轴箱表面振动等二次动力学参数得以反映，因此，为了获得振动仿真信号，气缸和曲轴箱被划分为柔性体。首先在 Solidworks 软件中建立气缸和曲轴箱 3 维模型，再导入至有限元软件 ANSYS 中划分网格生成柔性体，最后以中性文件（MNF）格式导入 Adams 中并与传动机构相连接[32]。气缸和曲轴箱柔性体模型及相应的边界点如图 2.7 所示，柔性体特征参数如表 2－2 所示。

表 2－1　2D12 往复压缩机结构与工艺参数

项目	数值
活塞行程（mm）	240
曲轴转速（rpm）	496
一级连杆长度（mm）	600
二级连杆长度（mm）	600
一级气缸活塞直径（mm）	690
二级气缸活塞直径（mm）	370
一级气缸吸入压力（MPa）	0.105
一级气缸排出压力（MPa）	0.393
二级气缸吸入压力（MPa）	0.356
二级气缸排出压力（MPa）	1.469

表 2－2　柔性体特征参数

项目	属性
单元类型	Solid45
单元数量	13194
模态数量	27

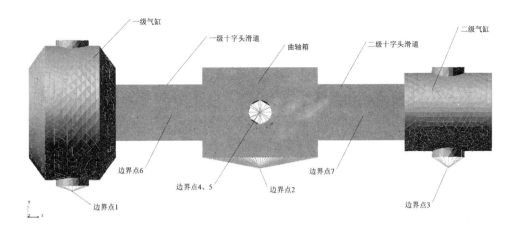

一级气缸　　一级十字头滑道　　曲轴箱　　二级十字头滑道　　二级气缸

边界点6　　边界点4、5　　边界点2　　边界点7

边界点1　　　　　　　　　　　　　　　　　　边界点3

图 2.7　气缸和曲轴箱柔性体模型

在曲轴箱底面和各级气缸吸入管道处建立了边界点 1、2 和 3，使用固定副将气缸和曲轴箱柔性体与基础通过该边界点连接在一起，而曲轴与曲轴箱分别通过在曲轴箱两主轴承中心位置建立的边界点 4 和 5，以转动副连接在一起。各级十字头、十字头销、活塞杆和活塞被固定为一个整体，分别通过在各级十字头滑道中心建立的边界点 6 和 7，以滑动副与十字头滑道连接在一起。两级连杆大、小头轴瓦分别与各级曲轴和十字头销使用间隙运动副连接，共形成四个含间隙的滑动轴承。其中，两级连杆大头轴瓦与曲轴的径向间隙设置为 0.1mm，两级连杆小头轴瓦与十字头销的径向间隙设置为 0.05mm，所设置间隙值均为压缩机正常状态的设计值。

运动副间隙的引入使得轴承与轴颈的几何中心出现两个自由度，两者之间接触力随运动模式不同而不断变化。为了实现轴承与轴颈间运动模式的判断以及接触力的定义，在间隙运动副的轴承与轴颈几何中心分别定义了两个 Marker 点，而两个 Marker 点间的位移即为公式（2 - 28）的位移矢量 r。使用 Adams 中的 IF 函数，根据位移矢量 r 与运动副间隙 c 之间的关系即可实现轴承与轴颈间运动模式的判断。当轴承与轴颈处于自由飞行模式时二者无接触力，一旦轴承与轴颈处于连续接触模式，即可利用 Adams 中的广义力定义函数根据公式（2 - 37）定义二者之间的接触力。

四个间隙运动副中轴承材料为巴士合金，轴颈材料为 45 号钢。轴承材料的泊松比和弹性模量的设计值分别为 0.3 和 140GPa，轴颈材料的泊松比和弹性模量的设计值分别为 0.3 和 210GPa，轴承与轴颈材料接触的补偿系数 e 为 0.95。间隙运动副接触力模型中的参数 K 和 H' 可以根据给定的几何参数和材料属性计算得出。

活塞的气体压力和电机驱动曲轴的旋转运动是往复压缩机多体动力学模型需要施加的载荷。在接近驱动电机的一端，对曲轴施加了转速为 496rpm 的旋转运动。假设气缸内气体为理想气体，且其压缩与膨胀为等熵过程，则气缸内气体压强 p 可以根据热力学定律表示为

$$
P = \begin{cases} P_{out}\left(\dfrac{S_0}{S_0 + X}\right)^m & \text{膨胀} \\[2mm] P_{in} & \text{吸气} \\[2mm] P_{in}\left(\dfrac{S + S_0}{S_0 + X}\right)^m & \text{压缩} \\[2mm] P_{out} & \text{排气} \end{cases} \tag{2 - 38}
$$

式中 P_{in} 和 P_{out} 分别为吸气压强和排气压强，S 和 S_0 分别为活塞行程和气缸余隙，X 为活塞位移，m 为膨胀指数，对于大中型往复压缩机 m 通常设置为 1.14。

2.3.2 连杆大头轴承间隙故障动力学建模

（一）模型建立及影响因素分析

往复压缩机连杆大头轴承与曲轴间的运动副间隙使机构的运动与理想状况产生偏差，引起振动[33]，本节采用长度等于运动副间隙的无质量连杆代替运动副间隙的"无质量连接法"建立连杆大头轴承间隙故障的运动学模型，从而了解连杆大头轴承间隙故障对压缩机运动机构的影响。

图 2.8（a）为连杆大头轴承间隙力学模型，图 2.8（b）为连杆大头轴承间隙运动学模型，图中 A 处表示大头轴承磨损部位，L_2 为曲轴半径，L_3 为连杆长度；G_2 为曲轴质心位置，G_3 为连杆质心位置，G_4 为十字头质心位置；T_2 为曲轴扭矩，$F_g + f$ 为气体力和摩擦力的合力。图 2.8 的往复压缩机连杆大头轴承间隙运动学模型采用长度等于运动副间隙 e 的无质量连杆代替运动副间隙，此连杆只传递运动副作用力，无形变：

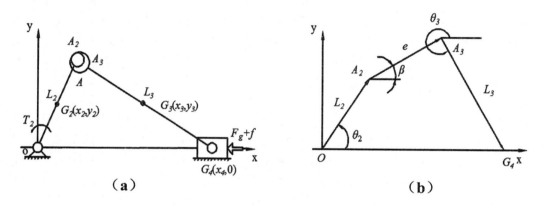

（a） （b）

图 2.8　连杆大头轴承间隙力学模型与运动学模型

连杆 $A_2 A_3$ 为长度 e 的无质量连杆，e 为大头轴承磨损间隙，θ_2 为曲轴转角，可以看出，在 X 轴上的各矢量分量为：$L_2 \cos \theta_2 + e \cos \beta + L_3 \cos \theta_3 = x_4$　　　　　（2-39）
在 Y 轴上的各矢量分量为：$L_2 \sin \theta_2 + e \sin \beta + L_3 \sin \theta_3 = 0$　　　　　（2-40）
即 $\sin \theta_3 = -\dfrac{L_2}{L_3} \sin \theta_2 - \dfrac{e}{L_3} \sin \beta$，大头瓦间隙 e 相对连杆长度 L_3 非常小，则：

$$\sin \theta_3 = -\frac{L_2}{L_3} \sin \theta_2 \qquad (2-41)$$

对公式（2-41）中时间求导：

$$\dot{\theta}_3 = -\frac{L_2}{L_3} \frac{\dot{\theta}_2 \cos \theta_2}{\cos \theta_3} \qquad (2-42)$$

再对公式（2-42）中时间求导：

$$\ddot{\theta}_3 = -\frac{L_2}{L_3} \frac{\ddot{\theta}_2 \cos \theta_2 - \dot{\theta}_2^2 \sin \theta_2}{\cos \theta_3} + \dot{\theta}_3^2 \tan \theta_3 \qquad (2-43)$$

（1）各部件加速度求解

推导中简化各部件，质心位置均近似为机构几何中心处。则各部件质心加速度如下：

曲轴质心 G_2：

$$\begin{cases} \ddot{x}_2 = -\dfrac{L_2}{2}\sin\theta_2 \cdot \theta_2 - \dfrac{L_2}{2}\cos\theta_2 \cdot \dot{\theta}_2^2 \\ \ddot{y}_2 = -\dfrac{L_2}{2}\cos\theta_2 \cdot \theta_2 - \dfrac{L_2}{2}\sin\theta_2 \cdot \dot{\theta}_2^2 \end{cases} \tag{2-44}$$

连杆质心 G_3：

$$\begin{cases} \ddot{x}_3 = -L_2\sin\theta_2 \cdot \theta_2 - L_2\cos\theta_2 \cdot \dot{\theta}_2^2 - e\sin\beta \cdot \beta - e\cos\beta \cdot \dot{\beta}^2 - \dfrac{L_3}{2}\sin\theta_3 \cdot \theta_3 - \dfrac{L_3}{2}\cos\theta_3 \cdot \dot{\theta}_3^2 \\ \ddot{y}_3 = -L_2\cos\theta_2 \cdot \theta_2 - L_2\sin\theta_2 \cdot \dot{\theta}_2^2 + e\cos\beta \cdot \beta - e\sin\beta \cdot \dot{\beta}^2 + \dfrac{L_3}{2}\cos\theta_3 \cdot \theta_3 - \dfrac{L_3}{2}\sin\theta_3 \cdot \dot{\theta}_3^2 \end{cases} \tag{2-45}$$

十字头质心 G_4：

$$\begin{cases} \ddot{x}_4 = -L_2\sin\theta_2 \cdot \theta_2 - L_2\cos\theta_2 \cdot \dot{\theta}_2^2 - e\sin\beta \cdot \beta - e\cos\beta \cdot \dot{\beta}^2 - L_3\sin\theta_3 \cdot \theta_3 - L_3\cos\theta_3 \cdot \dot{\theta}_3^2 \\ \ddot{y}_4 = 0 \end{cases} \tag{2-46}$$

（2）各部件受力分析

对曲轴进行受力分析：

$$\begin{cases} X\text{ 方向的分量}: F_{12x} - F_{23x} = m_2\ddot{x}_2 \\ Y\text{ 方向的分量}: F_{12y} - F_{23y} - m_2g = m_2\ddot{y}_2 \\ \text{矩}: T_2 + L_2F_{23x}\sin\theta_2 - L_3F_{23y}\cos\theta_2 - \dfrac{L_2}{2}m_2g\cos\theta_2 = \theta_2 I_2 \end{cases} \tag{2-47}$$

对连杆进行受力分析：

$$\begin{cases} X\text{ 方向的分量}: F_{23x} - F_{34x} = m_3\ddot{x}_3 \\ Y\text{ 方向的分量}: F_{23y} - F_{34y} - m_3g = m_3\ddot{y}_3 \\ \text{矩}: \dfrac{L_3}{2}(F_{23x} + F_{34x})\sin\theta_3 - \dfrac{L_3}{2}(F_{23y} + F_{34y})\cos\theta_2 = \theta_3 I_3 \end{cases} \tag{2-48}$$

对十字头进行受力分析：

$$\begin{cases} X\text{ 方向的分量}: F_{34x} = m_4\ddot{x}_4 - (F_g + f) \\ Y\text{ 方向的分量}: F_{34y} - F_{41y} - m_4g = 0 \end{cases} \tag{2-49}$$

公式（2-47）、（2-48）和（2-49）中：m_2 为曲轴质量；m_3 为连杆质量；m_4 为十字头质量；F_{12} 为曲轴铰接处的作用反力；F_{23} 为曲轴对连杆的作用力；F_{34} 为连杆对十字头的作用力；F_{41} 为十字头对缸体的作用力。

（3）角度 β 分析

由于存在间隙的机构具有 2 个自由度，求解时假设：

$L_2\cos\theta_2 + e\cos\beta + L_2\cos\theta_3 = x_4$ 且 $e < L_1, L_2$，则 $x_4 \approx L_2\cos\theta_2 + L_3\cos\theta_3$。

在 $\triangle A_3 G_4 O$ 中，$OA_3^2 = (L_2\cos\theta_2 + L_3\cos\theta_3)^2 + L_3^2 - 2L_3(L_2\cos\theta_2 + L_3\cos\theta_3)\cos\theta_3$；

在 $\triangle A_2 A_3 O$ 中，$OA_3^2 = L_2^2 + e^2 - 2L_2e\cos(\pi - \theta_2\beta)$。

可知：$\cos(\beta - \theta_2) = \dfrac{L_2^2\sin^2\theta_2 - L_3^2\sin^2\theta_3 + e^2}{2L_2e}$

对上式求时间的导数得：

$$\dot{\beta} = \frac{L_2^2\dot{\theta}_2\sin2\,\theta_2 - L_3^2\dot{\theta}_3\sin2\,\theta_3}{2\,L_2e\sin(\beta - \theta_2)} + \dot{\theta}_2 \qquad (2-50)$$

再对公式（2-50）求导：

$$\ddot{\beta} = \frac{L_2^2\ddot{\theta}_2\sin2\,\theta_2 + 2\,L_2^2\dot{\theta}_2^2\cos2\,\theta_2 - L_3^2\ddot{\theta}_3\sin2\,\theta_3 + 2\,L_3^2\dot{\theta}_3^2\cos2\,\theta_3 - 2\,L_2e\,(\dot{\beta} - \dot{\theta}_2)^2\cos(\beta - \theta_2)}{2\,L_2e\sin(\beta - \theta_2)} + \ddot{\theta}_2 \qquad (2-51)$$

结合式（2-47）、（2-48）和（2-49），得到：

$$\begin{cases} F_{23x} = m_3\ddot{x}_3 + m_4\ddot{x}_4 - (F_g + f) \\ F_{23y} = \dfrac{1}{2}m_3\Big(3\ddot{x}_3\tan\theta_3 + g + \ddot{y}_3 - \dfrac{\ddot{\theta}_3 L_3}{6\cos\theta_3}\Big) + m_4\ddot{x}_4\tan\theta_3 - (F_g + f)\tan\theta_3 \end{cases} \qquad (2-52)$$

将 $\ddot{x}_3$、$\ddot{y}_3$、$\ddot{x}_4$ 代入公式（2-52），可得到大头轴承磨损间隙处作用反力：

$$\begin{aligned} F_{23x} = &-m_3\Big(L_2\sin\theta_2\cdot\ddot{\theta} + L_2\cos\theta_2\cdot\dot{\theta}_2^2 + \frac{L_3}{2}\sin\theta_3\cdot\ddot{\theta}_3 + \frac{L_3}{2}\cos\theta_3\cdot\dot{\theta}_3^2\Big) \\ &+ m_4\Big(L_2\cos\theta_2\cdot\ddot{\theta} - L_2\sin\theta_2\cdot\dot{\theta}_2^2 + \frac{L_3}{2}\cos\theta_3\cdot\ddot{\theta}_3 - \frac{L_3}{2}\sin\theta_3\cdot\dot{\theta}_3^2\Big) \\ &- (F_g + f) + e\cos\beta(-m_3\tan\beta\cdot\ddot{\beta} - m_3\dot{\beta}^2 + m_4\ddot{\beta} - m_4\tan\beta\cdot\dot{\beta}^2) \end{aligned} \qquad (2-53)$$

$$\begin{aligned} F_{23y} = &-\frac{3}{2}m_3\tan\theta_3\Big(L_2\sin\theta_2\cdot\ddot{\theta}_2 + L_2\cos\theta_2\cdot\dot{\theta}_2^2 + \frac{L_3}{2}\sin\theta_3\cdot\ddot{\theta}_3 + \frac{L_3}{2}\cos\theta_3\cdot\dot{\theta}_3^2\Big) \\ &+ \frac{1}{2}m_4\Big(L_2\cos\theta_2\cdot\ddot{\theta}_2 - L_2\sin\theta_2\cdot\dot{\theta}_2^2 + \frac{L_3}{2}\cos\theta_3\cdot\ddot{\theta}_3 - \frac{L_3}{2}\sin\theta_3\cdot\dot{\theta}_3^2\Big) \\ &- m_4\tan\theta_3\Big(L_2\sin\theta_2\cdot\ddot{\theta}_2 + L_2\cos\theta_2\cdot\dot{\theta}_2^2 + L_3\sin\theta_3\cdot\ddot{\theta}_3 + L_3\cos\theta_3\cdot\dot{\theta}_3^2\Big) \\ &- \frac{\ddot{\theta}_3 m_3 L_3}{12\cos\theta_3} + \frac{1}{2}m_3g - (F_g + f)\tan\theta_3 \\ &+ e\cos\beta\Big[\frac{1}{2}m_3(-3\tan\beta\cdot\ddot{\beta} - 3\dot{\beta}^2 + \ddot{\beta} - \tan\beta\cdot\dot{\beta}^2) - m_4\tan\theta_3(\tan\beta\cdot\ddot{\beta} + \dot{\beta}^2)\Big] \end{aligned} \qquad (2-54)$$

从公式（2-53）、（2-54）可以看出，大头轴承磨损时间隙处的作用反力可由四部分组成：

① 不考虑间隙的作用反力：F_{23x} 的前 2 项，F_{23y} 的前 5 项。

② 气体力。

③ 摩擦力。

④ 因磨损间隙引起的作用反力。

在理想无间隙情况下，认为铰接处不会产生冲击振动，可只分析因磨损间隙引起的作用反力 $F_{23x}{}'$，$F_{23y}{}'$：

$$\begin{cases} F_{23x}{}' = e\cos\beta(-m_3\tan\beta\cdot\ddot{\beta} - m_3\dot{\beta}^2 + m_4\ddot{\beta} - m_4\tan\beta\cdot\dot{\beta}^2) \\ F_{23y}{}' = e\cos\beta\Big[\dfrac{1}{2}m_3(-3\tan\beta\cdot\ddot{\beta} - 3\dot{\beta}^2 + \ddot{\beta} - \tan\beta\cdot\dot{\beta}^2) - m_4\tan\theta_3(\tan\beta\cdot\ddot{\beta} + \dot{\beta}^2)\Big] \end{cases} \qquad (2-55)$$

故间隙引起的作用反力是关于连杆、十字头的质量，曲轴半径，连杆长度，和间隙的非线性函数。

（二）连杆大头轴承间隙故障动力学模型

往复压缩机连杆大头轴承是曲轴和连杆大头之间的运动副，曲轴和连杆的不断分离和碰撞使连杆大头轴承受到交变载荷的作用，曲轴和大头轴承之间间隙会变大，在外力作用下两者会不断分离与碰撞，使连杆大头轴承磨损加剧。接触碰撞模型用于描述物体之间接触碰撞作用，建立准确的接触碰撞模型对连杆大头轴承间隙故障的研究尤其重要。

本节针对碰撞故障的故障机理和碰撞故障表征特点进行研究。以往复压缩机连杆大头轴瓦为对象，结合曲轴与连杆大头轴瓦碰撞特点，建立连杆大头轴承 – 曲轴非线性接触碰撞模型，引入一种非线性摩擦模型描述碰撞过程中的摩擦作用。基于多体动力学理论和连杆大头轴承 – 曲轴接触碰撞模型，建立了连杆大头轴承间隙故障动力学模型，为研究接触碰撞力的变化规律及机组的响应特征，揭示连杆大头轴承间隙故障变化特点提供理论基础。

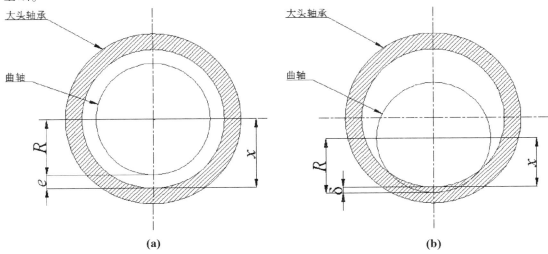

图 2.9　连杆大头轴承 – 曲轴非线性接触碰撞模型

理想状况下，曲轴与大头轴承是完全同轴同心的。但在实际工程中，因建立轴和轴承表面的动力润滑，使得曲轴与大头轴承之间存在间隙，间隙的存在使两者在运动过程中不可能完全同心，存在相互分离的状态（图 2.9 （a）），再次接触时就会发生碰撞（图 2.9（b））。曲轴和连杆的不断分离和碰撞使连杆大头轴承频繁受到交变载荷的作用，从而使连杆大头轴承逐渐磨损。图 2.9 中，x 为曲轴和连杆大头轴承的距离，R 为曲轴连杆轴颈半径；e 为曲轴和连杆大头轴承的初始间隙；δ 为曲轴和连杆大头轴承接触表面的相互渗透量。

曲轴与连杆大头轴承之间的接触碰撞力可分解为法向接触力和切向摩擦力。用等效弹簧力模拟碰撞过程中的法向接触力，用阻尼器模拟能量损失[34]。同时，建立非线性摩擦模型分析碰撞过程中的摩擦行为。

①法向接触力

根据材料的特性可知，接触力与法向变形量 δ 及其导数 $\dot{\delta}$ 有关[35]，则法向接触力表示为：

$$F_N = \begin{cases} 0 & x - R > 0 \\ f(\delta,\dot{\delta}) = F_k + F_c\dot{\delta}_m & \leqslant x - R \leqslant 0 \end{cases} \quad (2-56)$$

式中，F_k 为等效弹簧力，F_c 为等效阻尼力，δ_m 为两者最大相互渗透量。

式（2-57）为等效弹簧力 F_k。

$$F_k = K\delta^n \tag{2-57}$$

式中，K 为接触刚度系数；n 为力指数，用以表征等效弹簧力的贡献因子。

曲轴与连杆大头轴承之间的碰撞可简化为圆柱与圆筒之间的刚性碰撞，且连杆大头轴承相对于曲轴的质量较小，则根据 Hertz 定律曲轴与连杆大头轴瓦碰撞过程中线性当量化处理后的接触刚度系数可表示为

$$K = 1.5679\left(\frac{1-u_1^2}{E_1} + \frac{1-u_2^2}{E_2}\right)^{-\frac{4}{5}} \left(\frac{R^2}{e}\right)^{\frac{2}{5}} (m_2 v_0^2)^{\frac{1}{5}} \tag{2-58}$$

式中，E_1、E_2、u_1、u_2 分别表示曲轴与连杆大头轴承的弹性模量和泊松比，m_2 为曲轴质量，v_0 为碰撞点的初始相对速度。文献 [36] 使用恢复系数来表示碰撞过程中的能量损失，提出碰撞过程中接触阻尼系数 C 的计算公式可表示为

$$C = \frac{3K(1-c_e^2)e^{2(1-c_e)}\delta^n}{4v_0} \tag{2-59}$$

式中，C_e 为恢复系数，恢复系数是用来描述碰撞过程中物体恢复至原来形状的参数。传统定义认为恢复系数只与碰撞物体的材料有关，实际上，物体碰撞过程中的热损失、变形等显然也与碰撞的初始速度有关，文献 [37] 给出了恢复系数的非线性形式，如公式（2-60）所示。

$$C_e = 1 - \alpha v_0 \tag{2-60}$$

式中，α 为考虑材料特性及局部几何特性的参数。则等效阻尼力如公式（2-61）所示。

$$F_c = C\dot{\delta} = \frac{3K(1-c_e^2)e^{2(1-c_e)\delta^n}}{4v_0}\dot{\delta} \tag{2-61}$$

将公式（2-57）和（2-61）代入公式（2-56），可得到法向接触力 F_N，如公式（2-62）所示。

$$F_N = \begin{cases} 0 & x-R>0 \\ K\delta^n\left(1+\dfrac{3(1-c_e^2)e^{2(1-c_e)}}{4v_0}\dot{\delta}\right) & \delta_m \leq x-R \leq 0 \end{cases} \tag{2-62}$$

当 $x-R>0$ 时，两物体处于分离状态，法向接触力为0；当 $\delta_m \leq x-R \leq 0$ 时，两物体发生碰撞，产生接触压力。

曲轴与连杆大头轴承接触碰撞的最大相互渗透量如公式（2-63）所示。

$$\delta_m = 0.8524\left[\left(\frac{1-u_1^2}{E_1} + \frac{1-u_2^2}{E_2}\right)^2 \frac{m_2 e}{R_2^2}v_0^4\right]^{\frac{1}{5}} \tag{2-63}$$

②切向摩擦力

两物体碰撞过程中由于切向相对运动的存在会产生摩擦力。切向相对运动分为黏滞和滑移[38]。滑移运动时，切向摩擦力满足经典库伦摩擦定理，即：

$$|F_T| = u_d F_N \tag{2-64}$$

当处于黏滞状态时，接触碰撞模型中切向摩擦力 F_T 满足：

$$|F_T| < u_s F_N \tag{2-65}$$

式中，u_d 为动摩擦系数，u_s 为静摩擦系数。

文献 [37] 提出了一种非线性摩擦模型，其切向接触力 F_T 是法向接触力 F_N 与摩擦系

数 u 的乘积，方向与相对运动方向相反。其非线性摩擦系数模型如公式（2-66）所示。

$$u = \begin{cases} -sign(v) \cdot u_d & |v| > V_d \\ -step(|v|, V_d, u_d, V_s, u_s) \cdot sign(v) & V_d \geqslant |v| \geqslant V_s \\ step(v, -V_s, u_s, V_s, -u_s) & -V_s < v < V_s \end{cases} \quad (2-66)$$

式中，u 为摩擦系数；v 为两物体的相对滑移速度；V_d 为动摩擦转变速度；V_s 为静摩擦转变速度。

2.3.3　连杆小头轴承间隙故障动力学建模

（一）模型建立及影响因素分析

连杆小头轴承是连杆小头与十字头销之间的运动副，往复压缩机传动机构通过连杆小头轴承的铰接作用，将旋转运动转化为直线运动。连杆小头轴承间隙故障将导致十字头、活塞杆、活塞运行不稳定，影响机组的生产效率。连杆小头轴承磨损产生的间隙使机构的运动发生了变化，同样采用"无质量连接法"建立连杆小头轴承间隙故障运动学模型，研究间隙对压缩机运动机构的影响。

图 2.10（a）为连杆小头轴承间隙力学模型，图 2.10（b）为连杆小头轴承间隙运动学模型，图中 B 为连杆小头轴承磨损部位，e 为连杆小头轴承磨损间隙，θ_2 为曲轴转角。可以看出：

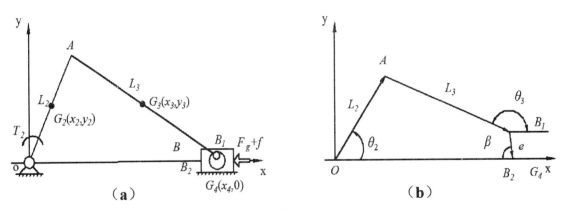

图 2.10　连杆小头轴承间隙力学模型与运动学模型

在 X 轴上各矢量的分量为：$L_2\cos\theta_2 + e\cos\beta + L_3\cos\theta_3 = x_4$　　　　（2-67）

在 Y 轴上各矢量的分量为：$L_2\sin\theta_2 + e\sin\beta + L_3\sin\theta_3 = 0$　　　　（2-68）

即 $\sin\theta_3 = -\dfrac{L_2}{L_3}\sin\theta_2 - \dfrac{e}{L_3}\sin\beta$，由于间隙 C 相对连杆长度 L_3 非常小，则可写为：

$$\sin\theta_3 = -\frac{L_2}{L_3}\sin\theta_2 \quad (2-69)$$

公式（2-69）对时间进行求导可得：$\dot{\theta}_3 = -\dfrac{L_2}{L_3}\dfrac{\dot{\theta}_2\cos\theta_2}{\cos\theta_3}$

公式（2-70）对时间进行求导可得：$\ddot{\theta}_3 = -\dfrac{L_2}{L_3}\dfrac{\ddot{\theta}_2\cos\theta_2 - \dot{\theta}_2^2\sin\theta_2}{\cos\theta_3} + \dot{\theta}_3^2\tan\theta_3$　（2-70）

（1）各部件加速度分析

在推导中，为进行简化，近似认为各部件质心位置位于机构几何中心处。则可得到各部件质心加速度如下：

曲轴质心 G_2：

$$\begin{cases} \ddot{x}_2 = -\dfrac{L_2}{2}\sin\theta_2 \cdot \theta_2 - \dfrac{L_2}{2}\cos\theta \cdot \dot{\theta}_2 \\[2mm] \ddot{y}_2 = \dfrac{L_2}{2}\cos\theta_2 \cdot \theta_2 - \dfrac{L_2}{2}\sin\theta_2 \cdot \dot{\theta}_2 \end{cases} \qquad (2-71)$$

连杆质心 G_3：

$$\begin{cases} \ddot{x}_3 = -L_2\sin\theta_2 \cdot \theta_2 - L_2\cos\theta_2 \cdot \dot{\theta}_2^2 - \dfrac{L_3}{2}\sin\theta_3 \cdot \theta_3 - \dfrac{L_3}{2}\cos\theta_3 \cdot \dot{\theta}_3^2 \\[2mm] \ddot{y}_3 = L_2\cos\theta_2 \cdot \theta_2 - L_2\sin\theta_2 \cdot \dot{\theta}_2^2 + \dfrac{L_3}{2}\cos\theta_3 \cdot \theta_3 - \dfrac{L_3}{2}\sin\theta_3 \cdot \dot{\theta}_3^2 \end{cases} \qquad (2-72)$$

十字头质心 G_4：

$$\begin{cases} \ddot{x}_4 = -L_2\sin\theta_2 \cdot \theta_2 - L_2\cos\theta_2 \cdot \dot{\theta}_2^2 - e\sin\beta \cdot \beta - e\cos\beta \cdot \dot{\beta}^2 - L_3\sin\theta_3 \cdot \theta_3 - L_3\cos\theta_3 \cdot \dot{\theta}_3^2 \\ \ddot{y}_4 = 0 \end{cases} \qquad (2-73)$$

（2）各部件受力分析

对曲轴进行受力分析：

$$\begin{cases} X\text{ 方向的分量：} F_{12x} - F_{23x} = m_2\ddot{x}_2 \\ Y\text{ 方向的分量：} F_{12y} - F_{23y} - m_2g = m_2\ddot{y}_2 \\ \text{矩：} T_2 + L_2 F_{23x}\sin\theta_2 - L_3 F_{23y}\cos\theta_2 - \dfrac{L_2}{2}m_2g\cos\theta_2 = \theta_2 I_2 \end{cases} \qquad (2-74)$$

对连杆进行受力分析：

$$\begin{cases} X\text{ 方向的分量：} F_{23x} - F_{34x} = m_3\ddot{x}_3 \\ Y\text{ 方向的分量：} F_{23y} - F_{34y} - m_3g = m_3\ddot{y}_3 \\ \text{矩：} \dfrac{L_3}{2}(F_{23x} + F_{34x})\sin\theta_3 - \dfrac{L_3}{2}(F_{23y} + F_{34y})\cos\theta_2 = \theta_3 I_3 \end{cases} \qquad (2-75)$$

对十字头进行受力分析：

$$\begin{cases} X\text{ 轴方向的分量：} F_{34x} = m_4\ddot{x}_4 - (F_g + f) \\ Y\text{ 轴方向的分量：} F_{34y} - F_{41y} - m_4g = 0 \end{cases} \qquad (2-76)$$

（3）角度 β 分析

$L_2\cos\theta_2 + e\cos\beta + L_2\cos\theta_3 = x_4$，由于 $e \ll L_1, L_2$，则可近似认为 $x_4 \approx L_2\cos\theta_2 + L_3\cos\theta_3$，根据余弦定理可知：

在 $\Delta B_1 G_4 O$ 中，$AG_4^2 = (L_2\cos\theta_2 + L_3\cos\theta_3)^2 + L_2^2 - 2L_2(L_2\cos\theta_2 + L_3\cos\theta_3)\cos\theta_2$；

在 $\Delta B_1 AO$ 中，$AG_4^2 = L_3^2 + e^2 - 2L_3 C\cos(\pi - \theta_2 + \beta)$。

通过上述可得：$\cos(\beta - \theta_2) = \dfrac{L_2^2\sin^2\theta_3 - L_3^2\sin^2\theta_3 + e^2}{2L_3 e}$

并对上式求时间的导数得：$\dot{\beta} = \dfrac{L_2^2\dot{\theta}_2\sin 2\theta_2 - L_3^2\dot{\theta}_3\sin 2\theta_3}{2L_2 e\sin(\beta - \theta_2)} + \dot{\theta}_2 \qquad (2-77)$

再对公式（2-77）求导：

$$\dot{\beta} = \frac{L_2^2 \ddot{\theta}_2 \sin 2\theta_2 + 2L_2^2 \dot{\theta}_2^2 \cos 2\theta_2 - L_3^2 \ddot{\theta}_3 \sin 2\theta_3 + 2L_3^2 \dot{\theta}_3^2 \cos 2\theta_3 - L_2 e(\dot{\beta} - \dot{\theta})_2 \cos(\beta - \theta_2)}{2L_2 e \sin(\beta - \theta_2)} \quad (2-78)$$

结合公式（2-74）、（2-75）和（2-76），可得：

$$\begin{cases} F_{34x} = M_4 \ddot{x}_4 - (F_g + f) \\ F_{34y} = \dfrac{1}{2} m_3 \left(\ddot{x}_3 \tan\theta_3 - g - \ddot{y}_3 - \dfrac{\ddot{\theta}_3 L_3}{6\cos\theta_3} \right) + m_4 \ddot{x}_4 \tan\theta_3 - (F_g + f)\tan\theta_3 \end{cases} \quad (2-79)$$

将 $\ddot{x}_3$、$\ddot{y}_3$、$\ddot{x}_4$ 代入公式（2-79），可得到小头轴承磨损间隙处作用反力：

$$F_{34x} = -m_4 (L_2 \sin\theta_2 \cdot \ddot{\theta}_2 + L_2 \cos\theta_2 \cdot \dot{\theta}_2^2 + L_3 \sin\theta_3 \cdot \ddot{\theta}_3 + L_3 \cos\theta_3 \cdot \dot{\theta}_3^2)$$
$$+ e\cos\beta(m_4 \dot{\beta}^2 - m_4 \tan\beta \cdot \ddot{\beta}) - (F_g + f)$$

$$F_{34y} = -\frac{1}{2} m_3 \tan\theta_3 \left(L_2 \sin\theta_2 \cdot \ddot{\theta}_2 + L_2 \cos\theta_2 \cdot \dot{\theta}_2^2 + \frac{L_3}{2}\sin\theta_3 \cdot \ddot{\theta} + \frac{L_3}{2}\cos\theta_3 \cdot \dot{\theta}_3^2 \right)$$
$$- \frac{1}{2} m_3 \left(L_2 \cos\theta_2 \cdot \ddot{\theta}_2 - L_2 \sin\theta_2 \cdot \dot{\theta}_2^2 + \frac{L_3}{2}\sin\theta_3 \cdot \ddot{\theta}_3 - \frac{L_3}{2}\sin\theta_3 \cdot \dot{\theta}_3^2 \right) \quad (2-80)$$
$$- m_4 \tan\theta_3 (L_2 \sin\theta_2 \cdot \ddot{\theta}_2 + L_2 \cos\theta_2 \cdot \dot{\theta}_2^2 + L_3 \sin\theta_3 \cdot \ddot{\theta}_3 + L_3 \cos\theta_3 \cdot \dot{\theta}_3^2)$$
$$- \frac{\ddot{\theta}_3 m_3 L_3}{12\cos\theta_3} - (F_g + f)\tan\theta_3 - \frac{1}{2} m_3 g - e\cos\beta m_4 \tan\theta_3 (\tan\beta \cdot \ddot{\beta} + \dot{\beta}^2)$$

从公式（2-79）、（2-80）可以看出，小头轴承磨损间隙处的作用的反力可由四部分组成：

①不考虑间隙的作用反力：F_{34x} 的前 1 项，F_{34y} 的前 4 项。

②气体力。

③摩擦力。

④因磨损间隙引起的作用反力。

同样，仅分析因磨损间隙引起的作用反力：F'_{34x}，F'_{34y}。

$$\begin{cases} F'_{34x} = e\cos\beta \ (m_4 \dot{\beta}^2 - m_4 \tan\beta \cdot \ddot{\beta}) \\ F'_{34y} = e\cos\beta m_4 \tan\theta_3 \ (\tan\beta \cdot \ddot{\beta} + \dot{\beta}^2) \end{cases} \quad (2-81)$$

可以看出，小头轴承发生磨损后，间隙引起的作用反力与曲轴半径、连杆长度、十字头质量以及磨损间隙有关。

（二）连杆小头轴承间隙故障动力学模型研究

连杆小头轴承作为连杆小头与十字头销之间的摩擦副，不仅要承受曲轴连杆所带来的交变载荷，气体力的周期性变化也会在连杆小头轴承处产生冲击，这些都使得连杆小头轴承极易发生磨损。连杆小头轴承因长时间工作磨损，会使连杆小头轴承与十字头间的间隙超标。因此，采用 2.3.1 节所提出的非线性接触碰撞模型理论，建立连杆小头轴承-十字头销接触碰撞理论模型，基于多体动力学理论和连杆小头轴承-十字头销接触碰撞模型，建立了连杆小头轴承间隙故障动力学模型，为研究接触碰撞力的变化规律及机组的响应特征，揭示连杆小头轴承间隙故障变化特点提供理论基础。

连杆小头轴承与十字头销间隙过大时，二者在运动过程中不断分离、碰撞，如图 2.11 所示。

图 2.11 中，x 为十字头销和连杆小头轴承内表面的距离，R 为十字头销连杆轴颈半径；e 为十字头销和连杆小头轴承的初始间隙；δ 为十字头销和连杆小头轴承接触表面的相互渗透量。通过对比可知，连杆小头轴承 – 十字头销接触碰撞模型与连杆大头轴承 – 曲轴接触碰撞模型相比，有以下特点：

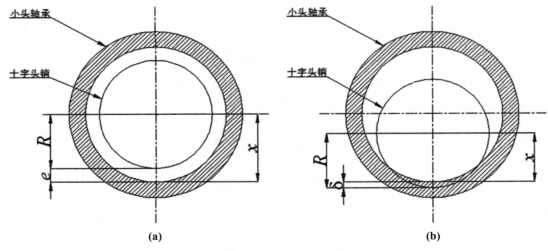

图 2.11　连杆小头轴承 – 十字头销接触碰撞模型

①形状：连杆小头轴承与十字头销之间的碰撞可认为是圆柱和圆筒之间的刚性碰撞，与连杆大头轴承 – 曲轴碰撞模型相同。因此，同样可使用 Hertz 定律计算碰撞过程中的接触刚度。

②质量：连杆大头轴承相较于曲轴质量可以忽略，而连杆小头轴承质量与十字头销质量相比不可忽略，因此需对接触刚度进行修正。基于大头轴承 – 曲轴接触碰撞模型，对连杆小头轴承 – 十字头销接触碰撞模型中的接触刚度系数 K 和最大相互渗透量 δ_m 进行修正，其余参数参照 2.3.2 节。连杆小头轴承与十字头销碰撞过程中线性当量化处理后的接触刚度系数可表示为公式（2 – 82）。

$$K = 1.0948\left(\frac{m_1}{m_1 + m_2} + \frac{m_2 v_0^2}{2\alpha^6}\right)^{1/5}$$
$$\alpha = 0.8\sqrt[3]{\frac{9}{16}\left(\frac{1-u_1^2}{E_1} + \frac{1-u_2^2}{E_1}\right)^2 \frac{e}{R_2^2}}$$

（2 – 82）

式中，m_1 表示十字头销质量；m_2 表示小头轴承质量；E_1、E_2 表示弹性模量；u_1、u_2 表示泊松比；R_1、R_2 表示十字头销和小头轴承的半径；v_0 表示碰撞点的初始相对速度。

接触碰撞的最大相互渗透量如公式（2 – 83）所示。

$$\delta_m = 0.8524\left[\left(\frac{1-u_1^2}{E_1} + \frac{1-u_2^2}{E_2}\right)^2 \frac{m_2 e}{R_2^2} v_0^4\right]^{1/5}$$

（2 – 83）

2.4　本章小结

（1）面向 2D12 型往复式压缩机内部各部件，尤其是典型的活塞 – 曲轴 – 连杆运动机构、气阀组件进行了详细的动力学和运动学分析，列举了各部件的运动规律以及所承受的各种作用力的计算方法。

（2）为 2D12 型往复式压缩机常见故障建立故障树分析图，从而为故障诊断方法的选取和相应故障的诊断提供了依据，在往复式压缩机的工作过程中，相对运动的部件较多，长久、强烈的振动必将引起压缩机部件的磨损、松动、间隙增大、过热，进而有可能导致故障的发生。各个部件的振动是对其内部激励力和故障的响应，通过对振动信号的分析，可对压缩机的大多数故障进行诊断。

（3）压缩机易发生泄漏故障的主要部件是填料函、气阀和气缸，这些部件发生故障将引起气缸内压力、级间压力、温度、振动等信号偏离正常状态，通过对这些信号的监测和分析可以对压缩机气缸活塞系统进行状态监测和故障诊断。

（4）通过往复压缩机大头轴承和小头轴承间隙故障运动学模型，结合曲轴与大头轴承碰撞、连杆小头与十字头销碰撞特点，建立曲轴与连杆大头轴承、连杆小头与十字头接触碰撞模型，为研究接触碰撞力的变化规律及机组的响应特征提供理论基础。

（5）将二级往复压缩机简化为二级曲柄滑块机构，建立含多个运动副间隙的往复压缩机 ADAMS 多体动力学模型，实现了含多个间隙类型的往复压缩机轴承复合故障状态的动力学仿真，实验数据验证仿真模型有效。

参考文献

［1］何正嘉，訾艳阳，孟庆丰. 机械设备非平稳信号的故障诊断原理与应用（M）. 北京：高等教育出版社，2001.

［2］刘卫华，郁永章. 往复式压缩机故障诊断方法的研究［J］. 压缩机技术，2001，(1)：3－5

［3］毕文阳，江志农，刘锦南. 往复压缩机气阀故障模拟实验与诊断研究［J］. 流体机械，2013，41 (6)：6－10.

［4］Paul C，Hanlon. 压缩机手册［M］. 北京：中国石化出版社，2003.

［5］吴广宇. 往复压缩机气阀动力特性及故障模拟研究［D］. 中国石油大学，2008.

［6］徐丰甜，李建，孔祥宇，等. 基于 PCA 的往复压缩机气阀故障异常监测方法［J］. 流体机械，2014，00 (10)：52－55，59.

［7］郝志勇，段秀兵，宋宝安，等. 车用柴油机曲轴系统动力学仿真［J］. 农业机械学报，2005，36 (7)：4－7。

［8］程广庆，周邵萍，郑超瑜，等. 基于 ADAMS 和 ANSYS 的往复压缩机有限元分析［J］. 压缩机技术. 2006，4：9－11.

［9］郑超瑜. 往复式空压机虚拟样机气体力加载研究［J］. 流体机械. 2009，37 (2)：39－42.

［10］白亮亮，唐良宝. 基于 ADAMS 的活塞压缩机动平衡虚拟设计［J］. 流体机械. 2008，36 (6)：43－46.

［11］Bin－yanYu，Quan－keFeng，Xiao－ling Yu. Dynamic simulation and stress analysis for reciprocating compressor crankshaft［J］. Proceedings of the Institution of Mechanical Engineers，Part C：Journal of Mechanical Engineering Science. 2013，227 (4)：845－852.

［12］刘成武，黄鼎键. 基于虚拟技术的压缩机曲轴系统动力学分析［J］. 福建工程学院学报，2009，7 (6)：599－605.

［13］刘成武，钱林方，苏小鹏. 压缩机曲轴机体耦合动力学研究［J］. 机械设计，2006，23 (12)：52－55.

［14］T Furuhashi，N Morita，M Matsuura. Research on dynamics of four－bar linkage with clearance at turning pairs [J]. Bul2letin of the JSME, 1978, 21.

[15] SW E Earles, C L S Wu. Motion analysis of a rigid – link mechanism with clearance at a bearing, u-sing lagrangianmechanism and digital computation [R]. Conference onMechanisms, IME, London, England, 1972: 83 – 89.

[16] T Furuhashi, N Morita, M Matsuura. Research on Dynamics of Four – Bar Linkage with Clearances at Turning Pairs (4th Report, ForcesActing at Joints ofCrank – LeverMechanism) [C]. Bulletin JSME, 1978, 21: 1299 – 1305.

[17] T Furuhashi, N Morita, M Matsuura. Research on dynamics of four – bar linkage with clearances at turning pairs [J]. Bul. l JSME, 1978, 21: 518 – 523.

[18] M. Takiguchi, M. Oguri, T. Someya. A study of rotating motion of piston pin in gasoline engine [J]. SAE Paper 938142, Detroit, USA, 1993.

[19] M. Takiguchi, K. Nagasawa, T. Suhara, M. Hiruma. Friction and lubrication characteristics of small end connecting rod bearing of an automotive engine [J]. FallTechnical Conference ASME. 1996, 2: 1 – 6.

[20] T. Suhara, S. Ato, M. Takiguchi, S. Furuhama, Friction and lubrication characteristics of piston pin boss bearings of an automotive engine [J]. SAE Paper 970840, Detroit, USA, 1997.

[21] C. Zhang, H. S. Cehng, L. Qiu, K. W. Knipstein, J. Bolyard. Scuffing behavior of piston pin/bore bearing in mixed lubrication [J]. Part. 1, experimental studies, Tribol. Trans. 2004, 46: 193 – 199.

[22] C. Zhang, H. S. Cehng, J. O. Wang, Scuffing behavior of piston pin/bore bearing in mixed lu-brication, Part. 2, experimental studies, Tribol. Trans. 2004, 47: 149 – 156.

[23] J. L. Ligier, P. Ragot. Piston – pin: wear and rotating motion [J]. SAE Paper 2005 – 01 – 1651, Detroit, USA, 2005.

[24] J. L. Ligier, P. Ragot. Small end conrodlubrication [J]. SAE Paper 2006 – 01 – 1101, Detroit, USA, 2006.

[25] A. L. Schwab, J. P. Meijaard, P. Meijers. A comparison of revolute joint clearance model in the dynamic analysis of rigid and elastic mechanical systems [J]. Mechanism and Machine Theory, 2002, 37: 895 – 913.

[26] P. Flores, J. Ambrosio, J. P. Claro. Dynamic analysis for planar multibody mechanical systems with lubricated joints [J]. Multibody System Dynamics, 2004, 12: 47 – 74.

[27] S. Erkaya, S. Su, I. Uzmay. Dynamic analysis of a slider – crank mechanism with eccentric con-nector and planetary gears [J]. Mechanism and Machine Theory, 2007, 42: 393 – 408.

[28] H. M. Lankarani, P. E. Nikravesh. Continuous contact force models for impact analysis in multi-bodysystems [J]. Nonlinear Dynamics 1994, 5: 193 – 207.

[29] P. Flores, J. Ambrosio b and J. C. P. Claro. A study on dynamics of mechanical systems including joints with clearance and lubrication [J]. Mechanism and Machine Theory, 2006, 41: 247 – 261.

[30] ImedKhemili, LotfiRomdhane. Dynamic analysis of a flexible slider – crank mechanism with clearance [J]. European Journal of Mechanics A/Solids, 2008, 27: 882 – 898.

[31] T Furuhashi, N Morita, M Matsuura. Research on Dynamics of Four – Bar Linkage with Clearance at Turning Pairs (2nd Report, Analysis of Crank – LeverMechanism with Clearance at Joint of Crank and CouplerUsing Continuous ContactModel) [J]. Bulletin of the JSME, 1978, 21 (158): 1284 – 1291.

[32] Bin – yanYu, Quan – keFeng, Xiao – ling Yu. Dynamic simulation and stress analysis for reciproca-ting compressor crankshaft [J]. Proceedings of the Institution of Mechanical Engineers, Part C: Journal of Mechanical Engineering Science. 2013, 227 (4): 845 – 852.

［33］翟斌. 往复式压缩机传动机构故障建模与分析 ［D］. 北京：北京化工大学，2017.

［34］赵阳，白争锋，王兴贵. 含间隙卫星天线双轴定位机构动力学仿真分析 ［J］. 宇航学报，2010，6：1533 – 1539.

［35］徐振钦，马大为，乐贵高. 基于碰撞接触的弹管多体动力学建模与仿真 ［J］. 系统仿真学报，2007，5：965 – 968.

［36］白争锋，赵阳，赵志刚. 考虑运动副间隙的机构动态特性研究 ［J］. 振动与冲击，2011，11：17 – 20.

［37］Hunt K. H. C. F. R. E.. Coefficient of restitution interpreted as damping in vibro – impact ［J］. Journal of Applied Mechanics，1975，42（2）：440 – 445.

［38］王光建，姜铁牛. 弹链系统间隙铰多体动力学模型仿真与试验 ［J］. 机械工程学报，2008，5：238 – 241.

第3章 信号非平稳时变分析的故障诊断技术

目前对于往复压缩机故障诊断常用的方法是以信号处理技术为主，以获取各状态数据为实现诊断的前提。虽然，基于信号分析的故障诊断技术应用最为广泛，但从往复压缩机机体表面测得的振动信号表现出的明显非线性、非平稳时变和多源耦合的准周期性等特性来看，传统、单一技术手段难以获得有效的特征成分，特别是基于非平稳时变特性分析及与之相适应的特征提取方法的研究势在必行[1-2]。本章面向压缩机故障诊断的技术应用，简要介绍信号自适应分解理论、多重分形理论和信息熵技术的原理和特点，也就是信号非平稳时变分析的基本技术理论，为本书后续章节中基于该方法在压缩机中的开展故障诊断、评估与预警的具体应用与实践研究做基本理论铺垫。

目前，小波变换是满足叠加性原理的线性时频分析手段，受 Heisenberg 测不准原理制约，时间分辨率和频率分辨率难以同时达到最优，而且从本质上说，小波分解是一种无自适应性的机械格型分解[3]；Wigner – Villy 分布作为典型的双线性时频分析手段在多分量频率交叉干扰存在的状态下，计算效果并不好；上述方法共同特点是都过分依赖人工设定的基函数，由于激励源的差异性，也根本无法找到适用所有信号成分的"万能"基函数。

以经验模态分解（Empirical Mode Decomposition，EMD）为代表的信号分析方法，自提出以来受到国内外学者的广泛关注，并不断发展成为独立的自适应时频分析技术。上述自适应分析方法的核心是：先定义单一模态分量以使其具有物理意义，根据待处理信号的自身信息或形态特征分解获取基线信号，最终将复杂的多分量信号分解为若干个瞬时频率有物理意义的单一模式分量，在分解过程中体现"数据驱动"，即保证不对信号的形态、结构等特征进行预测与限制[4]。

3.1 基础概念

3.1.1 解析信号

实信号 $x(t)$ 例，若想表示它的复数形式，可以有很多种表示方法。其中最常用的是将 $\hat{x}(t)$ 为直接当作复信号的虚部[5]。这样 $x(t)$ 的复数表达形式 $z(t)$ 可以记为：

$$z(t) = x(t) + j \cdot \hat{x}(t) \qquad (3-1)$$

其极坐标可以表示为：

$$z(t) = a(t) e^{j\varphi(t)} \qquad (3-2)$$

由于实信号的频谱是共轭对称的，通常只考虑信号频谱的正频率部分，因此可以忽略信号的负频率部分，这样做不会损失任何信息，也不会产生任何虚假信息。但是这样做会使原信号的能量受到影响，我们需要将正频率频谱的幅值增加一倍，这样就可以保持原信号的总能量不变。保留了正频率部分的复信号 $z(t)$ 的频谱为：

$$Z(f) = \begin{cases} 2X(f), & f > 0 \\ X(f), & f = 0 \\ 0, & f < 0 \end{cases} \tag{3-3}$$

若 $H(f)$ 是奇对称的阶跃函数，那么，

$$H(f) = \begin{cases} 1, & f > 0 \\ 0, & f = 0 \\ -1, & f < 0 \end{cases} \tag{3-4}$$

则，复信号 $z(t)$ 的频谱可表示为：

$$Z(f) = X(f)[1 + H(f)] \tag{3-5}$$

在上式中，对 $X(f)$ 进行滤波可以得到 $Z(f)$ ，若 $h(t)$ 为 $H(f)$ 对应的冲激函数。
复信号 $Z(f)$ ：

$$\begin{aligned} z(t) &= x(t) + j \cdot \hat{x}(t) * h(t) \\ &= x(t) + j \int_{-\infty}^{\infty} \frac{x(\tau)}{t - \tau} d\tau \\ &= x(t) + jH[x(t)] \end{aligned} \tag{3-6}$$

其中：

$$H[x(t)] = \int_{-\infty}^{\infty} \frac{x(\tau)}{t - \tau} d\tau \tag{3-7}$$

这样，就可以通过式（3-6）得到 $x(t)$ 的解析信号，$x(t)$ 通过式（3-7）得到它的 Hilbert 变换。

3.1.2　瞬时频率

传统"频率"一词来源于经典物理学中周期信号的概念，即为单位时间内完成的振动次数。在信号处理中，通过对平稳信号进行傅里叶变换便可求得信号的频率。但是傅里叶变换只能反映信号的全局信息，却不能体现信号的局部特征。在实际工程中，信号通常十分复杂，其频率一般随时间变化，为具有时变特性非平稳信号，传统意义上的傅里叶变换并不能得到理想的效果。而瞬时频率是描述非平稳信号时变特性的一个重要参数，基于 Hilbert 变换的瞬时频率为提取非平稳信号的局部信息提供了理论依据[6]，其定义过程如下：

由于解析信号的实部和虚部分别由原信号 $x(t)$ 和它的 Hilbert 变换对 $\hat{x}(t)$ 构成，即式 3-2 所示。

那么，幅值函数 $a(t)$ 为：

$$a(t) = \sqrt{x(t)^2 + \hat{x}(t)^2} \tag{3-8}$$

相位函数 $\theta(t)$ 为：

$$\theta(t) = \arctan \frac{\hat{x}(t)}{x(t)} \tag{3-9}$$

对相位函数 $\theta(t)$ 求导即得瞬时频率：

$$\omega(t) = \frac{d\theta(t)}{dt} \tag{3-10}$$

在机械故障诊断领域，振动信号一般为非平稳信号，通过瞬时频率对它们进行处理，能充分反映信号频率瞬变特性，获取信号更多局部特征信息，实际工程应用中的许多问题从而得到有效解决[7]。

但是这种定义方式存在着一定的不足：

首先，解析信号频谱的负频率为零，如果用这种方式定义，有可能出现负的瞬时频率；

其次，这样定义瞬时频率能会产生频谱之外的频率；

再次，如果一个信号的带宽有限，通过对瞬时相位求导，得到的瞬时频率可能不在频带之内。

综上所述，在用这种方式进行定义时，原信号需要满足一些特定的条件，这样得到的瞬时频率才会有意义。对于瞬时频率，时间和频率是一一对应的，它是时间 t 的单值函数，只能表示单分量的信号，对于多分量信号没有任何物理意义。但是通常我们很难确定信号是否为单分量信号，因此只有较窄带宽的信号才能用这种方式定义瞬时频率。下面介绍的自适应分解方法均能满足信号的瞬时频率有意义。

3.2　EMD 方法及其特点

美籍华人 Norden. E. Huang 等人于 1998 年提出了 EMD 算法，该方法假设原信号是多个具有窄带频率成分的单一模态信号的线性叠加，即首先定义了本征模式函数（Intrinsic Mode Function，IMF），在保证其瞬时频率具有物理意义的基础上，通过计算上下极值点包络线均值来构造基线信号，从而实现了将任意复杂信号分解为若干个 IMF 分量之和的目标。EMD 是一种真正自适应的非线性、非平稳信号分析方法，克服了 Wigner – Villy 分布与小波变换等方法的诸多不足，完全实现了"数据驱动"[8]。

3.2.1　EMD 算法步骤

经验模态分解算法是从信号自身特点出发，将振动信号分解成一系列固有模态分量，这些固有模态分量能够对信号局部特征进行表征，有利于对信号细节信息进行提取。其中，固有模态函数必须满足两个条件[9]：

（1）在整个时间数据序列内，极值点数目和过零点数目必须相等或者最多相差一个；

（2）由信号局部最大值构造的包络线和由局部最小值构造的包络线，确定的均值必须为零。

这是进行 EMD 分解的先决条件，只有同时满足以上条件的模态函数，才能被称为固有模态函数。假设待分解信号为 $s(t)$，计算 $s(t)$ 的信息熵值步骤主要包括以下几步：

（1）计算原始信号 $s(t)$ 的极大值点和极小值点，采用 Spline 插值函数构造由极大值点组成的上包络线和由极小值点组成的下包络线，并计算上、下包络线的平均值，得到均值包络线，记作 $m_1(t)$。将原始信号 $s(t)$ 去掉均值包络 $m_1(t)$，获取新的时间序列 $h_1(t)$。

$$h_1(t) = s(t) - m_1(t) \tag{3-11}$$

（2）重复进行以上步骤，直到均值无限接近零。此时，把进行上述操作的次数记为 k 次，$c_1(t)$ 是进行 EMD 分解得到的第一个固有模态分量，也是频率最高的 IMF 分量。

$$h_{1k}(t) = h_{1(k-1)}(t) - m_{1k}(t) \tag{3-12}$$

$$h_{1k}(t) = c_1(t) \tag{3-13}$$

（3）将经 EMD 分解得到的第一个频率成份 $c_1(t)$ 从原始时间序列 $s(t)$ 中分离，得到新的时间序列 $r_1(t) = s(t) - c_1(t)$。将新得到的时间序列 $r_1(t)$ 作为新的时间序列，重复以上步骤对其分解，并得到新的固有模态分量，将其分别记为：$c_2(t), c_3(t), c_4(t), \cdots, c_n(t)$。

$$\left.\begin{aligned} r_2(t) &= r_1(t) - c_2(t) \\ r_3(t) &= r_2(t) - c_3(t) \\ &\cdots \\ r_n(t) &= r_{n-1}(t) - c_n(t) \end{aligned}\right\} \tag{3-14}$$

当 $r_n(t)$ 是一个单调函数时，原始信号 $s(t)$ 的分解过程结束，此时原始信号 $s(t)$ 可以表示为由一系列固有模态函数和一个残余分量组成的时间序列，记为

$$s(t) = \sum_{j=1}^{n} c_j(t) + r_n(t) \tag{3-15}$$

其中，$c_1(t)$，$c_2(t)$，$\cdots$，$c_j(t)$ 分别代表了一系列从高频到低频不断变化的固有模态分量。从 $c_1(t)$，$c_2(t)$，$\cdots$，$c_j(t)$ 中得到信号的局部特征，对指定频率进行提取；$r_n(t)$ 是一个单调函数，代表原始信号 s (t) 分解的 s (t) 分解的 残余分量。

3.2.2　EMD 分解性质与特点

EMD 算法在分解非线性、非平稳信号的过程中，表现出如下优点：

（1）EMD 分解具有自适应性

EMD 分解与小波变换、小波包变换相比，具有很高的自适应性。采用小波变换和小波包变换对信号进行分解时，必须选定基函数，指定分解层数，且在整个分解过程中基函数是固定不变的，不能根据实际信号改变基函数类型。EMD 分解不需要预先选定分解基函数，它是通过计算待分解信号的极大值点、极小值点去构造包络线，根据信号的改变自适应地对信号进行分解，具有更好的自适应性。在利用 EMD 分解过程中，根据信号变换自适应地改变包络函数，更利于非线性、非平稳信号分解。往复压缩机信号属于典型非线性、非平稳信号，不适合选用单一基函数对其进行分解，并且基函数类型的选择对信号分解过程也有着至关重要的影响。在小波变换或者小波包变换过程中，不能保证选定的基函数是最适宜的，而 EMD 分解方法不再有这方面的问题，它可以根据往复压缩机信号特点构造适合的包络线。

（2）EMD 分解具有完备性和可重构性

所谓完备性是指信号在分解过程中不会因为被分解造成信息遗失或者增加冗余信息，通过对信号进行 EMD 分解，就可以得到信号的 IMF 分量和残余分量 $r_n(t)$，将这些信号重组，就可以重构原信号，我们把这种方式称作 EMD 方法的完备性，即保证分解后信号和原始信号包含相等的信息量；可重构性是指被分解信号在重构过程中和原始信号保持一致性。所以，完备性和可重构性是选择信号分析方法过程中的重要指标之一。

（3）EMD 分解具有自适应滤波功能

自适应滤波是对指定频率信号进行提取或者重构，提高信号信噪比。传统滤波器属于硬性滤波，它是通过预先设置频率范围，达到滤波的目的。硬性滤波会造成截止频率附近

能量泄露，使信号失真；EMD 算法是从信号自身特点出发，根据实际需要对信号进行分解或者重构，具有不丢原始信息和不带来冗余信息的优点。

（4）在对信号进行 EMD 分解的过程中可以看出，信号是满足近似正交性的。但目前还没有从理论上证明其正确性。信号经过 EMD 分解，得到的每个本征模态函数都由原信号以及它的极大值、极小值包络的局部均值之差获得，因此分解得到的各个本征模态函数在局部上都应该是相互正交的，可以通过正交性指标来判断 EMD 分解的正交性，若为此 Huang 等人进行了大量的试验并得出：对于一般信号，其正交性指标都会低于 1%，对于特殊情况下的短信号，其正交性指标可能会达到 5%。因此，对信号进行 EMD 分解得到的各本征模态函数是可以看作近似正交的[10]。

3.2.3　仿真信号分解

理论上，EMD 算法适用于任意一种信号的分解，尤其在分解非线性、非平稳信号方面具有突出的优点。为了验证 EMD 算法的优越性，现构造一个调频调幅信号作为仿真信号，采用 EMD 算法对其进行分解。

假设仿真信号 $x(t)$ 是由周期为 1/5 和周期为 1/15 的两个正弦信号以及一个调幅信号组成。其中，采样频率为 2000Hz，$x(t)$ 构造形式如下，绘制仿真信号 $x(t)$ 的波形图如图 3.1 所示。

$$x(t) = \sin(10\pi t) + \sin(30\pi t) + (1 + 0.5\cos(\pi t)) \times (\cos 80\pi t) t \in (0,10)$$

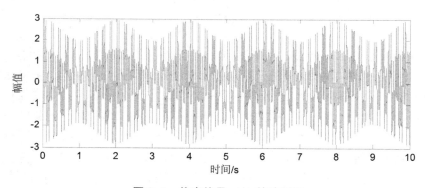

图 3.1　仿真信号 $x(t)$ 的波形图

将上述仿真信号 $x(t)$ 进行 EMD 分解，得到图 3.2 所示仿真信号 $x(t)$ 的 EMD 分解图，从图 3.2 中可以看出，采用 EMD 算法对仿真信号 $x(t)$ 进行分解，得到的前 3 个 IMF 分量分别为调幅信号、频率为 15Hz 的正弦信号和频率为 5Hz 的正弦信号，IMF4～IMF7 是在分解过程中引起的虚假频率成分。

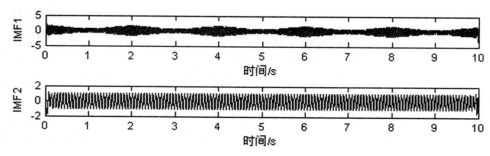

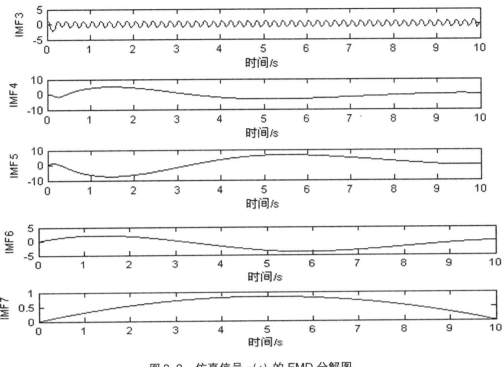

图 3.2　仿真信号 $x(t)$ 的 EMD 分解图

3.2.4　EMD 存在的问题

但由于 EMD 属于一种"经验性"算法,其理论基础不明确,突出表现在于:缺少理论支撑,特别是其在"端点效应"处理、收敛准则设置、"模态混叠"抑制、包络线选择与构造和等方面缺乏有效技术手段[11]。

（1）缺少理论支撑

对于 EMD 算法的研究一直没有停息,但是至今没有建立一个合适的数学模型来对 EMD 算法进行描述。目前,对于 EMD 方法的研究还不能用严格的数据来证明解释,只能通过对信号的一些特点进行定性描述来完成,例如对信号的极点和零点的关系特点进行描述,或者对信号的局部均值来描述。我们可以通过大量的例子说明 EMD 的分解结果是直观合理的。但是还没有具体的理论来支撑这个观点。对于何种信号才能用 EMD 方法来分解到目前为止都是一个难题,只能通过一些实验的方法来验证 EMD 算法的正确性。

（2）端点效应

由于 EMD 是基于求出信号的极值点后,再采用 3 次样条函数拟合求得信号曲线的上下包络线,进而求出信号的局部均值。这个对信号分解的过程被称为"筛分"处理(shifting process)。对于端点问题,它产生的主要原因是在实际应用 EMD 方法分解时,在极值点的选择中,不能完全保证信号的 2 个端点正好是极值点。如果在信号处理中,把端点当成极值点来处理,那么在固有模态函数分离过程中信号的两端会出现发散现象,也就是很大幅值或很小幅值的现象,也称为"端点飞翼"。并且这种发散的结果会随着"筛分"过程的不断进行逐渐向内"污染"整个信号而使所得到的结果严重失真。

众多学者在解决以上缺陷的研究中开展了大量研究工作,提出了诸多方法[12-14]。如基于采样数据序列延拓、基于多项式拟合、回归模型、基于支持向量机预测等方法对 EMD 分解误差进行了改良优化。

（3）筛分与停止准则

对信号进行 EMD 分解，就是为了得到有意义的数据。如果对信号一直进行 EMD 分解，最后分解出固定幅值的调幅波，这些波是没有研究意义的，而且重复计算会降低计算机的运行效率。所以需要确定一个 IMF 的判据准则，使信号分解到一定的程度就停止分解，从而得到我们想要的本征模态函数，目前主要有标准偏差系数、包络误差均值等方法。由于用不同的 IMF 判据进行判断，会得到不同个数和振幅的本征模态函数。要想获得尽可能多的理想的本征模态函数，应尽可能地减小 SD 的取值。选择合适的判据，直接影响到本征模态函数的线性和稳定性，同时也决定了各个本征模态函数的物理意义。

（4）模态混叠

是在一个 IMF 分量中包含多个差异较大的特征时间尺度，或者相同特征时间尺度分散在多个 IMF 分量中，致使 IMF 分量间正交性差、波形混叠难以分辨。

Norden. E. Huang 本人率先发现了该问题，并与 Wu 共同提出了集合经验模式分解法（Ensemble Empirical Mode Decomposition，EEMD），即在原信号中人为引入高斯白噪声，起到均匀分布的分解尺度和平滑干扰等作用，从而在一定程度上抑制了"模态混叠"问题[15]。但从根本上来说，EEMD 算法以损害了原信号纯洁性为前提，其本质是"折中"处理手段。

此外，在包络线构造方面，学者采用了不同的插值函数以改善"过包络"或"欠包络"现象，插值函数包括 B 样条、有理三次样条、三角函数和有理 Hermite 插值，在一定程度上改善了局部包络波动的出现，同时优化了收敛条件。虽然学者们在改善 EMD 算法方面做了大量研究工作，并在一定程度上提高了算法精度，但是至今为止仍没有一套证明 EMD 算法的完备理论体系，也没有从根本上解决其固有缺陷问题。

3.3　LMD 方法及其特点

局部均值分解（Local Mean Decomposition，LMD）是英国学者 Jonathan S. Smith[16] 在 2005 年提出的。该方法同 EMD 一样符合信号自适应分解的定义，它能够将复杂信号自适应地分解为一系列瞬时频率有意义的分量——乘积函数 PF（Product Function），即每个 PF 分量是纯调频信号和包络信号的乘积，若将所有乘积函数的瞬时频率和瞬时幅值组合，便可恢复原信号完整的时频分布。Smith 教授率先将其应用到脑电信号分析中，并取得了较好的分解效果。LMD 相对于 EMD 方法而言，在同样满足自适应解调分析的前提下，能有效抑制相近的频率分量产生的解调误差，PF 分量的提出使得分量物理意义更清晰。

LMD 是一种新型时频分析方法，该方法可将复杂信号自适应分解成多个包络信号与纯调频信号相乘的 PF 分量形式，通过提取各分量的瞬时幅值和瞬时频率来获得信号完整的时频分布。

3.3.1　LMD 方法基础理论

（1）乘积函数分量

PF（Product Function）分量被称为乘积函数分量，一般以包络信号和纯调频信号乘积的形式表示，如式（3-16）所示：

$$PF(t) = a(t)s(t) \qquad (3-16)$$

式（3-16）中，$a(t)$ 为 PF 分量瞬时幅值即为包络信号，$s(t)$ 为纯调频信号，计算 $s(t)$ 的相位导数可求出瞬时频率。因此 PF 分量同时具备幅值和频率两种调制特征即为调幅-调频信号，对其进行计算即可获得具有物理意义的信息特征。

（2）算法原理

标准 LMD 方法中均值函数和包络估计的构造是通过滑动平均法平滑局部均值线段和局部幅值线段得到的，但滑动平均步长选择的主观性以及多次平滑过程中可能会产生相位误差，都关系到 LMD 的分解精度。国内学者受 EMD 思想启发，在提出以端点镜像延拓抑制 LMD 端点效应[17]、以样条曲线替代滑动平均方法构造均值与包络函数[18]、瞬时频率计算方法以及实验应用[19,20]等方面做了大量工作。目前，三次样条插值 LMD（CSILMD）已成为分析与处理非平稳信号的主流方法，以任意信号 $x(t)$ 为例，CSILMD 分解过程如下所示：

①提取原始信号 $x(t)$ 局部极值点（极大值点和极小值点）序列，采用三次样条对其进行插值，以构造 $x(t)$ 上包络函数 $env_{max}(t)$ 和下包络函数 $env_{min}(t)$，通过上、下包络计算局部均值函数 $m_{11}(t)$ 和包络估计函数 $a_{11}(t)$：

$$m_{11}(t) = \frac{env_{max}(t) + env_{min}(t)}{2} \qquad (3-17)$$

$$a_{11}(t) = \frac{|env_{max}(t) - env_{min}(t)|}{2} \qquad (3-18)$$

②将 $m_{11}(t)$ 从原始信号 $x(t)$ 中分离，得到新的信号 $h_{11}(t)$：

$$h_{11}(t) = x(t) - m_{11}(t) \qquad (3-19)$$

③用 $h_{11}(t)$ 除以 $a_{11}(t)$，对 $h_{11}(t)$ 进行解调，即得：

$$s_{11}(t) = h_{11}(t)/a_{11}(t) \qquad (3-20)$$

对 $s_{11}(t)$ 进行纯调频信号检测，以 $a_{12}(t)$ 是否为 1 作为评判标准，若 $a_{12}(t) \neq 1$，$s_{11}(t)$ 为非纯调频信号，$s_{11}(t)$ 需重复进行以上迭代步骤，直至 $s_{1n}(t)$ 为纯调频信号，即 $-1 \leq s_{1n}(t) \leq 1$。

$$\begin{cases} h_{11}(t) = x(t) - m_{11}(t) \\ h_{12}(t) = s_{12}(t) - m_{12}(t) \\ \quad\quad\vdots \\ h_{1n}(t) = s_{1(n-1)}(t) - m_{1n}(t) \end{cases} \qquad (3-21)$$

其中：

$$\begin{cases} s_{11}(t) = h_{11}(t)/a_{11}(t) \\ s_{12}(t) = h_{12}(t)/a_{12}(t) \\ \quad\quad\vdots \\ s_{1n}(t) = h_{1n}(t)/a_{1n}(t) \end{cases} \qquad (3-22)$$

④计算包络信号 $a_1(t)$：

$$a_1(t) = a_{11}(t)a_{12}(t)\cdots a_{1n}(t) = \prod_{q=1}^{n} a_{1q}(t) \qquad (3-23)$$

⑤依据包络信号 $a_1(t)$ 与纯调频信号 $s_{1n}(t)$ 可得到 PF_1 分量：

$$PF_1(t) = a_1(t)s_{1n}(t) \qquad (3-24)$$

⑥从原信号 $x(t)$ 中分离 $PF_1(t)$ 分量，得到 $u_1(t)$，将 $u_1(t)$ 原始信号继续执行以上 k 次循环过程，以 $u_k(t)$ 为单调函数来结束分解。

$$\begin{cases} u_1(t) = x(t) - PF_1(t) \\ u_2(t) = u_1(t) - PF_2(t) \\ \quad\vdots \\ u_k(t) = u_{k-1}(t) - PF_k(t) \end{cases} \qquad (3-25)$$

根据上述过程，原始信号 $x(t)$ 可表示为成：

$$x(t) = \sum_{p=1}^{k} PF_k(t) + u_k(t) \qquad (3-26)$$

3.3.2　仿真信号分析

为了演示 LMD 方法的分解过程，考察如式（3-27）仿真信号 $x(t)$：

$$x(t) = (1 + 0.5\cos(9\pi t))\cos(200\pi t + 2\cos(10\pi t)) + 3\cos(20\pi t^2 + 6\pi t) \qquad (3-27)$$

由式（3-27）可知，仿真信号 $x(t)$ 由 $x_1(t)$ 和 $x_2(t)$ 两个调幅-调频分量构成，即包含了两种基本波动形式，设置采样频率为 1000Hz，时间为 1s，其时域波形以及分量波形如图 3.3 所示。理想情况下，通过 LMD 对仿真信号 $x(t)$ 分解会产生两个 PF 分量和一个余量。

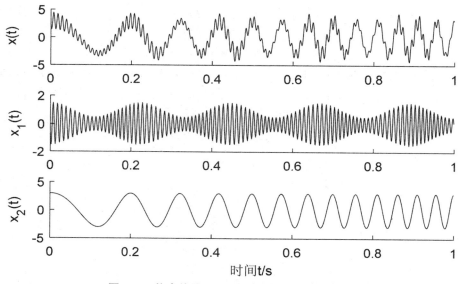

图 3.3　仿真信号 $x(t)$ 的时域波形图以及分量波形

采用 LMD 对仿真信号 $x(t)$ 进行分解，依据仿真信号的局部极值点信息，通过三次样条插值构造上包络函数 $env_{max}(t)$ 和下包络函数 $env_{min}(t)$，利用式（3-17）和（3-18）计算局部均值函数 $m_{11}(t)$ 和包络估计函数 $a_{11}(t)$，结果分别如图 3.4 和 3.5 中虚线所示（图中截取的为 0.8s~0.9s 时间段波形）。

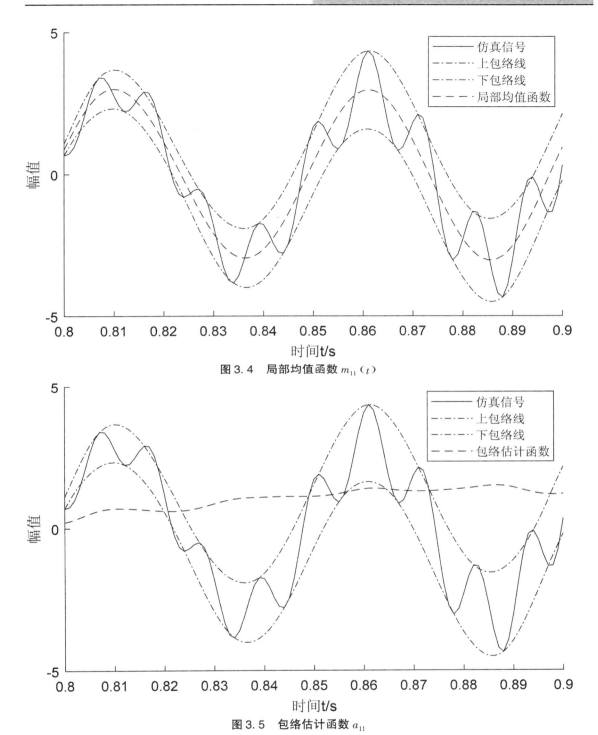

图 3.4 局部均值函数 $m_{11}(t)$

图 3.5 包络估计函数 a_{11}

继续执行式（3-19）至式（3-23）之间的迭代过程，经过 4 次迭代后，分解出仿真信号第一个 PF 分量 $PF_1(t)$，如图 3.6（a）所示，其中包络信号 $a_1(t)$ 和纯调频信号 $s_1(t)$，分别如图 3.6（b）和 3.6（c）所示。通过图 3.6（a）可以看出，$PF_1(t)$ 分量的时域波形对应了仿真信号 $x(t)$ 中调幅 - 调频信号 $x_1(t)$ 的时域波形，与 $x_1(t)$ 保持一致，说明了 $PF_1(t)$ 分量是一个具有明确物理意义的调幅 - 调频信号。

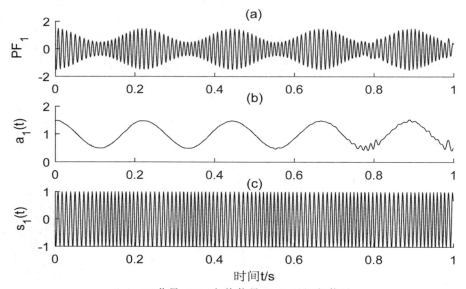

（a）PF 分量 （b）包络信号 （c）纯调频信号

图 3.6　PF_1 分量及其包络信号 $a_1(t)$ 和纯调频信号 $s_1(t)$

将 $PF_1(t)$ 分量从仿真信号 $x(t)$ 分离出来，对剩余信号继续重复上述迭代过程便能够得到第二个 PF 分量 $PF_2(t)$，如图 3.7 所示，可以看出 PF_2 分量很好对应着仿真信号 $x(t)$ 中调频信号 $x_2(t)$，因此 $PF_2(t)$ 分量也是具有物理意义的。

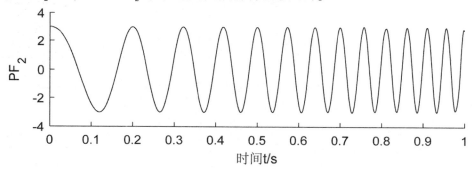

图 3.7　PF_2 分量

余量 $u_2(t)$ 如图 3.8 所示，从图中可以看到余量 $u_2(t)$ 并不是一条单调曲线，在零附近波动，且波动幅度较小，不影响对整个 LMD 分解结果的正确解读。

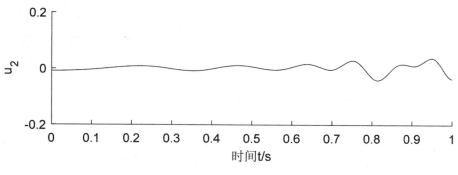

图 3.8　余量 u_2

由上述 LMD 分解演示过程可知，LMD 方法依据仿真信号 $x(t)$ 自身的局部极值点信息，经过多次循环迭代得到 PF 分量，并与仿真信号 $x(t)$ 中相应组成分量保持一致，具有明确的物理意义，反映出信号内部本质特征。

3.3.3　LMD 方法特点

（1）方法的优势

①自适应性

一个复杂信号中通常包含多种波动模式，以特征时间尺度来划分，特征时间尺度即为相邻局部极值点或过零点的时间间隔，每个特征时间尺度都代表了信号内部一种波动模式。LMD 方法的自适应性主要体现在两个方面：其一，LMD 利用自身的局部极值点信息，从特征时间尺度出发，逐步将信号中的 PF 分量即不同的波动模式从高频到低频依次分离出来，当残余分量为单调函数结束分解，其间不需要任何先验知识，完全根据信号本身的信息驱动分解，因此具有自适应性。其二，信号不同，则局部极值点的信息不同，即反映信号本质的特征时间尺度不同，不同的信号通过 LMD 分解能够迭代分离出不同的波动模式，也体现了 LMD 方法的自适应性。

②独立性

由 2.1.3 节，在 LMD 分解 PF 分量过程中，先迭代分离出纯调频信号 $s(t)$，然后将所有包络估计函数相乘得到包络信号 $a(t)$，最后两者相乘即为 PF 分量。通过 LMD 分解过程可知，纯调频信号 $s(t)$ 和包络信号 $a(t)$ 是分开且相互独立，可保留大量 PF 分量的瞬时幅值局部特征信息，且不会因相乘而丢失，可以保留到 PF 分量中。另外，PF 分量的瞬时频率由纯调频信号 $s(t)$ 直接求得也不会受瞬时幅值影响，避免了无法解释的负频率，且具有物理意义。

③正交性

由上节中，利用 LMD 方法对仿真信号 $x(t)$ 分解，得到 $PF_1(t)$ 分量和 $PF_2(t)$ 分量，它们对应着仿真信号 $x(t)$ 中的 $x_1(t)$ 分量和 $x_2(t)$ 分量，代表着不同的波动模式。因此，从理论上讲，PF 分量之间是相互正交的。

$$\sum_{t=1}^{T} PF_i(t)PF_j(t) = 0 \qquad (i \neq j) \qquad (3-28)$$

式（3-28）中，T 表示信号的采样长度。然而，在实际工程中，LMD 方法的正交性并不能得到严格的保证，无法达到完全正交。究其原因有如下两点：其一，在对信号 LMD 分解时，利用"信号局部极值点的包络均值等于零"替代"信号数据局部均值等于零"的条件；其二，LMD 在构造极值包络线时，因端点效应导致包络线两端发散产生虚假分量。因此，LMD 的正交性可后验的通过分解后的数据进行计算验证。

将公式（3-28）的余量看成 PF 分量有：

$$x(t) = \sum_{p=1}^{k+1} PF_p(t) \qquad (3-29)$$

对公式（3-29）平方可得到：

$$x^2(t) = \sum_{p=1}^{k+1} PF_p^2(t) + 2\sum_{p=1}^{k+1}\sum_{j=1}^{k+1} PF_p(t)PF_j(t) \qquad (3-30)$$

若 PF 分量正交，则有：

$$\sum_{p=1}^{k+1} \sum_{j=1}^{k+1} PF_p(t)PF_j(t) = 0 \qquad (3-31)$$

定义 LMD 的正交指数为：

$$IO = \sum_{t=1}^{T} \Big[\sum_{p=1}^{k+1} \sum_{j=1}^{k+1} PF_p(t)PF_j(t)/x^2(t) \Big] \qquad (3-32)$$

定义任意两个 PF 分量之间的正交指数为：

$$IO_{pj} = \sum_{t=1}^{T} \Big[\frac{PF_p(t)PF_j(t)}{PF_p^2(t) + PF_j^2(t)} \Big] \qquad (3-33)$$

IQ 和 IQ_{pj} 的值越接近 0，LMD 方法的正交性就越好。

利用（3-32）和（3-33）所示的 LMD 正交指数公式 IO 以及任意 PF 分量间正交指数公式 IO_{pj} 对（3-27）所示的仿真信号 $x(t)$ 的 LMD 分解结果进行计算，计算结果分别为 $IO = 0.0567$ 和 $IO_{pj} = 0.0635$ 均趋近于 0，说明此次 LMD 分解具有较好的正交性。

④完备性

由式（3-26）可知，原始信号通过 LMD 分解可表示为 k 个 PF 分量与残余分量 u_k 和的形式，而 LMD 方法完备性是指对 k 个 PF 分量与残余分量 u_k 进行重构，重构后的信号是否和原始信号保持一致，显然 LMD 分解原理证明了算法的完备性。此外，将式（3-27）所示仿真信号 $x(t)$ 的 LMD 分解结果进行重构，进一步从数值验证 LMD 的完备性，重构后的信号 $x'(t)$ 如图 3.9 所示，与原始信号相比较如图 3.10 所示，误差为 $Err = x(t) - x'(t)$，Err 的数量级只有 10^{-15}，这是由计算机的计算精度导致的，因此可以说明 LMD 方法分解是完备的。

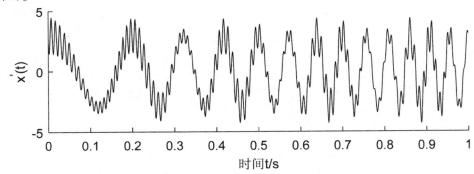

图 3.9　重构信号 $x'(t)$

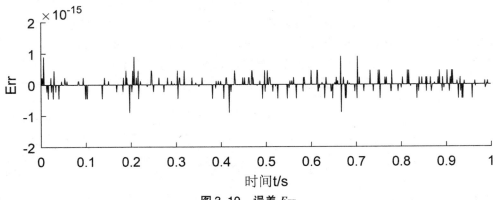

图 3.10　误差 Err

（2）方法的不足

CSILMD 方法不同于标准 LMD 方法在于对信号分解时包络线插值方法的改变，以三次样条包络替代滑动平均法的平滑包络，解决了标准 LMD 方法迭代次数多、计算时间长、多次平滑信号出现相位差等问题。然而与 EMD 方法类似，三次样条插值构造包络线时需保证插值节点处 2 阶导数连续，虽然保证了包络线平滑度的要求，却导致过包络和欠包络现象的发生，如图 3.11 所示。再者，CSILMD 方法仅以信号局部极值点作为包络插值点，并未对极值点附近的斜率加以说明去约束包络，采用三次样条插值法构造的包络线在极值点处出现了剪切信号的现象，如图 3.11 局部放大图所示，破坏了信号的完整性，不能合理的计算局部均值函数和包络估计函数，从而造成 LMD 的较大分解误差。

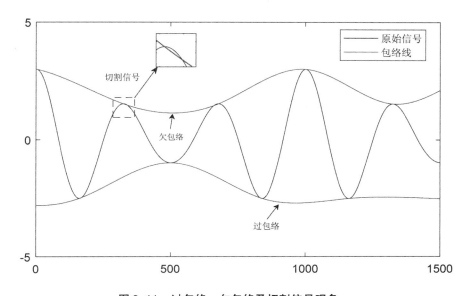

图 3.11　过包络、欠包络及切割信号现象

3.3.4　改进 LMD 方法

CSILMD 方法是以 CSI 对信号局部极值点构造包络曲线，无法完全反映信号波形特性。因此，在 CSILMD 基础上，提出基于切点和单调三次 Hermite 插值（MPCHI）的改进 LMD 方法。

（1）包络切点

Huang 在给出了经典 EMD 算法中的包络线条件，任意信号 $s(t)$ 的包络 $\psi(t)$ 必须满足两个条件：

① $\psi(t)$ 是连续的，并且经过信号 $s(t)$ 的局部极大值（极小值）点；

② $\psi(t)$ 的一阶导是连续的。

基于以上两个条件，利用一个单分量 AM - FM 信号 $s(t) = a(t)cos(\varphi(t))$，其中，设 $a(t)$ 为信号的上包络。假设 t_0 是信号 $s(t)$ 上包络线上一点，并且是信号 $s(t)$ 的极值点，推导得到：

$$S(t_0) = a(t_0)\cos(\varphi(t_0)) \qquad (3-34)$$

$$S'(t_0) = a'(t_0)\cos(\varphi(t_0)) - a(t_0)\sin(\varphi(t_0))\varphi'(t_0) \qquad (3-35)$$

式中，$s'(t)$ 是函数 $s(t)$ 关于变量 t 的一阶导数。由式（3-34）、（3-35）可得

$cos(\varphi(t_0)) = 1$ 和 $a'(t_0) = 0$，表明包络 $a(t)$ 和极值点相位 $\varphi(t)$ 相关。通常情况下，包络 $a(t)$ 和信号 $a(t)cos(\varphi(t))$ 的相位完全不相关，所以往往信号 $s(t)$ 的包络不通过信号极值点。

针对上述分析，对 Huang 定义的包络线满足条件新增加了一项条件[21]：单分量 AM - FM 信号的上下包络经过相位 $\varphi(t) = 2k\pi((2k+1)\pi)$ 的点，并且在这些点和信号相切。

以上包络为例，进行新条件下的包络线计算，可以此类推出下包络线算法。记信号 $s(t)$ 满足新包络条件的点为切点，假设在点 t_i 满足 $\varphi(t_i) = 2k\pi$，则上包络 $\psi(t)$ 满足以下条件：

$$\begin{cases} S(t_i) = \psi(t_i) \\ S'(t_i) = \psi'(t_i) \end{cases} \tag{3-36}$$

第 i 个局部极大值点为 t_i，与其对应切点偏移量 Δt_i 满足下面等式：

$$\psi(t_i + \Delta t_i) = S(t_i + \Delta t_i) \tag{3-37}$$

假设第 k 次计算的切点和包络为 $t_i^{(k)}$ 和 $\psi^{(k)}$，对公式（3-37）进行泰勒公式展开：

$$\psi^{(k)}(t_i^{(k)}) + \psi^{(k)'}(t_i^{(k)})\Delta t_i = S'(t_i^{(k)}) + S''(t_i^{(k)})\Delta t_i \tag{3-38}$$

进而可得偏移量 Δt_i

$$\Delta t_i = \frac{S'(t_i^{(k)}) - \psi^{(k)'}(t_i^{(k)})}{\psi^{(k)'} - S''(t_i^{(k)})} \tag{3-39}$$

$$t_i^{(k+1)} = t_i^k + \Delta t_i \tag{3-40}$$

式（3-40）中，$t_i^{(k+1)}$ 为更新切点，之后更新包络 $\psi^{(k)}(t)$。新包络 $\psi^{(k+1)}(t)$ 必然要在在新切点处与原始信号相等，则有：

$$\psi^{(k+1)}(t_i^{(k+1)}) = s(t_i^{(k+1)}) \tag{3-41}$$

由于 MPCHI 还需要切点处的一阶导数，本文用以下近似 $\psi^{(k+1)'}(t_i^{(k+1)})$

$$\psi^{(k+1)'}(t_i^{(k+1)}) = \frac{\psi^{(k+1)}(t_i^{(k)}) - \psi^{(k+1)}(t_i^{(k+1)})}{-\Delta t_i^{(k)}} \tag{3-42}$$

式（3-42）中 $\psi^{(k+1)}(t_i^{(k)})$ 用式（2-27）的二阶泰勒公式展开估计：

$$\psi^{(k+1)}(t_i^{(k)}) = S(t_i^{(k)}) + (S'(t_i^{(k)}) - \psi^{(k)'}(t_i^{(k)}))\Delta t_i^{(k)} \tag{3-43}$$
$$+ 0.5(S''(t_i^{(k)}) - \psi^{(k)'}(t_i^{(k)}))(\Delta t_i^{(k)})^2$$

至此，求得切点 $t_i^{(k+1)}$ 处的函数值 $\psi^{(k+1)}(t)$ 和一阶导数值 $\psi^{(k+1)'}(t)$，算法满足新切点与前一切点偏移量 $\Delta t_i \to 0$ 或是迭代次数大于预设值时即可终止运算。

（2）单调三次 Hermite 插值包络

单调三次 Hermite 插值包络（MPCHI）方法作为广泛应用的一种插值方法，定义如下：对于分划点 $a = x_0 < x_1 < x_2 < \cdots x_n = b$，以及数据 (x_i, y_i, d_i)，其中 y_i 与 d_i 分别代表分划点 $x_i (i = 0, \cdots, n)$ 处的函数值和 1 阶导数值。

设 h_i，Δy_i，Δ_i 分别为

$$h_i = x_{i+1} - x_i, \quad \Delta y_i = y_{i+1} - y_i, \quad \Delta_i = \Delta y_i / h_i \tag{3-44}$$

如果数据点是单调的，例如，$\Delta y_i \geq 0 \forall_i$ 或 $\Delta y_i \leq 0 \forall_i$ 则

$$\begin{cases} d_i = d_{i+1} = 0, \quad \Delta_i = 0 \\ \text{sgn}(d_i) = \text{sgn}(d_{i+1}) = \text{sgn}(\Delta_i), \quad \Delta_i \neq 0 \end{cases} \tag{3-45}$$

对于给定区间 $x \in [x_i, x_{i+1}]$ 内的初始值 $S(x_i) = y_i$ 和 $S'(x_i) = d_i$，其单调三 Hermite 插值 $S(x) \in C^1[a, b]$ 为：

$$S(x) \equiv S_i(x) = \frac{(d_i + d_{i+1} - 2\Delta_i)}{h_i^2}(x - x_i)^3 +$$

$$\frac{(-2d_i - d_i + 3\Delta_i)}{h_i}(x - x_i)^2 + d_i(x + x_i) + y_i \qquad (3-46)$$

相比 CSI 算法，MPCHI 算法构造包络时仅要求插值节点处一阶导数连续，既保证了平滑度，又具有保形特性，避免了 CSI 包络线因过度平滑而产生地过包络和欠包络现象，且 MPCHI 算法效率更高。

采用 MPCHI 对图 3.11 所示的原始信号的切点构造包络，MPCHI 包络线如图 3.12 中的新包络所示，以局部极值点为包络插值点的 CSI 包络线如图 3.12 中旧包络所示。通过对比可知，MPCHI 包络线相比于 CSI 包络线，既保证可包络线的光滑性和连续性，又解决了 CSI 包络线与原始信号相割而非相切的问题，同时避免了"过包络""欠包络"的现象发生，提高了包络线的拟合精度，从而获得合理局部均值函数和包络估计函数。

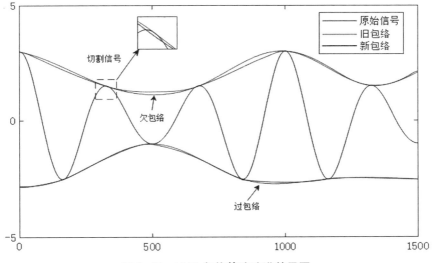

图 3.12　LMD 包络算法改进效果图

（3）改进算法

该算法的核心是利用单调三次 Hermite 插值替代三次样条插值，以切点替代局部极值点构造 LMD 分解过程中的上、下包络线。改进 LMD 算法具体步骤如下：

①设置初始参数 $s_i(t) = x(t)$，$i = 0$，$k = 0$；

②计算出原信号 $s_i(t)$ 的极值序列点 $n_i^{(k)}$，并进行端点延拓得到新的极值序列点 $t_i^{(k)}$；

③计算切点信息（$t_i^{(k+1)}$，$\psi^{(k+1)}(t)$，$\psi^{(k+1)}$），$\psi^{(k+1)}(t)$ 和 $\psi^{(k+1)}$ 分别为切点处的函数值和一阶导数值，切点定位算法步骤如下（详细过程见上节包络切点）：

ⓐ定位信号局部极值序列 $t_i^{(k)}$；

ⓑ采用泰勒级数展开计算切点与极值点的偏移量 $\Delta t_i^{(k)}$ 并更新切点序列 $t_i^{(k+1)} = t_i^{(k)} + \Delta t_i^{(k)}$；

ⓒ计算新切点的包络线，直到新切点与前一切点的偏移量 $\Delta t_i^{(k)} \to 0$；

④利用上述所求切点信息（$t_i^{(k+1)}$，$\psi^{(k+1)}(t)$，$\psi^{(k+1)'}(t)$），采用 MPCHI 方法构造上、下包络线分别为 E_{max} 和 E_{min}；

⑤通过上包络 E_{max} 和下包络 E_{min} 计算局部均值函数 $m(t)$ 和包络估计函数 $a(t)$：

$$m(t) = (E_{max} + E_{min})/2$$
$$a(t) = |E_{max} + E_{min}|/2 \tag{3-47}$$

⑥继续执行 CSILMD 方法的后续步骤，原始信号 $x(t)$ 被分解为：

$$x(t) = \sum_{p=1}^{k} PF_k(t) + u_k(t) \tag{3-48}$$

基于切点和单调三次 Hermite 插值算法改进 LMD 算法流程图如图 3.13 所示。

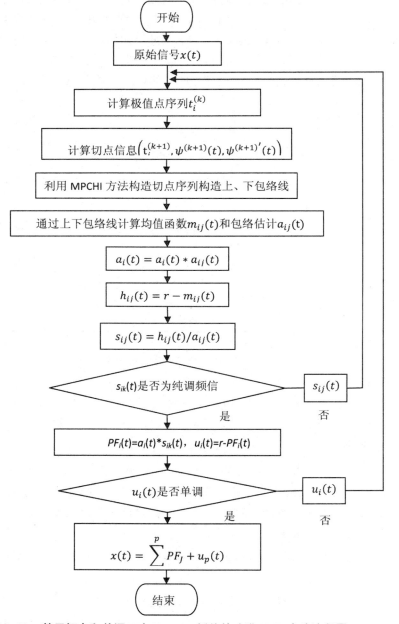

图 3.13　基于切点和单调三次 Hermite 插值的改进 LMD 方法流程图

3.4　VMD 方法及其特点

2014 年，学者 Dragomiretskiy 和 Zosso 提出了变分模态分解 VMD 算法。该算法自提出以来，作为一种有严格理论和全新筛分原则的自适应信号分解方法，能够对变分框架中的约束变分模型求解，通过频率分割自适应地将多分量振动信号分解，并用多个有限带宽的模态函数（BLIMF）的形式表达，实现各信号分量的频率分离[22]。

3.4.1　VMD 算法步骤

对任意信号 $x(t)$，分解步骤可分为两部分：

（1）建立变分模型

①定义有限带宽的内禀模态函数（Band – Limited Intrinsic Mode Function，BLIMF）；

$$u_k(t) = A_k(t)\cos(\varphi_k(t)) \tag{3-49}$$

式中，$A_k(t)$ 为瞬时幅值，$\varphi_k(t)$ 为相位。

②构建解析信号获取单边谱，然后混频：

$$\left[\left(\delta(t) + \frac{j}{\pi t}\right) * u_k(t)\right]e^{-j\omega_k t} \tag{3-50}$$

③估计带宽：以高斯平滑（即 L^2 范数梯度的平方根）方式对信号（3-50）解调，得到各模态函数带宽；

④建立优化模型：引入约束条件，构造优化变分模型如公式（3-51）所示：

$$\min_{\{u_k\},\{\omega_k\}}\left\{\sum_{k=1}^{K}\left\|\partial_t\left[\left(\delta(t) + \frac{j}{\pi t}\right) * u_k(t)e^{-j\omega_k t}\right]\right\|_2^2\right\} \tag{3-51}$$

$$subject\ to\ \sum_{k=1}^{K} u_k(t) = f(t)$$

式中，K 是 BLIMF 分量 $\{u_k\} = \{u_1, u_2, \cdots, u_k\}$ 的数目，$\{\omega_k\} = \{\omega_1, \omega_2 \cdots, \omega_K\}$ 是 $u_k(t)$ 的中心频率，$\delta(t)$ 是狄利克雷函数。

（2）变分模型求解

①为获得上述变分模型的最优解，VMD 通过引入二次惩罚因子 α 和拉格朗日乘数 $\lambda(t)$ 构建增广拉格朗日函数 $L(\{u_k\},\{\omega_k\},\lambda)$，把约束问题转化为无约束问题。

其中，二次惩罚因子在高斯噪声的存在下保证了信号重构的准确性，而拉格朗日乘数可以保证模型约束的刚度。

$$L(\{u_k\},\{\omega_k\},\lambda) = \sum_{k=1}^{K}\left\|\partial_t\left[\left(\delta(t) + \frac{j}{\pi t}\right) * u_k(t)\right]e^{-j\omega_k t}\right\|_2^2$$
$$+ \left\|x(t) - \sum_{k=1}^{K} u_{k(t)}\right\|_2^2 + \langle\lambda(t), x(t) - \sum_{k=1}^{K} u_k(t)\rangle \tag{3-52}$$

②用乘数交替方向法更新 $\{u_k\}$，$\{\omega_k\}$ 和 λ，并寻求增广拉格朗日函数的鞍点，变分模型的最优值显示在方程（3-51）里，因此输入信号 $x(t)$ 分解成 K 个 BLIMF 分量。

VMD 算法流程图如图 3.14 所示：

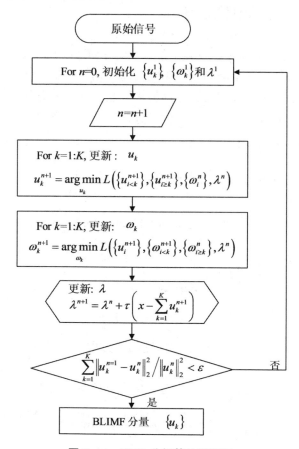

图 3.14　VMD 分解算法流程图

综上所述，以递归"筛选"模式为基本思想的 EMD、LMD 算法和基于线性变化局域波分解的 ITD 等算法，在处理模态混叠问题方面有较大局限，中低频信号分解效果不理想，且抗噪能力较差[23]。VMD 是通过构建多个自适应维纳滤波组，结合狄拉克分布，以拉格朗日因子与二次惩罚等数学理论为基础，以非递归形式将信号纳入变分约束框架，表现出更好的噪声鲁棒性。通过对模型收敛条件的合理控制，VMD 方法的中心频率和各模态的分解效果更优。

3.4.2　VMD 分解性质与特点

VMD 是在 EMD 的基础上全新发展出来的一种新型自适应信号处理方法，它通过对输入信号的进行变分问题的构造，并通过对变分问题的求解将其分解成指定个数的本征模态函数。相比之下，VMD 有以下几个优点。

（1）VMD 的变分模态分解模式具有坚实的理论基础，分解结果稳定，不会产生 EMD 递归模式分解过程中因包络线估计误差传播导致的模态混叠效应。采取一些信号补偿法能够有效改善模态混叠现象，但是该方法并不稳定，需要多次运行。

（2）VMD 能够将两个频率相近的纯谐波信号成功分离，并且所分离的信号与原信号波形、频率等参数极度相似，且分解时一次性得到所有 BLIMF 的所有分量，因而具有更高的分解效率。

（3）VMD 受采样频率影响较少。

VMD 中的 BLIMF 分量——即调频，调幅模态具有各自的带宽与中心频率，每一个模态体现了被分解信号不同频段的特性，基本不受采样频率的影响。

3.4.3　VMD 分解的参数选择

VMD 算法的变分模型目标函数是一个非凸优化问题，算法的收敛性与参数的设置有密切联系。预分解分量个数 K，误差惩罚参数 α 和初始频率中心 ω_k 是 VMD 方法中最重要的三个参数。

（1）预分解分量个数 K

由于 VMD 分解是一种预设尺度的分解，分解个数 K 值的选择决定了分解的 BLIMF 的合理性，即"欠分解"会造成"模态混叠"，而"过分解"会造成"模态丢失"[24]。

对于 BLIMF 分量瞬时频率的均值，过分解情况会使 BLIMF 分量出现过多间断点，反映在高频即表现为平均瞬时频率会更低，甚至出现拐点，即"模态丢失"；一般，通过各模态分量与原信号的互相关系数法、最大相关最小冗余法（MRMR）等方法筛选有效模态，可验证是否出现欠分解造成的"模态混叠"。

（2）误差惩罚参数 α

保真度均衡参数 α 与原始信号的噪声水平有关，其用来控制保真项和正则项的权重，就如同正则参数。一般引入正则化问题的正则化参数求解方法得到。当二次惩罚因子 α 越大时，得到的每个 BLIMF 的带宽也就越小，而当二次惩罚因子 α 越小时，则 IMF 的带宽也就越大。经过相关文献与相关实例证明，当二次惩罚因子 α 在合适的范围内变动时，数据的分解结果并没有受到很大的影响，所以 α 一般取 2000～5000。

（3）初始频率中心 ω_k

在 VMD 分解中，为保证每一个 BLIMF 分量的瞬时频率都有其物理意义，合理的选择频率中心 ω_k 初始化，对 VMD 算法的收敛效果有重要影响。一般初始化频率中心 ω_k 参数的设置是保证初始值的频率分割位于能量峰值。一般可采用匹配追踪算法 MP（Matching Pursuits）来初始化频率中心 ω_k 参数。

3.4.4　仿真试验

为了考察改进 VMD 方法的分解效果，利用式（3-53）所示仿真信号 $s(t)$：

$$s(t) = (1 + \sin 10\pi t)\cos(150\pi t + 1.5\sin 50\pi t) + \tag{3-53}$$
$$(1 + 0.5\sin 10\pi t)\cos 60\pi t + 1.5\cos 10\pi t$$

由式（3-53）可知，仿真信号 $s(t)$ 由调幅-调频分量 $s_1(t)$、调幅分量 $s_2(t)$ 和余弦分量 $s_3(t)$ 三部分组成，其中时间参数设置为 $t \in [0,1]$。仿真信号 $s(t)$ 及三个组成分量波形如图 3.15 所示。

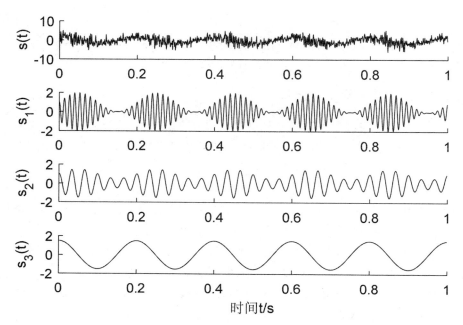

图 3.15 仿真信号 $s(t)$ 及组成分量时域波形

结合预分解层次参数 K（中心模态参数）对仿真信号 $s(t)$ 进行 VMD 方法分解，分解效果如图 3.16、图 3.17 和图 3.18 所示。分解时，容许噪声参数设置为 0，中带宽限制参数为 2000，采用镜像延拓法，纯调频信号迭代误差参数设置为 10^{-3}。

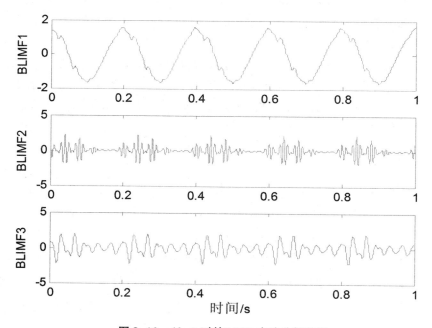

图 3.16 $K=3$ 时的 VMD 方法分解结果

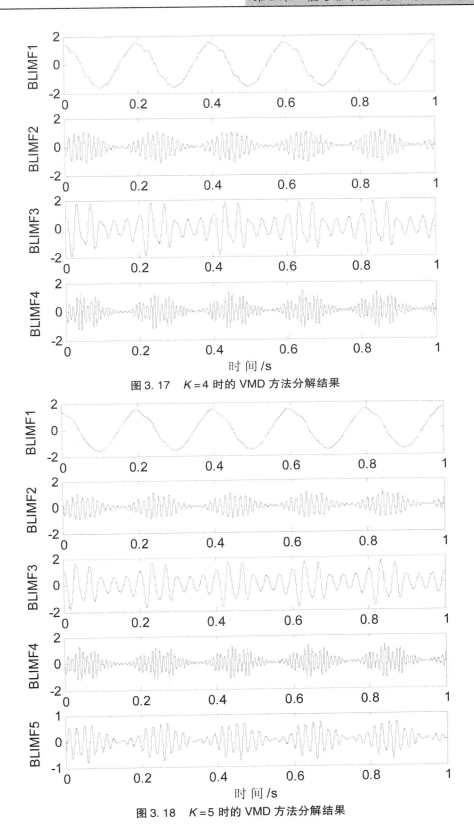

图 3.17　$K=4$ 时的 VMD 方法分解结果

图 3.18　$K=5$ 时的 VMD 方法分解结果

　　通过对图 3.15 仿真信号 $s(t)$ 及图 3.16、图 3.17 和图 3.18 所示分解结果观察可知，对不同分解层次参数 K 来说，三种 LMD 方法各分解出的 BLIMF 分量分别对应着仿真信号 $s(t)$ 的 3 个组成分量，但是从分解效果的角度，K 值的选择至关重要，$K = 3$ 时，调幅–调频分量 $s_1(t)$ 基本没有分解出来，而对调幅分量 $s_2(t)$ 和余弦分量 $s_3(t)$ 的分解还原相对较好；$K = 4$ 时 VMD 方法分解出的 BLIMF 分量时域波形比较光滑，基本实现三个分量的完全有效分解；当 $K = 5$ 时，VMD 方法分解出的 BLIMF 分量时域波形显然更为光滑，实现三个分量的完全有效分解的同时；出现了多个虚假的分量；另外，为了评价每种方法分解的准确性以及分解效率，以三种方法分解结果的每一阶分量与仿真信号 $s(t)$ 中对应的组成分量的偏离程度即均方误差（Mean Squared Error，简称 MSE）和分解时间作为衡量指标，结果如表 3 – 1 所示。通常情况下，MSE 越小，说明分解得出的分量越接近于仿真信号 $s(t)$ 中对应的组成分量。由表 3 – 1 观察可知，从分解效率与准确性角度，$K = 4$ 方法分解时间也是最短的，提高了运算效率。

表 3 – 1　分解结果的 MSE 及分解时间

方法	MSE			时间/s
	BLIMF$_1$	BLIMF$_2$	BLIMF$_3$	
$K = 3$	0.1368	0.0472	0.0368	1.957
$K = 4$	0.0235	0.0229	0.0254	1.024
$K = 5$	0.0254	0.0265	0.0275	2.532

　　从理论上，LMD 正交指数 $IO = 0$，是绝对正交的。由于数据采集过程中误差的存在以及 LMD 边缘效应的影响，LMD 分解的正交性只是相对的，正交指数 IO 越接近于 0，说明 LMD 分解正交性越好。此外，将 IEC 作为评价指标在于信号分解前后满足能量守恒定律，故可从能量的角度来评价分解结果，即 PF 分量完全正交时能量守恒指标 $IEC = 1$。IEC 定义如下：

$$IEC = \frac{\sum_{t=0}^{T} \sum_{j=1}^{n} |pf_j(t)|^2}{\sum_{t=0}^{T} |x(t) - u_n(t)|^2} \qquad (3 - 54)$$

　　式（3 – 54）中，$x(t)$ 对应原信号，pf_j 即为分解后的分量，残余分量用 $u_n(t)$ 表示。

　　通过对表 2 – 2 分析，从正交性角度，VMD 方法 $IO = 0.0358$，趋近于 0，从能量守恒的角度，VMD 方法 $IEC \approx 1$，基本符合守恒定律，可见，VMD 方法分析非平稳信号的优越性能。

　　自适应分解算法理论为非平稳信号的研究提供了一个新的途径。通过上述自适应分解方法分析，我们应明确，对具有非线性、非平稳及多分量耦合特性的往复压缩机振动信号而言，基于信号自身特点分析，选择有效的信号解调和分解手段，并从算法适用性和特征敏感性角度选择可行的非线性信号定量描述方法，结合针对性的智能化识别手段，可显著提高故障特征的分类有效性，也是未来一段时间内故障识别与诊断的重要研究方向。

3.5　多重分形理论与方法

　　分形理论是作为非线性科学研究的重要组成部分，它在揭示复杂系统所表现出来的非平稳性、不连续性等方面具有独特之处[25]。简单分形只能反映信号的整体特性，缺乏对局部奇异特性的刻画。多重分形不仅能从整体上反映信号的不规则性，而且能精细的刻画信号的局部行为。结合往复压缩机的故障状态和机理的研究，基于多重分形理论对往复压缩机故障特征进行提取，展示出了该理论对信号局部奇异特性的精细刻画能力，为往复压缩机故障诊断技术研究提供了新的思路与方向。

3.5.1　分形的定义

分形理论是非线性学科中一个活跃的数学分支，其研究对象是由于非线性系统产生的不光滑和不可微的几何体，基本刻画其特性的参数是分维数。分形几何是刻画混沌运动的直观几何语言，是更接近现实社会的数学。

fractal 这个词是 20 世纪 70 年代由数学家 Benoit B. Mandelbrot 提出的[26]，意思是"破碎的、碎裂的"，同时还具有"不规则"的含义。因此人们认识到数学上许多不光滑及不可微的集是可以研究的。

B. B. Mandelbrot 在他早期的文章中，定义了分形集是满足 Hausdorff 维数严格大于其拓扑维数的集合。而这种定义显然不包括一些典型的分形集。当前普遍的看法是，不寻求分形的确切定义，认同 Falconer 从数学角度给出的分形集 F 性质的描述[27]：

（1）F 具有精细的结构，即在任意小的比例内包含整体；

（2）无论从局部还是整体上看，F 是如此不规则以至于不能用传统的几何语言来描述；

（3）通常 F 具有某些自相似性，或许是近似的，或许是统计意义下的；

（4）通常 F 的"分形维数"比它的拓扑维数要大；

（5）在许多情况下，F 的定义是非常简单的，或许是递归的。

3.5.2　分形的性质

（1）自相似性

对于分形的最简单的描述是：一个形体的某种结构或过程从不同的空间或时间来看都是自相似的。虽然这种定义是不完备的，但是它抓住了分形的本质特性——自相似性。

例如自然界中的 4 种分形体：山脉的轮廓、闪电、云团和蕨类植物。前三种自然分形具有统计意义上的自相似性。而第四种蕨类的每一片叶子都是整个蕨类的微拷贝（见图 3.19）。

强调一点，我们所说的自相似性分为两类：

(a) 山脉　　　　　　　　　　　　　　(b) 闪电

（c）云团   （d）蕨类植物

图 3.19   自然界中的分形体

一类是完全相似，它是由数学模型生成。如科赫曲线、科赫雪花、谢尔宾斯基垫片等。它们是严格分形也称确定性分形或规则分形。

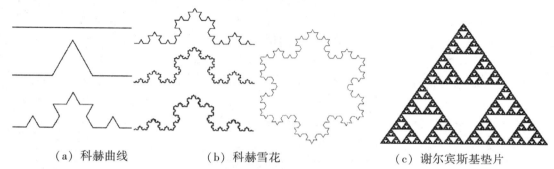

（a）科赫曲线   （b）科赫雪花   （c）谢尔宾斯基垫片

图 3.20   规则（确定性）分形

另一类是前面提到的自然界中的分形。它们具有统计意义上的自相似性，称之为随机分形或无规则分形。

（2）无标度性

具有分形结构或性质的物体，放大任意选取的局部区域会显示原图的形态特征，即形态、内在的复杂程度、不规则性等特征与原图相似，这种特性称为无标度性。

3.5.3   分形的算法

为了研究分形集的几何性质，在分形几何学中主要采用了"分维数"的计算方法，所谓"分维数"它度量的是一个分形集"充满空间的程度"。计算"分维数"的方法有很多，因此，不同人采用不同的方法所得的计算结果可能是不同的。但总的要求是分维数必须能反映在不断缩小直径的很少比例下，去观测一个分形集，找出这个集的一个代表"维数"，使它能够反映这个集的复杂程度，或者"不规则程度的量度"，或者"充满空间的程度"。

由于维数并不是一个简单的、易于理解的东西。卡拉西奥多里 1914 年提出了用集的覆盖来定义测度的思想。以此为基础，数学家们已经发展了十几种不同的维数，如拓扑维、豪斯道夫维、自相似维、盒子维、容量维，关联维，Lyapunov 维数等。

根据实用的分维数的求取方法不同分为 5 类：

（1）改变可视化程度求取维数的方法，如信息维；

（2）根据测度关系求维数的方法，如盒子维；

（3）根据相关函数求维数的方法，如关联维；

（4）根据分布函数求维数的方法；

（5）根据波谱求维数的方法。

此外还有通过位势法、Fourier 变换法及其他的特殊方法，相关函数法和 Fourier 变换法有着密切的关系。这些方法在有关分形的著作里很容易找到，因而不在这里重复。

下面，我们简要介绍以下几种常用的分维数及其算法：

①盒维数

最简单的，也最明了的分维数定义就是盒维数（Box Counting Dimension）D_B，对一个平面中的分形集 F 来说，可以用宽度为 δ 的正方形盒子打成方格网来覆盖这个图形，然后逐步缩小方格的宽度 δ，每次都来数一数覆盖这个图形的方格数 N，于是可以用下式计算其盒维数。

$$D_B = \lim_{\delta \to 0}\left[\frac{\lg N}{\lg(1/\delta)}\right] \tag{3-55}$$

公式中 N 用来覆盖吸引子的边长为 δ 的超立方体数目。

②信息维数

如将上述盒子编号，设吸引子落在第 I 个盒子中的概率为 P_i，则对于尺度为 δ 的盒子，用香侬（C. E. Sancon）公式表达为：

$$I(\delta) = \sum_{i=1}^{N} P_i \ln P_i \tag{3-56}$$

若用 $I(\delta)$ 来代替盒维数中的 $\lg N$，就得到信息维数 D_I（Information Dimension）：

$$D_I = \lim_{\delta \to 0}\frac{-I(\delta)}{\ln\delta} = \lim_{\delta \to 0}\frac{-\sum_{i=1}^{N}P_i\ln P_i}{\ln\delta} \tag{3-57}$$

③自相似维数

设 A 是包含于 R^n 的有界子集，$B \subseteq A$，如果 B 总可以分成 N 个相等的且与 B 相似的部分，则称 A 为自相似集[21]。如果每部分与 B 的相似比为 r，则分维数为：

$$D_s = \frac{\lg N}{\lg(1/r)} = -\frac{\lg N}{\lg r} \tag{3-58}$$

此时，我们称 D_s 为集 A 的自相似维数（Self-similar Dimension）。

④豪斯道夫维数[28]

在分形理论的应用中起着非常重要的作用的，且在任何集上都可以定义的分形维数是盒维数及豪斯道夫维数。

首先我们定义豪斯道夫测度，如 Y 是 n 维欧氏空间 R^n 的任意非空子集，Y 的直径定义为，$|Y| = \sup\{|x-y|; x,y \in Y\}$，即 Y 中点对之间距离的上确界。

设 s 是一个非负实数，对任意 $\delta > 0$，定义：

$$H_\delta^s(F) = \inf\left\{\sum_{i=1}^{\infty}|Y_i|^s\right\} \tag{3-59}$$

其中，$|Y_i|$ 是 F 的 δ 覆盖。当 $\delta \to 0$ 时，$H_\delta^s(F)$ 趋于一个极限，记为：

$$H^s(F) = \lim_{\delta \to 0} H^s_\delta(F) \qquad\qquad (3-60)$$

我们称 $H^s(F)$ 为集 F 的 s 维豪斯道夫测度。可以证明，对集合 F 存在唯一的非负实数，记做 $D_H(F)$，即为豪斯道夫维数（Hausdorff Dimension）。

⑤关联维数

容量维数（盒维数等）是几何性的，它并不考虑相点在流行上出现的次数，而相关维数直接用相点来计算相关函数。

对于一个时域序列 $x_1, x_2, x_3, \cdots x_i, \cdots$。取前 n 个点进行 m 维相空间重构。计算重构后点对间的距离，相关函数

$$C(r) = \lim_{N \to \infty} \frac{1}{N^2} \sum_i^N \sum_j^N H(u) ; \qquad i \neq j \qquad (3-61)$$

其中：$u = r - |x_i - x_j|$

$$\begin{cases} H(u) = 1 & u > 0 \\ H(u) = 0 & u < 0 \end{cases}$$

它表示在重构的相空间中距离小于 r 的点对占所有点对的比例。取适当的 r 值，有如下关系：

$$\lim_{r \to 0} C(r) = r^D \qquad\qquad (3-62)$$

$$\text{故 } D = \lim_{r \to 0} \frac{\ln C(r)}{\ln r} \qquad\qquad (3-63)$$

D 即为关联维数（Correlation Dimension）。

关联维数对时域信号处理方面应用较多，对于处理带有分形特性的振动信号，它能较好地反映信号的分形特性，对不同工况进行故障判别。

3.5.4 多重分形

分形理论研究的主题是多重分形（multi-fractals），因为简单分形只需要一个维数来描述其整体的特征，不能完全刻画大自然的复杂性，比如对湍流、混沌和分形生长类型的非均匀复杂几何体。必需要用多个维数来描述，才能全面刻画其特征。多重分形就是针对这类情况而提出的新概念。

多重分形也称为分形测度，它是研究一种物理量在一个支撑上的分布情况，换句话说，多重分形理论是定义在分形上的多个标度指数的奇异测度所组成的无限集合[23]。多重分形理论定量的刻画了分形测度在支撑上的分布情况。

（1）算法原理

我们把研究对象划分为 N 个不同的区域 s_i （$i = 1, 2 \cdots N$），设 r_i 为第 i 个区域线度的大小，p_i 为该区域 s_i 的生成概率（物理量），对于不同区域的 s_i，p_i 也不同，可用不同的标度指数 α_i 来表征：

$$p_i = r_i^{\alpha_i} (i = 1, 2 \cdots N) \qquad\qquad (3-64)$$

若线度大小趋于零，则上式化为：

$$\alpha = \lim_{r \to 0} \frac{\ln p}{\ln r} \qquad\qquad (3-65)$$

其中 α 是分形体某小区域的分维数，称为局部分维，其值大小反映了该区域生成概率的大小[24]。

多重分形用 α 表示分形体小区域的分维数，因为小区域数目很大，于是可得一个由不同 α 所组成的无穷序列构成的谱，并用 $f(\alpha)$ 表示，$f(\alpha)$ 和 α 是描述多重分形的一套参量。

我们从信息论角度也可以选择另一套描述多重分形的参量广义维数 D_q 和 q。

把式（3-64）两边各乘 q 次方并取和得：

$$\sum_i^N p_i{}^q = \sum_i^N (L)^{\alpha_i q} = X(q) \tag{3-66}$$

q 次信息维数 D_q 的定义为：

$$D_q = \lim_{i \to 0} \frac{1}{q-1} \cdot \frac{\ln X(q)}{\ln L} = D(q) \tag{3-67}$$

这两套参量之间的联系为 Legendre 变换：

$$D_q = \frac{1}{q-1}[q\alpha - f(\alpha)] \tag{3-68}$$

或 $\qquad f(\alpha) = q\alpha - \tau(q)$，其中 $\tau(q) = (q-1)D_q$ $\qquad$ (3-69)

（2）多重分形理论算法

我们已经知道，描述多重分形有两套等价的语言 $D_q - q$ 和 $f(\alpha) - \alpha$，许多应用多重分形理论的研究者所关心的是如何根据试验数据计算广义维数 D_q 和奇异谱 $f(\alpha)$。常用的直接计算奇异谱 $f(\alpha)$ 是所谓的"直接计算法"，而直接计算广义维数 D_q 的方法有三种：数盒子法、固定半径法和固定质量法，可用 $\tau(q)$ 和 $f(\alpha(q))$ 之间的 Legendre 变换对两种语言进行互相转化。

①直接计算法

标度指数 $\alpha(q)$ 和 $f(\alpha(q))$ 的直接计算法是由 Chhabra 和 Jensen 首先在 1989 年作为一种计算多重分形谱的方法提出的，基本思想是用尺度为 δ 的盒子覆盖被研究的多重分形集，考虑研究点在第 i 个盒子的概率为 $p_i(\delta)$，由此构造出一个测度族，即：

$$\mu_i(q,\delta) = \frac{[p_i(\delta)]^q}{\sum_j [p_i(\delta)]^q} \tag{3-70}$$

式中，$\sum_j [p_i(\delta)]^q$ 为对所有盒子的概率的 q 次幂求和。

被研究的多重分形集的 Hausdorff 维数为：

$$f(\alpha(q)) = \lim_{\delta \to 0} \frac{\sum_i \mu_i(q,\delta) \ln[\mu_i(q,\delta)]}{\ln \delta} \tag{3-71}$$

被研究的多重分形集整体奇异性的平均值为：

$$\alpha(q) = \lim_{\delta \to 0} \frac{\sum_i \mu_i(q,\delta) \ln[p_i(\delta)]}{\ln \delta} \tag{3-72}$$

直接计算法是一种实用、有效的高精度方法，具有计算步骤简单、计算精度高的优点[29]。在计算机试验或物理实验中，对于给定的 q 值，首先要定义并获得相应分形空间里每个非空网格里的奇异概率测度 $p_i(\delta)$；然后对不同尺度的 δ 计算并绘制相应的曲线，找出其中的无标度区，用最小二乘法计算出该曲线的斜率，其绝对值即为给定 q 值的标度指数 $\alpha(q)$ 和奇异谱 $f(\alpha(q))$。

②数盒子法

广义维数 D_q 可以直接按照定义计算，严格定义为：

$$D_q = \frac{1}{q-1} \lim_{\delta \to 0} \frac{\ln \sum_{i=1}^{N} p_i^q(\delta)}{\ln(\delta)} \qquad (3-73)$$

用尺度为 δ 的盒子对分形空间中的分形集进行划分，定义每个盒子里的奇异概率测度 $p_i(\delta)$，给定的 q 值，对应不同尺度 δ，计算并绘制相应的双对数曲线，找出其中的无标度区，用最小二乘法计算该段曲线的斜率，其绝对值即为给定 q 值的广义维数 D_q。

③固定半径法

用固定半径法计算广义维数 D_q 时，假定计算结果与覆盖区域的选取无关。考查以任意选择分形集上的点 x_i 为球心，δ 为半径的球体，同样定义球体上的奇异质量 $p_i(\delta)$，那么可以得到固定半径法的公式为：

$$\tau(q) = \lim_{\delta \to 0} \frac{\ln \langle p^{q-1} \rangle}{\ln \delta} \qquad (3-74)$$

其中 $\langle \rangle$ 表示按球心平均，用式（3-74）求出质量指数 $\tau(q)$ 后，可以求出广义维数 D_q，在 $q=1$ 时不能应用式（3-74），但在逻辑上并无抵触，实际计算上并不一定要计算 D_1，可以用插值法得到。显然，当奇异质量 $p_i(\delta)$ 为归一化测度而且权重 q 与之相同时，固定半径法与数盒子法就一致了。

④固定质量法

如果定义在分形集上的测度足够平滑，那么对于随机选择的以分形集上的点 x_i 为球心的球体，可以获得具有质量 P 的相应半径 $\varepsilon_i(p)$。于是可以得到固定质量法的公式：

$$\langle \varepsilon^{-\tau(q)} \rangle - p^{1-q} \qquad (3-75)$$

也可以写成等价的形式

$$\langle \varepsilon^{-\tau(q)} \rangle^{\frac{1}{\tau(q)}} - p^{\frac{q}{D_q}} \qquad (3-76)$$

对于给定的不同质量 P，计算出式（3-75）或（3-76）变化的 $\tau(q)$ 值，可以求出 $q - \tau(q)$ 的关系或 $D_q - \tau(q)$ 关系，然后转化为 $D_q - q$ 关系。严格地说，该方法在 $\tau(q) = 0$ 仍然不能直接计算，但一样可以通过插值法得到该点相应的各种值。

上面各种方法各有优缺点，对于不同体系，应当研究选择合适的方法。需要指出的是，上面所有的奇异测度都应该是非零的，即要求 $p_i(\delta)$ 不等于 0，因为测度为零意味着该区域内不属于所研究的多重分形测度的支撑集，因而是不需要计算的。

（3）多重分形谱提取算法

针对压缩机故障诊断实践，对较常用的两种多重分形谱特征的提取方法做简单介绍。

①改进直接算法

改进直接算法提取多重分形谱，是一种简便、快速有效的方法，特别对于具有大量信号采集通道的往复压缩机振动信号参数提取来说，快速的特点就尤为突出，更为重要，其实用价值是显而易见的。改进算法介绍如下：

用上述直接法求多重分形谱，最关键的是概率测度 $p_i(\delta)$ 的确定。盒计数法将概率测度定义为：

$$p_i(\delta) = n_i / \sum_{i=1}^{N} n_i \qquad (3-77)$$

其中，n_i 为第 i 个尺度为 δ 的网格内的点数，N 为总网格数。该测度是定义在时间序列二维点集上的，因此使得多重分形谱的计算量较大。分析了上述问题后，这里做出一种简化的往复压缩机振动信号时间序列概率测度 $p_i(\delta)$ 的定义：

$$p_i(\delta) = l_i/L \qquad (3-78)$$

其中，l_i 是将压缩机振动信号时间序列按尺度 δ_k 划分后，第 i 段折线长度之和，L 为信号时间序列折线的总长度。这里，概率测度的几何支集就是时间序列的采样点集 $n = 0，1，2，\cdots，N$，它是位于一维时间轴上的。改进算法与上述盒计数法相比较，因为概率测度的几何支集分别位于一维时间轴和二维时间轴上，故在相同尺度下，盒计数法的盒子总数约是改进算法的 2 次幂，因此改进算法既节省了内存又大大减少了多重分形谱的计算量。

具体步骤如下：

ⓐ计算振动信号时间序列的折线长度 $LL(i) = \sum\limits_{j=i}^{i} \sqrt{(x_j - x_{j-1})^2}, i = 1,2,\cdots,N$，总长度为：$L = LL(N)$，令 $k = 1$；

ⓑ给定 $q，\delta_k = \delta_0/2^{k-1}$，$\delta_0$ 为初始时间尺度；

ⓒ由式（3 - 78）计算按 δ_0 划分时间。序列的各单元 p_i，其中

$$L_i = LL(i \cdot \delta_k) - LL(i - 1) \cdot \delta_k, i = 1,2,\cdots ceil(N/\delta_k) \qquad (3-79)$$

$ceil(\ )$ 为向上取整函数；

ⓓ由式（3 - 70）计算 $\mu_i(q,\delta)\ln[\mu_i(q,\delta)] - \ln\delta$，若 $\delta_k \leqslant 1$ 转下一步；否则，$k = k + 1$，转 2。

ⓔ作双对数曲线 $\sum\limits_i \mu_i(q,\delta)\ln[\mu_i(q,\delta)] - \ln\delta$，进行最小二乘拟和并根据式（3 - 71）计算 $f(\alpha(q))$；作双对数曲线 $\sum\limits_i \mu_i(q,\delta)\ln[p_i(q,\delta)] - \ln\delta$，进行最小二乘拟和并根据式（3 - 72）计算 $\alpha(q)$。

算法流程图如下：

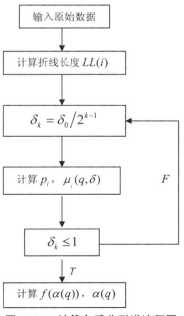

图 3.21　计算多重分形谱流程图

②多重分形去趋势波动分析法

针对非平稳时间序列，Kantelhardt 等在去趋势波动分析方法（Detrended Fluctuation Analysis，DFA）的基础上提出了多重分形去趋势波动分析理论 Multifractality Detrended Fluctuation Analysis（MF – DFA）[30]。该方法能方便、快捷地得到标度指数和多重分形谱，并可进行有效的多重分形特性分析。

利用 MF – DFA 方法对时间序列 $\{x_k \mid k = 1, 2, \cdots, N\}$ 进行分析，步骤如下：

ⓐ对序列 $\{x_k \mid k = 1, 2, \cdots, N\}$ 去均值，构造其和序列

$$Y(j) = \sum_{k=1}^{j} [x_k - \bar{x}] \qquad j = 1, 2, 3, \cdots, N$$

$$\bar{x} = \frac{1}{N} \sum_{k=1}^{N} x_k \tag{3-80}$$

对 $Y(j)$ 进行划分，分成 $N_s = \mathrm{int}(N/s)$ 个相互不重叠的子区间，子区间长度为 s，此处与 DFA 方法相同，需要从序列 $Y(i)$ 的尾部至前再进行一次划分计算，故共得到 $2N_s$ 个子区间。

ⓑ对新得到的 $2N_s$ 个子区间，进行最小二乘法 k 阶多项式拟合，可得：

$$y_m(i) = a_1 i^k + a_2 i^{k-1} + \cdots + a_k i + a_{k+1} \tag{3-81}$$

其中：$i = 1, 2, \cdots, s$;

$k = 1, 2, \cdots$;

$m = 1, 2, \cdots, 2N_s$

ⓒ计算 $F^2(s, m)$，当 $m = 1, 2, \cdots, N_s$ 时

$$F^2(s, m) = \frac{1}{s} \sum_{i=1}^{s} \{Y[(m-1)s + i] - y_m(i)\}^2 \tag{3-82}$$

当 $m = N_s + 1, N_s + 2, \cdots, 2N_s$ 时，

$$F^2(s, m) = \frac{1}{s} \sum_{i=1}^{s} \{Y[N - (m-1)s + i] - y_m(i)\}^2 \tag{3-83}$$

ⓓ然后求 $F^2(s, m)$ 均值，得 q 阶波动函数 $F_q(s)$

$$F_q(s) = \left\{ \frac{1}{2N_s} \sum_{m=1}^{2N_s} [F^2(s, m)]^{\frac{q}{2}} \right\}^{\frac{1}{q}} \tag{3-84}$$

上式中 q 为非零实数。

当 $q = 0$ 时，则有：

$$F_o(s) = \exp\left\{ \frac{1}{4N_s} \sum_{m=1}^{2N_s} \ln[F^2(s, m)] \right\} \tag{3-85}$$

当 $q = 2$ 时，MF – DFA 就变成了 DFA；

当 $q < 0$ 时，$F_q(s)$ 大小由小波动偏差 $F^2(s, m)$ 的大小决定；

当 $q > 0$ 时，$F_q(s)$ 大小由大波动偏差 $F^2(s, m)$ 的大小决定。

对 $F_q(s)$ 和 s 的双对数函数进行分析，可以得到波动函数的标度性。具体来说，$F_q(s)$ 为波动阶数 q 与数据长度 s 的函数，且 s 越大，$F_q(s)$ 表现出的幂律关系随之增加，

$$F_q(s) \propto s^{h(q)} \tag{3-86}$$

上式中，$h(q)$ 为广义赫斯特指数，若时间序列是平稳的，$h(q)$ 称为 Hurst 指数。若时间序列是非平稳的，且 $0.5 < h(q) < 1$，表明该时间序列既有长程相关性又有持久性；若 $h(q) < 0.5$，表明该时间序列既有负长程相关性又有反持久性。

标度指数 $h(q)$ 的求法：首先，求 $\log F_q(s)$ 与 $\log s$ 的函数关系图，然后计算 $\log F_q(s)$ 与 $\log s$ 的函数曲线斜率——标度指数 $h(q)$。为了保证 $F_q(s)$ 的稳定程度，一般 $s \le N_s/4$。当时间序列为单一分形时，$F^2(s,m)$ 区间内的标度行为一致，$h(q)$ 为常数，且与 q 无关；当时间序列具有多重分形特性时，$h(q)$ 为依赖于 q 的函数。

3.6　系统信息熵度量技术

信息熵是一种非常重要的非线性分析方法，最早是由 Shannon 提出的，用以度量序列的复杂程度。自 Shannon 将熵引入到信息领域之后，信息熵便与非线性动力系统状态建立了紧密联系，并由此发展出了多种描述系统非线性特性的熵值。苏联数学家柯尔莫哥洛夫定义的 K 熵是刻画混沌系统的一个重要的量[31]，可用来度量非线性系统运动的随机或无序程度。为了逼近 K 熵，Grassberger 和 Procaccia 定义了关联熵的概念[32]，建立了 K 熵与关联维数的统一关系，而且关联熵计算更为方便。20 世纪 90 年代初，为了度量和统计量化非线性时间序列的复杂性，Pincus[33] 提出了一种新方法——近似熵（approximate entropy，简称 ApEn），并将其应用于生理信号分析。随后，Richman 等人[34] 提出了又一种度量序列复杂度的新方法——样本熵（sample entropy，简称 SampEn），相比于近似熵等非线性动力学指标，其具有所需数据长度少、对噪声不敏感、在大取值范围内一致性好等特点[35]。样本熵度量时间序列的复杂性为单一尺度，在样本熵的基础上，Costa 等[36] 提出了一种从多尺度角度度量时间序列复杂度的新方法——多尺度熵（multiscale entropy，简称 MSE），通过不同尺度因子度量时间序列的复杂性，丰富了熵的含义，为细致描述非线性时间序列复杂度提供了一种新途径，并极大地丰富了描述系统不确定性变化的手段。

3.6.1　样本熵

样本熵是在近似熵的基础上发展的一种系统复杂性度量方法，其在计算过程中不计入自身匹配，克服了近似熵因为自身匹配造成结果偏差的缺点。样本熵计算过程如下[37]：

（1）对于给定的时间序列 $X_i = \{x_1, x_2, \cdots, x_N\}$，利用嵌入维数将其重组为 m 维向量 $X_m(1)$，$X_m(2)$，$\cdots$，$X_m(N-m+1)$，其中 $X_m(i)$ 的表达式为

$$X_m(i) = [x_i, x_{i+1}, \cdots, x_{i+m-1}] \quad (i = 1, 2, \cdots, N-m) \tag{3-87}$$

（2）计算向量 $X_m(i)$ 与向量 $X_m(j)$ 对应元素差值的绝对值，将其中最大值定义为两向量之间的距离 $d[X_m(i), X_m(j)]$

$$d[X_m(i), X_m(j)] = \max_{k=0,\cdots,m-1}(|x(i+k) - x(j+k)|) \tag{3-88}$$

式中，$i, j = 1, 2, \cdots, N-m$，$i \ne j$。

（3）对于每个 i 值（$i = 1, 2, N-m$），统计 $x(i)$ 与其余向量间距离 $d[X_m(i), X_m(j)\setminus]$ 中小于给定阈值 r 的个数 $N_m(i)$，并将其与距离总数 $N-m-1$ 的比值记作 $B_i^m(r)$，即：

$$B_i^m(r) = \frac{1}{N-m-1}N_m(i) \qquad (3-89)$$

（4）计算所有 $N-m$ 个 $B_i^m(r)$ 的平均值，记为 $B^m(r)$，即

$$B^m(r) = \frac{1}{N-m}\sum_{i=1}^{N-m}B_i^m(r) \qquad (3-90)$$

（5）将时间序列重组为 $m+1$ 维向量，重复上述过程，得到 $B^{m+1}(r)$，表达式为

$$B^{m+1}(r) = \frac{1}{N-m}\sum_{i=1}^{N-m}B_i^{m+1}(r) \qquad (3-91)$$

（6）理论上，样本熵被定义为

$$SamEn(m,r) = \lim_{N \to \infty}\left[-\ln\frac{B^{m+1}(r)}{B^m(r)}\right] \qquad (3-92)$$

当时间序列的数据长度 N 为有限值时，样本熵的估计值为

$$SampEn(m,r,N) = \left[-\ln\frac{B^{m+1}(r)}{B^m(r)}\right] \qquad (3-93)$$

样本熵与近似熵在物理意义上比较相似，都是通过序列在维数变化时的自我相似性来判断其复杂程度。相比于近似熵，样本熵对数据的依赖程度更低，在熵值相对一致性方面也更为优越。但是，当某些参数选择过小时，会使得到的向量没有匹配的模板，计算时出现没有意义的 ln0，导致样本熵的计算结果无效。

3.6.2 模糊熵

Pincus 提出的近似熵是通过比较数据和其自身来反应时间序列的复杂性。Richman 在近似熵的基础上提出了样本熵，克服近似熵自身匹配的缺点。由于近似熵和样本熵都可以用来衡量时间序列的不确定性，在两种方法的计算过程中，向量间的相似性是采用 Heaviside 函数作为度量标准。Heaviside 函数为单位阶跃函数，其表达式如下：

$$\theta(z) = \begin{cases} 1 & z \geq 0 \\ 0 & z < 0 \end{cases} \qquad (3-94)$$

Heaviside 函数具有二态分类器的性质，当输入样本满足一定特性，就会被判定为两个给定类中的一类。但是在现实生活中，有时很难给定一类的判定标准，如判定一个人是"高"还是"矮"，人们并没有一个确定的标准，"高"与"矮"之间的边界是模糊的，多数情况下只能凭借经验进行判断。1965 年，美国控制论专家 Zadeh 对经典集合进行了推广，提出了模糊集合理论，可反映模糊集合中元素 x 与集合 C 的相关程度。在经典集合理论中，将拥有特定性能的目标组成一个集合或论域 X，其特征函数赋值范围为 $\{0,1\}$ 两点。模糊集合理论对其进行拓展，将特征函数赋值范围推广为 $[0,1]$，区间内的点都可以赋值。在模糊集合理论中，定义隶属度函数 $u_c(x)$ 是极为关键的一步，其取值范围为 $0 \sim 1$。模糊集合中的元素 x 隶属于合集 C 的程度越高，则隶属度函数 $u_c(x)$ 的值越接近 1；元素 x 隶属于合集 C 的程度越低，则隶属度函数 $u_c(x)$ 的值越接近 0。

在一般情况下，元素组成的模糊集合 C 表达式为

$$C = \{(x,\mu_C(x)),x \in X\} \qquad (3-95)$$

对于有限集合 X，模糊集合 C 表达式为

$$C = \sum_X \mu_C(x_i)/x_i \tag{3-96}$$

对于无限集合 X，模糊集合 C 表达式为

$$C = \int_X \mu_C(x)/x(x \in X) \tag{3-97}$$

其中，$\sum$ 与 $\int$ 表示各个元素与隶属度函数对应关系的一个总括。

Chen 等[38]对模糊集合理论进行了研究，并将其与样本熵理论进行结合，提出了模糊熵的概念（Fuzzy Entropy，简称 FuzzyEn）。在模糊熵的定义中，选择模糊函数作为两个向量相似性的量度。由于指数函数 $\exp(-(d_{ij}^m/r)^n)$ 具有对称性、连续性和凸性质等特点，不仅可以保证模糊熵的结果不会产生突变，而且每个向量计算得到的自相似性值最大，因此模糊熵选择指数函数作为模糊函数。模糊熵的定义过程如下：

（1）对时间序列 $u = [u(1), u(2), \cdots, u(N)]$ 设定模式维数 m，根据原始时间序列 u 的数据构造 m 维向量为

$$X_i^m = \{u(i), u(i+1), \cdots, u(i+m-1)\} - u_0(i) \tag{3-98}$$

式中：$i = 1, 2, \cdots, N-m+1$。$u_0(i)$ 表示的是 $\{u(i), u(i+1), \cdots, u(i+m-1)\}$ 这连续 m 个 u 值的平均值，其表达式为

$$u_0(i) = \frac{1}{m}\sum_{j=0}^{m-1} u(i+j) \tag{3-99}$$

（2）计算向量 $X_m(i)$，$X_m(j)$ 中对应元素差值的绝对值，选取其中最大的绝对值定义为向量 $X_m(i)$，$X_m(j)$ 之间的距离 d_{ij}^m，即

$$d_{ij}^m = d[X_i^m, X_j^m] = \max_{k=1,\cdots,m-1} (|(u(i+k) - u_0(i)) - (u(j+k) - u_0(j))|)$$

i, j = 1, 2, $\cdots$, N−m, i≠j。

$$\tag{3-100}$$

（3）引入模糊隶属度函数，定义向量 $X_m(i)$ 与 $X_m(j)$ 的相似度 D_{ij}^m，即

$$D_{ij}^m = u(d_{ij}^m, n, r) = \exp(-(d_{ij}^m/r)^n) \tag{3-101}$$

其中，n 和 r 表示指数函数 $u(d_{ij}^m, n, r)$ 边界的梯度与宽度；

（4）定义函数 $\varphi^m(n, r)$ 为

$$\varphi^m(n,r) = \frac{1}{N-m}\sum_{i=1}^{N-m}\left[\frac{1}{N-m-1}\sum_{j=1,j\neq i}^{N-m} D_{ij}^m\right] \tag{3-102}$$

（5）类似地，设定维数 $m+1$，将时间序列重构为 $m+1$ 维序列，重复步骤（1）~（4），定义函数 φ^{m+1} 为

$$\varphi^{m+1}(n,r) = \frac{1}{N-m}\sum_{i=1}^{N-m}\left[\frac{1}{N-m-1}\sum_{j=1,j\neq i}^{N-m} D_{ij}^{m+1}\right] \tag{3-103}$$

（6）模糊熵被定义为

$$\text{FuzzyEn}(m,n,r) = \lim_{N\to\infty}[\ln\varphi^m(n,r) - \ln\varphi^{m+1}(n,r)] \tag{3-104}$$

当时间序列长度 N 为有限时，模糊熵可表示为

$$FuzzyEn(m,n,r,N) = ln\varphi^m(n,r) - ln\varphi^{m+1}(n,r) \qquad (3-105)$$

在物理意义方面，模糊熵和样本熵比较相似，都可以用来衡量时间序列在维数变化时，产生新模式的概率大小。样本熵与模糊熵有许多相同之处：两者都具有较好的相对一致性，在计算时对数据的长度依赖性较小。样本熵与模糊熵的不同之处在于样本熵使用的Heaviside函数对阈值 r 选取比较敏感，r 的微小变化就可能导致样本熵值发生突变，缺乏连续性。模糊熵选择指数函数作为模糊函数来界定向量间的相似性，指数函数具有良好的连续性，可保证向量间的相似性不会发生突变。当参数 r 变化时，模糊熵值会连续平滑变化[39]。此外，在样本熵的定义过程中，通过原始一维向量构建 m 维重构向量，其中任意两向量 X_i 和 X_j 对应元素插值最大值的绝对值定义为两者间的距离。只有当两向量间的距离小于给定的阈值 r 时，才能判定两者相似，数据的绝对幅值差决定了向量的相似性。但是，当数据存在缓慢波动或基线漂移时，向量间的相似性可能被掩盖，导致分析结果错误，而在模糊熵方法中，向量间的相似性被定义为其形状上的相似，通过对采样数据进行归一化处理，在构建 m 维向量时去除了基线漂移的影响。这种向量形状近似性定义将相似性度量模糊化，更为符合实际情况[40]。

3.6.3　多尺度熵

多尺度模糊熵是在模糊熵的基础上，结合多尺度熵思想提出的一种非线性信号定量描述方法，可以从不同尺度衡量时间序列的复杂程度和维数变化时产生新信息的概率大小。利用多尺度模糊熵对机械振动信号进行分析，可以更全面地反映故障状态特征。多尺度熵是在样本熵的基础上提出的一种非线性分析方法，可用于描述时间序列在不同尺度上的无规则程度，其计算步骤如下：

（1）对于原始序列 $\{u(i) = u(1), u(2), \cdots, u(N)\}$，根据给定的嵌入维数 m 和相似容限 r，建立新的粗粒序列为

$$y_j^\tau = \frac{1}{\tau} \sum_{i=(j-1)\tau+1}^{j\tau} u_i (1 \leqslant j \leqslant \frac{N}{\tau}) \qquad (3-106)$$

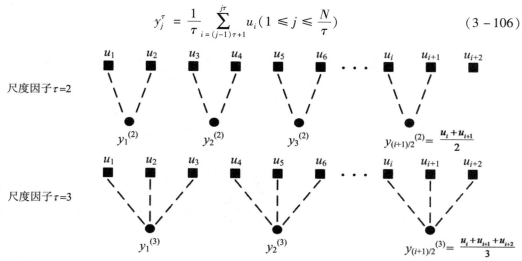

图3.22　序列粗粒化过程示意图

其中 τ 为尺度因子，取值为整数。当 $\tau = 1$ 时，$y_j(1)$ 就是原始序列。当整数 $\tau \neq 0$ 时，原始序列 $\{u(i)\}$ 被分割成 τ 个粗粒序列 $y_j(\tau)$，每一个粗粒序列的长度等于原时间序列的长度除以比例因子。序列粗粒化的过程如图3.22所示。

（2）对得到的 τ 个粗粒序列求其样本熵，并将其作为尺度因子 τ 的函数，称之为多尺度熵，即

$$MSE(u,\tau,m,r) = SampEn(y^{\tau},m,r) \qquad (3-107)$$

样本熵定量描述时间序列在单一尺度上的复杂程度，熵值越高，表明时间序列越复杂；熵值越底，表明序列自相似性越高，序列越简单。从多尺度熵的定义过程可以看出，多尺度熵的实质是计算时间序列在不同尺度因子下的样本熵，反映了时间序列在不同尺度下的无规则性和产生新模式的概率。如果随着尺度因子的增加，时间序列的熵值减少，则序列自相似性低，结构相对规则；如果尺度因子的减少，时间序列的熵值增加，则序列相对复杂。如果在绝大部分尺度上，一个时间序列的熵值大于另一个时间序列，则说明前者的复杂程度要高于后者[41]。

为了对比分析样本熵与模糊熵的效果，设定一余弦信号 cos（40π），定义其为 $y1$；给信号 $y1$ 混入白噪声信号，得到新的信号 $y2$。由于加入白噪声信号，信号 $y2$ 每点的值比较随机，不确定程度更高，因此信号 $y2$ 比 $y1$ 更加复杂。计算信号 $y1$ 和 $y2$ 在相似容限 r 取不同值时的样本熵值与模糊熵值，选择的数据长度 $N=200$，两种方法的计算结果如图3.23 和图3.24 所示。在两图中，圆形点线表示信号 $y1$ 的熵值，方形点线表示信号 $y2$ 的熵值。

由图3.23 和图3.24 可以看出，样本熵和模糊熵都保持了较好的相对一致性，在 r 取不同值时，$y2$ 的熵值都始终大于 $y1$ 的熵值，正确度量出了两信号的复杂程度。但是，当 r 值有微小变化时，样本熵值出现了较大的波动，稳定性较差。此外，当数据较短的情况下，取较小的 r 值将无法计算出样本熵值。相比于样本熵，模糊熵在同样保持相对一致性的情况下，对 r 的取值限制较小。当 r 取较小值时，依然可以计算出模糊熵值。随着 r 值的变化，模糊熵值的变化是连续而光滑的，曲线较为平稳，因此，模糊熵在衡量序列复杂性方面要比样本熵更加优越。

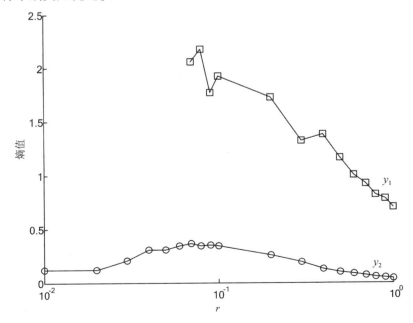

图3.23　两种信号的样本熵值

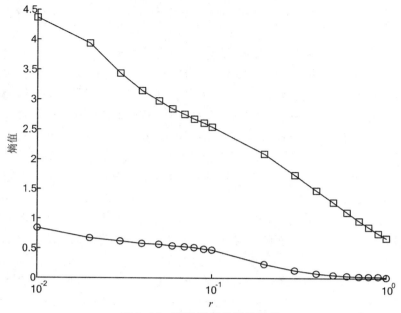

图 3.24 两种信号的模糊熵值

3.6.4 多尺度模糊熵方法及其特点

1. 多尺度模糊熵算法

机械设备的故障振动信号非常复杂，其状态特征信息常分布在多个尺度上，采用单一尺度的模糊熵进行分析，不能完整反映故障信息，因此需要在多尺度上分析振动信号。有学者在模糊熵的基础上，通过借鉴多尺度熵粗粒化的思想，提出了多尺度模糊熵的概念（Multiscale Fuzzy Entropy，简称 MFE），其计算过程如下：

（1）通过预先给定嵌入维数 m 和相似容限 r，将长度为 N 的原始序列 $\{x_1, x_2, x_3, \cdots, x_N\}$ 粗粒化，建立新的粗粒向量

$$y_j(\tau) = \frac{1}{\tau} \sum_{i=(j-1)\tau+1}^{j\tau} x_i, 1 \leqslant j \leqslant \frac{N}{\tau} \qquad (3-108)$$

其中，$\tau = 1, 2, \cdots$，表示尺度因子，当 $\tau = 1$ 时，$y_j(1)$ 就是原序列。对于非零 τ，原始序列被分割成 τ 个每段长为 N/τ 的粗粒序列 $y_j(\tau)$。

（2）对得到的每一个粗粒序列求其模糊熵，并将其作为尺度因子 τ 的函数，称之为多尺度模糊熵分析。

$$\mathrm{MFE}(x, m, n, r, \tau, N) = Fuzzyen(y^\tau, m, n, r, N^\tau) \qquad (3-109)$$

同样本熵一样，模糊熵也是在单一尺度上衡量时间序列的复杂程度，序列越复杂，熵值也就越大。多尺度模糊熵通过对时间序列进行粗粒化，计算其在不同尺度下的模糊熵值，充分反映时间序列在多个尺度上的复杂程度。与多尺度熵相似，如果随着尺度因子的增加，时间序列的熵值减少，则序列结构相对规则，其状态信息主要集中在小尺度上；如果尺度因子减少，时间序列的熵值增加，则序列相对复杂，其状态信息包含在多个尺度上。如果在大部分尺度上，一个时间序列的熵值大于另一个时间序列，则说明前者的复杂程度要高于后者。

2. 参数的选取

由多尺度模糊熵的定义可知，在计算过程中，需要给定嵌入维数 m，模糊函数的梯度 n，相似容限 r 以及尺度因子 τ，这些参数的选取会对结果产生很大影响。参数的选取过程如下：

（1）嵌入维数 m。在一般情况下，m 的取值越大，重构系统的动态过程就越细致，可以获取更多信息。然而，随着 m 值的增大，在计算时所需要的数据长度在快速增加（当嵌入维数为 m 时，计算所需要数据长度 $N=10^m \sim 30^m$），选择过大的 m 值可能导致无法提供足够的数据用于计算。因此，可以参考样本熵方法，在数据长度有限的情况下，选择 $m=2$。

（2）模糊函数的梯度 n。在模糊函数中，n 的作用是决定相似容限边界的梯度，随着 n 的增加，梯度也逐渐增大。梯度 n 在多尺度模糊熵计算向量间相似性的过程中，主要起着权重的作用。当 $n<1$ 时，n 起着"减"权的作用，即较远的向量对相似度的计算贡献等多，而较近的向量对相似度计算贡献更少。当 $n>1$ 时，较近和较远的向量则起着相反的贡献。当 $n=1$ 时，两者的贡献一样。由于当 n 趋于无穷大时，指数函数将退化为 Heaviside 阶跃函数，导致边缘的细节信息丧失，因此，为了尽量获得更多的细节信息，文献[59]建议 n 取较小的整数，如 2 和 3 等。

（3）相似容限 r。r 表示相似容限边界的宽度。如果 r 的取值过小，则会增加结果对噪声的敏感性；如果 r 的取值过大，将会导致信息的丢失，r 越大丢失信息越多。在实际应用过程中，通常取 r 为 $0.1\sim0.25\mathrm{SD}$，其中 SD（standard deviation）是原始时间序列的标准差。选取 $r=0.2\mathrm{SD}$。

（4）尺度因子 τ。在一般情况下，尺度因子 τ 的选取需要保证得到的粗粒序列具有足够的长度，这样模糊熵的计算才不会受到影响。因此，τ 的选取应根据原始时间序列的长度而定。

（5）数据长度 N。模糊熵对数据长度的要求较低，对于数据长度较短的数据（如 $N=50$），熵值仍然可以得到有效定义。

3. 模拟信号分析

为了考察多尺度模糊熵与多尺度熵的效果差异，构建一个由确定信号和随机信号按不同概率组成的混合信号 mix（p），其中确定信号 $x(t)$ 为 sin（$\pi/6$），组合概率为 p；随机信号 $y(t)$ 为（$-1,1$）区间上的均匀分布量，组合概率为 $1-p$。该混合信号 mix（p）可表示为

$$\mathrm{mix}(p) = p\sin(\pi t/6) + (1-p)y(t) \qquad (3-110)$$

在实验时，混合信号的数据长度 N 为 500，分别计算混合信号 mix（0.1）和信号 mix（0.9）的多尺度熵值和多尺度模糊熵值，尺度因子的变化范围为[1,20]。两混合信号的波形如图 3.25 和 3.26 所示，计算得到不同尺度因子下的多尺度熵值和多尺度模糊熵值分别如图 3.25 和图 3.26 所示。其中，将信号 mix（0.9）的多尺度熵值和多尺度模糊熵分别记为 MSE1 和 MFE1，信号 mix（0.1）的熵值记为 MSE2 和 MFE2。

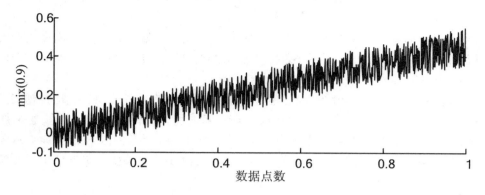

图 3. 25　混合信号 mix（0. 9）

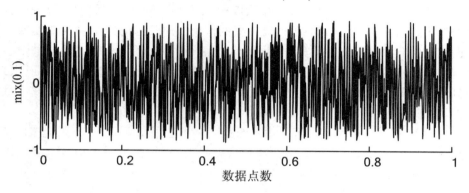

图 3. 26　混合信号 mix（0. 1）

　　通过观察图 3. 27 可知，在绝大部分尺度上，信号 mix（0. 1）的多尺度熵值要大于信号 mix（0. 9）的熵值，可判断信号 mix（0. 1）比信号 mix（0. 9）更加复杂，这与正确结果是相一致的，说明多尺度熵可以衡量信号的复杂性。但是，随着尺度因子的增加，多尺

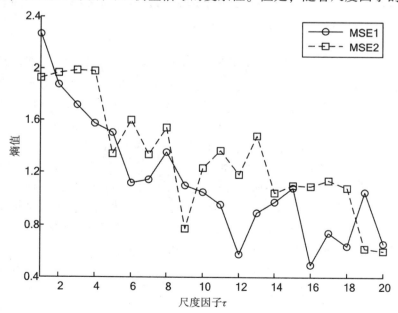

图 3. 27　混合信号的多尺度熵值

度熵值出现了较大的波动，平稳性较差。此外，在尺度因子为 1 时，信号 mix（0.1）的样本熵值小于信号 mix（0.9），如果只通过单一尺度的样本熵方法对信号复杂程度进行判断，会得到信号 mix（0.9）比信号 mix（0.1）复杂这一错误结论，这说明通过在不同尺度下的熵值来判断序列复杂程度可以获得更加准确的结果。而从图 3.28 可以发现，多尺度模糊熵在所有尺度上信号 mix（0.1）的熵值都要大于信号 mix（0.9），具有非常好的相对一致性。另外，多尺度模糊熵的熵值曲线也更加平稳，区分效果更加显著。

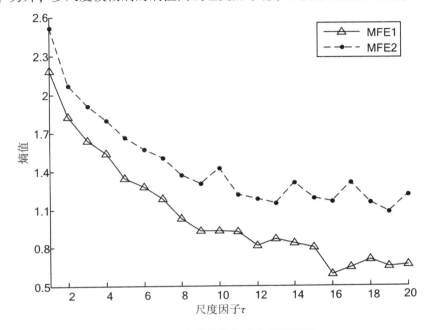

图 3.28　混合信号的多尺度模糊熵值

3.7　本章小结

本章介绍了信号非平稳时变分析技术在故障诊断领域中所涉及的基础理论。从小波变换和典型的双线性时频分析手段在时频分析中的基函数问题，引出了自适应时频分解技术方法，并介绍了多重分形理论、系统信息熵等一系列刻画和描述非线性系统的有效工具，主要内容如下：

（1）介绍了解析信号与瞬时频率的基本概念，解释了瞬时频率的物理意义，为后续自适应分解方法的引入和提出做铺垫，也对实际工程应用中信号频率瞬变特征的获取和处理，挖掘更多局部特征信息，提供基本理论引导。

（2）介绍了几种比较典型的自适应分解算法，从 EMD 方法的分解特点、存在的问题出发，引入 LMD 和 VMD 方法的理论优势与分解特点，形成了基本的信号非平稳时变理论分析方法体系。

（3）介绍了样本熵、模糊熵的基本算法，各种熵值有各自的适用领域；在用仿真信号分析了模糊熵与样本熵差异后发现，模糊熵在相对一致性和熵值平稳性方面要优于样本熵，信号实验数据也表明，多尺度模糊熵对参数的选择限制较小，在数据较短的情况下熵值仍然存在，在数据处理性能方面略优于多尺度熵。

（4）为有效的刻画和描述非平稳时变信号的局部特征信息，为诊断和评估设备特征提供基本度量手段，本章介绍了被广泛认知而又前沿的多重分形理论和信息熵技术，并简要分析了其在非线性时变信号局部特征分布特征的优势，为后续章节基于以上方法的融合与应用研究做出基本的理论铺垫。

参考文献

［1］屈梁生. 机械故障诊断理论与方法［M］. 西安：西安交通大学出版社，2009.

［2］赵海洋. 往复压缩机轴承间隙故障诊断与状态评估方法研究［D］. 哈尔滨：哈尔滨工业大学，2014.

［3］魏中青，马波，么子云. 运用小波包变换与能量算子的气阀故障特征提取［J］. 振动、测试与诊断，2011，31（1）：50 – 54.

［4］于德介，程军圣，杨宇. 机械故障诊断的 Hilbert – Huang 变换方法［M］. 科学出版社，2007：30 – 24.

［5］钟佑明，秦树人. 希尔伯特 – 黄变换的统一理论依据研究［J］. 振动与冲击，2006，025（003）：40 – 43.

［6］王衍学，何正嘉，訾艳阳，等. 基于 LMD 的时频分析方法及其机械故障诊断应用研究［J］. 振动与冲击，2012（09）：16 – 19.

［7］陈平. 信号瞬时频率的估计方法及应用［D］. 济南：山东大学学位论文. 2007：2 – 8.

［8］郑近德，程军，圣杨宇. 一种新的估计瞬时频率的方法 – 经验包络法［J］. 振动与冲击，2012，31（17）：86 – 90.

［9］何刘林，建辉，丁建明，等. 调幅 – 调频信号的经验模态分解包络技术和模态混叠［J］. 机械工程学报，2017，53（2）：1 – 10.

［10］Huang N E, Shen Z, Long S R, et al. The empirical mode decomposition and the Hilbert spectrum for nonlinear and non – stationary time series analysis［J］. Proceeding of Royal Society London，1998，454（1971）：903 – 995.

［11］Huang N E, Stever R L. A new view of nonlinear water waves：The Hilbert Spectrum［J］. Annual Review of Fluid Mechanics，1999，（31）：417 – 457.

［12］Cheng J S, Yu D J, Yang Y. A fault diagnosis approach for roller bearings based on EMD method and AR model［J］. Mechanical Systems and Signal Processing，2006，20：350 – 362.

［13］Li Y B, Xu M Q, Wei Y, etal. An improvement EMD method based on the optimized rational Hermite interpolation approach and its application to gear fault diagnosis［J］. Measurement 2015，63：330 – 345.

［14］Liu X F, Bo L, Luo H L. Bearing faults diagnostics based on hybrid LS – SVM and EMD method［J］. Measurement，2015，59：145 – 166.

［15］Z. Wu, N. E Huang. Ensemble Empirical Mode Decomposition：a noise – assisted data analysis method［J］. Advances in Adaptive Data Analysis，2009，1（1）：1 – 41.

［16］J. S Smith. The local mean decomposition and its application to EEG perception data［J］. Journal of the Royal Society Interface，2005，2（5）：443 – 454.

［17］任达千，杨世锡，吴昭同，等. LMD 时频分析方法的端点效应在旋转机械故障诊断中的影响［J］. 中国机械工程，2012，23（8）：951 – 956.

［18］胡劲松，杨世锡，任达千. 基于样条的振动信号局域均值分解方法［J］. 数据采集与处理，2009，24（1）：82 – 86.

［19］任达千，杨世锡，吴昭同，等. 基于 LMD 的信号瞬时频率求取方法及实验［J］. 浙江大学学

报（工学版），2009，43（3）：523 – 528.

[20] 任达千，杨世锡，吴昭同，等. 信号瞬时频率直接计算法与 Hilbert 变换、Teager 能量法比较 [J]. 机械工程学报，2013，49（2）.

[21] 何刘林，建辉，丁建明，等. 调幅 – 调频信号的经验模态分解包络技术和模态混叠 [J]. 机械工程学报，2017，53（2）：1 – 10.

[22] Dragomiretskiy K and Zosso D. 2014 Variational mode decomposition IEEE Trans. Signal Process. 62 (3)：531 – 44.

[23] 钱林，康敏，傅秀清，等. 基于 VMD 的自适应形态学在轴承故障诊断中的应用 [J]. 振动与冲击，2017，36（3）：227 – 233.

[24] 刘尚坤，唐贵基. 改进的 VMD 方法及其在转子故障诊断中的应用 [J]. 动力工程学报，2016，36（6）：448 – 453.

[25] K. Falconer，Fractal Geometry of nature（M），Free man，New York，1982，45 – 46.

[26] Sinan Altug，Mo – Yuen Chow，H. Joel Trussell，Fuzzy inference systems implemented on neural architectures for motor fault detection and diagnosis [J]. IEEE Transactions on Industrial Electronics，1999，46（6）：1069 – 1079.

[27] 石博强，申焱华. 机械故障诊断的分形方法 [M]. 北京：冶金工业出版社，2001，31 – 32.

[28] 王凤利，马孝江. 基于混沌的旋转机械故障诊断 [J]. 大连理工大学学报. 2003，43（5）：636 – 639.

[29] 高海霞. 多重分形的算法研究及应用 [D]. 成都理工大学硕士学位论文，2004，12 – 13.

[30] Kantelhardt Jan W，Bunde Armin，Havlin Shlomo，et al. Detecting Long range Correlations With Detrended Fluctuation Analysis [J]. PhysicsA. 2001，295：441 – 454.

[31] C Jaap. Schouten，Floris Takens，Cor M. van den Bleek. Maximum – likelihood estimation of the entropy of an attractor [J]. Physical Review E：Statistical，Nonlinear，and Soft Matter Physics，1994，49（1）：126 – 129.

[32] Grassberger，Peter. Estimation of the Kolmogorov entropy from a chaotic signal [J]. Physical Review A：Atomic，Molecular，and Optical Physics，1983，28（4）：2591 – 2593.

[33] S M Pincus. Approximate entropy as a measure of system complexity [J]. Proceedings of the National Academy of Sciences，1991，88：2297 – 2301.

[34] J S Richman，J R Moorman. Physiological time – series analysis using approximate entropy and sample entropy [J]. American Journal of Physiology – Heart Circulatory Physiology，2000，278：2039 – 2049.

[35] 郑近德，程军圣，胡思宇. 多尺度熵在转子故障诊断中的应用 [J]. 振动、测试与诊断，2013，33（2）：294 – 298.

[36] Costa M，Goldberger A L，Peng C K. Multiscale entropy analysis of bio logical signals [J]. Physical Review E，2005，71：1 – 18.

[37] 何志坚，周志雄. 基于 ELMD 的样本熵及 Boosting – SVM 的滚动轴承故障诊断 [J]. 振动与冲击，2016，35（18）：190 – 195.

[38] Chen W，Wang Z，Xie H，et al. Characterization of surface EMG signal based on fuzzy entropy. Neural Systems and Rehabilitation Engineering，IEEE Transactions on，2007，15（2）：266 – 272.

[39] 陈伟婷. 模糊近似熵及其在 SEMG 信号特征提取中的应用 [D]. 上海：上海交通大学，2008.

[40] 刘慧，谢洪波，和卫星，等. 基于模糊熵的脑电睡眠分期特征提取与分类. 数据采集与处理，2010，25（4）：484 – 489.

[41] Chen W，Zhuang J，Yu W，et al. Measuring complexity using FuzzyEn，ApEn，and SampEn. Medical Engineering & Physics，2009，31（1）：61 – 68.

第4章 往复压缩机轴承间隙故障诊断技术

往复活塞式压缩机一般由力传递部分、气体进出及密封部分和辅助部分构成。以曲轴、连杆、十字头（销）、活塞以及活塞杆（销）等部件组成的动力传递链，是机体内的气体得以压缩的核心部件，其故障形式主要表现为滑动轴承运动副磨损间隙增大引起的异常振动。从图4.1中归纳的故障停机比例分布看，轴承间故障表现比例并不大，但其具有明显的突发性和严重的危害性，从而具有极高的风险值，也证明了对该类故障进行诊断与评估的必要性[1]。

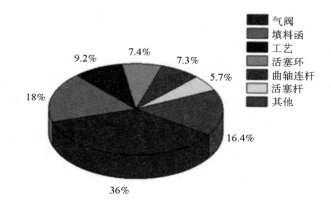

图4.1　往复压缩机各类故障所占比例

由于轴承故障位置具有隐蔽性与时变性、故障信息传递路径复杂、信息间彼此干扰与耦合等特征，在诊断中需要有效的特征提取和识别方法，同时，基于振动信号模态分解的故障分离技术与局部特征提取相结合的手段，在滚动轴承故障诊断中获得的丰富成果，为提高轴承故障识别与诊断有效性提供了研究方向。如，文献［2］基于集成经验模态分解（EEMD）改进形态滤波，以峭度准则选择模态函数及形态学结构元素，有效降噪并提取滚动轴承内外圈故障特征；文献［3］提出将最小熵解卷积和变分模态分解相结合，利用模糊近似熵量化变分模态参数，提取故障特征向量，并经粒子群算法优化支持向量机，实现对滚动轴承损伤程度与部位的有效识别。

4.1　往复压缩机轴承间隙故障与信号采集

4.1.1　压缩机基本结构与原理

本书是以 2D12 - 70 对动式双作用往复式压缩机为研究对象，其在石油、化工领域中有着广泛的应用。2D12 - 70 型往复压缩机的主要参数如表 4 - 1 所示。

表 4 - 1　2D12 - 70 型往复压缩机主要参数

参数类型	参数大小
轴功率/kW	500
排气量/m³/min	70
一级排气压力/MPa	0.2746 ~ 0.2942
二级排气压力/MPa	1.2749
活塞行程/mm	240
曲柄转速/rpm	496

该型号压缩机主要由以下几部分组成：机体部分、传动机构、工作部分以及辅助装置[4]。各部分的组成如下：

（1）机体部分。主要是对曲轴等部件起支撑固定的作用，机体主要包括三部分：机身、中体和中间接筒。

（2）传动机构

传动机构主要包括十字头、曲轴、连杆等运动部件，在往复压缩机工作过程中，通过这些部件将驱动机的旋转运动转变为实现活塞的往复直线运动。

（3）工作部分

工作部分主要包括气缸、活塞、进气阀、排气阀、填料函等。通过传动机构带动活塞做往复运动，实现压缩气体的工作过程。

（4）辅助装置

辅助装置主要包括润滑机构和冷却系统。润滑机构主要由齿轮泵、注油泵、油过滤器和油冷却器等组成，而冷却系统分为风冷和水冷两种方式，风冷式的主要由散热风扇和中间冷却器等组成。水冷式的通过冷却水的循环流动将各部件产生的热量带走，冷却装置主要包括管道、阀门、气缸水套、中间冷却器等部分。

往复压缩机通过活塞的往复运动改变工作腔的容积，进而使气体压缩，整个工作过程分为四个部分：气体膨胀、吸气、压缩及排气。通过四个过程不断的循环，实现气体的输送。下面通过图 4.2 对四个过程的具体动作进行简单说明。

由于往复式压缩机曲柄连杆在运行过程中较大的往复与旋转激励力，使部件连接位置长期处于碰摩状态，长期负载会导致轴承和十字头配合间隙变大，从而增大振幅、加剧磨损，由于轴承故障位置隐蔽、信息干扰大等特征带来的监测困难，在对其进行故障诊断前，有必要结合轴承运动副的故障类型，合理布设测点并选择敏感测点位置，保证采样信号的有效性和代表性是开展有效诊断与评估的前提。

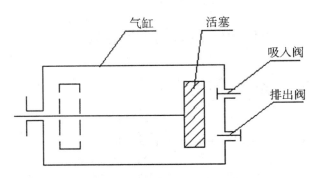

图4.2　往复压缩机工作原理简图

4.1.2　运动副间隙故障机理与分类

1. 曲柄连杆机构故障[5]

往复式压缩机曲柄连杆机构主要由曲轴、连杆、连杆轴瓦、十字头销、十字头等组成，其故障主要表现在零件磨损、破坏及配合间隙过大等方面，具体呈现出的故障形式主要是活塞处故障、十字头处故障、曲轴处故障。

（1）活塞处故障

往复式压缩机的活塞杆断裂事故比较常见，活塞杆断裂，不仅损坏活塞和气缸，而且还会使其他零部件产生连锁性损坏。活塞杆发生断裂的地方多是在活塞连接处与十字头连接处，其主要原因是在循环交表载荷下出现的疲劳破坏，其次活塞杆的材质和热处理存在问题，连接螺纹松动或连接螺纹的预紧力不足，工艺气体腐蚀等原因都可能会造成活塞杆断裂。

活塞组件的损坏也是往复压缩机常见故障。由于活塞材质不良、铸件质量低劣，强度达不到要求，使活塞磨损和断裂。此外，活塞环磨损而产生的活塞与气缸发生偏置不同心、十字头滑履与滑道间隙大、活塞杆与活塞及十字头连接松动等原因会导致活塞杆径向跳动过大，使气缸径向出现振动异常。

（2）十字头处故障

十字头的作用是连接连杆和活塞杆，把曲轴的旋转运动转化为活塞的直线往复运动。十字头长时间在滑道内做往复运动，如果有杂物或水介质进入润滑油造成润滑不良，将加重十字头与滑道间的磨损，最终导致十字头与滑道间隙过大。另外，十字头轴瓦会在往复压缩机换向过程中受到冲击，致使轴瓦局部磨损量增加，导致十字头轴瓦间隙过大。十字头与滑道、轴瓦的间隙过大，使活塞、气缸及曲轴等连接处产生异常振动，影响设备正常运行。

（3）曲轴处故障

曲轴是压缩机中传递动力的重要运动部件。由于承受较大的交变载荷和摩擦磨损，所有对疲劳强度和耐磨性要求比较高。曲轴故障的原因较多，如曲轴材质与热处理不合要求，曲轴联轴器严重不对中，超载产生的剧烈冲击，安装不正确导致气缸轴线与曲轴轴线不垂直，都会造成曲轴断裂。

2. 往复式压缩机轴承故障

轴承是往复压缩机的重要组成部件，其工作状态将影响整个设备的性能。往复压缩机在正常工作时，在油膜的作用下，轴承与轴径之间的磨损较小，轴承间隙在允许范围内，工作比较平稳。但是，由于设备超载、润滑油杂质过多等原因，轴承的磨损量超出许用值，轴承间隙过大，轴径在惯性力作用下对轴承产生冲击。在这种冲击作用下，采集到的轴承故障振动信号具有较强的非平稳特性，又由于间隙值、碰撞接触力以及振动参数之间为非线性关系，因此，轴承故障振动信号同时会表现出固有的非线性特性，主要类型为一、二级曲柄连杆动力链的转动副磨损故障：

（1）十字头与连杆小头轴承间隙耦合故障

十字头一般受连杆力、曲轴的综合活塞力及垂直方向的侧向力作用，在自身组件重力和以上力的组合作用下，特别是受自身重力和侧向力作用，十字头滑履与滑道间产生磨损往往形成间隙型故障，同时，在侧向力与连杆力作用下又使十字头本体的销与连杆小头轴承间产生磨损，当磨损增加时会导致轴承小端的配合间隙过大，直接导致十字头处产生冲击及摩擦振动的异常，这种耦合故障会加剧十字头振动对缸体振动的影响，并通过活塞杆传递至活塞及气缸处。也就是说，在曲轴处表现出异常振动的同时，小头轴承间隙故障和十字头与滑道间隙故障耦合，使得基于传统的时频分析方法对两种故障辨识与诊断相当困难。

（2）大头轴承间隙故障

连杆大头通过曲柄销与曲柄相连，曲柄销上大小及方向随曲轴转角变化的切向与法向力作用，它们同时影响主轴承的受力情况；由于双作用卧式往复压缩机多为对动平衡式，对于阻力矩和倾覆力矩在整体上基本上被两列压缩机平衡掉，但前者作用在主轴上使得两者无法在往复压缩机内部完全抵消；由于曲柄轴销连接处的周期性碰摩，存在大头轴承间隙故障时，阻力矩随曲柄转角呈周期性变化，会进一步加大往复压缩机产生的机体振动。

4.1.3　信号采集与敏感测点

往复压缩机结构与运动状态复杂、振动源多，决定了其故障传递路径的纵横交叉特点；同时，样本信号呈现的强非平稳性特征，对测点位置、测试参数和可重复性等指标提出较高的要求；同时，通过对轴承故障分类与表现的分析可知，合理布设测点、发现敏感测点是建立有效诊断模型的前提和设备故障征兆准确获取的保证。

（1）模拟实验与测试信号采集

本文所使用数据是通过对天然气站使用的 2D12 型往复压缩机进行多种故障模拟试验采集得到的。在采集数据时，在曲轴箱、联轴器、十字头滑道等故障敏感部位设置加速度传感器采集轴承故障振动信号，在故障气阀的阀盖处设置加速度传感器采集气阀故障振动信号。

本文所使用数据是通过对天然气站使用的 2D12 型往复压缩机进行多种故障模拟试验采集得到的，为便于对轴承振动信号的敏感测点选择与分析，分别采集气缸端盖（内外侧）、曲柄连杆及大、小头、十字头，曲轴箱前端等 8 测点处实验数据；采集系统为湖北优泰公司 UT3416 型数据采集仪，测试使用 ICP 加速度传感器。采样时间为 4s，采样频率设置为 50kHz，每状态采样 100 次；在采集数据时，在曲轴箱、联轴器、十字头滑道等故障敏感部位设置加速度传感器采集轴承故障振动信号，在故障气阀的阀盖处设置加速度传感器采集气阀故障振动信号。2D12 往复式压缩机现场监测图如图 4.3 所示，其中每个测点所采集的具体振动信号如表 4 - 2 所示。

图4.3　2D12往复式压缩机现场监测图

表4-2　往复压缩机实验研究测点布置表

测点编号	测点位置	采集信号名称
1	一级连杆十字头处	一级连杆小头轴承振动信号
2	二级连杆十字头处	二级连杆小头轴承振动信号
3	一级连杆曲轴箱处	一级连杆大头轴承振动信号
4	二级连杆曲轴箱处	二级连杆大头轴承振动信号
5	一级气缸轴侧	一级气缸振动信号
6	二级气缸轴侧	二级气缸振动信号

设备示意及采样测点分布（三角符号）如图4.4所示，

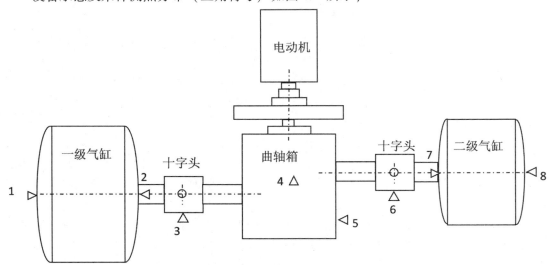

图4.4　一级、二级轴承故障测点布置示意图

以该压气站2号机组二级连杆6-8测点为例，采集滑动轴承间隙正常、大头轴承间隙（故障1）和小头轴承间隙（故障2）振动信号绘制时频图，如图4.5、图4.7所示。

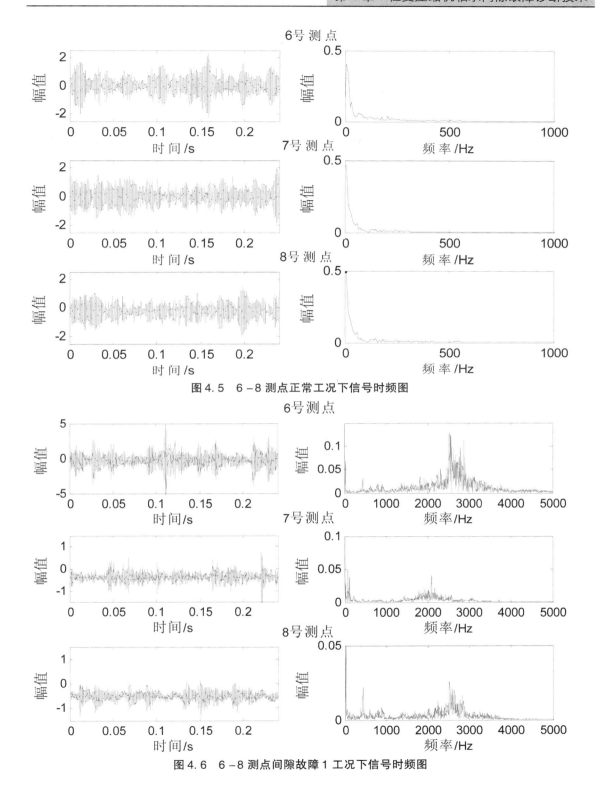

图 4.5　6 – 8 测点正常工况下信号时频图

图 4.6　6 – 8 测点间隙故障 1 工况下信号时频图

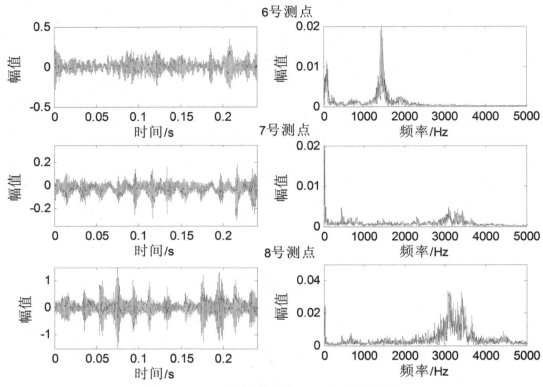

图 4.7　6 - 8 测点间隙故障 2 工况下信号时频图

结合上图中波形状态分布可见，正常状态下，频域峰值较集中，在基频 8.33Hz 和倍频附近出现能量集中的谱值；而故障状态下，频谱分布范围增加，能量分散且在不同的高频处出现多个峰值，不同故障部位的激振信号由于多振源的干扰和耦合，机体获得的振动信号表现出复杂的振动响应和能量分布特点；同一故障模式下，基于不同测点信号分析所得到的结果差异较大，因此，故障的有效诊断必须考虑故障前后的信号能量分布特点，对有效测点和采样信号合理选择。

（2）轴承间隙故障敏感测点

由于轴承间隙故障信号是经过复杂传递路径在机体获取的，样本信号采样点的设置必然保证激振力的振源到测点是基于最短传递路径的基础上的，从故障前后的振动信号变化角度分析，显然基于能量（加速度平方）增量原理选择敏感测点更具实际意义。即同一故障模式下，相比正常状态，敏感测点的能量增量会比其他测点增幅更大；可利用该原则评定各类轴承磨损典型故障模式下，通过计算能量增值，获得的基于以上测点布设条件下的敏感测点，表 4 - 3 中列出了压缩机两级连杆摩擦副间隙故障前后的各测点能量增值。

表 4 - 3　不同故障状态下各测点振动信号能量差

故障位置	各采样点振动信号能量差							
	1	2	3	4	5	6	7	8
一级大头	128.1	145.8	324.5	55.9	98.9	65.2	102.3	57.6
一级小头	224.4	103.3	67.5	45.4	95.4	45.2	159.5	54.1
二级大头	78.3	97.7	114.2	67.3	64.9	315.9	143.5	132.4
二级小头	86.9	94.9	57.2	76.8	56.2	207.8	132.4	298.8

4.2　基于改进 LMD 与 MFE 的轴承间隙故障诊断方法

4.2.1　多尺度模糊熵方法

本节根据第三章中介绍的多尺度模糊熵（Multiscale Fuzzy Entropy，简称 MFE）方法，对往复压缩机轴承磨损振动信号进行分析。选取往复压缩机两种状态下的振动信号数据，包括二级连杆大头轴瓦间隙大故障、二级连杆小头轴瓦间隙大故障两种故障振动信号。两种状态的典型加速度振动信号如图 4.8 和图 4.9 所示。

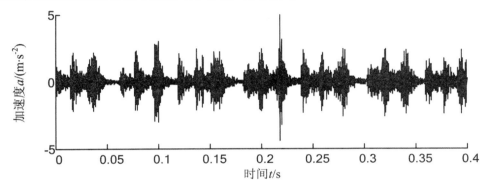

图 4.8　二级连杆大头轴瓦间隙大故障振动信号波形

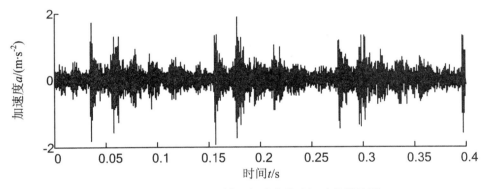

图 4.9　二级连杆小头轴瓦间隙大故障振动信号波形

根据两种状态的振动信号数据计算其在不同参数条件下的多尺度模糊熵，熵值随尺度因子的变化结果如图 4.10、图 4.11 和图 4.12 所示，其中星形线和菱形线分别表示二级连杆大头轴瓦间隙大故障和二级连杆小头轴瓦间隙大振动信号的多尺度模糊熵值。

从三图可知，在大部分尺度上，两种状态振动信号都被区分开来。随着梯度 n 值的增大，两种信号的熵值随之增加，而相似容限 r 取值的增加使两种信号的熵值减小。在不同参数条件下，两种信号的熵值的相对关系始终保持一致，熵值大小的变化并没有改变两信号复杂性的判断结果，说明多尺度模糊熵在分析往复压缩机振动信号时具有良好的相对一致性。此外，当尺度因子为 1 时，多尺度模糊熵其实是在计算原始序列的模糊熵值，此时，二级连杆大头轴瓦间隙大故障振动信号的模糊熵值大于二级连杆小头轴瓦间隙大故障振动信号的熵值，根据此结果我们会判断前者比后者复杂，但是，在其他尺度上前者的模糊熵值都要小于后者，且熵值的变化比较稳定，这说明仅靠单一尺度的熵值可能会得到错误的结果。事实上，往复压缩机振动信号的状态特征信息常包含在多个尺度上，采用单一尺度的模糊熵提取出的故障特征无法充分反映故障本质，因此，对振动信号进行多尺度分析具有重要意义。

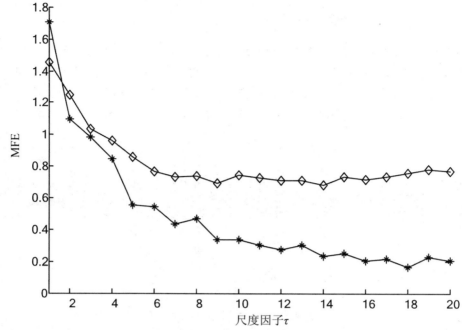

图 4.10　两种信号的多尺度模糊熵值（$r=0.15\text{SD}$，$m=2$，$n=2$）

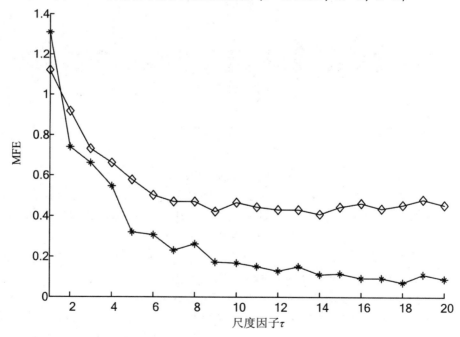

图 4.11　两种信号的多尺度模糊熵值（$r=0.25\text{SD}$，$m=2$，$n=2$）

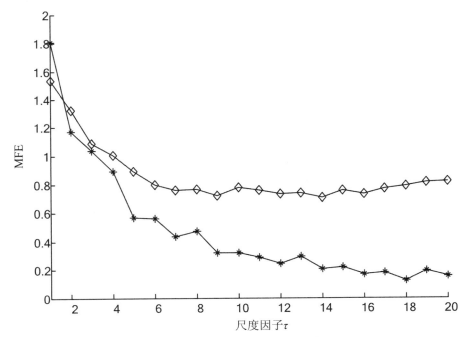

图 4.12　两种信号的多尺度模糊熵值（$r=0.15SD$，$m=2$，$n=4$）

4.2.2　改进 LMD 方法

在上一章介绍的 LMD 方法中，三次样条构造包络线，效果并不是十分理想；而单调三次 Hermite 插值是一种保单调插值算法，采用其构造的包络线在相邻插值点之间具有单调特性，可以有效抑制"过包络"与"欠包络"现象的发生。我们知道插值区间内，插值点越多，插值函数越接近真实函数，因此，增加插值点数量可提高插值函数的准确性。学者经研究发现，在调幅、调频、调幅－调频信号等瞬时频率具有物理意义的典型单分量信号中都存在一个相同规律，即用线段连接任意相邻的极大值点（极小值点），同时，从极大值点（极小值点）中间的极小值点 N（极大值点）引出一条垂直于横轴的线段，两线段相交于一点 M，点 M 与极值点 N 关于横坐标对称或近似对称，此规律如图 4.13 所示。ITD（Intrinsic time－scale decomposition）方法应用了这一规律，通过极值点与近似对称点构造基线信号。

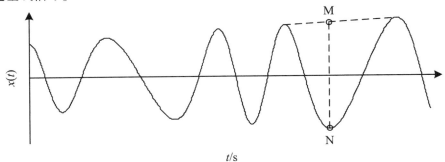

图 4.13　调幅－调频信号

本文借鉴了 ITD 方法的思想，在构造上、下包络线的过程中，将计算得到的极值对称点和极值点一同作为插值点，通过增加插值点数目来提高拟合得到的包络线精度；同时，采用单调三次 Hermite 插值获取良好的均值函数和包络估计函数，提高插值拟合效果。改进 LMD 方法的算法步骤如下[6]：

（1）确定原始信号 X_t 的所有极值点 X_k 和极值点对应时刻 τ_k，并采用镜像延拓法进行延拓，在序列两端各增加一个极值点 (τ_0, X_0)，(τ_{M+1}, X_{M+1})；

（2）通过公式（4-1）计算出所有极值点所对应的对称点 L_k：

$$L_{k+1} = \alpha\left[X_k + \left(\frac{\tau_{k+1} - \tau_k}{\tau_{k+2} - \tau_k}\right)(X_{k+2} - X_k)\right] + (1-\alpha)X_{k+1} \qquad (4-1)$$

其中，$k = 1, 2, \cdots, M-2$；

（3）将极小值点对应的对称点作为新的极大值点，极大值点对应的对称点作为新的极小值点，按照时间顺序对全部极大值点和全部极小值点进行分别排序，得到极大值点序列 n_k 和极小值点序列 p_k；

（4）利用单调三次 Hermite 插值分别对极值点序列 n_k 和 p_k 进行拟合，得到上包络线 Emax 与下包络线 Emin；

（5）根据公式（4-2）计算得出局部均值函数 $m(t)$ 和包络估计函数 $a(t)$：

$$m(t) = (E\text{max} + E\text{min})/2$$
$$a(t) = |E\text{max} - E\text{min}|/2$$
$$\qquad (4-2)$$

（6）继续执行原始 LMD 方法的后续步骤，原始信号 $x(t)$ 被分解为

$$x(t) = \sum_{p=1}^{k} PF_k(t) + u_k(t) \qquad (4-3)$$

基于单调三次 Hermite 插值算法改进的 LMD 方法流程图如图 4.14 所示。

分别采用三次样条插值改进 LMD 方法和单调三次 Hermite 插值改进 LMD 方法对上文提到的往复压缩机轴承磨

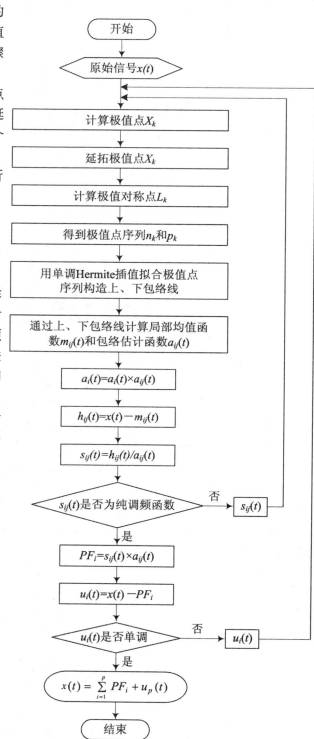

图 4.14　单调三次 Hermite 插值改进 LMD 方法流程图

损故障局部振动信号进行分解，两种方法构造的包络线如图 4.15 所示。从图中可以观察到，单调三次 Hermite 插值方法拟合的包络线在任意相邻的插值点间都是单调的，没有出现"过包络"与"欠包络"的现象，改善了三次样条插值方法拟合包络线的缺点。

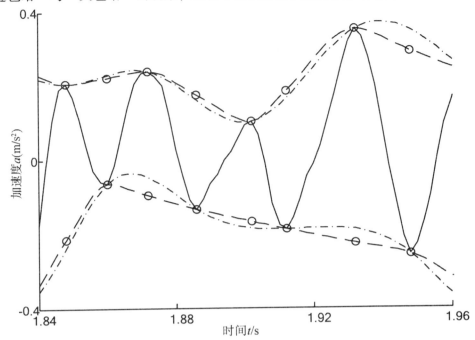

图 4.15　往复压缩机局部故障振动信号不同方法构造的包络线

（实线：往复压缩机故障振动信号，虚线：单调三次 Hermite 插值包络线，

点画线：三次样条插值包络线，空心点：插值点）

4.2.3　Hermite 插值改进 LMD 方法概述

多尺度模糊熵算法是一种新的非线性定量描述方法，其对时间序列的变化非常敏感，可有效突出复杂系统的动力学变化。因此，多尺度模糊熵可用于机械故障振动信号的突变检测。但是，由于受到噪声等因素的影响，直接求振动信号的多尺度模糊熵，得到的熵值比较接近，区分效果不够理想。三次 Hermite 插值改进 LMD 方法（简称 MHLMD）方法可有效消除故障信号噪声产生的干扰，保留信号有效信息，将其与多尺度模糊熵算法相结合，有助于提高多尺度模糊熵提取故障特征的效果。

在基于 MHLMD 与多尺度模糊熵的故障诊断方法中，每种故障状态的振动信号都会分解出 n 个 PF 分量，对每个 PF 分量计算不同尺度因子下的模糊熵又会得到 τ_{max} 个熵值，即在 $\tau_{max} = m$ 的情况下，提取得到的特征矩阵 T 为

$$T = \begin{bmatrix} PF_1(1) & PF_1(2) & \cdots & PF_1(m) \\ PF_2(1) & PF_2(2) & \cdots & PF_2(m) \\ \vdots & \vdots & \vdots & \vdots \\ PF_n(1) & PF_n(2) & \cdots & PF_n(m) \end{bmatrix} \tag{4-4}$$

一般情况下，可以将矩阵 T 转换成一个行向量，即将每一行的数据放置在上一行数据的末尾，形成行向量 T_1，然后将 T_1 输入支持向量机进行分类识别，进而判断振动信号的

故障类型。但是，提取出的特征量之间具有一定的相关性，单纯地将所有特征量直接组合的方式并不能提高识别的准确性，反而会因为特征间冗余信息而干扰故障的诊断，还会导致计算工作量的增加，因此，有必要对获得的特征向量进行优选，得到最优的特征组合。本文主要在以下两个方面对特征向量进行优选：

（1）每种状态振动信号 PF 分量的数目

通常情况下，对往复压缩机振动信号进行 MHlMD 分解会获得 10 个左右的 PF 分量，然而，往复压缩机主要的故障信息常集中在高频段中，因此，可选定前几个高频段 PF 分量计算多尺度模糊熵，可有效较低计算量，突出状态信息。本文采用 PF 分量与相应原始振动信号的相关性系数作为筛选标准，其计算公式如下：

$$r(i) = \frac{\sum\limits_{j=1}^{n}(PF_i(j) - \overline{PF_i})(y(j) - \bar{y})}{\sqrt{\sum\limits_{j=1}^{n}(PF_i(j) - \overline{PF_i})(\sum\limits_{j=1}^{n}(y(j) - \bar{y})}} \tag{4-5}$$

式中，$i = 1, 2, \cdots, N$，N 为分解得到的 PF 分量的个数，y 表示原始振动信号的数据。

通过设定合理的阈值，每种状态振动信号可筛选出若干 PF 分量。但是，不同状态振动信号筛选出的分量数目可能不一致，因此，本文计算各状态筛选 PF 分量数目的平均值，取整后作为各状态特征提取的数目。

（2）选定 PF 分量计算多尺度模糊熵的最优尺度因子

多尺度模糊熵计算不同尺度上信号的模糊熵值，在每个尺度上，各状态熵值有不同的差异。对于往复压缩机气阀两种不同状态的振动信号，经 MHLMD 分解后获得的第一个 PF 分量的多尺度模糊熵值如图 4.16 所示，其中，方形和星形分别表示阀片断裂故障状态与正常状态故障状态的熵值，而圆形为在对应尺度下两种状态熵值差的绝对值。从图 4.16 可以发现，在圆形点值较大的尺度上，两种状态熵值的区别比较明显，更易区分两种状态振动信号。如果能选择某一尺度，其对应的各状态相同 PF 分量的差异最大，并将这些 PF 分量的熵值作为特征向量，可以有效提高各状态振动信号区分的效果。

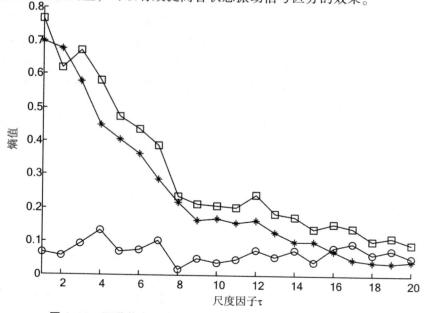

图 4.16　两种状态同阶 PF 分量的多尺度模糊熵值及距离均值

　　特征向量是否具有良好的可分性是评价故障特征提取方法优劣的一个重要指标，一般情况下特征向量间距离越小，可分性就越差。由于欧式距离具有计算简单，操作方便等优点，其在度量向量相似性方面得到了广泛应用。本文选择该方法作为特征向量可分性的评价标准，任意特征向量间的欧式距离为

$$d = \sqrt{\sum_{i=1}^{m} \left(\sum_{k=1}^{n} \left(PF_i(k) - pf_i(k) \right) \right)} \qquad (4-6)$$

其中，PF 和 pf 表示两种不同的特征分量。

　　当每种状态选择的样本数较多时，特征向量的优选过程将是计算所有样本在某一尺度下各阶 PF 分量熵值的欧式距离，计算量较大。为了提高计算效率，本文将每种状态同阶 PF 分量熵值的平均值作为类中心，通过计算各类中心的欧式距离评价向量可分性，提高了计算效率。

　　本文提出的 MHLMD 与多尺度模糊熵故障诊断方法，首先利用 MHITD 方法对故障振动信号进行处理，提取出包含主要故障信息的 PF 分量，再以多尺度模糊熵对其进行定量描述，最后用支持向量机进行分裂识别。该方法的具体过程如下[7]：

　　（1）利用 MHLMD 方法对往复压缩机各状态振动信号进行分解，每种状态得到 n 个包含不同频段信号状态信息的 PF 分量。

　　（2）计算每种状态振动信号与相应 PF 分量的相关性系数，通过设定合理的临界值，筛选出能反映主要故障状态信息的 PF 分量：PF_1，PF_2，$\cdots$，PF_n。

　　（3）对选取得到的每一个 PF 分量计算其在不同尺度因子下的模糊熵值，形成各状态信号的特征矩阵。

　　（4）利用欧式距离对各状态特征矩阵进行优选，选定某一尺度因子下的各分量模糊熵值作为状态特征向量。

　　（5）将各状态获取的特征向量作为样本输入支持向量机进行分类识别，实现各故障类型的诊断。

　　基于 MHLMD 与多尺度模糊熵的故障诊断方法流程如图 4.17 所示。

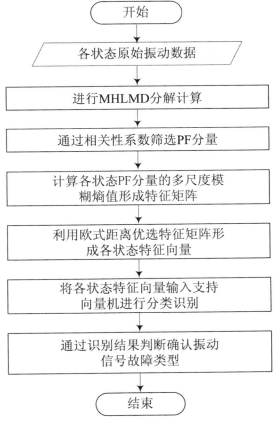

图 4.17　基于 MHLMD 与多尺度模糊熵的
故障诊断方法流程图

4.2.4　轴承间隙故障诊断实例

　　轴承是往复压缩机的重要组成部件，其工作状态将影响整个设备的性能。往复压缩机在正常工作时，在油膜的作用下，轴承与轴径之间的磨损较小，轴承间隙在允许范围内，工作比较平稳。但是，由于设备超载、润滑油杂质过多等原因，轴承的磨损量超出许用

值，轴承间隙过大，轴径在惯性力作用下对轴承产生冲击。在这种冲击作用下，采集到的轴承故障振动信号具有较强的非平稳特性，又由于间隙值、碰撞接触力以及振动参数之间为非线性关系，因此，轴承故障振动信号同时会表现出固有的非线性特性。本文提出的改进 LMD 和多尺度模糊熵结合方法是一种有效的非线性、非平稳信号分析方法，利用该方法对轴承故障进行诊断，可有效区分轴承的间隙状态。

本节对往复压缩机不同位置轴承间隙状态振动信号进行研究，对上节中采集到的一级连杆大头轴瓦间隙大、二级连杆大头轴瓦间隙大、一级连杆小头轴瓦间隙大、二级连杆小头轴瓦间隙大四种故障状态以及正常状态数据进行处理。在计算时，选取每种状态两周期振动信号数据进行分析。由于数据采集的频率为 50kHz，两周期的数据点数的计算量过大，因此本文对其进行 5kHz 重采样，最终用于计算的数据长度为 2500 点。往复压缩机轴承五种状态的典型振动信号分别如图 4.18 至图 4.22 所示。

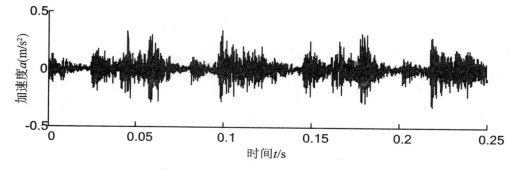

图 4.18　正常状态振动信号时域波形

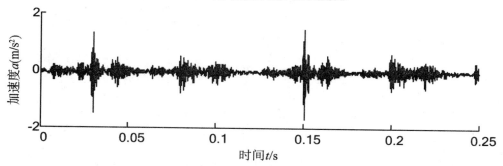

图 4.19　一级连杆大头轴瓦间隙大故障振动信号时域波形

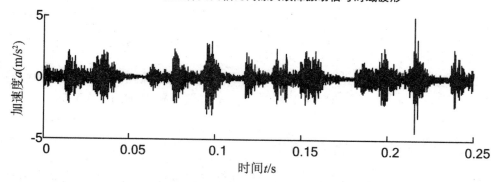

图 4.20　二级连杆大头轴瓦间隙大故障振动信号时域波形

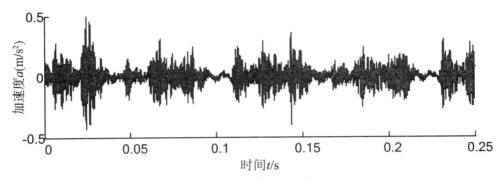

图 4.21　一级连杆小头轴瓦间隙大故障振动信号时域波形

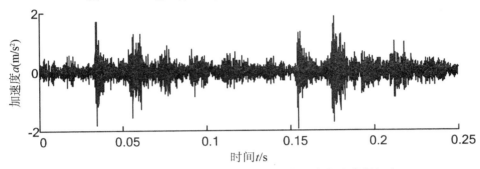

图 4.22　二级连杆小头轴瓦间隙大故障振动信号时域波形

应用 MHLMD 方法对图中往复压缩机五种状态振动信号进行分解，每种状态分解得到若干 PF 分量，其中正常状态和一级连杆大头轴瓦间隙大故障振动信号的分解结果的前 4 个分量如图 4.23 和图 4.24 所示。

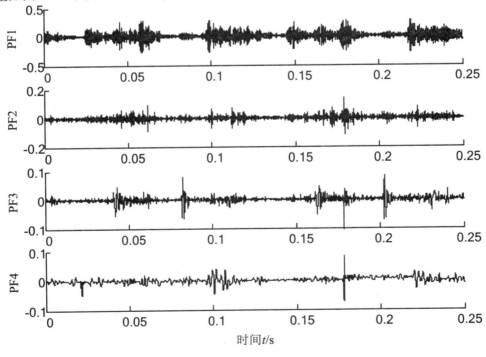

图 4.23　正常状态振动信号 MHLMD 分解结果

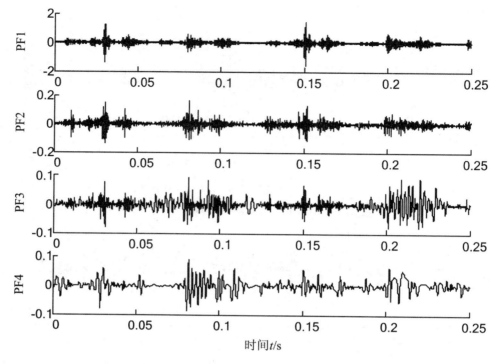

图4.24 一级连杆大头轴瓦间隙大故障振动信号 MHLMD 分解结果

计算各状态 PF 分量与对应原始分量的相关系数，结果如表 4-4 所示。从表中可以看出，各状态分解出的 PF 分量与对应原始振动信号的相关性是逐渐减小的，每种状态前几个 PF 分量的相关性系数较大，接近或大于 0.1。设置相关系数 0.1 为筛选 PF 分量的阈值，每种状态选定的 PF 数量分别为 4、4、3、4 和 3，平均值取整后为 4。为了考查阈值设定是否合理，每种状态随机选取 10 组数据进行分解，经过统计发现每组前 4 个 PF 分量的相关系数值接近或大于 0.1，与典型信号的规律相一致，因此，在提取故障特征时，选取每种状态前 4 个 PF 分量计算多尺度模糊熵。

表4-4 各状态振动信号的相关系数

故障位置	相关系数					
	PF1	PF2	PF3	PF4	PF5	PF6
正常	0.9299	0.3782	0.1948	0.1463	0.0545	0.0326
一级连杆大头	0.9554	0.3484	0.1669	0.1228	0.0503	0.0207
二级连杆大头	0.9767	0.3314	0.1593	0.0601	0.0349	0.0212
一级连杆小头	0.9242	0.3868	0.1271	0.1062	0.0483	0.0128
二级连杆小头	0.9455	0.4666	0.1739	0.0491	0.0469	0.0385

选取上述四种故障状态和正常状态振动信号数据各 60 组，采用 MHLMD 方法对各状态振动信号进行分解。每种状态选取前 4 个包含了轴承故障主要信息的分量，计算其多尺度模糊熵值，形成状态特征矩阵。多尺度模糊熵计算时，选取嵌入维数 $m=2$，梯度 $n=2$，相似容限 $r=0.2\text{SD}$，尺度因子 $\tau_{\max}=20$。

由于特征矩阵中的数据过多，因此需要对数据进行优选。优选过程中，将单一状态的不同样本中的同阶 PF 分量多尺度熵值相加求平均值，形成新的特征矩阵，并将其作为这种状态样本的类中心。计算五种状态类中心在各尺度下任意列之间的欧氏距离，求和取平均值，并选出两个最大平均值对应的尺度因子，即 $\tau = [\tau_1, \tau_2]$。将每个特征矩阵中尺度因子 τ_1 和 τ_2 对应的列选出来，由于每个尺度因子对应 4 个 PF 分量熵值，因此每个样本形成的特征向量 $T = [Fen1, Fen2, \cdots, Fen8]$。通过计算优选出的尺度因子 $\tau_1 = 1$，$\tau_2 = 2$，各状态振动信号样本优选出的典型特征向量如表 4 - 5 所示。

表 4 - 5　各状态典型特征向量

故障位置	尺度因子 τ_1				尺度因子 τ_2			
	Fen1	Fen2	Fen3	Fen4	Fen5	Fen6	Fen7	Fen8
正常	1. 3295	1. 7279	1. 1912	0. 6753	0. 7847	1. 3088	1. 5702	1. 1184
一级连杆大头	1. 2051	1. 6524	0. 9557	0. 4971	0. 6803	1. 4327	1. 3892	0. 7955
二级连杆大头	1. 3389	1. 6560	0. 9714	0. 0491	0. 7883	1. 3803	1. 4125	0. 1265
一级连杆小头	1. 1745	1. 3118	1. 1022	0. 5927	1. 1681	1. 2184	1. 5269	0. 9524
二级连杆小头	2. 0147	1. 7955	0. 9493	0. 4753	1. 3896	1. 819	1. 4832	0. 7943

为了比较本文方法的性能，同时计算了上述分解到的 PF 分量的样本熵值，形成各状态的特征向量。以支持向量机（SVM）识别准确率作为评价标准，将两种方法提取到的特征向量作为训练样本集输入 SVM 进行分类识别，其中每种状态随机选取 40 组数据用来训练，其余数据用来测试，每种状态分类准确率如表 4 - 6 所示。通过表 4 - 6 可知，两种方法特取的特征向量都可以利用 SVM 识别出不同位置的故障，但是 MHLMD 与多尺度模糊熵结合方法特征向量区分效果更加明显，支持向量机特征向量识别准确率最高，验证了该方法的优越性。

表 4 - 6　不同方法特征向量分类准确率

故障位置	MHLMD 与多尺度模糊熵			MHLMD 与样本熵		
	错分数	识别率（%）	总体识别率（%）	错分数	识别率（%）	总体识别率（%）
正常	0	100		2	90. 0	
一级连杆大头	1	95. 0		3	85. 0	
二级连杆大头	0	100	97. 0	3	85. 0	89. 0
一级连杆小头	1	95. 0		1	95. 0	
二级连杆小头	1	95. 0		2	90. 0	

4.3　基于 VMD 与 MGS 的轴承间隙故障诊断方法

4.3.1　VMD 分解与参数选择

由于 VMD 分解是一种预设尺度的分解，分解个数 K 值的选择决定分解的 BLIMF 的合理性，对于 BLIMF 分量瞬时频率的均值，过分解情况会使 BLIMF 分量出现过多间断点，反映在高频即表现为平均瞬时频率会更低，甚至出现拐点，即"模态丢失"；同时，通过各模态分量与原信号的互相关系数筛选有效模态，可验证是否出现欠分解造成的"模态混叠"，文中提出瞬时频率和相关系数结合的方法，二者可相互验证作为 VMD 各模态分量的优选手段，合理选择预设尺度 K；

以 2D12 式压缩机二级连杆大头轴承中度磨损间隙故障信号为例，原始采样信号分解尺度为 7，原信号及分解得到的各 BLIMF 分量信号如图 4.25 所示。

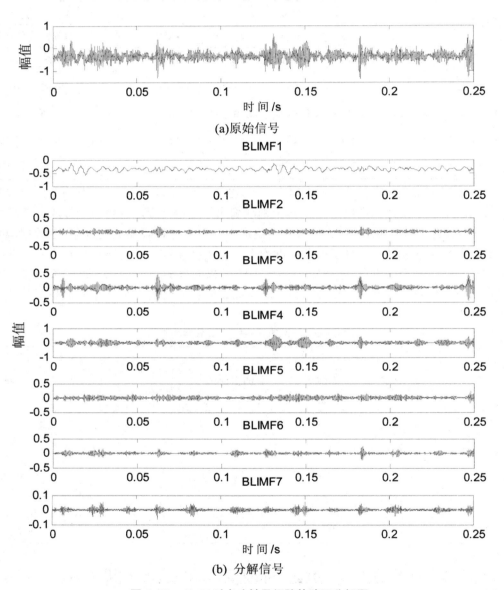

图 4.25　$K=7$ 时大头轴承间隙故障下分解图

按上文所述瞬时频率和相关系数结合的方法，对大头轴承间隙预设分解尺度优选。首先，分别计算不同预设的分解尺度下的 BLIMF 分量与原信号损失频率均值，并通过作图 4.26 观察，其中横坐标 n 表示预分解个数，纵坐标 f_i 表示瞬时频率均值；可见，当预设值 $K=5$ 时，瞬时频率均值出现明显"拐点"，也就是此时的瞬时频率出现较明显的"过分解"的波动。

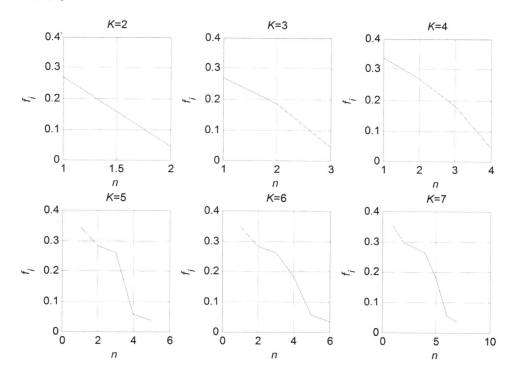

图 4.26　不同预设尺度下瞬时频率均值变化

同时，若以 $K=7$ 为预设分解尺度，通过 VMD 分解并计算 7 个 BLIMF 分量与原信号的相关系数，其值列于表 4-7。对比可见，当分解尺度 $K=5$ 时，分解模态的相关系数明显减少，此时可综合确定预设分解个数 $K=4$，也证明 VMD 分解尺度 K 的确定可通过瞬时频率和相关系数结合法来优选。

表 4-7　BLIMF 分量与原始信号的相关系数

方法	模态分量 1	模态分量 2	模态分量 3	模态分量 4	模态分量 5	模态分量 6	模态分量 7
相关系数	0.4712	0.5073	0.7061	0.6374	0.3516	0.2388	0.3126

在 VMD 分解中，每一个 BLIMF 分量的瞬时频率都有其物理意义，合理的选择分解尺度既体现 VMD 算法变分框架的初衷，同时，以有效分量作为该故障状态下的特征模态能避免模态混叠现象，为不同故障间的特征提取和有效辨识提供了保证。

4.3.2　特征提取方法

（1）方法的引入

①多重分形广义谱

从信息论角度看，若将测度支集 (F,μ) 的单元表示为 $|\Omega_i|$，μ 为不变概率测度，单

元 i 的概率表示为 $P_i = \int_\Omega d\mu(x)$ ，考虑 P_i 对 μ 和维数的贡献，将高权重赋给较大概率，则有：

$$N(q,\delta) = \sum_i p^q(\delta) \tag{4-7}$$

广义测度 $\mu(q) = \lim_{\delta \to 0}\mu_\delta(q) = \lim_{\delta \to 0}\sum_i P_i^q(\delta)\delta$，依赖于 P_i 的 q 阶矩，选择临界指数 $\tau(q)$ 质量指数，则：

$$\tau(q) = \inf\{\gamma|\mu(q) = 0\} = \sup\{\gamma|\mu(q) = \infty\} \tag{4-8}$$

根据 μ 的 q 阶矩，引入广义维数 $D(q)$，可知：

$$D(q) = \begin{cases} \dfrac{1}{q-1}\lim_{\delta \to 0}\dfrac{\ln\sum_i P_i^q(\delta)}{\ln\delta}, & q \neq 1 \\ \lim_{\delta \to 0}\dfrac{\sum P_i(\delta)\ln P_i(\delta)}{\ln\delta}, & q = 1 \end{cases} \tag{4-9}$$

也可以表示成：

$$D_q = \frac{1}{q-1}[q\alpha - f(\alpha)] \tag{4-10}$$

或 $f(\alpha) = q\alpha - \tau(q)$ ，其中 $\tau(q) = (q-1)D_q$

这两套参量之间通过 Legendre 变换等价，并构成多重分形的内核。

②算法结合与分析

描述多重分形的广义维数 D_q 和阶数 q 是一套展现非线性系统吸引子多分形层次信息的有效语言；从多重分形广义谱算法角度分析，不同故障状态下振动信号的复杂性不同，相应发生故障频段内的标度指数会突变；同时，评价状态特征与故障提取方法有效性的重要指标是能否得到特征敏感性高的参数，也就是寻求鲁棒性较好的可分性指标。相比于几何分形，引入多重分形广义谱理论的核心在于，它从影响权重的观点将标度作为阶数因子，以多标度方式度量了信号的奇异程度。

以上文中提到的轴承和十字头故障为例，在不同的阶数因子下，对于同测点的两种不同故障，在其时序的维度差异表现上有明显的波动性；为了实现状态特征的准确获取，可对 VMD 预分解个数优选，使 BLIMF 分量有效分离；再从多重分形概率测度变化观点对广义谱差异性角度入手，以 VMD 得到的 BLIMF 分量间广义谱可分性为目的，寻求特征差异。VMD 与 MGS 结合的算法有完善的理论基础和明确的物理意义，针对压缩机轴承类故障识别与诊断，可有效展现不同故障状态振动信号隐含的奇异性特征。

考虑 VMD 与 MGS 结合的算法在往复机故障诊断的具体应用，一个状态对应多个 BLIMF 分量，如每个状态筛选出的特征数目为 k，每个 BLIMF 分量对应多个阶数 q，求解 n 个状态下的 k 个模态对应的最优阶数下的广义谱，是一个较复杂的寻优过程，交叉验证法处理多阶数寻优显然行不通，利用遗传算法的整数寻优算法是解决特征提取的有效手段。

（2）遗传算法与适应函数

遗传算法（Genetic Algorithm，简称 GA）是一种对生物系统进行的计算机模拟的搜索启发式优化算法，它通过模拟进化选择和遗传机理的机制，在搜索过程中通过自动获取并指导优化搜索空间的知识，利用选择、优化、交叉和变异等操作，自适应地控制搜索过程以求得最佳解，是一种高效、并行、全局搜索的方法[8]。

在本节中遗传算法的应用是以阶数 q 为变量的，属于整数规划寻优问题，提取特征向量的目的是寻找各状态间的最优可分性；我们知道，该值越大，特征向量可分性越好，GA 算法的核心问题是构造"染色体"，以建立表征可分性的适应度函数，而类间样本距离是度量特征向量间可分性的常用标准。

特征敏感性，即可分性是故障间特征识别的重要指标；很多学者们在利用多重分形计算广义维时，最终目的是求得一个具体值，致力于如何让该值更稳定，然而在背景噪声和耦合信息的作用下，广义维数因阶数 q 的波动使可分性变差。

考虑到高维空间的转换和算法效率，文中以各状态下广义维数间的欧式距离为可分性指标，把阶数 q 看作因子，以变阶数整数寻优的观点计算每个阶数下，不同状态间的欧式距离平均值（Average Euclidean Distance，AED），找到最大 AED 对应的阶数，将该阶数下的 BLIMF 分量组成的广义维作为特征向量，即建立各状态特征向量间的平均欧氏距离作为遗传算法的适应度函数，以整数阶数为约束函数，将具有最大平均欧式距离的特征向量组为最终目标函数，具体表达式如公式 4 – 11 所示：

$$AED_{max} = \frac{1}{M} \sum_{i=1}^{N} \sum_{j>i}^{N} D(T_i(q), T_j(q));$$

$$subject\ to \qquad q_L < q < q_H \tag{4–11}$$

其中，$D(T_i(q), T_j(q))$ 为工况 i 与 j 之间广义维样本之间的欧氏距离，N 为工况个数，M 为样本距离，$q = [q_1, q_2, \cdots q_k]$ 为各个 BLIMF 分量的阶次，k 是 BLIMF 分量数目，$[q_L, q_H]$ 为阶次 q 的取值范围。

（3）算法与流程

综合前文所述，基于 VMD 和 MGS 的故障特征提取方法是，先将信号做 VMD 分解分为 K 个 BLIMF 分量，计算模态分量的广义分形谱，利用遗传算法对不同阶数因子对应的维数值优选，以形成可分性良好特征向量。

该基于 VMD 与 MGS 的特征提取方法的具体算法步骤如下：

①优选 VMD 的预设尺度 K，并对振动信号分解，得到各状态信号的 BLIMF 分量；

②计算各状态下 BLIMF 分量的 q— D_q，构造各状态的广义谱特征向量矩阵；

其中，若算法流程图中将故障状态分 M 类，则，第 k 种状态下的特征矩阵 M_k 构造成的广义维矩阵如公式（4–12）所示：

$$M_k = \begin{bmatrix} D_{11} & \cdots & D_{1q} & & D_{1m} \\ \vdots & & & & \\ D_{j1} & & D_{jq} & & D_{jm} \\ \vdots & & & & \\ D_{m1} & & D_{mq} & & D_{mn} \end{bmatrix} \tag{4–12}$$

式中：M_k 是第 k 个故障状态的特征矩阵；m 是经优选的 BLIMF 分量个数，即矩阵的维度；n 是阶数 q 的个数；其中，D_{jq} 是对应于第 q 个阶数，第 j 个分量的广义维数值。

③分别计算任意两状态特征向量样本间的欧氏距离，形成适应度函数；并生成以 q 为变量的整数初始种群；

④计算种群中个体的适应度，设置终止条件；进行交叉和变异运算并循环优化。

⑤以 q 为阶数，计算不同阶数下各状态间 D_q 的平均欧式距离 AEd$_q$（Average Euclidean Distance），改变阶数，寻找最大 AEd$_q$ 对应特征值 D_q；此时认为状态间具有最佳可分性。遗传算法计算流程如图 4.27 所示：

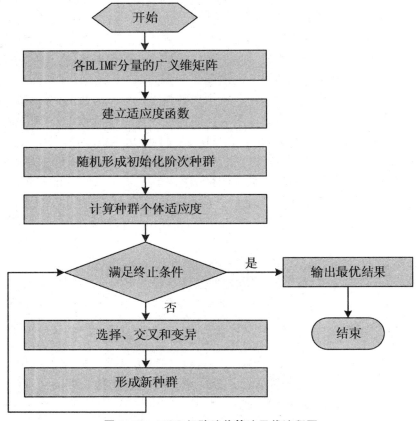

图 4.27　MGS 矩阵遗传算法寻优流程图

基于压缩机轴承故障的 VMD 与 MGS 诊断算法整体诊断流程如 4.28 所示；

4.3.3　轴承故障模拟与算法分析

结合压缩机维修手册和诊断实践，当润滑系统和轴承间隙处于正常状态时，轴销与轴承、十字头滑履和滑道在油膜作用下处于连续接触状态，振动信号虽表现出非平稳性，但振动信号时域内部结构并不复杂；随着故障间隙的增大，不平衡的交变往复惯性力使撞击加剧，振动信号表现出强烈的非平稳性和复杂分形特征，信号规律改变的同时使得碰撞接触力与振动信号响应之间的非线性映射关系更加复杂化，基于复杂分形测度变阶数分析的广义谱正是描述轴承间隙类故障特征的语言。

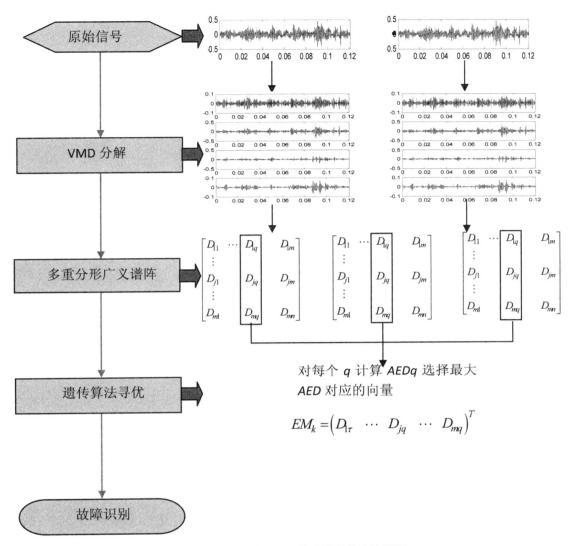

图 4.28　VMD 与 MGS 故障诊断算法流程图

以 2D12 往复式压缩机二级连杆各部件的间隙状态为研究对象，设置正常间隙、轴承和十字头故障共四种状态，根据活塞式压缩机使用技术手册和 API – 618 标准，在采样试验中，对二级轴承组件模拟了典型的中度磨损故障，即设置二级连杆小头轴承、十字头间隙均为 0.15mm，二级连杆大头轴承间隙为 0.25mm；旨在为难识别的中度磨损和故障耦合问题寻求有效的分类识别方法，同时为后续寿命预测提供底层的诊断算法支撑。4 种工况下原始信号（降噪处理后）时域振动信号和多重分形广义谱如图 4.29 和图 4.30 所示，其中图 4.30 中横、纵坐标分别代表阶次因子 q 和广义维 D_q。

从图 4.30 中明显可见，除大头轴承故障外，其余 3 种状态谱特征的可分性较差，对其进行诊断需要有效的特征增强手段和辨识方法。

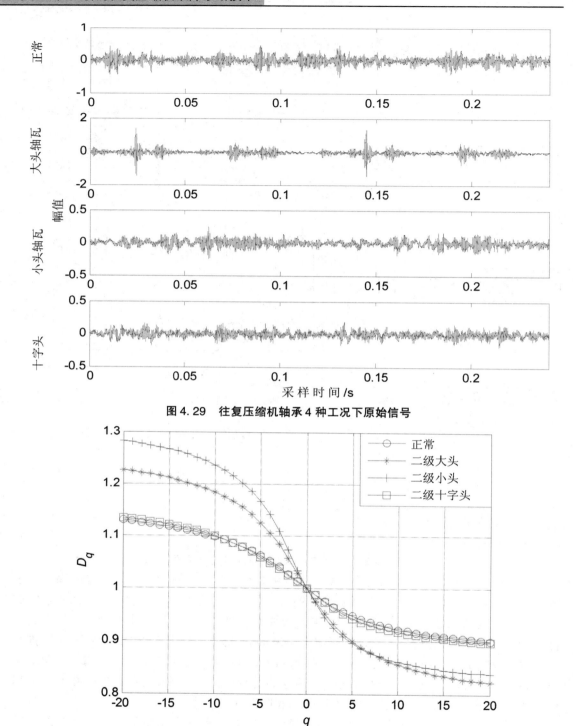

图 4.29　往复压缩机轴承 4 种工况下原始信号

图 4.30　往复压缩机轴承 4 种工况下直接计算广义谱

对以上信号采用本章第四节中提出的 VMD 预设尺度优选法，经计算 4 种工况的 VMD 预设尺度均为 $K=4$，将各模态分量的相关系数整理于表 4-8；可见，各个保留的主模态相关性较大，各工况中相关性较小的分量集中在分解的低频段，是包含振动主频的模态成分。

表 4 - 8　四种工况条件下 BLIMF 分量的相关系数

工况	VMD 分解后各主分量			
	BLIMF 1	BLIMF 2	BLIMF 3	BLIMF 4
正常	0.3967	0.4062	0.8447	0.4850
二级大头	0.4155	0.5421	0.6922	0.5991
二级小头	0.4480	0.5461	0.7413	0.5692
二级十字头	0.5758	0.4624	0.5602	0.6040

经 VMD 参数优化得到的各 BLIMF 主分量，分别计算各工况下主分量的多重分形广义谱，如图 4.31 所示，广义谱的分布有效表征了往复压缩机轴承间隙不同状态的奇异性，经 VMD 分解并提取广义谱算法体现了时频分离技术与局部特征提取的初衷；同时，为满足特征的准确识别和精细化研究，以状态间可分性为约束目标建立寻优算法是特征有效提取的必要补充。

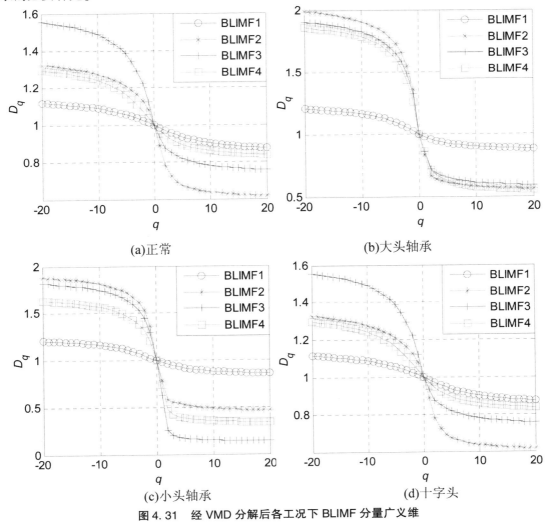

(a)正常　　　　　　　　　　　　　(b)大头轴承

(c)小头轴承　　　　　　　　　　　(d)十字头

图 4.31　经 VMD 分解后各工况下 BLIMF 分量广义维

4.3.4 特征识别与比较

鉴于往复压缩机振动信号的信噪比对分维数有影响，所有数据均采用 db4 小波母函数，三层分解软阈值降噪，镜像延拓法减少端点效应。即针对四种轴承间隙状态振动信号的分解结果，建立 BLIMF 分量在阶数因子 q 变量下的多重分形广义维计算函数，将每种状态下的前 4 个模态分量的维数值排列形成状态特征向量，以两状态特征向量之间的欧式样本距离的平均值构造适应度计算函数。

结合多重分形广义谱特点，将各模态分量的阶次 q 的范围设定为 $[-20, 20]$，阶数因子整数种群采用随机均匀方式生成，种群数量为 15，最大迭代步数 35，交叉概率 0.95，变异概率 0.01；为降低随机因素的影响，遗传算法寻优过程重复了 4 次，以得到最大平均样本经个体的自适应度计算和选择、交叉与变异操作生成新种群，对该遗传算法寻优重复 4 次以消除随机因素影响，最终得到最大平均样本距离的结果，计算结果中最优阶次 $q = [-17, 4, 14, 17]$。

为了对比验证，选择对同测点信号 EMD 分解，并参照文献 [33] 采用相关系数和能量结合法筛选，为方便比较保留前 4 个 IMF 分量，对四种状态的主 IMF 分量计算广义维；依上述遗传算法选优其中最优阶次因子 $q = [-17, 5, 11, 18]$；这样我们得到了两种自适应分解方法下各状态的特征矩阵为 4 行 41 列，并计算每个因子 q 下的状态间距 AEDq；同时，直接计算广义维的方法用于对比分析，三种算法重复计算 5 次并记录 MGS 的均值及上下偏差，最终得到的特征向量整理于表 4-9 中。

表 4-9　不同方法特征提取结果对比

特征识别方法		轴承间隙故障类型				AED
		正常	二级大头	二级小头	二级十字头	
VMD 与 MGS	BLIMF1	0.831 ± 0.012	0.562 ± 0.015	0.446 ± 0.032	0.617 ± 0.013	0.842 ± 0.027
	BLIMF2	1.052 ± 0.009	0.516 ± 0.024	0.538 ± 0.018	0.646 ± 0.027	
	BLIMF3	1.073 ± 0.031	0.607 ± 0.012	0.364 ± 0.021	0.743 ± 0.011	
	BLIMF4	1.187 ± 0.029	0.543 ± 0.004	0.569 ± 0.006	0.861 ± 0.014	
EMD 与 MGS	IMF1	0.924 ± 0.073	0.534 ± 0.032	0.557 ± 0.072	0.553 ± 0.115	0.408 ± 0.083
	IMF2	0.974 ± 0.067	0.625 ± 0.007	0.673 ± 0.138	0.396 ± 0.094	
	IMF3	0.865 ± 0.081	0.555 ± 0.033	0.424 ± 0.081	0.457 ± 0.132	
	IMF4	0.055 ± 0.094	0.631 ± 0.047	0.521 ± 0.066	0.584 ± 0.004	
MGS		1.124 ± 0.147	1.135 ± 0.085	1.314 ± 0.132	1.153 ± 0.095	0.156 ± 0.115

由表 4-9 可见，本章提出的 VMD 与 MGS 的优化算法与直接采用多重分形谱方法相比，计算得到的特征向量间欧式平均距离明显增加。同时在数据分析中看到，后两种方法的 MGS 均值和波动偏差均表现出不同程度的混叠；也就是说，经 VMD 分解得到的 BLIMF 分量在不同状态的广义维的分布明显要比 EMD 分解的 IMF 间隔更大的同时，表现出了更好的特征稳定性，验证了本文方法所提取特征向量在数据样本特征提取的优势。

4.3.5　轴承间隙故障诊断

LIBSVM 是台湾大学 LinChih - Jen 教授基于支持向量机开发设计的集成工具包，易于实现简单、易用和快速高效的 SVM 模式识别与回归，通过编译器使该软件包在 Matlab 语言环境使用，并自动实现 SVM 的参数寻优、训练以及测试[9]。

考虑到故障识别属于多分类问题，为了有效评估本章提出的算法有效性，并观察算法对特征可分性差异的影响，分析异常值（噪声、模态混叠）对分类结果稳定性的影响，文中引入另一种非监督分类算法——增量学习 K 近邻模型（IKNNModel）算法。该算法是Guo[10]等人基于经典 KNN 提出的优化算法程序包，其对计算训练样本与待分样本间最近的 k 个近邻进行属性类别划分时，引入了"层"参数，以不同权重的覆盖方式优选层值高的模型簇，"层"分概念基本思想为：对增加的训练样本数据采用三种分类方式：1）巩固原模型；2）补充原模型；3）推远拉近修正，最终计算所分类别中投票数量最多的类别为待分样本类别[11]。

本章分别以 SVM 和 IKNNModel 作为模式识别器，针对 4 种工况类别数据，选取了 150个特征向量样本，其中 100 个作为训练样本，其他 50 个作为测试样本，其中 LIBSVM 工具包，依上一节遗传算法优化得内核参数 $\gamma = 3.65$ 和误差惩罚参数 $C = 1.85$；对 IKNNModel算法采用 MATLAB 自带十折交叉验证，测试样本数选择 1 折；训练样本数 9 折中的 7 折作为建立 IKNNModel 基本数据，余下 2 折增量修正，10 次随机分类抽样，以识别结果来评价特征提取方法的性能，具体识别结果整理于表 4 - 10 中：

表 4 - 10　不同信号方法特征提取结果准确度对比

特征识别方法	模式识别方法	轴承间隙故障类型								识别率（%）
		正常		二级大头		二级小头		二级十字头		
		错分数与准确率（%）		错分数与准确率（%）		错分数与准确率（%）		错分数与准确率（%）		
VMD_MGS	SVM	1	99.0	0	100	1	99.0	2	98.0	99.0
EMD_MGS		4	96.0	2	98.0	6	94.0	8	92.0	95.0
MGS		12	88.0	7	93.0	15	85.0	16	84.0	87.5
VMD_MGS	IKNNModel	6.9	93.1	2.8	97.2	8.5	91.5	7.6	92.4	93.3
EMD_MGS		10.1	89.9	5.2	94.8	17.7	82.3	10.2	89.8	89.2
MGS		21.3	78.7	8.5	91.5	27.7	72.3	28.5	71.5	78.5

结合表 4 - 10 中所列数据分析，由于 SVM 属于已知训练样本类型，通过特征参数选择对未知样本进行的监督型分类，可充分利用分类样本特征的先验知识；其分类效果准确性整体高于非监督型的 IKNNModle 算法；然而非监督型 IKNNModle 算法，由于引入了"层分"和"增量学习"思想，对二级大头故障识别率的有效性也证明了其对于独特的、覆盖量小的类别识别有效性，同时也证明 VMD 与 MGS 算法由于增加了类间样本距离和稳定性，在非监督分类识别方法中体现出良好的识别率，也就是其对故障分类准确性整体识别效果优秀，模拟验证证明了算法的有效性和可靠性。

4.4　基于改进 LMD 与小波包模糊熵的轴承间隙故障诊断方法

4.4.1　小波包模糊熵

针对多尺度模糊熵分析时间序列复杂性时捕捉不到高频组分信息的局限，提出一种新型量化指标——小波包模糊熵（WPFE）。小波包模糊熵包括小波包分解和模糊熵计算。与多尺度模糊熵相比，小波包模糊熵结合自身特点，将频带进行多层次划分，既分析了信号低频分量又分析信号高频分量，因此能更全面、准确地反映振动信号的故障信息[60]。

1. 小波包分解

关于小波包分解理论详细过程参考文献 [12]，小波包分解可以将时间序列的频带进行多层次划分，分解为低频和高频。以时间序列 $x(i)$ 三层小波包分解为例，分解过程通过分解树演示，如图 4.32 所示。

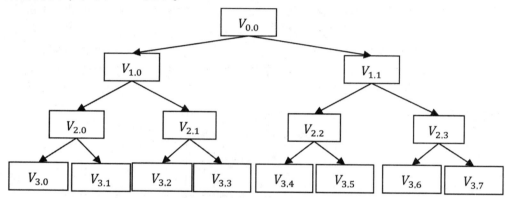

图 4.32　时间序列 $x(i)$ 的小波包分解示意图（$k = 3$）

在图 4.32 中，$V_{k,j}$ 表示小波包分解节点，k 表示分解层数，$j = 0, \cdots, 2^k - 1$，表示第 j 个节点。在 MFE 中，尺度 $\tau = 2$、$\tau = 4$ 和 $\tau = 8$ 的模糊熵值仅对应小波包三层分解中节点为 $V_{1,0}$、$V_{2,0}$ 和 $V_{3,0}$ 的模糊熵值，只分析了时间序列的低频组分。

2. 小波包模糊熵

结合小波包分解和模糊熵的概念，给定一长度为 N 的原始序列 $\{u(i):1 \leq i \leq N\}$，其小波包模糊熵定义步骤如下：

（1）小波包分解。设定分解层数 k，对原始序列进行小波包分解，得到从低频到高频 2^k 个频率成分下的节点信号 $V_{k,j}$

（2）模糊熵计算。设定嵌入维数 m，模糊函数的相似容限 r，模糊函数的边界梯度 n，计算每个节点信号的模糊熵值，并将其表示为节点的函数，观察原时间序列低频和高频不同频率段的模糊熵变化，称为小波包模糊熵分析。

$$WPFE(u, k, j, m, n, r) = FuzzyEn(v_{k,j}, m, n, r) \qquad (4-13)$$

MFE 在分析时间序列复杂性时只分析了低频组分信息，而无法捕捉到高频组分信息。相比于 MFE，WPFE 则同时考虑了时间序列的高频和低频两部分的组分信息，克服了 MFE 存在的缺陷。而对于往复压缩机轴承故障实测信号，其故障信息在信号的高频部分和低频部分都有较为丰富的分布，利用 WPFE 对其进行分析，能够更准确地反映往复压缩机轴承故障的本质特征。

3. 参数选取

由前面对小波包模糊熵的定义，在进行小波包模糊熵计算过程中，需要对其参数进行讨论。

（1）分解层数 k

k 值过大则导致分解节点分量增加，影响 WPFE 的计算效率，k 值过小则信号频带划分不够细致，无法获取足够的从低频到高频的节点分量，综合考虑取 $k = 3$。

（2）嵌入维数 m

m 的大小影响序列的联合概率动态重构时信息量的多少，m 过小则会造成重构时信息会丢失，m 过大则会越多的详细信息，因此综合考虑设定 $m = 2$。

（3）相似容限 r

r 的取值大小影响统计特性，r 取值过大则统计信息丢失，r 取值过小则导致估计的熵值不准确，因此 r 取值一般为 $0.1 \sim 0.25SD$（SD 为原始序列的标准差）。

（4）模糊函数梯度 n

n 在向量间的相似性计算中起着权重的作用，$n > 1$ 时，更多计入较近向量对其相似度的贡献，而更少计入较远向量对其相似性的贡献；n 过大会导致细节信息丢失，而 $n < 1$ 时则相反。为获取更多细节信息，根据参考文献 [13]，取较小整数值 $n = 2$。

4.4.2　特征提取方法

基于改进 LMD 与小波包模糊熵的特征提取方法流程：

（1）数据预处理。对初始数据进行截取与降噪处理，降低计算工作量以及噪声对谱值的影响。

（2）改进 LMD 分解。利用改进 LMD 方法对预处理之后的数据进行分解，得到一系列从高频到低频包含信号状态信息的 PF 分量。

（3）筛选 PF 分量。计算各状态振动信号与相应 PF 分量的相关系数，通过设定合理的临界值筛选出 n 个集中包含状态信息的 PF 分量：$PF_1, PF_2, \cdots PF_n$。

（4）构成初始特征矩阵。采用小波包模糊熵对筛选出各 PF 分量进行 k 层小波包分解，计算其模糊熵，每个 PF 分量得到 $m = 2^k$ 个节点的熵值，各状态得到特征矩阵 $A_{n \times m}$。

（5）特征向量提取。根据奇异值分解算法，对特征矩阵 $A_{n \times m}$ 进行分解，提取对角矩阵 S 的部分或全部对角元素 $\lambda_1, \lambda_2, \cdots, \lambda_j$ 作为特征向量 L，实现故障特征提取。

$$L = [\lambda_1, \lambda_2 \cdots, \lambda_j] \tag{4-14}$$

基于改进 LMD 与小波包模糊熵的特征提取方法流程如图 4.33 所示。

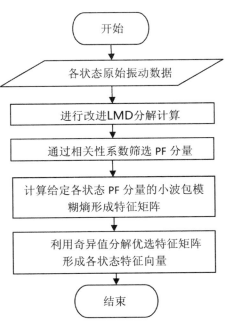

图 4.33　基于改进 LMD 与小波包模糊熵的特征提取方法流程图

4.4.3　方法验证

为了验证改进 LMD 与小波包模糊熵特征提取方法的适用性和优越性，与三次样条插值 LMD（简称 CSILMD）和多尺度模糊熵特征提取方法进行对比研究。给定往复压缩机轴承两种状态：正常状态和一级连杆小头轴瓦间隙大状态，时域波形分别如图 4.34（a）和图 4.34（b）所示。

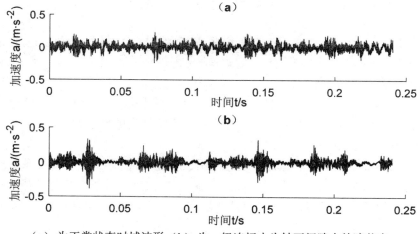

（a）为正常状态时域波形　（b）为一级连杆小头轴瓦间隙大故障状态

图 4.34　两种状态时域波形

应用两种特征提取方法对上述往复压缩机轴承两种状态进行分析，取差异较大的 4 阶奇异值作为故障特征向量，则改进 LMD 与小波包模糊熵特征提取结果和 CSILMD 与多尺度模糊熵特征提取结果分别如图 4.35 和图 4.36 所示。

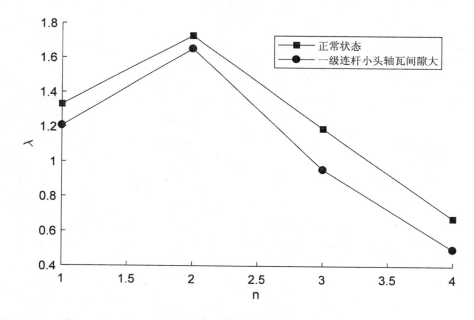

图 4.35　改进 LMD 与小波包模糊熵的两工况典型特征向量

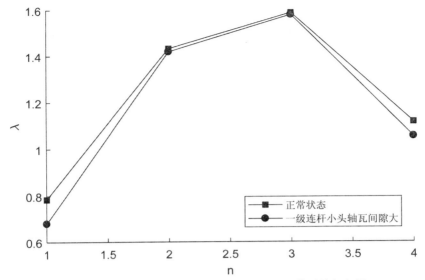

图 4.36　CSILMD 与多尺度模糊熵的两工况典型特征向量

由图 4.35 和图 4.36 观察可知，改进 LMD 与小波包模糊熵提取方法的往复压缩机轴承两工况特征向量曲线无交叉，间隔大，具有明显的可分性。而 CSILMD 与多尺度模糊熵方法提取两工况的特征向量曲线间隔较小，区分效果不明显，从而验证了改进 LMD 与小波包模糊熵特征提取方法的适用性和优越性。

4.4.4　轴承间隙故障诊断

对上述五种往复压缩机轴承状态进行改进 LMD 分解，结果如图 4.37 至图 4.41 所示。

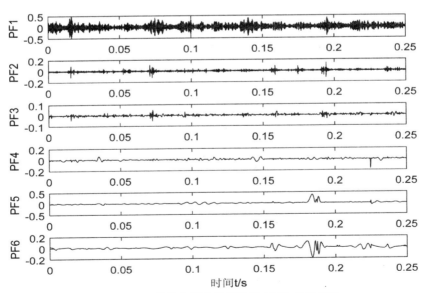

图 4.37　正常状态振动信号改进 LMD 分解结果

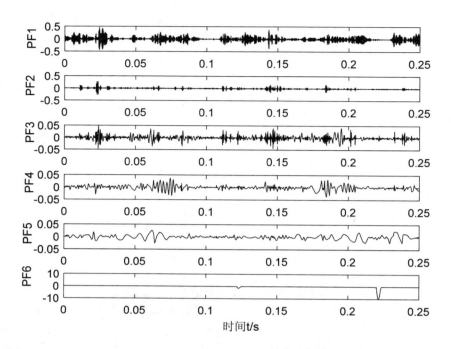

图4.38 一级连杆小头轴瓦间隙大故障振动信号分解结果

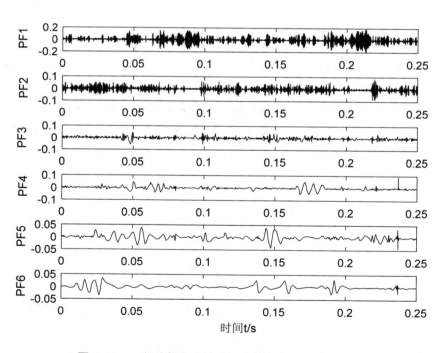

图4.39 二级连杆小头轴瓦间隙大故障振动信号分解结果

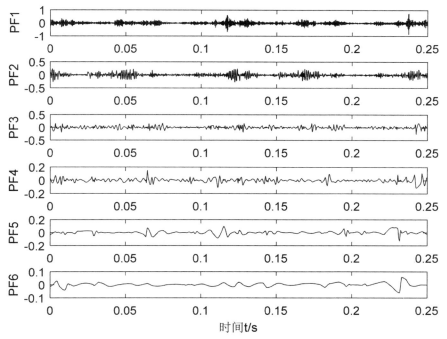

图 4.40　一级连杆大头轴瓦间隙大故障振动信号分解结果

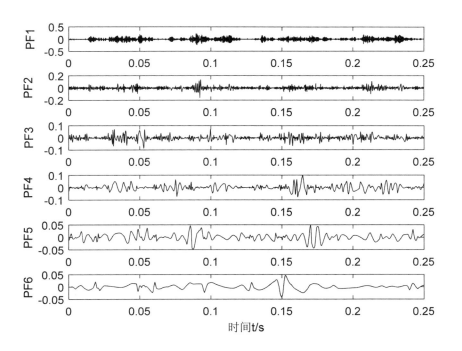

图 4.41　二级连杆大头轴瓦间隙大故障振动信号分解结果

通过改进 LMD 分解出各状态前 6 阶 PF 分量，计算各状态每个 PF 分量与对应原始信号的相关系数，如表 4-11 所示，筛选出各状态振动信号中富含状态信息的 PF 分量。

表 4-11　往复压缩机轴承各状态相关系数

故障位置	相关系数					
	$PF1$	$PF2$	$PF3$	$PF4$	$PF5$	$PF6$
正常	0.9299	0.3782	0.1948	0.1463	0.0545	0.0326
一级连杆小头	0.9242	0.3868	0.1271	0.1062	0.0483	0.0128
二级连杆小头	0.9455	0.4666	0.1739	0.0491	0.0469	0.0385
一级连杆大头	0.9554	0.3484	0.1669	0.1228	0.0503	0.0207
二级连杆大头	0.9767	0.3314	0.1593	0.0601	0.0349	0.0212

表 4-11 统计了压缩机传动机构四个位置轴承间隙大故障状态及机组正常状态振动信号分解的前 6 阶 PF 分量与相应的原始振动信号的相关系数。通过观察可知，各状态的 PF_1 分量至 PF_6 分量的相关系数是逐渐减小的，即 PF_1 分量至 PF_6 分量与相应原始振动信号的相关性是逐渐减弱的。其中，每一状态 PF_5 分量和 PF_6 的相关系数都是小于 0.1，而在 PF_4 分量相关系数接近 0.1，故以 0.1 作为 PF 分量相关系数阈值。统计各状态筛选出的 PF 分量个数分别为 4、4、3、4、3，平均后取整等于 4，即选定每一状态前 4 阶 PF 分量作为特征提取的样本。

利用小波包模糊熵计算各状态筛选出的前 4 个 PF 分量，其中，设置嵌入维数 $m = 2$，梯度 $n = 2$，相似容限 $r = 0.15SD$，分解层数 $k = 3$，每种状态形成 4×8 的特征矩阵。各状态特征矩阵数据如表 4-12、表 4-13、表 4-14、表 4-15 和表 4-16 所示。

表 4-12　正常状态特征矩阵数据

PF 分量	特征向量							
	τ_1	τ_2	τ_3	τ_4	τ_5	τ_6	τ_7	τ_8
$PF1$	1.826	1.921	2.051	2.079	2.224	2.385	2.489	2.585
$PF2$	1.773	1.827	1.953	2.140	2.241	2.266	2.205	2.275
$PF3$	0.860	1.010	1.177	1.361	1.537	1.723	1.834	1.999
$PF4$	0.923	1.080	1.248	1.403	1.558	1.696	1.817	1.953

表 4-13　一级连杆小头轴瓦间隙大故障特征矩阵数据

PF 分量	特征向量							
	τ_1	τ_2	τ_3	τ_4	τ_5	τ_6	τ_7	τ_8
$PF1$	1.377	1.572	1.713	1.733	1.828	1.917	2.010	1.989
$PF2$	1.192	1.351	1.531	1.532	1.687	1.737	1.816	1.863
$PF3$	0.847	1.240	1.466	1.524	1.712	1.802	1.889	1.923
$PF4$	0.998	1.446	1.628	1.712	1.872	1.986	2.055	2.126

表 4 - 14　二级连杆小头轴瓦间隙大故障特征矩阵数据

PF 分量	特征向量							
	τ_1	τ_2	τ_3	τ_4	τ_5	τ_6	τ_7	τ_8
$PF1$	1.034	1.235	1.335	1.422	1.412	1.536	1.624	1.781
$PF2$	1.365	1.420	1.314	1.505	1.608	1.462	1.610	1.583
$PF3$	1.124	1.229	1.270	1.379	1.402	1.392	1.333	1.558
$PF4$	1.070	1.214	1.302	1.340	1.422	1.557	1.545	1.576

表 4 - 15　一级连杆大头轴瓦间隙大故障特征矩阵数据

PF 分量	特征向量							
	τ_1	τ_2	τ_3	τ_4	τ_5	τ_6	τ_7	τ_8
$PF1$	1.817	1.771	1.805	1.792	1.702	1.627	1.629	1.666
$PF2$	2.014	1.984	2.086	2.012	1.976	1.918	1.902	1.887
$PF3$	0.794	1.296	1.531	1.664	1.789	1.788	1.885	1.926
$PF4$	0.808	1.333	1.599	1.685	1.776	1.791	1.811	1.880

表 4 - 16　二级连杆大头轴瓦间隙大故障特征矩阵数据

PF 分量	特征向量							
	τ_1	τ_2	τ_3	τ_4	τ_5	τ_6	τ_7	τ_8
$PF1$	1.880	1.837	1.953	1.904	1.762	1.851	1.835	1.882
$PF2$	1.489	1.760	1.838	1.921	1.979	2.041	1.921	2.059
$PF3$	1.542	1.858	1.977	1.946	2.098	2.119	2.029	2.133
$PF4$	1.429	1.713	1.824	1.807	1.961	1.999	2.029	1.946

采用奇异值算法对形成的各状态特征矩阵进行分解，提取前 4 阶差较大奇异值作为特征向量 $L = [\lambda_1, \lambda_2, \lambda_3, \lambda_4]$，各状态典型特征向量如表 4 - 17 所示。

表 4 - 17　往复压缩机轴承各状态典型特征向量

故障位置	特征向量			
	λ_1	λ_2	λ_3	λ_4
正常	1.3295	1.7279	1.1912	0.6753
一级连杆小头	1.1745	1.3118	1.1022	0.5927
二级连杆小头	2.0147	1.7955	0.9493	0.4753
一级连杆大头	1.2051	1.6524	0.9557	0.4971
二级连杆大头	1.3389	1.6563	0.9714	0.0491

4.4.5　结果分析

选取往复压缩机轴承 5 种状态各 10 组典型向量 $[\lambda_1,\lambda_2,\lambda_3,\lambda_4]$ 中的 $[\lambda_1,\lambda_2]$，以 λ_1 作为横坐标，λ_2 作为纵坐标，则各状态典型向量分布如图 4.42 所示。

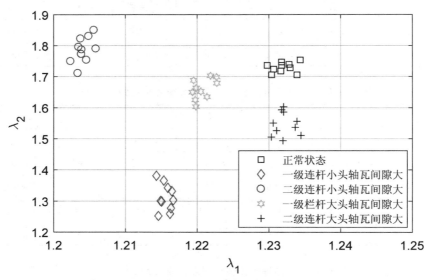

图 4.42　改进 LMD 与小波包模糊熵的轴承各状态典型向量分布

由图 4.42 可知，通过改进 LMD 与小波包模糊熵特征提取方法所得往复压缩机轴承各状态特征向量具有良好可分性。另外，分别采用改进 LMD 与多尺度模糊熵、CSILMD 与小波包模糊熵、CSILMD 与多尺度模糊熵对相同样本进行分析，则各方法分析结果如图 4.43 至图 4.45 所示。

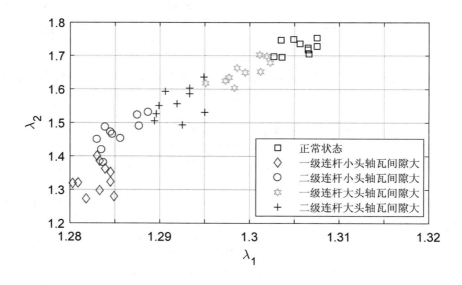

图 4.43　改进 LMD 与多尺度模糊熵的轴承各状态典型向量分布

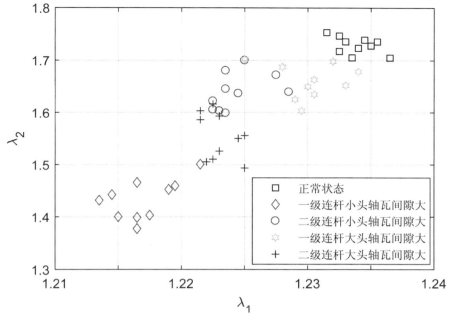

图4.44　CSILMD 与小波包模糊熵的轴承各状态典型向量分布

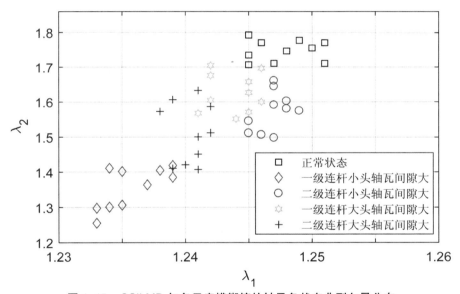

图4.45　CSILMD 与多尺度模糊熵的轴承各状态典型向量分布

　　通过以上对比研究，改进 LMD 与小波包模糊熵特征提取方法，相较于改进 LMD 与多尺度模糊熵、CSILMD 与小波包模糊熵、CSILMD 与多尺度模糊熵，在特征提取方面具有优越的性能，区分效果更加明显。

　　支持向量机（SVM）是以统计学习理论为基础发展而来的一种通用机器学习方法，已在模式识别、回归估计、概率密度函数估计等方面得到广泛应用[14]。本文选用 SVM 作为特征向量模式识别的工具。

　　选取往复压缩机轴承 5 种状态测试数据各 80 组，经信号预处理后，利用改进 LMD 与小波包模糊熵特征提取方法计算得出特征向量样本 $[\lambda_1, \lambda_2, \lambda_3, \lambda_4]$。分别以每种工况 40

组特征向量作为训练样本，40 组特征向量作为测试样本。输入 SVM 进行模式识别，结果如表 4 - 18 所示。

表 4 - 18　改进 LMD 与小波包模糊熵特征提取方法分类识别率

故障位置	改进 LMD 与小波包模糊熵		
	错分数	识别率（%）	总体识别率（%）
正常	0	100	
一级连杆小头	1	97.5	
二级连杆小头	0	100	99
一级连杆大头	1	97.5	
二级连杆大头	0	100	

由表 4 - 18 可知，基于改进 LMD 与小波包模糊熵的特征向量样本的识别率为 99%。同时为了验证该方法的优越性，分别采用改进 LMD 与多尺度模糊熵、CSILMD 与小波包模糊熵、CSILMD 与多尺度模糊熵对相同样本进行计算。为了使得特征矩阵维数与小波包模糊熵保持一致，设置尺度 $\tau = 8$。采用相同的步骤分别对上述 3 种特征提取方法所提取的特征向量进行模式识别。识别结果如表 4 - 19、4 - 20 和 4 - 21 所示。

表 4 - 19　改进 LMD 与多尺度模糊熵特征提取方法分类识别率

故障位置	改进 LMD 与多尺度模糊熵		
	错分数	识别率（%）	总识别率（%）
正常	3	92.5	
一级连杆小头	2	95	
二级连杆小头	2	95	93.5
一级连杆大头	3	92.5	
二级连杆大头	3	92.5	

表 4 - 20　CSILMD 与小波包模糊熵特征提取方法分类识别率

故障位置	CSILMD 与小波包模糊熵		
	错分数	识别率（%）	总识别率（%）
正常	2	95	
一级连杆小头	4	90	
二级连杆小头	2	95	92.5
一级连杆大头	3	92.5	
二级连杆大头	4	90	

表 4-21　CSILMD 与多尺度模糊熵特征提取方法分类识别率

故障位置	CSILMD 与多尺度模糊熵		
	错分数	识别率（%）	总体识别率（%）
正常	3	92.5	
一级连杆小头	4	90	
二级连杆小头	3	92.5	91.5
一级连杆大头	3	92.5	
二级连杆大头	4	90	

通过以上每种对各工况测试样本识别结果可知，基于改进 LMD 与小波包模糊熵特征提取方法明显优于改进 LMD 与多尺度模糊熵方法、CSILMD 与小波包模糊熵方法以及 CSILMD 与多尺度模糊熵方法。原因如下：

其一，改进 LMD 方法以切点作为包络插值点，通过单调三次 Hermite 插值构造上下包络线，解决了 CSILMD 中以局部极值点作为包络插值点，通过三次样条插值构造上下包络线过程中"过包络""欠包络"以及包络切割信号的问题，得到合理的局部均值函数和包络估计函数，提高了分解精度；

其二，针对多尺度模糊熵分析时间序列复杂性时捕捉不到高频组分信息的局限，提出一种新型量化指标——小波包模糊熵。与多尺度模糊熵相比，小波包模糊熵结合自身特点，将频带进行多层次划分，既分析了信号低频分量又分析了信号高频分量，能够更全面、准确地反映振动信号的故障信息。

基于以上两点，改进的 LMD 与小波包熵相结合的特征提取方法提取的特征向量具有更高的识别准确率，可以有效诊断出往复压缩机轴承不同位置故障。

4.5　基于多重分形与 SVD 的轴承间隙故障诊断方法

4.5.1　多重分形与 SVD

1. 分形维数

往复压缩机振动信号呈现出的非线性、非平稳特性，适合于利用多重分形方法进行定量描述。对于轴承故障位置固定的设备，利用多重分形进行特征描述时，轴承座位置的一个传感器信号即可反映状态信息。但往复压缩机结构复杂，传动机构中轴承位置不断变动，其故障信号传递路径复杂，单一位置传感器难以全面反映故障状态信息。以一级气缸端部传感器为例，该传感器各故障的广义分形维数谱如图 4.46 所示，由图 4.46 可知，虽然该传感器的广义分形维数谱对一级连杆小头位置轴承故障与其他三个位置轴承故障差异显著，但对一级连杆大头、二级连杆小头和二级连杆大头位置轴承故障之间的差别较小，无法实现有效的特征提取，说明了对多传感器信号进行特征提取的必要性。

对于振动信号传递路径复杂的设备，为使所构建的状态特征向量为一维列向量，通常使用多传感器信号的单一指标描述状态特征。关联维数是分形方法特征提取的常用指标，往复压缩机各位置轴承故障的多传感器关联维数如图 4.47 所示。由图 4.47 可知，对于前四个传感器关联维数，一级连杆小头位置故障与其他三种故障区分较好，但其他三种故障关联维数混叠在一起，无法有效区分；对于后三个传感器关联维数，二级小头位置故障与一级大头位置故障混叠，二级大头位置故障与一级小头位置故障混叠，四种故障仍无法有效区分，说明对于多位置故障多传感器单一指标的可分性并不十分理想，有必要应用多重分形理论分析多传感器振动信号，形成广义分形维数矩阵，丰富状态特征信息。

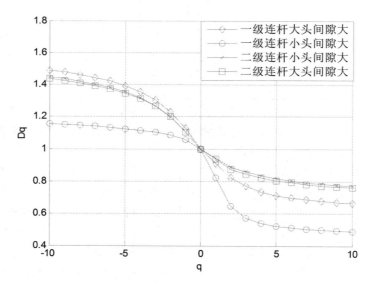

图 4.46　一级滑道传感器各故障状态的广义分形维数

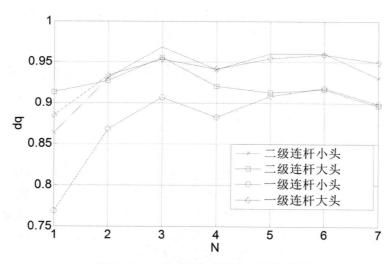

图 4.47　多传感器各故障状态的关联维数

2. 奇异值分解

对于形成的多传感器广义分形维数矩阵，为实现模式识别，需将其压缩为一维列向量。在矩阵理论中，奇异值是矩阵固有特性，具有良好的稳定性，能够准确地表征矩阵的特性[15]。奇异值分解定理为：对于实矩阵 $A \in R^{m \times n}$，无论其行列是否相关，必然存在一个正交矩阵 $U \in R^{m \times m}$ 和一个正交矩阵 $V \in R^{n \times n}$，使得下式成立：

$$A = USV^T , \tag{4-15}$$

其中，S 是一个对角矩阵，具体可表示为 $S = \mathrm{diag}\,(\lambda_1, \lambda_2, \cdots, \lambda_k,)$，$k = \min\,(\mathrm{m},$ n)，$\lambda_1, \lambda_2, \cdots, \lambda_k$ 为矩阵 A 的奇异值并按降序排列。

4.5.2　特征提取方法

广义分形维数能更精细地刻画信号的局部尺度行为，在揭示复杂系统所表现出来的非平稳性、非线性等特性方面具有独特之处。对于复杂系统，只对单个传感器信息进行分析，往往难以得出有效特征，而多传感器可以增强数据可信度，扩展观测范围，更能全面反映系统状态信息。

往复压缩机具有复杂的非线性和非平稳性，且故障信息传递路径复杂，基于多传感器的多重分形方法，形成多传感器广义分形维数矩阵，可有效结合多重分形法对非线性信号定量描述的细致性和多传感器观测范围的扩展性，全面详细地反应往复压缩机运行状态。

奇异值分解（SVD）是一种矩阵正交化分解方法，可对多传感器广义分形维数矩阵进行奇异值分解，得出矩阵的奇异值作为特征向量。鉴于奇异值是矩阵固有特性，具有良好的稳定性，所以，奇异值特征向量与故障状态具有一一对应的映射关系，是往复压缩机运行状态的准确反映[16]。因此，提出基于多重分形与奇异值分解的多传感器振动信号特征提取方法，具体计算过程如下：

（1）数据预处理。对初始数据进行截取与降噪等处理，降低计算工作量以及噪声对谱值的影响。

（2）计算各传感器的广义分形维数。用尺度为 δ 的盒子对分形集进行划分，定义每个盒子的奇异概率测度 $p_i\,(\delta)$ 及配分函数 $\chi(q,\delta)$，对于给定的 q 值，计算并绘制相应的 $\ln\chi(q,\delta) \sim \ln\delta$ 双对数曲线，找出曲线的无标度区，用最小二乘法拟合估算出该段曲线的斜率即质量指数 τ（q），通过变换即得广义分形维数谱 D（q）$-q$。

（3）构成初始特征矩阵。根据各传感器的广义分形维数，以各传感器广义分形维数为行向量，按传感器编号排列，形成初始特征向量矩阵 A，表示为

$$A = \begin{bmatrix} dq_{11} & dq_{12} & \cdots & dq_{1M} \\ dq_{21} & dq_{22} & \cdots & dq_{2M} \\ & \cdots & & \\ dq_{N1} & dq_{N2} & \cdots & dq_{NM} \end{bmatrix}$$

矩阵中，M 表示广义分形维数谱的维数，N 表示传感器编号。

（4）特征向量提取。根据奇异值分解算法，对形成的多传感器广义分形维数初始矩阵 A 进行分解，提取矩阵 S 的对角元素 $\lambda_1, \lambda_2, \cdots, \lambda_k$，即矩阵奇异值作为特征向量，得

$$T = \begin{bmatrix} \lambda_1, & \lambda_2, & \cdots, & \lambda_k \end{bmatrix}$$

从而实现了故障状态特征的提取。

4.5.3　轴承故障诊断实例

1. 信号预处理

根据采样时间和电机转速可知，一次采样采集了多个工作周期的振动信号，由于各周期信号的相似性，过多的数据仅会增加计算量，不会对多重分形谱有显著影响。因此，利用与多通道振动信号同步采集的键相信号，提取两个周期的振动信号数据进行分析，其数

据长度为 12028 点。

众所周知，噪声会影响分形维数的大小，使其无法准确地反映系统的多重分形特征。为了降低噪声对计算精度的影响，对往复压缩机振动信号进行降噪预处理，具体应用启发式小波软阈值降噪法，波母函数为 db4，三层分解。其中，一级连杆小头位置轴承发生故障时，一级十字头滑道传感器的原始信号与降噪信号分别如图 4.48 和图 4.49 所示。

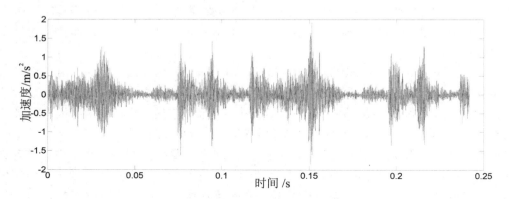

图 4.48 一级连杆小头间隙大故障原始时域信号

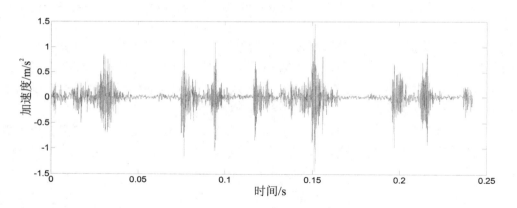

图 4.49 一级连杆小头间隙大故障降噪前后时域信号

2. 故障特征提取

对各状态全部传感器的振动信号进行截取与降噪，根据多重分形定义，在 q 取值范围 -10 至 10 间计算广义分形维数 $D(q)$，即可形成 21 行 7 列的广义分形维数矩阵。每种工况的广义分形维数矩阵可以通过广义分形维数 $D(q)$、权重因子 q 和传感器编号 N 组成的 3 维谱图来表示，各工况的典型 3 维谱图如图 4.50 所示。

由图 4.50 可知，虽然各故障状态同属轴承间隙大这一性质故障，但随着发生故障位置的不同，振动信号的传递途径也不同，所以各位置故障的广义分形维数矩阵存在明显差异；再者，同一传感器对于任意两种不同故障位置，随着 q 的不同，广义分形维数存在差异，体现了多重分形刻画局部尺度的细致性；此外，对于任意两种不同故障位置，多个传感器广义分形维数存在差异，体现了多传感器观测的必要性。

对广义分形维数矩阵进行奇异值分解，提取奇异值，虽然噪声使矩阵全部奇异值均大于零，但从量级比较，矩阵的前 4 阶奇异值差异较大，所以取矩阵的前 4 阶奇异值作为故障特征向量。各种故障及正常工况的典型特征向量如图 4.51 所示，由图 4.51 可知，各工况特征向量曲线无交叉，间隔大，具有明显可分性。

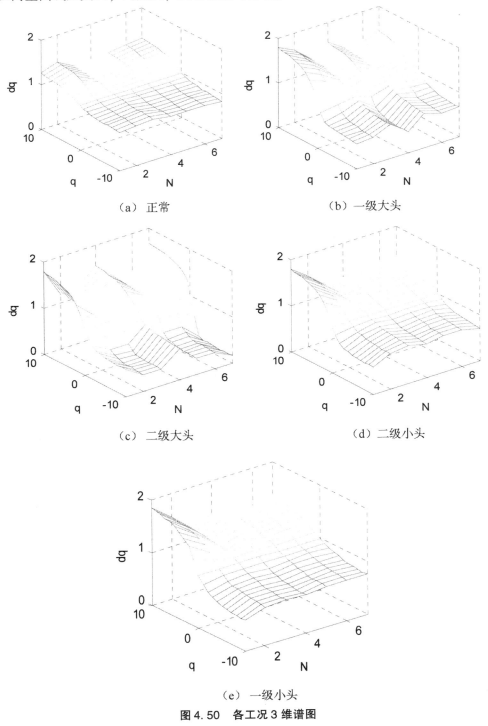

（a）正常　　　　　　　　　　（b）一级大头

（c）二级大头　　　　　　　　　（d）二级小头

（e）一级小头

图 4.50　各工况 3 维谱图

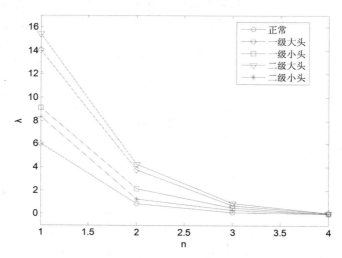

图 4.51　各故障状态典型特征向量

3. 故障诊断与分析

本节依然与第 4 节一样采用 SVM 作为模式识别器，以其识别结果作为指标评价特征提取方法的性能。

对于 SVM，核参数和误差惩罚参数 C 是影响其性能的主要因素。本节对径向基核函数的参数优化。选取上述五种状态数据各 100 组，经截取与降噪预处理后，利用本文方法提取特征向量，构成各状态的特征向量样本。分别选取各状态的前 70 组作为训练样本，其他 30 组作为测试样本。利用 LibSVM 工具箱自带的遗传算法优化 SVM 的误差惩罚参数 C 与核参数 γ。遗传算法寻优过程中，初始种群数量设置为 20，最大迭代次数为 50，交叉概率与变异概率分别为 0.7 与 0.01，误差惩罚参数 C 与核参数 γ 的取值范围均设置为 0 ~ 100，经优化得出误差惩罚参数 C 为 1.73，核参数 γ 为 3.65，寻优过程的平均适应度和最佳适应度曲线如图 4.52 所示。对各状态测试样本进行识别，结果如表 4 - 22 所示。

为比较本文方法的优越性，同样利用上述五种状态数据样本集进行不同提取方法对比，每种状态仍为 100 组。首先，提取所有数据样本中各传感器数据的关联维数作为特征向量，构成特征向量样本集，以前 70 组作为训练样本，其他 30 组作为测试样本，利用 LibSVM 使用相同的遗传算法参数设置建立并测试支持向量机。再者，所有状态各取一组样本，计算出每种位置故障各个传感器的广义分形维数，再计算每个传感器各故障状态广义分形维数间的平均欧氏距离，并以最大平均欧氏距离作为评价指标，选出对各故障相对敏感的传感器。以其广义分形维数作为故障位置的单传感器特征向量，同样利用形成的特征向量样本集建立并测试支持向量机，各方法提取特征的识别结果仍如表 4 - 22 所示。

由表 4 - 22 可知，各种特征提取方法均可实现不同位置故障的识别，但由于多重分形在局部尺度描述的细致性以及多传感器在数据获取的扩展性优势，使其不但在总体识别准确率高于多传感器单重分形法和单传感器多重分形法，而且各工况的识别准确率均为最高，识别效果最好，验证了该方法的优越性。

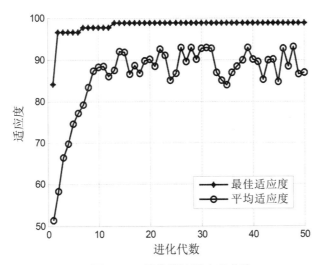

图4.52　遗传算法适应度曲线

表4-22　各方法故障诊断准确率比较

工况	多重分形与奇异值分解法		单传感器广义分形维数法		多传感器单重分形关联维数法	
	错分数识别率（%）	总识别率（%）	错分数识别率（%）	总识别率（%）	错分数识别率（%）	总识别率（%）
正常	2	93.3	3	90.0	3	90.0
一级大头1	96.7		486.7		3	90.0
二级大头3	90.0	95.34	86.7	89.32	93.3	90.6
二级小头2	93.3	2	93.3	2	93.3	
一级小头1	96.7	3	90.0	4	86.7	

4.6　本章小结

本章从造成往复压缩机事故性停机的滑动轴承间隙故障出发，以2D12往复压缩机为例，基于机理分析、信号采集与敏感测点布设分析轴承磨损故障的振动响应与故障表现关系，并开展了模拟试验研究，从自适应分解算法与信息熵、多重分形谱等特征刻画技术结合，针对轴承故障特征识别问题，分别介绍了LMD与MFE的故障诊断方法、VMD与MGS故障诊断方法、改进LMD与小波包模糊熵诊断方法和多重分形与SVD共四种融合型诊断方法，以2D12压缩机轴承故障的模拟实验数据验证几种算法在轴承间隙故障诊断方面的有效性，总结如下：

（1）针对往复压缩机故障振动信号的非线性、非平稳特性，将改进LMD方法与多尺度模糊熵相结合，通过对PF不同尺度下的熵值进行优选，形成状态特征向量，并对特征向量进行识别实现对各状态故障的诊断，并阐述了该方法的具体实施过程。

（2）将VMD方法引入往复压缩机振动信号时频分析中，提出基于瞬时频率均值和相关系数结合的预设尺度优选方法，提高了算法变分框架约束模态的分解精度，以变阶数整数寻优的观点将广义谱算法引入故障特征提取中，采用遗传算法计算最优多重分形阶次因子值，构造并寻找该阶次因子下最大可分性广义维数作为特征向量，实现轴承故障耦合信息特征的有效分离。

（3）应用基于改进 LMD 与小波包模糊熵特征提取方法对振动信号进行故障诊断，并与 CSILMD 与小波包模糊熵、改进 LMD 与多尺度模糊熵方法和 CSILMD 与多尺度模糊熵方法进行对比，验证了该方法的有效性与优越性。

（4）提出了基于多重分形与奇异值分解的多传感器信号特征提取方法，以多重分形定量描述多传感器数据，形成广义分形维数矩阵，并以奇异值分解得出的矩阵奇异值作为特征向量，并以 SVM 作为模式分类器与多种方法进行了对比，该方法相比于多传感器单重分形关联维数法和单传感器多重分形法，更能全面地反映设备状态特征，识别效果优良。

参考文献

［1］余良俭. 往复压缩机故障诊断技术现状与发展趋势 ［J］. 流体机械，2014（1）：36－39.

［2］吴小涛，杨锰，袁晓辉，等. 基于峭度准则 EEMD 及改进形态滤波方法的轴承故障诊断 ［J］. 振动与冲击，2015，34（2）：38－44.

［3］姚成玉，来博文，陈东宁，等. 基于最小熵解卷积－变分模态分解和优化支持向量机的滚动轴承故障诊断方法 ［J］. 中国机械工程，2017，28（24）：3001－3012.

［4］郁永章活塞式压缩机 ［M］. 西安：西安交通大学，2005.

［5］王金东. 往复压缩机状态检测与故障诊断技术研究 ［D］. 哈尔滨工业大学博士后研究报告，2003.

［6］赵海洋. 往复压缩机轴承间隙故障诊断与状态评估方法研究 ［D］. 哈尔滨：哈尔滨工业大学，2014.

［7］邢俊杰. 基于 LMD 与 MFE 的往复式压缩机故障诊断方法研究 ［D］. 大庆：东北石油大学，2016.

［8］马永杰，云文霞. 遗传算法研究进展 ［J］. 计算机应用研究，2012，29（4）：1201－1206.

［9］C Hsu，C J Lin. A comparison of methods for multi－class support vector machines ［J］. IEEE Transactions on Neural Networks，2002，13（2）：415－425.

［10］G. Guo，H. Wang，D. Bell，Knn model based approach in classification ［C］. In ODBASE，2003：986－996.

［11］Zeng Y，Yang Y，Zhou L. Pseudo Nearest Neighbor Rule for Pattern Recognition ［J］. Expert Systems with Applications，2009，36：3587－3595.

［12］白泉，韩晶晶，康玉梅，等. 小波包变换中地震信号的结点序号到频带序号的转换算法 ［J］. 地震工程学报，2016，38（6）：991－996.

［13］陈伟婷. 基于熵的表面肌电信号特征提取研究 ［D］. 上海：上海交通大学，2008.

［14］Hsu C W，Lin C J. A comparison of methods for multiclass support vector machines ［J］. IEEE Transactions on Neural Networks，2002，13（2）：415－425.

第5章 往复压缩机气阀故障诊断技术

气阀作为往复压缩机重要的功能性组件，被称为压缩机的"心脏"，在上一章节中对引起压缩机非正常停机的故障分析中可知，气阀故障导致往复式压缩机非正常停机的概率约为36%，表现出最高的故障率，但是，由于气阀故障一般表现为压力不足、功耗增加等功能性故障，加强对气阀类故障监测并提高故障分类识别的有效性是稳定、连续生产的有效保证[1]。2D12型往复压缩机气阀通常采用环状阀，其是由阀座、阀片、升程限制器、弹簧、螺钉和螺母组成的。由于气阀自身结构复杂，零部件数量众多，且长期处于高温和交变冲击载荷作用环境下，作周期性往复运动，故极易发生故障。如果从故障形成时间的角度分析，在运行过程中，环状阀阀座和升程限制器表现为中长期故障；阀片和弹簧表现为中短期故障；螺钉和螺母的故障率较低。因此实际工况下，气阀主要在阀片和弹簧处易发生故障，故障形式为弹簧失效、阀片断裂及阀片闭合不严。

5.1 气阀结构、故障与波动特征

5.1.1 气阀的组成与结构

往复式压缩机气缸上装有进、排气阀，它们是控制压缩机气缸进气和排气的关键构件，最常见的有环片阀、簧片阀两种。

1. 环片阀

环片阀是目前应用最广泛的一种。我国缸径在70mm以上的中小型活塞式制冷压缩机系列均采用这种气阀。环片阀的结构简单、加工方便、工作可靠。但由于阀片较厚，运动动量较大，阀片经常与导向面摩擦，工作时冲击性较大，阀片启闭难以迅速、及时，因此气体在阀中容易产生涡流，增大损失，故环状阀片适用于转速低于1500r/min的压缩机。

2. 簧片阀

簧片阀又称舌簧阀或翼状阀。阀片一端固定在阀座上，另一端可以上下运动，以达到启闭的目的。阀片由厚度为0.1～0.3mm的弹性薄钢片制成，因此质量轻、惯性小、启闭迅速，适用于小型高转速压缩机。其中：阀座具有能被阀片覆盖的气体通道，与阀片一起闭锁进气或排气，并承受气缸内外压力差。阀片是启闭元件，可以交替地开启与关闭阀座通道，通常制成片状。弹簧是气阀关闭时推动阀片落向阀座的零件，并在开启时抑制阀片对升程限制器的撞击。阀盖也称升程限制器，用来限制阀片升起高度，并作为承座弹簧的零件。

5.1.2 阀片常见故障

气阀是往复压缩机的核心部件之一，通常为环状阀，其简化模型如图5.1所示，其中 P、Pd 和 H 分别为气缸内外压力和气阀升程，F_1 和 F_2 为作用在阀片的平衡力。阀片零部件数量多、组成结构与受力状况复杂、环境适应性与变形协调能力要求高，在长期的交变冲击载荷作用下，其阀片、升程限制器、弹簧等部件极易发生故障，气阀常见故障主要分两大类[2]：

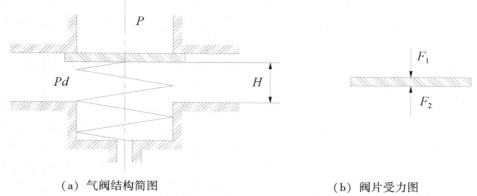

（a）气阀结构简图   （b）阀片受力图

图5.1　阀片的动力学分析图

1. 弹簧失效

作为辅助阀片启、闭的工具，弹簧在开启时能有效缓冲阀片与升程限制器间撞击。气阀弹簧的理想状态的表现为：弹簧力在气阀全闭时较小，即在较小的压差情况阀片迅速开启；弹簧力在气阀全开时较大，保证快速、紧密关闭气体流通通道。由于弹簧长期处于高频往复运动状态下，常表现为中短期故障失效，而弹簧失效后会引起弹力变化，从而造成阀片卡滞、歪斜，影响气阀启闭的及时性与阀片撞击、落座位置的准确性，甚至造成阀片断裂或变形，往往表现为时域波形中的时滞现象；弹簧失效与阀片断裂常表现为因果型故障关系，同时使振动信号波动特征发生变化。

2. 气阀泄漏

气阀泄漏故障包括阀片断裂与闭合不严，综合其受力情况，故障表现为3方面：

（1）弹簧失效造成的连带故障

弹簧失效直接对阀片的作用力产生影响，造成阀片受力不均，阀片启闭时瞬间冲击过大，表现为中短期的阀片断裂而引发泄漏故障。

（2）阀片材料与力学性能问题

工作时，阀片受交变的冲击载荷作用，要求阀片材料的硬度和韧性等力学指标较高；材料疲劳也会增加阀片微观裂纹，使抗脆性能下降而导致阀片断裂型泄漏。

（3）阀片闭合不严

阀片密封面由于高温流体的锈蚀、长期积碳等现象，会导致密封不严而造成泄漏；同时，受力不均、腐蚀会加剧气阀启闭的机械磨损而引发泄漏。

5.1.3 振动信号波动特征

针对以上故障表现状态，对一级进气阀测点模拟4种状态（正常、阀片缺口、阀片断裂、阀片缺弹簧），并采集振动信号时域波形进行比较分析，如图5.2所示。

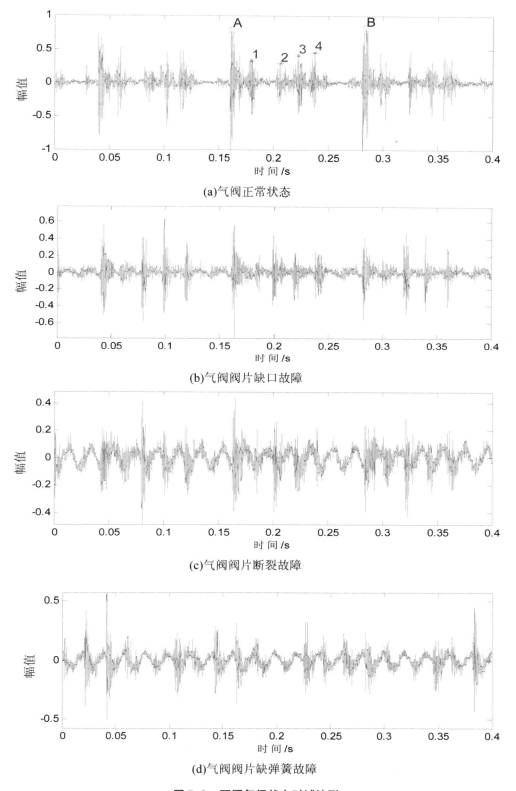

(a)气阀正常状态

(b)气阀阀片缺口故障

(c)气阀阀片断裂故障

(d)气阀阀片缺弹簧故障

图5.2 不同气阀状态时域波形

在图 5.2（a）中较明显地观察到，排气阀开启时刻 A 处出现振动的最大峰值，依次是排气阀关闭、进气阀开启和进气阀关闭。即，开启排气阀时测试信号反映出强烈的机械撞击，也是构成设备机体振动的主振源，并伴随短时间的气体流动。由于该段时间内的气缸内压力达到极大值，其机械冲击力和气流激荡相对于开启进气阀阶段更强烈。关闭排气阀时，在排气管线中残余压力的作用下，排气阀关闭动作较迅速。因气路被暂时切断的效果，所以在气流激荡的轻微冲击下而表现出一个小的关闭压力峰。开启进气阀时，机械撞击表现较为强烈，气流通道在冲击下会产生短暂噪声；关闭进气阀时，阀片也会产生撞击，故在波形上表现出一个较小的振动峰值。

同时，在图 5.2（a）中可见，最大峰值 A 点是升程限制器与气阀阀片产生的主冲击，A 点到 1 点为阀片震颤波形，2 点为阀片回阀座的落座撞击，A 点到 B 点形成完整的气阀全工作时段。进气阀在 2 点到 B 点间一直保持关闭状态。其他零部件对气阀的运动在 3 点和 4 点形成局部峰值，从各个位置的波形特点和振动响应关系分析，3、4 是排气阀开闭时，缸内压力波动变化给进气阀带来的影响。

从图 5.2（b－d）中可见，在故障状态下，各个时刻位置特征已弱化或不存在，另外振动波形的局部特征需要更精细分析手段，同时，信号趋势波动明显弱化了特征周期，另外在信噪比的影响下，增加了不同气阀故障特征间辨识难度，基于精细化局部分解的特征提取和分析是气阀故障分类诊断的有效手段。

结合气阀受力模型与常见故障机理分析，上述气阀故障特征在振动信号中表现出更精细的特征差异，基于时域信号自适应分解和相关非线性理论的深入研究，为有效识别和提取故障征兆提供了新的途径。

在复杂工况下，气阀的失效形式往往表现为多类别的因果型故障，振动信号时域图中显示出高度非线性、类周期趋势下的幅值时延与波动特征异化；这与轴承故障的振动信号特征明显不同：前者在信号特征周期内往往表现为，较强烈的噪声突变和振幅畸变，且该类突变和畸变会导致信号类周期波动特征的延迟或弱化；后者在整体上基本保持了原信号的准周期特征，故障信号在主周期振动中仅表现为局部的短时冲击、全局的噪声污染或短时周期信号耦合。也就是说，气阀振动信号相比于轴承而言，表现出更强的周期波动趋势，因果型故障间有着更精细的特征差异。

5.2　经验小波变换方法的理论研究与应用

我们知道，EMD 是一种自适应性方法，该方法根据信号自身特点来将信号分解为一系列从高频到低频不断变化的基本模式分量，能准确突出信号局部特征，具有良好的时频聚焦性[3]。但是 EMD 也存在着没有严格的数学证明、过包络、欠包络、计算量大等缺点。针对 EMD 的不足，Gilles 提出了一种基于小波框架的自适应小波分析方法——经验小波变换（Empirical Wavelet Transform）[4]，简称 EWT。这种方法建立在小波变换的框架上，通过对傅里叶变换频谱进行划分，构造合适的正交小波滤波器组以提取具有紧支撑傅里叶频谱的调频调幅（AM－FM）成分，最后通过对 AM－FM 成分进行特征提取从而进行故障诊断。EWT 是建立在小波变换的框架上的，有严格的数学证明，而且计算过程没有迭代，计算量小。

5.2.1　经验小波变换方法的理论研究

1. EWT 基本原理

经验小波变换（EWT）实际上是一种自适应性小波分析方法，主体框架是在小波变换的理论下建立的。EWT 将小波固定不变的频谱分隔方法，改进为根据信号的不同特征，进行自适应的频谱分隔，再使用正交小波滤波器分解，得到 AM－FM 成分，然后使用 Hilbert 谱进行时频分析。

经验小波变换主要分为 3 个阶段。

Step1. 对信号进行傅里叶变换得到频谱图，通过特定算法对频谱进行划分，得到一组频谱的分界线。

Step2. 根据得到的分界线，利用 Meyer 小波构造方法构造经验尺度函数和经验小波函数，得到正交小波滤波器，对频谱进行经验小波变换，得到一组单分量或近似单分量的 AM－FM 成分。

Step3. 对这一组 AM－FM 成分进行 Hilbert 变换得到 Hilbert 谱，之后通过 Hilbert 谱进行时频分析。

2. 频谱分隔

在 EWT 的各个步骤中，如何合理地进行频谱分隔是最为关键的部分。经验小波变换频谱分隔的核心思想是找到频谱中的极小值位置，而这种分隔方法正和旋转机械振动信号的模态选择不谋而合。图 5.3a 是模拟旋转机械加速度振动信号的频谱图，在该频谱图中划分模态本质上就是寻找旋转机械振动信号的倍频，而从图像上体现出来的就是寻找频谱中的凹处，也就是局部极小值的位置（如图 5.3b 虚线之间所表示的模态划分）。图示的频谱信号非常简单，只通过肉眼就可以进行模态的划分，但大部分机械信号，尤其是往复机械信号是非常复杂的，因此需要找到可以对复杂的频谱信号进行频谱划分的方法。

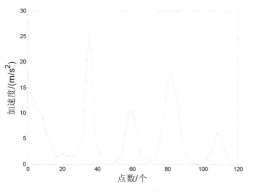

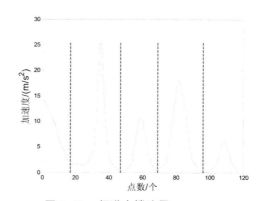

图 5.3a　模拟频谱图　　　　　　　图 5.3b　频谱支撑边界

Gilles 提出了一种基于频谱局部极大值的频谱分隔方法[4]：首先求出频谱的所有局部最大值，将所有极大值按降序排列并归一化为 0 到 1。最大的极大值为 M_1，最小的极大值为 M_M，然后定义阈值为 $T = M_M + \alpha (M_1 - M_M)$，$\alpha \in (0, 1)$。根据实验情况给定 α 值后，记大于阈值的局部极大值个数为 N，取前 N 个局部极大值，两两相加除以 2 求取边界[5]。这种方法原理简单，计算量小，在处理频谱成分相对简单的信号时有着不错的效果。

3. 构造经验尺度函数和经验小波函数

在得到频谱划分的边界后，就可以利用 Meyer 小波构造方法构造的经验尺度函数和经验小波函数，计算得到正交小波滤波器。Meyer 小波经验尺度函数和经验小波函数分别为：

$$\hat{\phi}_n(\omega) = \begin{cases} 1 & |\omega| \leq (1-\gamma)\omega_n \\ \cos[\dfrac{\pi}{2}\beta(\dfrac{1}{2\gamma\omega_n}(|\omega|-(1-\gamma)\omega_n))] \\ \qquad (1-\gamma)\omega_n \leq |\omega| \leq (1+\gamma)\omega_n \\ 0 & \text{其他} \end{cases} \qquad (5-1)$$

$$\hat{\psi}_n(\omega) = \begin{cases} 1 & (1+\gamma)\omega_n \leq |\omega| \leq (1-\gamma)\omega_{n+1} \\ \cos[\dfrac{\pi}{2}\beta(\dfrac{1}{2\gamma\omega_{n+1}}(|\omega|-(1-\gamma)\omega_{n+1}))] \\ \qquad (1-\gamma)\omega_{n+1} \leq |\omega| \leq (1+\gamma)\omega_{n+1} \\ \sin[\dfrac{\pi}{2}\beta(\dfrac{1}{2\gamma\omega_n}(|\omega|-(1-\gamma)\omega_n))] \\ \qquad (1-\gamma)\omega_n \leq |\omega| \leq (1+\gamma)\omega_n \\ 0 & \text{其他} \end{cases} \qquad (5-2)$$

其中：

$$\beta(x) = x^4(35-84x+70x^2-20x^3) \qquad (5-3)$$

$$\tau_n = \gamma\omega_n \qquad (5-4)$$

$$\gamma < \min_n(\frac{\omega_{n+1}-\omega_n}{\omega_{n+1}+\omega_n}) \qquad (5-5)$$

之后同小波分析方法相同，使用内积的方法分别确定细节系数和近似系数：

$$w_f^\varepsilon(n,t) = \langle f, \psi_n \rangle = \int f(\tau)\overline{\psi_n(\tau-t)}d\tau = (\hat{f}(\omega)\overline{\hat{\psi}_n(\omega)})^\vee \qquad (5-6)$$

$$w_f^\varepsilon(0,t) = \langle f, \phi_1 \rangle = \int f(\tau)\overline{\phi_1(\tau-t)}d\tau = (\hat{f}(\omega)\overline{\hat{\phi}_1(\omega)})^\vee \qquad (5-7)$$

经验模态分量函数可以表示为：

$$f_0(t) = w_f^\varepsilon(0,t) * \phi_1(t) \qquad (5-8)$$

$$f_k(t) = w_f^\varepsilon(k,t) * \psi_k(t) \qquad (5-9)$$

4. 仿真信号时频分析

时频分析是当前机械故障诊断最常用的特征提取方式，因此在分隔得到经验模态分量后，经验小波变换也通过 Hilbert 变换得到 Hilbert 谱，从而对信号进行时频分析。根据同 HHT 变换相同的思路，该方法也将各个经验模态分量依次表示在时频空间中。相比于经验模态分解，经验小波变换由于其分解得到的经验模态分量均近似单组分经验模态分量，所以在 Hilbert 时频中会比经验模态分解有着更连续的表示。

使用经验小波变换处理仿真信号。使用的仿真信号如公式 5-10 所示，选取的仿真信号和往复压缩机振动信号类似也由频率变化的多部分组成，且幅值变化较大。合成的仿真信号如图 5.4 所示。使用经验小波变换分解后得到的经验模态分量如图 5.5 所示。同时使用经验模态分解对仿真信号进行处理（图 5.6），比较两者的效果。

$$f_1(t) = 6t^2$$
$$f_2(t) = \cos(10\pi t + 10\pi t^2)$$
$$f_3(t) = \begin{cases} \cos(80\pi t - 15\pi) & \text{if} \quad t>0.5 \\ \cos(60\pi t) & \text{otherwise} \end{cases} \qquad (5-10)$$
$$f_{t1}(t) = f_1(t) + f_2(t) + f_3(t)$$

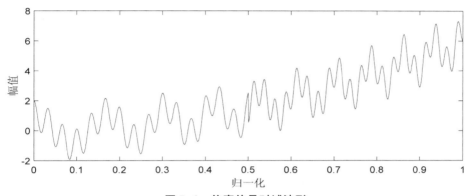

图 5.4　仿真信号时域波形

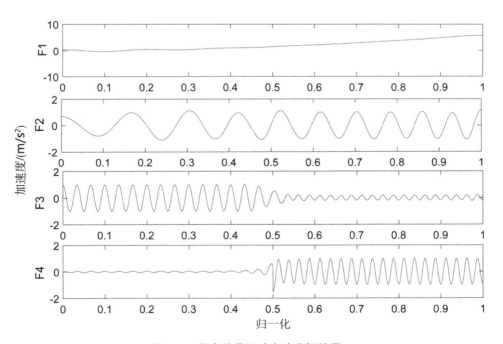

图 5.5　仿真信号经验小波分解结果

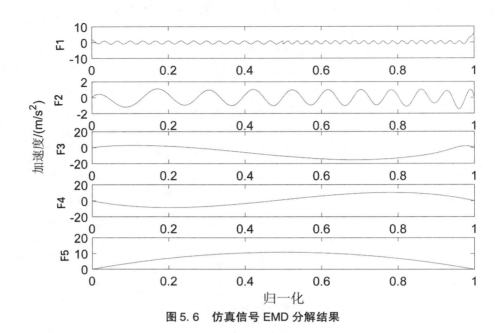

图 5.6　仿真信号 EMD 分解结果

从仿真信号分解结果可以很明显地看出，经验小波变换将仿真信号的几种模态分量很清晰地区分开来，而 EMD 分解结果则没有将组成仿真信号的成分区分开来，而且本征模态分量 1 的末端还出现了端点飞翼。通过与 EMD 分解效果的对比，可以看出经验小波变换分解得到的经验模态分量更准确且没有冗余，对于机械故障诊断来说，如果可以区分出组成故障信号的模态分量，将大大降低后续进行模式识别的难度，并相应提高整体故障诊断的准确程度。由上述结论说明经验小波变换方法适用于进行振动信号的特征提取，且模态分量分隔效果优秀。

5.2.2　经验小波变换的改进算法与应用

上述根据极大值的方法运算简单，可以实现分隔频谱的目的，但上述方法需要根据先验知识设定参数 α 及极大值个数 N，频谱分隔很大程度上取决于给定的参数，适应性不强，而且由于该方法只使用了极大值信息，在分隔频谱时会出现经验模态分量混叠的现象。

1. 趋势变换的方法

针对原方法存在的问题，Gilles 对其方法进行改进，在采用极大值信息的同时，也采用极小值信息，将确定边界的方法改进为：在使用极大值位置作为边界的同时，也将两个连续极大值中包含的极小值位置作为边界。但当同一个经验模态分量包含两个极大值以及其他一些复杂的情况时，上述方法还是不能较好地对经验模态分量进行分隔。通过对频谱各种形式的深入研究，可以得出面对复杂的频谱只采用极值信息很难进行频谱划分，但可以通过对整体频谱的变换使得某些特征突出出来，继而再使用极值信息进行频谱分隔。根据以上分析，Gilles 提出对要处理的信号频谱进行整体趋势变换的方法：在进行频谱分隔前，采用包括幂次定律、多项式拟合、数学形态学等方法对信号频谱进行处理，然后再对经过变换得到的谱图使用极大值、极小值或两者结合的方法求取分隔边界[6]。

虽然对频谱信号使用幂次定律、多项式拟合、数学形态学等方法进行变换在处理仿真信号时有着不错的效果，但是上述方法都或多或少地需要给定参数，而在机械故障诊断中，参数的选取是十分困难的，因此自适应性方法在机械故障诊断中通常都有着不错的效果。为了使方法具有自适应性，在整体趋势变换方法的基础上，Gilles 进一步提出了基于尺度空间的经验小波变换方法[7]。该方法是目前经验小波频谱分隔方法中唯一的自适应分隔方法，因为自适应分隔方法对信号的先验知识要求少，而且由于其自适应性可以处理多种状态的信号，因此我们采用该方法对往复压缩机气阀故障进行诊断。

2. 尺度空间变换的方法

尺度空间变换的基本思想是在处理模型中引入一个被视为尺度的参数，通过连续变化尺度参数获得不同尺度下的视觉处理信息，然后综合这些信息以深入地挖掘图像的本质特征。尺度空间方法将传统的单尺度视觉信息处理技术纳入尺度不断变化的动态分析框架中，因此更容易获得图像的本质特征。尺度空间生成的目的是模拟图像数据多尺度特征。高斯卷积核是实现尺度变换的唯一线性核[8]。尺度空间方法在一维信号分析中是通过寻找频谱多个尺度下不同描述的局部最小值，将其构成尺度空间下的局部最小值曲线，根据局部最小值曲线的位置来实现自适应频谱分隔。

该方法首先使用高斯核式（5 – 11）对信号进行尺度变换，得到不同的尺度空间，在尺度空间对信号进行求取极小值曲线，然后找到极小值曲线大于阈值的位置，由此确定分隔边界。这个方法使用了信号的更多信息，因此得到的分隔效果更好。

$$L(x,t) = \sum_{n=-\infty}^{+\infty} f(x-n)g(n:t) \tag{5 – 11}$$

其中

$$g(n:t) = \frac{1}{\sqrt{2\pi t}} e^{-n^2/2t} \tag{5 – 12}$$

在实际应用中，需要使用缩短的滤波器来得到有限长的脉冲响应滤波器，所以将式 5 – 11 中的 n 值进行控制：

$$L(x,t) = \sum_{n=-M}^{+M} f(x-n)g(n:t) \tag{5 – 13}$$

计算中需要保证 M 足够大，以使得高斯近似误差可以被忽略。一般的 M 取值方法是根据 $M = C\sqrt{t} + 1$（$3 \leq C \leq 6$）（意味着滤波器的尺度是随着 t 的增长而增长的）。根据实验数据分析，选取 $C = 6$，以保证近似误差小于 10^{-9}。

我们仍以简单的旋转机械频谱说明基于尺度空间的频谱分隔方法。将横轴定义为点的位置；纵轴定义为尺度变换的次数，构建尺度空间平面（如图 5.7c 和图 5.7d）。信号每进行一次尺度变换，局部极小值的位置和数量会发生变化，将尺度变换后得到的新的局部极小值位置叠加到尺度空间平面内。因为局部极小值的数量是关于尺度参数 t 的递减函数，随着 t 的增加不会有新的局部极小值产生。因此可以将初始局部极小值的数量记为 N_0，每个初始局部极小值的位置都会生成一条尺度空间曲线 C_i（$i \in [1, N_0]$），这条曲线的长度取决于第 i 个局部极小值在整个尺度空间中出现的次数。图 5.7c 是经尺度变换后尺度空间平面的图像，每个初始局部极小值都在尺度空间生成了一条曲线。但并不是所有的局部极小值曲线都会保留，通过使用分类算法，找到合适的阈值 T 将极小值曲线分为两类，从而筛选出合适的尺度空间曲线，最终将尺度空间曲线的位置定义为频谱的分隔边界。如图 5.7b 和图 5.7d 所示。

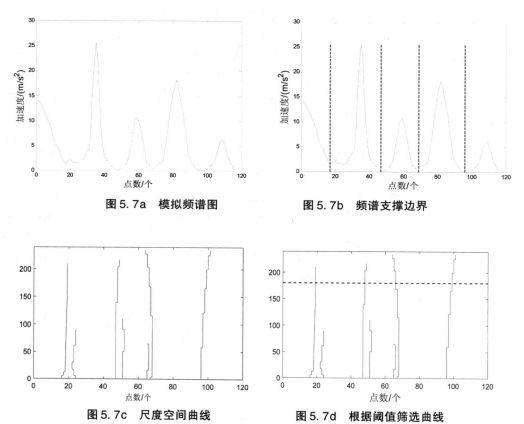

图 5.7a　模拟频谱图　　　　　图 5.7b　频谱支撑边界

图 5.7c　尺度空间曲线　　　　　图 5.7d　根据阈值筛选曲线

5.2.3　EWT 在往复压缩机故障诊断中应用问题

运用经验小波变换对信号进行自适应信号分解效果不错，但在实际的往复压缩机故障诊断中经验小波变换存在着一些问题，主要有两点：频谱分隔得到的经验模态分量过多以及使用 Hilbert 变换处理非单组分的 AM – FM 经验模态分量没有足够的理论依据。

1. 频谱分隔问题

在往复式压缩机中，活塞与缸壁之间、连杆大头与曲柄销之间、曲轴与主轴承之间，不但产生摩擦作用而且还产生冲击效应，其结果不但引起构件产生振动而且还会降低构件的使用寿命。这种作用引起的振动最终都会直接和间接地传递到机壳和基础之上。由振动理论可知，冲击、摩擦所引起的振动主要表现为高频振动，而且分布频带很宽，因而往复式压缩机的振动包含从低频至高频且频带很宽的谐波分量[9]，对于实测信号还要考虑噪声的干扰，这就使得当使用尺度空间方法求取局部极小值时，会得到过多的经验模态分量，每个经验模态分量频率范围都很小。根据文献[10]，气阀振动冲击信号的频率范围是 1 ~ 10000Hz，这与旋转机械振动信号频率成分主要集中在倍频是有很大区别的。

使用经验小波变换对实测往复压缩机振动信号进行频谱分隔，如图 5.8 所示。从图中可以看出频谱分隔得到的经验模态分量过多，且各个经验模态分量的频谱范围过小。如果经验模态分量的频率范围过小，将会影响模态分量所包含的往复压缩机故障特征的信息。因此使用经验小波变换处理往复压缩机振动信号时，应当对经验小波变换的频谱分隔方法进行适当的改进，使之分隔得到的经验模态分量频率范围适当。

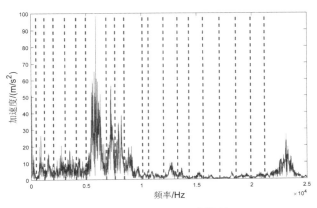

图 5.8　频谱分隔边界图

2. 故障特征提取问题

经验小波变换方法进行时频分析的前提是分解得到的经验模态分量是近似单组分的经验模态分量，进而进行 Hilbert 变换得到 Hilbert 谱，利用信号的时频信息进行故障特征提取。但是往复压缩机振动信号分解得到的经验模态分量如图 5.9 所示，与仿真信号得到的经验模态分量进行对比可以发现，经过频谱分隔得到的往复压缩机经验模态分量包含的信息仍然复杂，无法看作近似单分量的调幅调频成分，而对非单组分的经验模态分量进行 Hilbert 变换是没有足够的理论依据的。因此需要寻找一种新的特征提取方法来处理经过经验小波变换得到的经验模态分量。

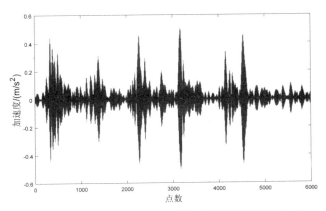

图 5.9　实测往复压缩机振动信号分隔所得经验模态分量

5.2.4　针对振动信号的经验小波变换方法

1. 频谱分隔改进

针对上述问题，对经验小波变换中基于尺度空间理论的频谱分隔方法进行深入研究。如上一节所述，基于尺度空间理论的频谱分隔方法由其自适应性和多尺度分析具有其优越性，所以我们沿用这一算法。通过深入研究发现，在尺度空间理论中，尺度的变化是影响最终结果的关键因素，我们将针对尺度空间理论中的尺度变化进行研究。

尺度空间方法中，尺度变换参数的选取范围为 $t > 0$。在 Gilles 提出的基于尺度空间理论的经验小波变换中，尺度变换参数选取 0.5，尺度变换的步长选取信号长度的 2 倍。作者 Jun Pan 在文献[11]中对尺度的选取进行了研究，根据实际轴承故障信号的实验结果，只进行一次尺度变换，尺度变换参数选取为轴承基频的 2～4 倍频。根据上述结论，结合尺度空间理论中部分情况需要选取局部尺度的原理，可以得出针对不同类型的信号，尺度变换的参数选择是有变化的。我们将根据往复压缩机振动信号的特性，对最优的尺度变换参数进行研究。

使用原方法对往复压缩机气阀振动信号进行分解。实验信号采样频率为 25000Hz，文献［10］认为，10000Hz 以上的成分基本为高频噪声，因此只对 1～10000Hz（根据经验小波变换实验结果，大部分情况相当于保留前五个经验模态分量边界）进行分析。从图 5.8 中可以看出经验模态分量分隔过多，各经验模态分量包含的信息太少，需要进行改进，使分隔得到的经验模态分量频率范围适当。

在优选参数之前，需要选定一个准则来判断参数的好坏。在针对往复压缩机气阀故障的故障诊断实践中，虽然经验小波变换是自适应性方法，但针对同种状态不同周期的信号，所得到的分隔结果应该是类似的。以正常状态为例，保留前五个经验模态分量边界，尺度变换参数选取 0.5（原方法所选用的尺度参数），经验模态分量分隔边界结果如表 5 - 1 所示。

表 5 - 1　尺度参数为 0.5 时经验模态分量分隔边界

	边界 1	边界 2	边界 3	边界 4	边界 5
1	2007 *	4861	6785	9978	11969
2	1170	2157 *	3675	4836	6594
3	2017 *	4922	6715	8723	9993
4	2016 *	4852	6644	10493	11364
5	1187	2158 *	4822	6665	8607
6	1194	2190 *	3666	4819	7050
7	2148 *	3641	4803	6594	10053
8	2175 *	4026	6790	11039	11969
9	1185	2105 *	3108	4758	6706
10	2009 *	3752	4839	6889	10408
11	2034 *	3926	4831	6740	8566
12	2032 *	4073	4778	6851	8485
13	2117 *	4050	4748	6748	8342
14	2016 *	3558	4769	6885	8543
15	2117 *	4017	4856	6922	9985
16	2007 *	4819	6860	10974	11986

	边界 1	边界 2	边界 3	边界 4	边界 5
17	2025 *	3759	4854	6787	8646
18	2175 *	3959	5013	6657	8533
19	2133 *	4889	6914	11197	14368
20	1203	2157 *	3857	4844	6901
21	1187	2008 *	3933	4796	7011
22	1999 *	4861	6835	8651	9987
23	1975 *	4789	6715	8632	10624
24	1186	2107 *	3998	4811	6694
25	2181 *	4819	6752	8328	9920
26	2224 *	3893	4963	6731	8632
27	2123 *	4960	6835	10584	12027
28	2397 *	4927	6735	8303	10119
29	1170	2157 *	3940	4861	6876
30	2016 *	4023	4869	6901	8668

从结果可以看出频谱分隔边界是不稳定的。以边界 1 为例，大部分周期经过经验小波变换得到的分隔边界为 2000Hz 左右（表格中标 *），但是有 8 个周期的第一条频谱边界为 1000Hz，2000Hz 的分隔线出现在第二条边界的位置，也就是说即使 30 个周期都处于同种状态，但得出的频谱分隔结果却相差特别大，这对于故障状态的识别是十分不利的。我们所期望的故障诊断效果是，对于同种状态，使用频谱分隔方法得到的边界应该是差别不大的。因此我们以频谱分隔边界的稳定性作为优选尺度参数的标准，选取方差作为判断频谱边界是否稳定的标准，依次计算尺度参数变换从 0.5 到 2 的边界划分结果进行对比。计算尺度变换参数分别为 0.5、0.75、1、1.5、2 的边界分隔结果，从而计算各个边界之间的均值和方差，保留前五个分隔经验模态分量边界，对比结果如表 5 – 2、表 5 – 3 所示。

表 5 – 2　各尺度参数经验模态分量分隔边界均值

	边界 1	边界 2	边界 3	边界 4	边界 5
0.5	1848	3747	5297	7400	9321
0.75	2099	4581	6462	9290	11702
1	2100	4613	6739	10123	12860
1.5	2101	5165	7451	11288	14396
2	3035	5892	8975	12339	13103

表 5 - 3　各尺度参数经验模态分量分隔边界方差

	边界 1	边界 2	边界 3	边界 4	边界 5
0.5	408	1067	1215	2039	1938
0.75	91	447	722	1445	1808
1	91	433	339	1089	1493
1.5	91	1552	2055	1850	2168
2	2247	2616	3183	3601	5409

　　从表格可以看出，当尺度变化为 1 时，各个边界之间的方差最小，再结合各尺度参数经验模态分量分隔边界均值，可以发现当尺度为 1 时，同种状态之间差别非常小，各经验模态分量边界基本一致，证明尺度参数为 1 时符合往复压缩机故障诊断的需求。接下来需要验证当信号处于不同状态时，分隔得到的边界是否不同，依然采用均值和方差作为指标对阀有缺口、阀片断裂和阀少弹簧的信号进行计算，如表 5 - 4、表 5 - 5 所示。

表 5 - 4　各状态分隔边界均值

	边界 1	边界 2	边界 3	边界 4	边界 5
阀片正常	2100	4613	6739	10123	12860
阀有缺口	2124	6662	10637	14062	17094
阀片断裂	1995	4521	8889	11334	13457
阀少弹簧	5228	10231	13545	16032	16265

表 5 - 5　各状态分隔边界方差

	边界 1	边界 2	边界 3	边界 4	边界 5
阀片正常	91	433	339	1089	1493
阀有缺口	160	2829	3094	2765	2839
阀片断裂	397	2519	2955	2680	2367
阀少弹簧	3903	4228	3720	3633	6438

　　从表 5 - 4 可以看出，对于不同状态的信号所得到的分隔边界是有差别的，这是因为经验小波变换是根据振动信号的频谱形态的细节部分对频谱进行分隔，各状态信号由于气阀运行状态的不同，频谱形态的细节部分一定是有差异的。继续分析表 5 - 5，阀片正常时各边界的方差都是最小的，说明当信号稳定时，分隔得到的边界也是更稳定的，当信号处于故障状态，分隔得到的边界会产生波动。这里需要说明的是，在本节分析使用了 30 组信号的均值及方差，只是为了宏观地对比各状态之间边界的差异，经验小波变换属于自适应分隔方法，针对每组数据都会得到不同的边界，在进行故障诊断时，采用的是自适应的数据，而不是多组数据的均值。最终采用尺度变换参数为 1，其经验模态分量分隔边界如表 5 - 6 所示。使用同样的方法对往复压缩机轴承振动信号进行分析，尺度变换参数为 1 时效果同样最好，其分隔边界如表 5 - 7 所示。

表 5－6　尺度参数为 1 时气阀振动信号经验模态分量分隔边界

	边界 1	边界 2	边界 3	边界 4	边界 5
1	2007	4861	6785	11969	14375
2	2157	4836	6594	9912	11944
3	2017	4922	6715	9993	12027
4	2016	4852	6644	10493	14375
5	2158	4822	6665	10002	14301
6	2190	3666	7050	10095	14399
7	2148	4803	6594	10053	14424
8	2175	4042	6790	11039	14567
9	2105	4758	6706	9964	14705
10	2009	4839	6889	10408	12060
11	2034	4814	6740	10674	11952
12	2032	4778	6851	10227	14756
13	2117	4748	6748	8342	10608
14	2016	3558	6885	8543	11131
15	2133	4017	6922	10964	14509
16	2007	4819	6860	10974	11986
17	2025	3759	6787	9899	12048
18	2175	3959	5013	6657	9977
19	2133	4889	6914	11197	14368
20	2157	4844	6901	10625	14499
21	2008	3933	7028	10106	14471
22	1999	4861	6835	9987	11687
23	1975	4789	6715	8632	10624
24	2107	4811	6694	10642	11928
25	2181	4819	6752	8328	12060
26	2224	4963	6731	10649	12043
27	2123	4960	6835	12027	14466
28	2397	4927	6735	10119	12011
29	2157	4861	6876	10377	11579
30	2032	4869	6901	10791	11911

表 5-7 尺度参数为 1 轴承振动信号经验模态分量分隔边界

	边界 1	边界 2	边界 3	边界 4	边界 5
1	1895	5128	8452	13913	16822
2	1935	5449	8430	13547	17791
3	1878	5095	8527	13431	16946
4	1952	5233	8463	13472	16329
5	1985	5158	8455	13198	15523
6	1953	5369	8178	12633	13938
7	1919	5299	8447	13696	16453
8	1887	5236	8652	14245	17304
9	1935	5382	8198	13970	16387
10	1937	5311	8386	12575	14162
11	1885	5199	8779	13538	15764
12	1978	5145	8394	13647	15517
13	1877	5291	8073	9336	13439
14	1937	5303	8527	14146	16174
15	1902	5399	8347	14169	17666
16	1960	5249	8239	12367	13879
17	1887	5427	8178	13780	16631
18	1993	5100	8331	12915	14244
19	1935	5307	8123	13588	17168
20	1912	5278	8743	14112	16922
21	1952	5158	8704	12409	14294
22	1919	5208	8090	12882	13696
23	1912	5286	8718	13614	17994
24	1910	5066	8206	9551	13447
25	1895	5294	8677	13930	16789
26	1952	5166	8779	13621	16977
27	1910	5224	8721	13256	16254
28	1064	5411	8685	12916	16689
29	1927	5291	8422	12782	13895
30	1952	5324	8397	14136	16487

2. 故障特征提取问题

在原方法中，经验小波变换最终通过 Hilbert 谱进行时频分析，但由于往复压缩机振动信号经过分解后不能简单地看作单组分分量，因此对其进行 Hilbert 变换没有足够的理论依据，需要对方法进行改进使之可以适用于往复压缩机故障诊断。根据 5.2.1 节中时频分析内容的介绍，注意到经验小波变换在建立 Hilbert 谱过程中使用了全部的经验模态分量，这是同 HHT 变换相同的时频分析处理方法。通过对其他故障诊断方法的研究，目前普遍使用的针对非平稳非线性的信号处理方法，在提取故障特征的步骤中，一般都选取包含信号故障信息最多的一个或几个模态进行分析，并不采用全部的模态。因此我们对经验小波变换方法进行改进，不再使用全部的经验模态分量信息，而是使用所有经验模态分量中故障特征最明显的经验模态分量进行后续的故障特征提取。

在频谱分隔边界确定之后，由于往复压缩机的振动特性，一些经验模态分量的振动信号本身幅值很小，又受到噪声和其他部位的干扰，导致经验模态分量信号失真，不能再有效地提取故障特征，需要给定一个合适的标准来对经验模态分量进行筛选。皮尔逊相关系数描述了 2 个变量间联系的紧密程度，通过计算经验模态分量与原始信号的相关程度对经验模态分量进行优选，剔除失真的经验模态分量。

$$r_{k_1}, r_{k_2} = \left| \frac{\sum_{t=0}^{T} (f_{k_1}(t) - m_{k_1})(f_{k_2}(t) - m_{k_2})}{\sqrt{\sum_{t=0}^{T} (f_{k_1}(t) - m_{k_1})^2} \sqrt{\sum_{t=0}^{T} (f_{k_2}(t) - m_{k_2})^2}} \right| \qquad (5-14)$$

式中的 $m_{k_1} = \frac{1}{T} \sum_{t=0}^{T} f_{k_1}(t)$，$m_{k_2} = \frac{1}{T} \sum_{t=0}^{T} f_{k_2}(t)$。

r_{k_1}，r_{k_2} 的值在 0 到 1 之间，当 r_{k_1}，$r_{k_2} = 0$ 时，说明两个信号是不相关的。我们选用皮尔逊相关系数作为经验模态分量选择的标准，文献［11］研究了由于噪声和不平衡频带的影响，经验小波变换得到的经验模态分量和原信号之间会有较低的皮尔逊相关系数。通过往复压缩机气阀和轴承的振动信号数据进行计算，统计分析计算结果，选取 0.4 为阈值，当经验模态分量和原信号的皮尔逊相关系数大于 0.4 时对其进行保留。

峭度指标对信号中的冲击特征很敏感，而冲击特性也正是往复压缩机振动信号的特点，无论是气阀的开闭还是轴承的往复运动，都伴随有大量的冲击。使用峭度指标来选取冲击特征最明显的经验模态分量，有助于故障特征的提取。综上所述，我们采用的经验模态分量优选准则是：从所有皮尔逊相关系数大于 0.4 的经验模态分量中选取峭度最大的经验模态分量。

同时我们也不再采用原方法使用的 Hilbert 谱进行故障特征提取，而是根据往复压缩机振动信号的形态学特性，使用形态学滤波，通过计算形态谱求出形态谱熵来达到故障状态识别的目的，这一部分将在下一节进行详细的介绍。

5.2.5　改进的经验小波变换算法

Step1. 根据信号的自身特性结合多组实验数据，选取分隔效果最优的尺度变化参数。

Step2. 使用优选的尺度参数对信号进行尺度空间变换。

Step3. 记录每次尺度空间变换后信号的极小值位置，并将其在尺度空间平面图连接，得到尺度空间极小值曲线。

Step4. 通过 K-means 分类算法对阈值进行选取，保留大于阈值的尺度空间极小值曲线，将其所在位置确定为分隔边界。

Step5. 通过公式 5 – 1、5 –2 构造经验尺度函数和经验小波函数，得到正交小波滤波器，对频谱进行经验小波变换，得到经验模态分量。

Step6. 计算各经验模态分量与原信号的皮尔逊相关系数，从所有皮尔逊相关系数大于 0.4 的经验模态分量中选取峭度最大的经验模态分量进行后续的故障特征提取。

5.3 形态学滤波的理论与应用

在使用基于尺度空间的经验小波变换得到经验模态分量后，需要对经验模态分量进行进一步的特征提取以达到故障识别的目的。为了减少随机噪声对振动信号产生的影响，需要对得到的经验模态分量进行滤波。之所以在分解得到经验模态分量之后进行滤波，是因为大部分滤波方法在进行滤波时，都会或多或少地滤掉一些有用的信息，而且因为往复压缩机振动信号的复杂性，很难对滤波效果的好坏进行判定。因此我们使用测得信号的全部信息进行经验小波变换得到经验模态分量，之后再对其进行滤波。

对经验模态分量进行形态学滤波之后，就可以进行最后的故障特征提取。我们继续采用基于数学形态学的形态谱和形态谱熵进行故障特征提取。形态谱是基于多尺度形态学运算的一种可以对信号分析中形状表示进行定量描述的谱图，进一步计算得到形态谱熵则描述了形态谱值的稀疏程度，即信号不同形态形状概率分布的有序程度。下面将详细介绍基于数学形态的滤波方法和特征提取方法。

5.3.1 形态学滤波基本理论

滤波一般可分为线性滤波和非线性滤波。线性滤波平滑噪声的同时也会平滑和模糊信号中的一些非线性非平稳特征，如信号中的脉冲信息，而脉冲信息包含着往复压缩机故障的主要信息，因此线性滤波不适用于往复压缩机故障诊断。而非线性滤波是对输入信号的一种非线性映射，可把某一特定的噪声近似地映射为零而保留信号的主要特征，克服了线性滤波器的不足[12]。

形态滤波器是从数学形态学理论中发展起来的一种新型的非线性滤波方法，是目前发展最迅速、应用最广的一种非线性滤波器，已经成为非线性滤波领域中最具代表性和极具发展前景的一种滤波器。形态滤波器在进行信号处理时基于信号的几何结构特性，利用预先定义的结构元素对信号进行匹配或局部修正，以达到有效提取信号的边缘轮廓，并保持信号主要形态特征的目的。与其他滤波器相比，形态滤波器具有线性平移不变性、单调性、幂等性等性质，并具有算法简便易行、物理意义明确、使用有效等优点。

对于往复机械，由于在频谱上找不出相应的故障特征频率，且在通频带上有大量的能量分布，很难区分机器正常频谱和有故障频谱。这类机械在运行过程中，存在着大量的冲击和脉冲信号，从频谱上很难进行故障识别。实际上正常脉冲信号和故障脉冲信号具有较明显的时域特征，不过由于噪声和机械系统调制的影响，时域波形的这些故障现象常常被淹没。而使用形态滤波器通过结构元素在信号中不断移动，对信号进行匹配，可以有效地提取信号、保持细节和抑制噪声，此外该方法对信号波形特征的处理完全在时域中进行，具有比传统滤波方法计算速度更快、算法简便、易于硬件实现的优点[13]，所以我们采用形态学滤波对信号进行处理。

形态学滤波不同于小波滤波选取固定的小波基函数对信号进行滤波的形式，形态学滤波是从集合的角度分析和刻画信号，摒弃了传统的数值建模及分析的观点，其基本思想是设计一个称作结构元素的"探针"来收集信号的信息，通过该探针在信号中不断移动，对信号进行匹配，达到提取信号、保持细节和抑制噪声的目的，相比于小波滤波有着更好的适应性。

　　形态学滤波在一维信号处理中主要分为两部分。第一部分为结构元素的选取。结构元素在形态运算中的作用类似于一般信号处理时的滤波窗口，只有与结构元素尺寸和形状相匹配的信号基元才能被有效保留。结构元素的三要素是形状、长度和高度。常用的结构元素有扁平形、三角形以及半圆形等。普遍认为，扁平形结构有利于保持被处理信号的形状特征，半圆形结构适用于滤除随机噪声的干扰，三角形结构适用于滤除脉冲噪声的干扰。同时较小尺度结构元素将对较小的噪声成分进行滤波，较大尺度结构元素将对大的噪声成分进行滤波。普遍使用的形态滤波器，大多采用单一结构特性的结构元素，这种方法处理平稳信号有不错的效果[14]。这里需要特别强调的是形态学滤波的一个很重要的性质：开、闭运算的等幂性。表达式如式 5-15 和式 5-16 所示。

$$(f \circ g) \circ g = f \circ g \qquad (5-15)$$

$$(f \bullet g) \bullet g = f \bullet g \qquad (5-16)$$

　　开、闭运算的等幂性意味着一次开、闭滤波就能把所有特定结构的几何形状滤除干净，做重复的运算不会再有效果，这是一个与经典方法（例如：中值滤波，线性滤波）不同的性质。由于开闭运算的等幂性，使得结构元素的选择直接决定了形态学信号处理的性能，因此如何合理选择结构元素是数学形态学滤波的重中之重。

　　形态学滤波第二部分为形态学运算，包括形态腐蚀、形态膨胀、形态开及形态闭四种基本算子。设原信号 $f(n)$ 为定义在 $F(1,2,\cdots,N-1)$ 上的离散函数，结构元素 $g(m)$ 为定义在 $G(1,2,\cdots,M-1)$ 上的离散函数，且 $N \geqslant M$，则[13]

　　$f(n)$ 关于 $g(m)$ 腐蚀的定义为：

$$(f \Theta g)(n) = \min\left[f(n+m) - g(m)\right] \qquad (5-17)$$

　　$f(n)$ 关于 $g(m)$ 膨胀的定义为：

$$(f \oplus g)(n) = \max\left[f(n-m) + g(m)\right] \qquad (5-18)$$

　　$f(n)$ 关于 $g(m)$ 开运算的定义为：

$$F_O(f(n)) = (f \circ g)(n) = (f \Theta g \oplus g)(n) \qquad (5-19)$$

　　$f(n)$ 关于 $g(m)$ 闭运算的定义为：

$$F_C(f(n)) = (f \bullet g)(n) = (f \oplus g \Theta g)(n) \qquad (5-20)$$

　　式中：min、max 为取极小值、极大值的运算符；Θ、$\oplus$、$\circ$、$\bullet$ 分别为腐蚀、膨胀、开、闭运算的运算符。形态学中的四种基本运算可以分别提取不同的信号特征信息。但是如果只使用单一形态算子，那么将只能提取信号中的某个特定形状的信息，因此需要利用基本算子的组合来更全面地提取信号中的信息。常用的组合性形态滤波器有腐蚀+膨胀均值滤波器，如式 5-21；开+闭均值滤波器，如式 5-22；开闭+闭开均值滤波器，如式 5-23；腐蚀+膨胀差分滤波器，如式 5-24。

$$F_{MO}(f(n)) = \frac{1}{2}\left[(f \Theta g)(n) + (f \oplus g)(n)\right] \qquad (5-21)$$

$$F_{M1}(f(n)) = \frac{1}{2}[F_O(f)(n) + F_C(f)(n)] \qquad (5-22)$$

$$F_{M2}(f(n)) = \frac{1}{2}[F_{OC}(f)(n) + F_{CO}(f)(n)] \qquad (5-23)$$

$$F_D(f(n)) = f(n) - [(f \ominus g)(n) + (f \oplus g)(n)]/2 \qquad (5-24)$$

5.3.2 多尺度形态学分析和形态谱熵

1. 多尺度形态学分析

在分析信号时，仅仅在某一固定的尺度下分析信号，不能体现信号本身所固有的多尺度特性，也就限制了分析结果的准确性。多尺度形态学分析根据多层次描述和多层次处理的思路，采用不同尺度的结构元素对信号行变换，从而实现对信号中不同尺度结构特征的处理和分析[15]。

形态学处理本质上都是基于"试探"的概念，即在研究信号的几何结构过程中，结构元素像探针一样去探测信号以得到关于信号结构的信息。这些信息来源于结构元素本身的几何特征，相当于用不同的尺子去测量同一目标。假设形态学运算为 $F(f)$，基于 $F(f)$ 的多尺度运算 $F(\lambda)$ 定义为

$$F_\lambda(f) = \lambda[F(f_\lambda(x)/\lambda)]_{1/\lambda} \qquad (5-25)$$

式中，结构元素 $g(x)$ 经过尺度 λ 伸缩后作用于 $f(x)$ 得到 $f_\lambda(x)$；$\lambda(\lambda > 0)$ 为 $F_\lambda(f)$ 的尺度。由公式 5-25 可以推导出多尺度腐蚀、膨胀、开运算和闭运算的定义为

$$(f \ominus g)_\lambda = f \ominus \lambda g_{1/\lambda} \qquad (5-26)$$

$$(f \oplus g)_\lambda = f \oplus \lambda g_{1/\lambda} \qquad (5-27)$$

$$(f \circ g)_\lambda = f \circ \lambda g_{1/\lambda} \qquad (5-28)$$

$$(f \bullet g)_\lambda = f \bullet \lambda g_{1/\lambda} \qquad (5-29)$$

式中 $g_{1/\lambda} = g(x/\lambda)$。由上述公式可以看出，多尺度运算只需要用 $\lambda g_{1/\lambda}$ 更换结构函数 g。若取结构函数为凸函数时，随着尺度的增大，多尺度运算会滤去信号更大的变化，使信号的形态越来越简单。

2. 形态谱和形态谱熵

形态谱提供了目标形状在不同尺度结构元素形态变换下的形状变化信息，不同形状特征的信号，其形态谱特征不同。令 $f(x)$ 为一非负函数，$g(x)$ 为一凸的结构元素，则 $f(x)$ 关于 $g(x)$ 的形态谱定义为

$$PS_f(\lambda, g) = -dS(f \circ \lambda g)/d\lambda, \lambda \geqslant 0 \qquad (5-30)$$

$$PS_f(\lambda, g) = -dS(f \bullet (-\lambda)g)/d\lambda, \lambda < 0 \qquad (5-31)$$

式中，$S(f) = \int f(x)dx$ 表示 $f(x)$ 在定义域内的有限面积；$\lambda \geqslant 0$ 时，$PS_f(\lambda, g)$ 为开运算形态谱，$\lambda < 0$ 时，$PS_f(\lambda, g)$ 为闭运算形态谱。对于一维离散的振动信号，形态尺度的变换仅取连续的整数值，形态结构函数选取扁平形结构元素，形态谱可简化为：

$$PS_f(\lambda, g) = S[f \circ \lambda g - f \circ (\lambda + 1)g]; 0 \leqslant \lambda \leqslant \lambda_{max} \qquad (5-32)$$

$$PS_f(\lambda,g) = S[f \bullet (-\lambda)g - f \bullet (-\lambda+1)g]; \lambda_{\min} \leqslant \lambda \leqslant 0 \qquad (5-33)$$

形态谱熵反映了形态谱值的稀疏程度，即信号不同形状概率分布的有序程度，形态谱熵的定义为：

$$PSE(f / g) = -\sum_{\lambda=\lambda_{\min}}^{\lambda_{\max}} q(\lambda) \lg q(\lambda) \qquad (5-34)$$

式中：$q(\lambda) = PS_f(\lambda,g) / S(f \bullet \lambda g)$，将$PSE(f / g)$除以$\lg(\lambda_{\max} - \lambda_{\min} + 1)$便可得到归一化的形态谱熵。

5.3.3　状态形态学滤波在往复机械故障诊断中的应用

往复机械振动信号属于非平稳非线性信号，脉冲信号非常丰富，信号的冲击波形和非冲击波形差异较大。滤波时如果只使用单一结构元素，无法同时适应冲击波形和非冲击波形，导致滤波时丢失有用的信息，从而影响故障诊断的效果。根据往复压缩机的振动信号特性，我们使用多种结构元素的状态形态学滤波对往复压缩机振动信号进行滤波。

1. 往复压缩机振动信号特性分析

为了可以更好地适应往复压缩机振动信号特性分析，得到更好的滤波效果，根据往复压缩机运行工作原理，我们通过图 5.10 进一步分析启发波动特点。往复压缩机一个周期信号可分为膨胀—吸气—压缩—排气四个阶段。在膨胀过程中，吸气阀处于关闭状态，信号幅值较小。在吸气阶段，吸气阀在 A 点开启撞向升程限制器，此时形成了第一个较大的冲击波峰。在吸气过程中，吸气阀阀片理论上处于静止状态，图中吸气阶段中间出现的冲击波形是由于另一侧排气阀开启引起的（双作用气缸）。当吸气过程结束，吸气阀在 B 点开始关闭，撞击阀座，形成了第二个冲击波形，随着吸气阀的关闭，压缩阶段开始。C 点附近的冲击波形，是该侧气缸排气阀阀片开启引起的。综上所述，气阀运行状态信息主要包含在气阀开闭过程，阀片引起的冲击波形内，当阀片处于静止状态时，理论上不会有阀片引起的振动信号产生，这一阶段振动信号主要由气缸压力脉动、气阀开闭造成的缸内气流波动、惯性力引起的振动及其他部位的振动干扰组成[16]。

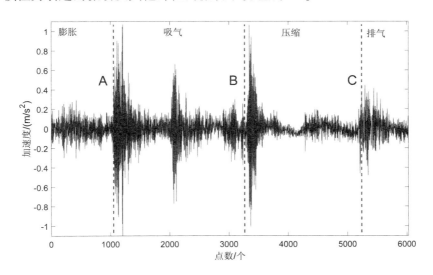

图 5.10　往复压缩机气阀振动加速度信号

理想的滤波效果是维持气阀开闭引起的振动冲击波形,降低气阀稳定阶段气缸压力脉动、气流波动等其他振动的影响,抑制脉冲噪声和随机噪声。由于往复机械存在着大量冲击,冲击会产生幅值较大且频率成分较复杂的冲击波形,冲击波形与非冲击波形无论在时域和频域差距都很大。如果不能根据信号的不同特性进行滤波,会使得信号的部分有用成分被滤掉,导致后续的故障特征提取结果不理想或出现偏差。

如果可以将阀片开闭引起的冲击波形和其他因素产生的振动区分开来,同时在进行形态学滤波时使用不同的结构元素,当信号处于非冲击波形时,选取适当的结构元素类型来抑制脉冲噪声和随机噪声,当波形处于冲击波形时,选取适当的结构元素来维持波形的振动形态,从而达到维持气阀开闭引起的振动冲击波形,降低气阀稳定阶段气缸压力脉动、气流波动等其他振动影响的目的。

2. 状态形态学滤波方法

为了能更精确地对信号进行状态划分,我们采用分段的方式来处理信号,并以各段的能量绝对值之和为指标判断各段所处的状态。如果某段信号处于气阀振动阶段,气阀的高频振动会使得该段信号的能量有非常明显的提高,而当该段信号处于气阀稳定阶段,则该段信号的能量不会有太大波动,以此为标准对信号所处的状态进行划分。结合实验数据确定能量划分的阈值,就可以将各段信号分为气阀振动阶段和气阀平稳阶段,并根据信号所处的不同状态采用不同的结构元素进行形态学滤波。

将信号进行分段后,需要找出一个合适的能量阈值来划分各段的状态。分段后计算各段能量绝对值的和,正常状态下一组信号分段能量如图5.11所示。从图中可以看出,部分段能量明显地高于其他段,根据原始信号和2D12-70的特性分析,可以确定这部分信号就是气阀处于振动状态产生的信号。这印证了将信号分段后通过能量绝对值之和可以更准确地判断信号所处状态的结论。在这同时遇到的问题是,当某段能量相比平稳段高得不多时,应该如何进行划分。这就将划分状态的问题转化为二值聚类问题,针对二值问题使用K-means算法可以得到不错的结果,因此将分段能量使用K-means算法进行分类,数

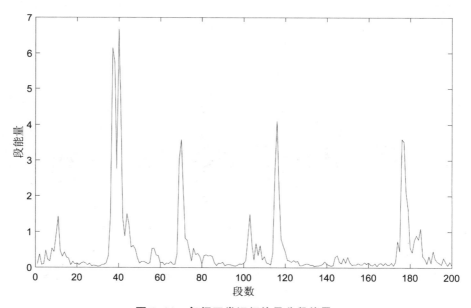

图5.11　气阀正常运行信号分段能量

值高的一组就是处于气阀振动状态的信号。使用阀片正常运行和阀片断裂两种状态信号进行测试，首先使用 K – means 算法，得出结果如图 5. 12 虚线所示，然后研究往复压缩机振动信号，通过各组信号气阀启闭的时间，分析气阀处于振动状态的信号。将 K – means 算法结果同往复压缩机振动分析得出的结果对比，如表 5 – 所示 8，可以证明 K – means 算法可以用于信号状态划分并且效果良好。

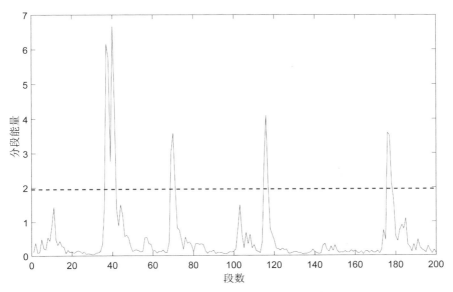

图 5. 12a　阀片正常信号分段能量阈值

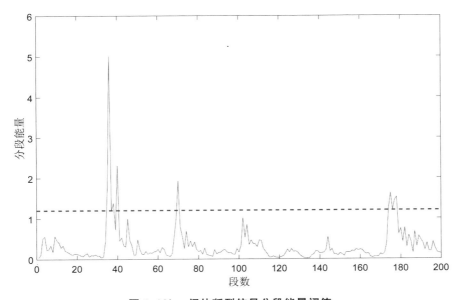

图 5. 12b　阀片断裂信号分段能量阈值

表 5 - 8 时域波形分析同 K - means 方法结果对比

阀片状态	阀片正常		阀片断裂	
	时域波形分析	K - means 方法	时域波形分析	K - means 方法
振动阶段 1	1074 - 1220	1080 - 1230	1017 - 1210	1020 - 1200
振动阶段 2	2031 - 2127	2040 - 2130	2041 - 2113	2070 - 2100
振动阶段 3	3404 - 3526	3420 - 3510	5159 - 5979	5190 - 5340
振动阶段 4	5240 - 5393	5250 - 5340		

　　接下来根据状态构造自适应结构元素。由上文所述，当信号处于平稳状态时，选取适当的结构元素类型来抑制脉冲噪声，当波形处于振动状态时，选取适当的结构元素在最大限度维持波形的振动形态的同时进行降噪，从而达到维持气阀开闭引起的振动冲击波形，降低气阀稳定阶段气缸压力脉动、气流波动等其他振动影响的目的。根据文献 [17] 可以得知，扁平形结构有利于保持被处理信号的形状特征，半圆形结构适用于滤除随机噪声的干扰，三角形结构适用于滤除脉冲噪声的干扰。将扁平形结构元素用于气阀信号振动状态，在滤波的同时最大限度地保持冲击信号的形状特征；将三角形结构用于气阀信号平稳状态，滤除对信号干扰较大的脉冲噪声。在结构元素确定之后，还需要确定结构元素的长度及高度。结合状态形态学滤波分段的条件，选取结构元素的长度为 3。结构元素的高度自适应选取方法是：将信号分段之后，求取每段信号绝对值的平均值作为当前段形态学滤波结构元素的高度。

　　以阀片正常和阀片断裂信号验证滤波效果，提取其中的一个经验模态分量进行滤波。从滤波效果可以看出（图 5.13 和图 5.14），状态形态学滤波最大限度地维持了振动波形，同时对非振动波形进行滤波，达到了预期的效果，可以适用于往复压缩机故障诊断。

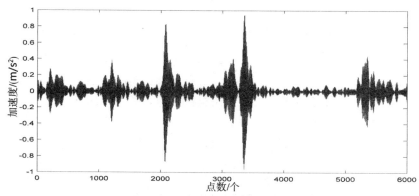

图 5.13a　阀片正常状态初始经验模态分量

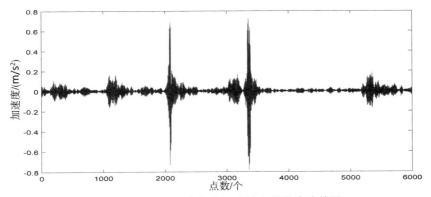

图 5. 13b　阀片正常状态经验模态分量滤波效果

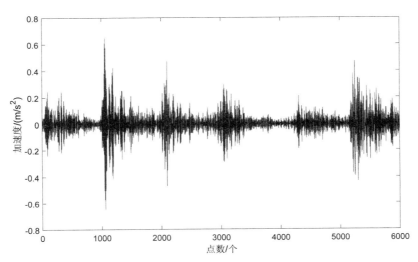

图 5. 14a　阀片断裂初始经验模态分量

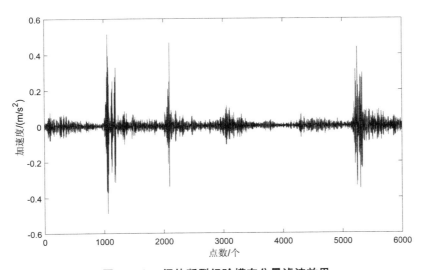

图 5. 14b　阀片断裂经验模态分量滤波效果

3. 形态学故障特征提取

目前信息熵理论是机械故障诊断特征提取的主流方法，形态谱熵就是将数学形态学与信息熵理论相结合提出的特征提取方法。形态谱是基于多尺度形态学运算的一种可以对信号分析中形状表示进行定量描述的谱图，进一步计算得到形态谱熵，则描述了形态谱值的稀疏程度，即信号不同形态形状概率分布的有序程度。机械振动信号的形态总是会根据机械所处的状态进行改变，形态谱提供了目标形状在不同尺度结构元素形态变换下的形状变化信息，不同形状特征的信号，其形态谱特征不同。而形态谱熵正是基于信号形态的改变对机械故障特征进行提取，在解释结果时有更多的理论支撑。

信号在经过滤波之后，需要进行故障振动特征提取，从而对往复压缩机故障状态进行识别。在使用状态形态学滤波之后，我们拟采用形态谱熵对滤波后的经验模态分量进行定量计算，实现对往复压缩机故障类型进行识别的目的。

5.3.4 状态形态学滤波算法

Step1. 根据信号的自身特性结合多组实验数据，确定信号划分状态的能量阈值，将信号分段并划分状态。

Step2. 分别计算每一段信号能量绝对值的总和，根据能量阈值判断各段信号所处的状态，并根据不同状态构造结构元素：气阀振动阶段选用扁平形结构元素，气阀平稳阶段选用三角形结构元素。

Step3. 再分别计算每一段信号振动幅值绝对值的平均，并将其作为这一段结构元素的高度 H，各段结构元素高度的选取不互相影响。

Step4. 根据 Step3 确定的结构元素，使用合适的滤波器进行形态学滤波，最后使用形态谱熵对经验模态分量进行定量分析，从而进行故障识别和诊断。

5.4 状态形态学滤波与 EWT 融合的气阀故障诊断

5.4.1 融合诊断方法概述

由于往复压缩机本身结构复杂，部件运动形式多样，导致往复压缩机振动信号具有复杂非线性、非平稳等特性，在对往复压缩机进行故障诊断时，使用常规的信号处理方法效果并不理想。虽然由黄鄂院士提出的具有自适应性的经验模态分解在处理非线性信号时有较好的效果，但其存在着无严格数学证明、过包络、欠包络及计算量大等缺点。为了解决这一问题，我们将经验小波变换和数学形态学相结合，提出了一种新的故障特征提取方法，该方法首先使用如第二节介绍的改进的经验小波变换进行经验模态分量优选，然后使用如第三节介绍的状态形态学进行滤波，最后使用形态谱熵进行故障特征提取，从而实现故障识别。

5.4.2 故障特征提取融合算法

基于状态形态学滤波与 EWT 的故障特征提取方法具体步骤如下：

Step1. 根据信号本身特性，通过实验数据对比确定最优的尺度变换参数；

Step2. 基于尺度空间理论，使用所选定的参数对信号的傅里叶频谱进行划分，得到经验模态分量；

Step3. 计算经验模态分量与原始信号间的皮尔逊相关系数及经验模态分量自身的峭度，并以此为标准对经验小波经验模态分量进行筛选，保留包含故障信息最多的经验模态分量进行后续分析；

Step4. 根据信号的自身特性结合多组实验数据，确定划分状态的能量阈值；

Step5. 分别计算每一段信号能量绝对值的总和，根据能量阈值判断各段信号所处的状态并根据不同状态构造结构元素：气阀振动阶段选用扁平形结构元素，气阀平稳阶段选用三角形结构元素；

Step6. 再分别计算每一段信号振动幅值绝对值的平均，并将其作为这一段结构元素的高度 H，使各段结构元素高度的选取不互相影响；

Step7. 根据 Step6 确定的结构元素，使用合适的滤波器进行形态学滤波，最后使用形态谱熵对经验模态分量进行定量分析从而进行故障诊断和识别。

基于状态形态学滤波与 EWT 的故障特征提取方法流程图如图 5.15 所示。

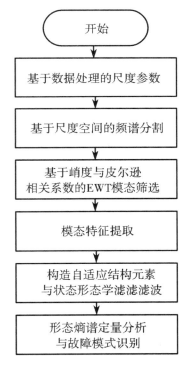

图 5.15　基于状态形态学滤波与 EWT 的故障特征提取方法流程图

5.4.3 往复压缩机气阀故障诊断实例

以 2D12 – 70 型双作用对动式往复压缩机为研究对象，测取压缩机正常状态与故障状态的振动信号数据组成诊断集合，通过上文提出的方法分别对往复压缩机信号进行故障特征提取，达到对故障的识别与诊断，以验证该方法的有效性。

1. 自适应经验小波变换

选取往复压缩机二级盖侧气阀振动信号进行分析，对采集到的气阀正常运行信号、阀有缺口振动信号、阀片断裂振动信号和阀少弹簧振动信号进行处理。处理时选取一个整周期（6000 点），四种状态原始振动信号如图 5.16 所示。

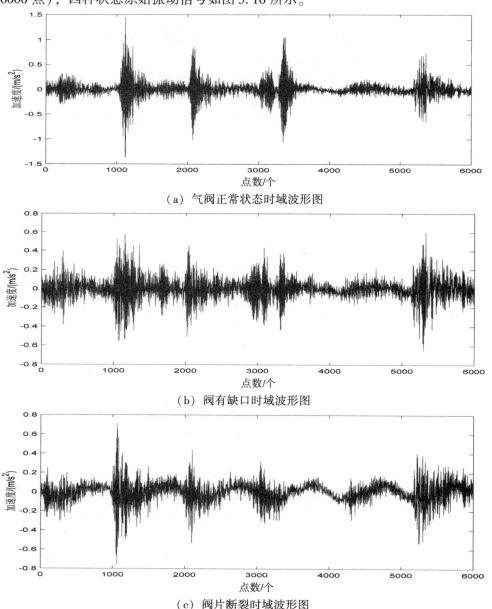

（a）气阀正常状态时域波形图

（b）阀有缺口时域波形图

（c）阀片断裂时域波形图

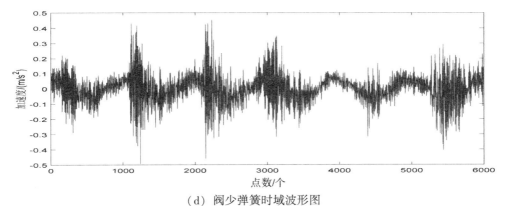

（d）阀少弹簧时域波形图

图 5.16　四种状态气阀振动信号

使用基于尺度空间理论的经验小波变换，尺度参数选取 1 对四种振动状态信号进行自适应分解，对正常状态、阀有缺口、阀片断裂和阀少弹簧四种状态的频谱分隔结果如图 5.17 所示。如前文所述，只保留 10000Hz 以下的频率成分进行后续分析。对四种状态分解得到的经验模态分量进行归一化处理，结果如图 5.18 所示。

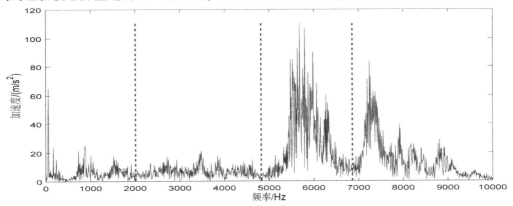

（a）阀正常运行

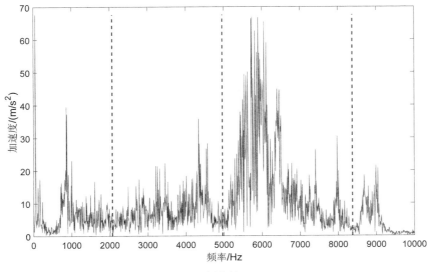

（b）阀有缺口

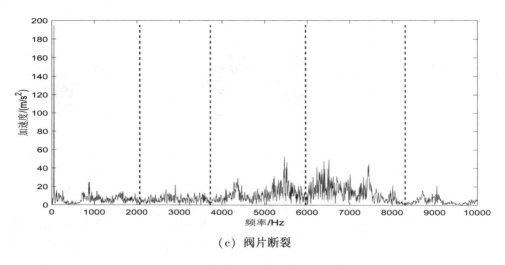

（c）阀片断裂

（d）阀少弹簧

图5.17　频谱分隔边界图

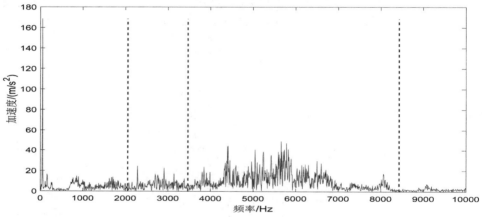

（a）阀正常运行

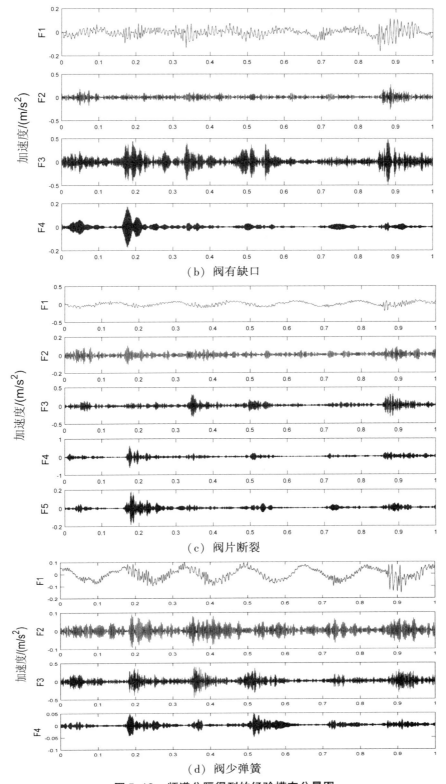

（b）阀有缺口

（c）阀片断裂

（d）阀少弹簧

图 5.18　频谱分隔得到的经验模态分量图

分别计算各个经验模态分量与原始信号的皮尔逊相关系数，不同状态在 0～10000Hz 以内的成分隔出的经验模态分量数量有差异，这也证明了采用方法的自适应性，结果如表 5-9 所示。保留皮尔逊相关系数大于 0.4 的经验模态分量；继续计算保留经验模态分量的峭度值，结果如表 5-10 所示。选取峭度最大的经验模态分量进行后续分析，如图 5.19 所示。

表 5-9 皮尔逊相关系数

	经验模态一	经验模态二	经验模态三	经验模态四	经验模态五
阀正常状态	0.1966	0.1975	0.7584	0.5532	—
阀有缺口	0.2924	0.3514	0.8474	0.1766	—
阀片断裂	0.5032	0.2241	0.5110	0.6309	0.1826
阀少弹簧	0.4862	0.2418	0.8251	0.0860	—

表 5-10 峭度数值

	经验模态一	经验模态二	经验模态三	经验模态四	经验模态五
阀正常状态	—	—	16.2609	44.6006	—
阀有缺口	—	—	6.1064	—	—
阀片断裂	2.2324	—	8.6990	16.4934	—
阀少弹簧	2.2762	—	6.2762	—	—

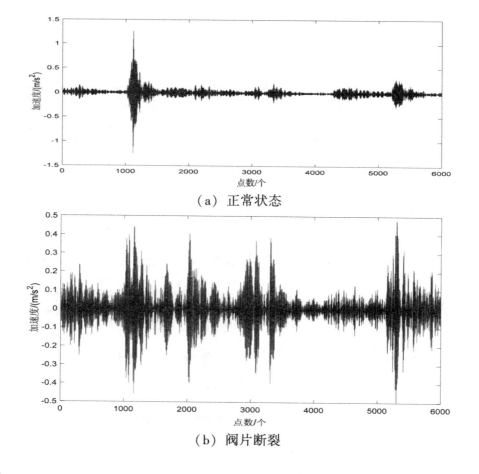

（a）正常状态

（b）阀片断裂

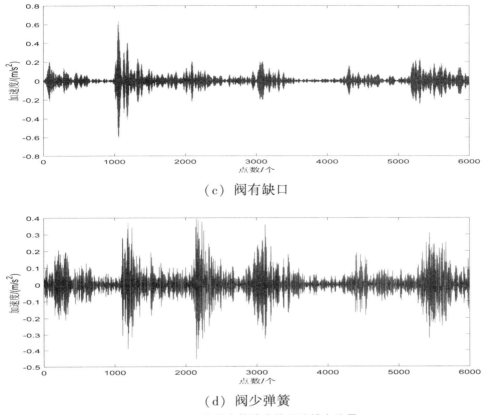

（c）阀有缺口

（d）阀少弹簧

图 5.19 四种状态筛选出的经验模态分量

从筛选出的经验模态分量可以看出，对于气阀所处的不同状态，最终筛选得出的经验模态分量在波形、幅值等方面都是有差异的，这对于进一步提取故障特征从而进行模式识别是非常有利的，但从图 5.19 也可以看出，经验模态分量中还存在这一些脉冲噪声和随机噪声的干扰，因此对经验模态分量使用状态形态学滤波进行处理。

2. 状态自适应滤波

首先根据往复压缩机振动特性，通过提取分析 2D12 – 70 型双作用对动式往复压缩机的冲击波形，得出结论：气阀阀片从开启到完全贴合在升程限制器产生的冲击波形在采样频率为 50kHz 时大致为 120 个点。实际上当气阀阀片第一次碰撞升程限制器时，信号就已经产生了冲击波形，因此设置 30 个点为每段的点数，将整个周期 6000 个点分为 200 段进行分析。

使用状态形态学滤波对经验模态分量进行处理，以正常运行信号和阀片断裂信号为例。将信号分为 200 段并分别计算每一段信号能量绝对值的总和，结果如图 5.20 所示。从两种状态的分段能量可以看出，正常状态的分段能量较为"干净"，振动状态和非振动状态差别非常明显，而当阀片断裂时，分段能量出现了许多毛刺，使得部分振动状态不那么明显。根据 5.3.3 节所论述的状态形态学滤波方法，采用分类方法确定能量阈值，并在图中绘制虚线，分段能量高于虚线的为气阀振动状态信号，低于虚线的为气阀平稳状态的信号。根据各分段信号所处的不同状态，气阀振动阶段选用扁平形结构元素，气阀平稳阶段选用三角形结构元素。结构元素的高度根据各段绝对值的平均值确定。

在常用的腐蚀＋膨胀均值滤波器、开＋闭均值滤波器、开闭＋闭开均值滤波器、腐蚀＋膨胀差分滤波器四种滤波器中，为了保持信号的形态特征，通过多次实验选取开＋闭均值滤波器进行形态学滤波，滤波后的经验模态分量如图 5.21 所示。

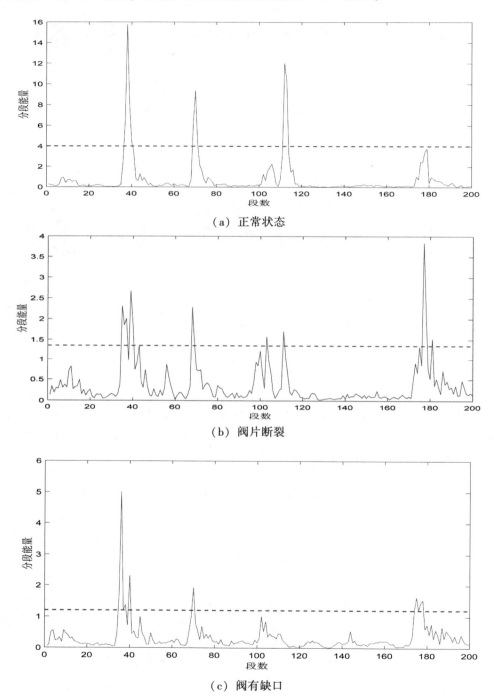

（a）正常状态

（b）阀片断裂

（c）阀有缺口

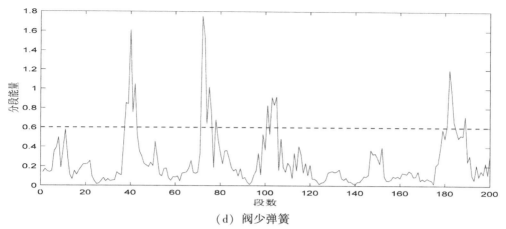

（d）阀少弹簧

图 5.20　运行分段能量

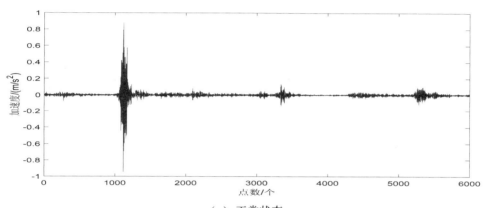

（a）正常状态

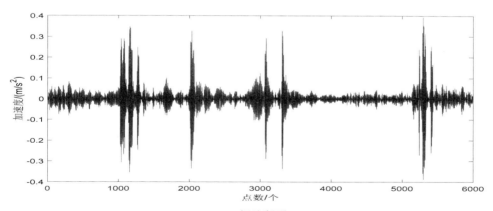

（b）阀片断裂

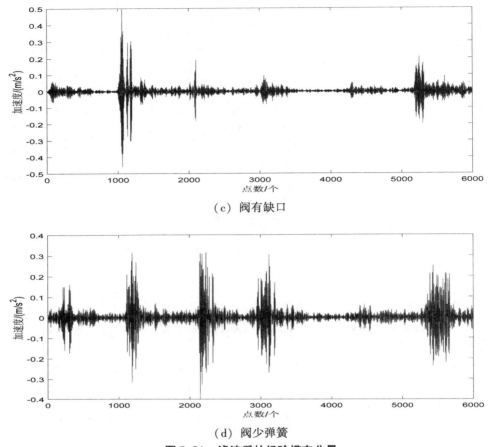

（c）阀有缺口

（d）阀少弹簧

图 5.21　滤波后的经验模态分量

3. 形态谱熵分析与故障识别

使用上述方法分别处理四种状态的气阀信号，并绘制其形态谱。根据文献［18］，选取尺度因子为 1 到 20 进行多尺度形态学计算，得到的形态谱如图 5.22 所示。

形态谱曲线是信号在连续变换的尺度下其形态特征变化情况的反映，谱值越大，说明信号中含有与该尺度结构元素一致的故障信息越多；谱值越小，说明信号中与该尺度结构元素相对应的特征成分越少。因此，通过形态谱曲线可以推断出信号中不同特征成分的分布特点，如噪声以及冲击成分的分布特征等。分析四种形态谱曲线可知，在尺度 1 - 6 四种状态的区分相对明显，而且数值较大，说明往复压缩机信号主要由尺度较小的结构元素组成，虽然四种状态的形态谱曲线在一定程度上可以描述信号各状态之间的区别，但通过曲线的整体形态来描述信号的分布特点不够明显，因此继续计算信号的形态谱熵来达到定量区分气阀四种状态的目的。计算四种状态（每种状态 30 组数据，共 120 组数据）的形态谱熵，将 120 组数据列出，结果如图 5.23 所示。

图中 1～30 组为气阀正常状态，31～60 组为阀有缺口状态，61～90 组为阀片断裂状态，91～120 组为阀少弹簧状态。从得到的结果可以看出四种状态大致都对应了形态谱熵的一个范围。气阀正常状态的形态谱熵范围是以 0.618 为中心，上下浮动大约 0.025；阀有缺口状态的形态谱熵范围是以 0.73 为中心，上下浮动大约 0.025；阀片断裂状态的形态谱熵范围是以 0.678 为中心，上下浮动大约 0.025；阀少弹簧状态的形态谱熵范围是以

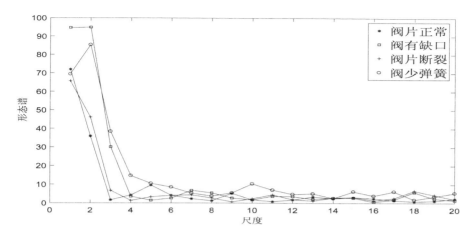

图 5.22　气阀四种状态形态谱

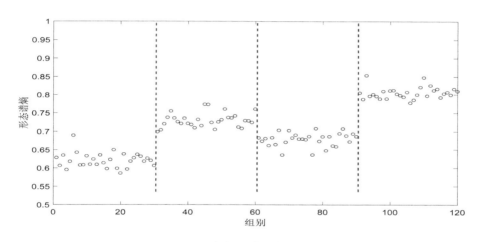

图 5.23　气阀四种状态形态谱熵

0.805 为中心，上下浮动大约 0.03；除了个别异常值之外，使用以上融合方法基本可以对气阀故障模式进行识别，对气阀正常状态的识别率为 96.66%（29/30），对阀有缺口状态的识别率为 80%（24/30），对阀片断裂状态的识别率为 83.33%（25/30），对阀少弹簧状态的识别率为 93.33%（28/30）。

5.5　最优品因稀疏分解与 HFE 融合的气阀故障诊断

5.5.1　最优品因稀疏分解

1. 信号的共振属性

共振是信号的一种属性，共振属性越大，信号的频率聚集性越好；反之信号的时间聚集性越好[19]。共振属性用 Q 表示，公式如 5 - 35 所示：

$$Q = f_c/B_w \qquad (5-35)$$

式中：f_c 为信号的中心频率；B_w 为带宽。

因此带宽可表示为：

$$B_w = f_c / Q \qquad (5-36)$$

由式 5-36 可知，信号共振稀疏分解的共振带宽就是能量超过峰值能量一半以上的频率范围。

信号的共振属性可用图 5.24 表示。图 5.24 左边为时域谱图，右边为对应的频谱图。由图 5.24 可知，（a）与（c）、（b）与（d）具有相同的品质因子，而（a）、（c）为单周期脉冲信号，（b）、（d）为多周期脉冲信号，根据品质因子的大小将（a）、（c）定义为低共振信号；将（b）、（d）定义为高共振信号。图 5.24 中，（a）与（c）、（b）与（d）所示的信号可通过时间尺度相互转化，但信号的品质因子不发生改变，即共振属性不变，因此高共振信号与低共振信号可同时包含高频分量与低频分量。在图 5.24（a）与图 5.24（b）、图 5.24（c）与图 5.24（d）中，利用传统的线性滤波方法无法区分重叠区域，信号共振稀疏分解方法根据共振属性的不同，可实现频带相互重叠信号的有效分离。

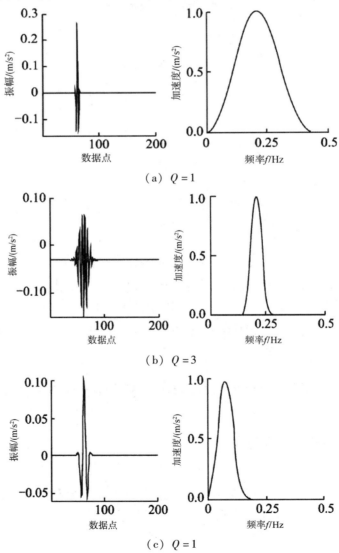

（a）$Q = 1$

（b）$Q = 3$

（c）$Q = 1$

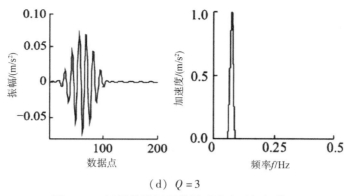

（d）$Q = 3$

图 5.24　不同品质因子信号时域波形与频谱图

2. 品质因子可调小波变换

信号共振稀疏分解方法首先利用图 5.25 所示的双通道滤波器组对信号进行品质因子可调小波变换（TQWT），得到高、低品质因子的基函数库；其中，$H_0(w)$ 与 $H_1(w)$ 分别为低、高通滤波器；$v_0(n)$ 与 $v_1(n)$ 分别为滤波后的子带信号；$y(n)$ 为合成信号；低通尺度因子 α 与高通尺度因子 β 可通过品质因子 Q 与冗余度 r 得到，如式 5 – 37 所示。

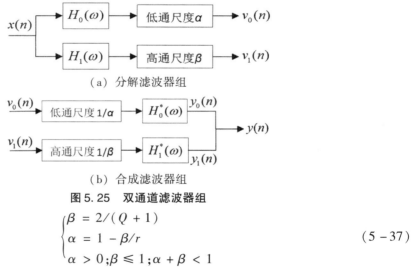

（a）分解滤波器组

（b）合成滤波器组

图 5.25　双通道滤波器组

$$\begin{cases} \beta = 2/(Q + 1) \\ \alpha = 1 - \beta/r \\ \alpha > 0; \beta \leqslant 1; \alpha + \beta < 1 \end{cases} \qquad (5-37)$$

定义 f_s 为原始信号采样频率。在图 5.25 中，子带信号 $v_0(n)$ 的采样频率为 αf_s；子带信号 $v_1(n)$ 的采样频率为 βf_s。高通滤波器 $H_0(\omega)$ 与低通滤波器 $H_1(\omega)$ 按式 5 – 38、式 5 – 39 进行构造。

$$H_0(\omega) = \begin{cases} 1 & |\omega| \leqslant (1-\beta)\pi \\ \theta\left(\dfrac{\omega + (\beta - 1)\pi}{\alpha + \beta - 1}\right) & (1-\beta)\pi \leqslant \omega < \alpha\pi \\ 0 & \alpha\pi \leqslant |\omega| < \pi \end{cases} \qquad (5-38)$$

$$H_1(\omega) = \begin{cases} 1 & |\omega| \leqslant (1-\beta)\pi \\ \theta\left(\dfrac{\alpha\pi - \omega}{\alpha + \beta - 1}\right) & (1-\beta)\pi \leqslant \omega < \alpha\pi \\ 1 & \alpha\pi \leqslant |\omega| < \pi \end{cases} \qquad (5-39)$$

其中 $\theta(x)$ 的表达式如式 5-40 所示。

$$\theta(v) = 0.5(1 + \cos v)\ \sqrt{2 - \cos v},\ |v| \leqslant \pi \qquad (5-40)$$

品质因子 Q 与冗余度 r 决定 TQWT。不同 Q 与 r 的组合对应着不同的小波基函数与响应频率。当给定 Q 与 r，TQWT 的最大分解层数 $L_{\max}$ 即为确定，其表达式如式 5-41 所示。

$$L_{\max} = \left\lfloor \dfrac{\log(N/4(Q+1))}{\log(Q+1/(Q+1-2/r))} \right\rfloor \qquad (5-41)$$

式中，N 为信号长度，$\lfloor\ \rfloor$ 为向下取整。

图 5.26 为 $Q=3$，$r=3$，$L=12$ 时 TQWT 的时域波形与频率响应。由图 5.26 可知，随着分解层数的增加，子带的幅值衰减越来越慢，小波的振动时长也会随之变长。TQWT 实质为一种恒 Q 的小波变换，但是这种变换不依赖于基函数，其品质因子可以预先设定。TQWT 的中心频率 f_c 和带宽 B_w 如式 5-42、5-43 所示。

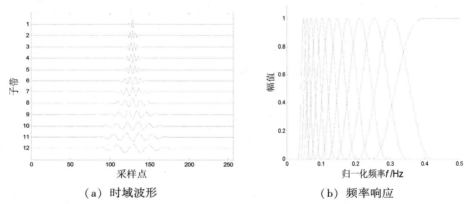

（a）时域波形   （b）频率响应

图 5.26 $Q=3$，$r=3$，$L=12$ 时 TQWT 的时域波形与频率响应

$$f_c = \alpha^j \frac{2-\beta}{4\partial} f_s \qquad (5-42)$$

$$B_w = \frac{\beta\alpha^{j-1}\pi}{2} \qquad (5-43)$$

j 为分解层数。由式 5-42、式 5-43 可知，随着分解层数的增加，中心频率 f_c 随之减小，带宽 B_w 随之变窄，且二者衰减速度相同。

3. 共振分量的分离

信号共振稀疏分解首先利用 TQWT 构造过完备字典，分别对信号进行高 Q 与低 Q 的稀疏表示，再利用形态学分析方法建立稀疏分解目标函数，通过迭代的方式得到相应系数，最后对信号进行非线性分离，得到高、低共振分量。假定信号 x 为两信号 x_1、x_2 之和，如式 5-44 所示。

$$x = x_1 + x_2 \qquad x, x_1, x_2 \in R^N \qquad (5-44)$$

形态学分析目的就是从信号 x 中估计源信号 x_1 和 x_2。假设 S_1 和 S_2 为相关性较低的两个基函数库或框架，则建立目标函数如式 5-45 所示。

$$\{w_1{}^{opt}, w_2{}^{opt}\} = Arg \min_{\{w_1, w_2\}} \|w_1\|_0 + \|w_2\|_0 \quad x = Sw_1 + Sw_2 \qquad (5-45)$$

稀疏分解就转化为 $\{w_1, w_2\}$ 的优化求解问题。由于式 5-45 求解困难，根据基追踪算法，将式 5-45 中的 l^0 范数转化为 l^1 范数得：

$$\{w_1{}^{opt}, w_2{}^{opt}\} = Arg \min_{\{w_1, w_2\}} \|w_1\|_1 + \|w_2\|_1 \quad s.t. \ x = Sw_1 + Sw_2 \qquad (5-46)$$

放宽式 5-46 的约束条件得：

$$\{w_1{}^{opt}, w_2{}^{opt}\} = Arg \min_{\{w_1, w_2\}} \|w_1\|_1 + \|w_2\|_1 + \lambda \|x - S_1 w_1 - S_2 w_2\|_2^2 \qquad (5-47)$$

其中 λ 为给定阈值，因此建立形态学目标函数如式 5-48 所示。

$$J(w_1, w_2) = \|x - S_1 w_1 - S_2 w_2\|_2^2 + \lambda_1 \|w_1\|_1 + \lambda_2 \|w_2\|_1 \qquad (5-48)$$

式中，w_1、w_2 分别为子带信号 x_1、x_2 在框架 S_1、S_2 下的变换系数；λ_1、λ_2 为正则化参数。

λ_1 与 λ_2 决定系统的能量分配，只增大 λ_1，则 λ_1 对应的分量能量减小；只增大 λ_2，则 λ_2 对应的分量能量减小；若同时增大 λ_1 与 λ_2，则残余分量能量增大。式 5-48 中由于第一范数不可微，使得求解困难。针对该问题，本文采用分裂增广拉格朗日搜索算法[20]，通过迭代更新的方式使目标函数最小化，最终实现高、低共振分量的分离，如式 5-49 所示。

$$\begin{aligned} \hat{x} &= S_1 w_1^* \\ \hat{x} &= S_2 w_2^* \\ \hat{x}_3 &= x - x_1 - x_2 \end{aligned} \qquad (5-49)$$

式中，w_1^*、w_2^* 分别为目标函数 J 最小时高、低共振分量的变换矩阵；$\hat{x}_1$、$\hat{x}_2$ 分别为高、低共振分量的估计值；$\hat{x}_3$ 为信号残余分量。

5.5.2　分层混合优化的品质因子寻优

1. 问题的引入

信号共振稀疏分解方法利用 TQWT，通过设定不同的品质因子，分别获得高通滤波器组与低通滤波器组；然后采用形态学分析方法建立目标函数，通过求解最小值获得高、低分量的变换矩阵，从而将信号分解为高共振分量与低共振分量。TQWT 的分解层数如式 5-41 所示。由式 5-37 和式 5-41 可知，Q 与 r 决定着信号的分解层数，而分解层数过多会使子带信号中出现奇异信号，影响分解效果，因此选择合适的 Q 与 r 是 TQWT 分解的关键。文献 [21] 指出，当 r 值大于等于 3 时，信号的局部化特征已经较为明显，至此选择合适的品质因子成为信号分解效果的关键。传统的品质因子选择方式是手动选择，结果常常导致分解效果不佳，影响效率。针对该不足，本节介绍遗传算法与粒子群算法结合的分层混合优化算法，利用分层结构优化品质因子。

在前一章的轴承故障诊断中提到过，遗传算法是模拟生物繁衍的全局优化概率搜索算法，具有较强的全局搜索能力，并且有较好的自适应性与抗干扰性，能快速收敛到最优解附近，但局部搜索能力差，之后达到最优解速度较慢，易发生过早收敛而引起的早熟现象[22]；粒子群算法（PSO）是 Kennedy 和 Eberhart 在 1995 年依据鸟类觅食原理提出的一种基于群智能的快速搜索算法。该算法中的每个粒子有位置和速度两个属性，粒子的位置代表搜索空间的候选解，位置坐标的目标函数值代表适应度，算法通过不断更新粒子的位置与速度来寻找当前最优位置，即个体极值；与此同时寻找种群当前最优位置，即全局极值。由于其结构简单、收敛速度快而导致种群多样性下降，全局搜索能力欠佳[23]。针对小规模优化问题，两种算法均有较好的效果，但随着应用的日趋复杂，两种算法常常表现的"力不从心"，无法在优化速度与质量上达到平衡。

2. 分层混合优化品质因子寻优

针对品质因子寻优过程中存在的不足，并考虑以上算法问题介绍一种基于遗传算法与粒子群算法结合的混合优化算法。算法以低共振分量峭度最大为目标，采用分层结构，底层使用遗传算法，对一系列子群进行优化，贡献全局搜索能力；底层每个子群的最优个体组成上层精英群，采用粒子群算法进行局部搜索，加快收敛速度。具体实现步骤如下：

（1）选子群。设置高品质因子的取值范围为 1 – 40，低品质因子为 1 – 10。在低品质因子长度不变的情况下截取一定长度的高品质因子并初始化子群，如子群 1 为 1 – 3；1 – 10，子群 2 为 3 – 5；1 – 10，依此类推，共建立 N 个子群。

（2）遗传算法。N 个子群各自运行独立的遗传算法，种群数量设为 40，最大遗传代数为 200，交叉概率为 0.3，变异概率为 0.01，以低共振分量的峭度值作为个体适应度估计值，最大遗传代数作为终止条件，选取子群中的最优个体。

（3）粒子群算法。底层子群中的最优个体组成上层精英群，初始化粒子的速度，对这些粒子执行粒子群算法，设置种群数量为 20，最大迭代次数为 200，学习因子均为 2，惯性权重为 0.7，同样以低共振分量的峭度值作为个体适应度估计值。

（4）判断是否满足停止条件，若满足，算法停止，输出结果；否则底层每个子群从其他子群中随机选取 k 个粒子，随机替换自己的 k 个个体，至此第一轮运行结束。底层子群重新进行遗传算法操作。

（5）重复步骤 2、3、4，直到满足停止条件为止，输出结果。

具体流程如图 5.27 所示。

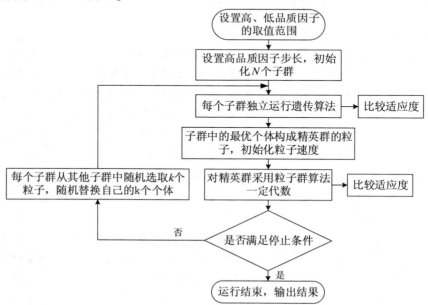

图 5.27　算法步骤

该算法采用分层结构，底层使用遗传算法，贡献全局搜索能力，保证了种群多样性，避免因品质因子遗漏造成的分解效率不佳；顶层采用粒子群算法，加快收敛速度，减轻计算机运行负荷。采用分层结构既保证了品质因子的选择范围，又加快了最优品质因子的筛选速度，提高系统效率。

5.5.3   实测信号分析实例

利用 2D12 –70 型往复压缩机对最优品质因子信号共振稀疏分解方法进行验证。实验选取（一级缸侧气阀处的）两个周期故障振动数据，振动信号时域波形如图 5.28 所示。由图 5.28 可知，振动信号中存在明显冲击现象，具有强烈的非平稳特性。

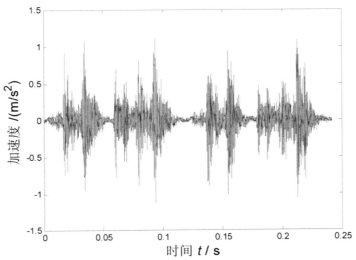

图 5.28   故障振动信号时域波形

采用本文的分层优化方法优选品质因子，得到的最优高、低品质因子分别为 10.68 和 1.02，冗余度 r 取为 3。利用最优品质因子进行信号共振稀疏分解，结果如图 5.29 所示。

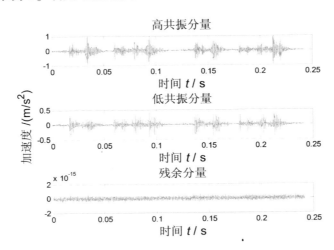

图 5.29   最优品质因子信号共振稀疏分解结果

往复压缩机工作环境复杂，振动信号中常伴有噪声，噪声信号属于窄带信号，具有高品质因子，被分解到高共振分量中；故障冲击信号具有低品质因子，被分解到低共振分量中，因此利用信号共振稀释分解方法可有效去除噪声，筛选故障信息。选取图 5.29 中的低共振分量进行 Hilbert 变换求包络谱，结果如图 5.30 所示。

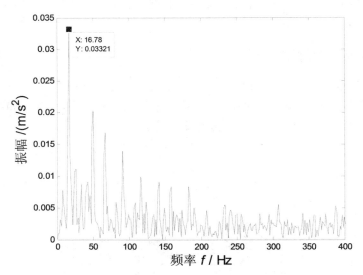

图 5.30　最优品质因子信号共振稀疏分解包络谱

由图 5.30 可知，振动信号出现强烈的非平稳冲击特性，这是由于轴承因磨损产生的间隙过大而导致碰撞产生的冲击现象。在往复惯性力的作用下，一个周期会出现两次冲击，因此包络频谱在二倍频 16.78Hz 处有明显谱线，这与往复压缩机轴承间隙故障相一致，证明了信号共振稀疏分解方法的有效性。

为了方便比较，选取高、低品质因子分别为 4、1，冗余度为 3（目前常用的高、低品质因子与冗余度的手动选取方式）与本文的方法进行比较，得到低共振分量包络谱如图 5.31 所示。从图 5.31 中可以看出，虽然二倍频 16.78 处出现峰值，但相比于图 5.30，二倍频处的谱线不够明显，证明了本文提出的最优品质因子信号共振稀疏分解方法可以更好地突出故障成分，验证了其优越性。

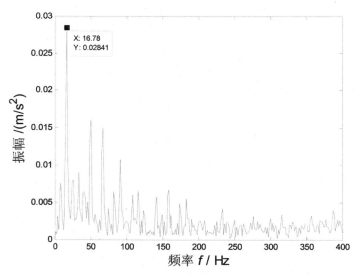

图 5.31　信号共振稀疏分解包络谱

5.5.4　层次模糊熵的算法

1. 层次模糊熵算法步骤

多尺度模糊熵通过设定不同尺度因子可从多尺度描述信号特征，解决了信号单一尺度表征不全的难题。但在重构信号中多尺度模糊熵只分析了原始时间序列的低频模式信息，忽略了高频模式信息，对于大多数故障信号，故障特征不仅包含在低频分量中，高频部分同样包含重要的故障特征。2011 年江英提出了层次熵的概念[24]，用来度量不同节点处的时间序列复杂度。李永波在层次熵的基础上结合了模糊熵，提出了层次模糊熵（HFE）的概念[25]，具体计算流程如下。

（1）给定时间序列 $\{u(i),i=1,2,\cdots,N\}$，其中 $N=2^n$，定义均值算子 Q_0 与差值算子 Q_1 如下：

$$Q_0(u)=\frac{u(2j)+u(2j+1)}{2},j=0,1,2,\cdots,2^{n-1} \qquad (5-50)$$

$$Q_1(u)=\frac{u(2j)-u(2j+1)}{2},j=0,1,2,\cdots,2^{n-1} \qquad (5-51)$$

$Q_0(u)$ 和 $Q_1(u)$ 分别为原始时间序列经过一次层次分解后的均值成分与差值成分。二者可重构原始时间序列为：

$$u=\{(Q_0(u)_j+Q_1(u)_j),(Q_0(u)_j-Q_1(u)_j)\},j=0,1,2,\cdots,2^{n-1} \qquad (5-52)$$

由此可知，$Q_0(u)$ 和 $Q_1(u)$ 构成了原始时间序列多层分析的第二层。当 $j=0$ 或 1 时，算子 Q_j 可表示为一个矩阵（矩阵形状取决于时间序列长度）

$$Q_j=\begin{bmatrix} \frac{1}{2} & \frac{(-1)^j}{2} & 0 & 0 & \cdots & 0 & 0 \\ 0 & 0 & \frac{1}{2} & \frac{(-1)^j}{2} & \cdots & 0 & 0 \\ 0 & 0 & 0 & 0 & \cdots & \frac{1}{2} & \frac{(-1)^j}{2} \end{bmatrix} \qquad (5-53)$$

（2）令 e 为整数，且 $0\leqslant e\leqslant 2^n-1$，构造一个 n 维向量 $[L_1,L_2,\cdots,L_n]\in\{0,1\}$，则 e 可表示为：

$$e=\sum_{i=1}^n L_i 2^{n-i} \qquad (5-54)$$

由上式可知，e 有唯一一组向量 $[L_1,L_2,\cdots,L_n]$ 与之对应。

（3）定义时间序列每一层的每个节点的粗粒化序列为：

$$u_{n,e}=Q_{L_n}\cdot Q_{L_{n-1}}\cdot\cdots\cdot Q_{L_1}(u) \qquad (5-55)$$

式中，$u_{0,0}$ 为第一层，代表原始时间序列；$u_{n,0}$ 代表第 $n+1$ 层的均值成分，剩余节点代表非均值成分，对于不同的 n 和 e，$u_{n,e}$ 构成了不同层次上的分解信号。$n=3$ 的层次分割如图 5.32 所示。

（4）对所得每一个层次分量求其模糊熵，即为层次模糊熵分析。

$$HFE(u,n,e,m,r)=FuzzyEn(u_{n,e},m,r) \qquad (5-56)$$

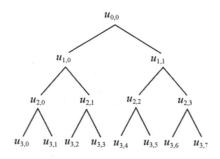

图 5.32　层次分割示意图（$n=3$）

实际上，图 5.32 左侧的 $u_{n,0}$ 对应着多尺度模糊熵中尺度因子为 2^n 的模糊熵值。层次模糊熵将时间序列为 2^n 的尺度与时间序列 $1/2^n$ 的尺度对应起来，使序列从低频到高频不断变化，描述信号特征更加准确。

2. 参数优选与分析

根据层次模糊熵的定义，需要设置 4 个参数：嵌入维数 m，相似容限 r，边界梯度 n 和层次模糊熵分解层数 k。

（1）当信号重构时，嵌入维数 m 决定着重构信号的信息量即信号复杂度。m 越大，信号越复杂，重构信号信息量越多，计算数据长度 N 越大；m 取值过小，会造成重构信息的丢失。综合考虑 m 取值为 2。

（2）相似容限 r 决定信号的统计特性，r 过大，会造成统计特性的丢失，过小则估计的统计特性不准确，而且会增加对结果噪声的敏感性，因此 r 取值为 0.1~0.25SD（SD 为原始时间序列标准差）。

（3）n 为模糊函数的边界梯度，在相似性计算中发挥着权重作用。当 $n>1$ 时，优先考虑较近向量的相似度贡献，而忽略较远向量，n 取值过大则会导致信号细节的丢失，$n<1$ 时相反，因此为捕获更多细节信息，根据经验及文献记载 n 取值为 2。

（4）分解层数 k 决定信号的频带划分效率，k 值越大信号分解越详细，但计算量也会随之增大，影响计算效率，同时分解层数过多会导致每一层的每一个分量计算点减少。k 值过小则会导致频带划分不够详细，无法得到由低频到高频的详细频带信息。

3. 算法分析

层次模糊熵结合了层次熵与模糊熵的概念，从本质上解决了样本熵等只能从单一尺度描述信号特征的难题，同时模糊熵利用指数函数作为相似性度量函数，避免了样本熵因单位阶跃函数造成二分类性质而产生的突变，构造函数边缘更加平稳，变化更加平缓。由于多尺度模糊熵只用一种粗粒化方式代替频谱分割，忽略了同一尺度下其他粗粒化的分割方法，因此只分析了信号的低频部分；层次模糊熵可同时构造信号的低频分量与高频分量，充分考虑粗粒化对频谱分割的影响，将时间序列按频谱特征有效分割，避免了因构造不当造成的信息遗漏。

往复压缩机故障信息频带分布比较丰富，振动信号呈现强烈的非平稳、非线性的特性，且故障特征同时存在于时间序列中，因此只考虑信号中的低频成分不能准确描述信号的故障特征。为了比较多尺度模糊熵与层次模糊熵的差别，构造随机组合信号 $M(t)$ 如下：

$$M(t) = (1-t)\sin(50t) + \sin(t)\cos(30\pi t) + \theta \qquad (5-57)$$

　　式中 θ 为不同信噪比的随机噪声，实验数据长度为 500，构造不同信噪比的组合信号 $M_{\theta=-5}$、$M_{\theta=-10}$ 和 $M_{\theta=-15}$ 时域波形如图 5.33、图 5.34 和 5.35 所示。从图中可以看出，三种仿真信号的能量存在差异且信号呈现强烈的不规则性。分别计算三种信号的多尺度模糊熵值与层次模糊熵值，将 $M_{\theta=-5}$ 的多尺度模糊熵值记为 MFE1，层次模糊熵值记为 HFE1，将 $M_{\theta=-10}$ 的熵值记为 MFE2、HFE2，将 $M_{\theta=-15}$ 的熵值记为 MFE3、HFE3。设定多尺度模糊熵的尺度因子数目为 8，变化范围为 [1，20]，并利用欧氏距离法优化尺度。设定层次模糊熵层次分割次数 k 为 3，嵌入维数 m 均为 3，相似容限 r 均为 0.2SD，边界梯度 n 均为 2。计算得到不同尺度因子的多尺度模糊熵值和不同节点的层次模糊熵值如图 5.36 和图 5.37 所示。

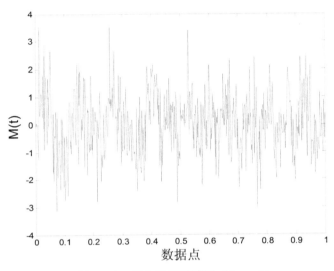

图 5.33　组合信号时域图（$\theta = -5$）

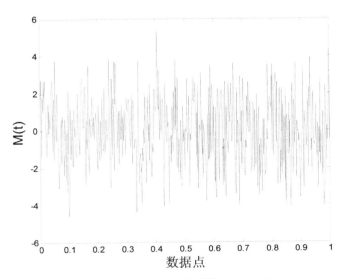

图 5.34　组合信号时域图（$\theta = -10$）

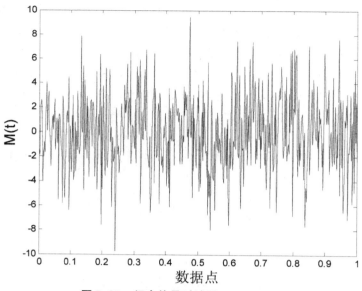

图 5.35　组合信号时域图（$\theta = -15$）

　　观察图 5.36 和图 5.37 可知，不同信噪比影响熵值大小，总体表现为（$HFE1$，$MFE1$）>（$HFE2$，$MFE2$）>（$HFE3$，$MFE3$），这与正确结果相一致，说明多尺度模糊熵与层次模糊熵都可以衡量信号的复杂性。但是，随着尺度因子的变化，多尺度模糊熵出现了较大波动，三种信号的熵值出现多次交叉现象，具有不平稳性，这是由于多尺度模糊熵只分析了信号的低频成分而忽略了高频成分，而仿真信号的高频部分也包含着重要特征。图 5.36 中的尺度因子是利用欧式距离优选出来的最优尺度，不是具体量值，图中横坐标的数值仅代表优选出的 8 种最优尺度。由图 5.37 可知，层次模糊熵在不同节点处的排列顺序几乎保持不变且熵值变化近似独立于节点的变化，说明层次模糊熵具有较好的稳定性；曲线整体呈现下降趋势，说明信号的低频部分包含主要特征信息；节点 2 与节点 6 的熵值较大，说明信号特征不仅包含在低频部分，信号的高频部分也包含重要特征。相比于多尺度模糊熵，层次模糊熵表征信号更加全面，熵值曲线更加平稳，区分更显著，具有较好的相对一致性。

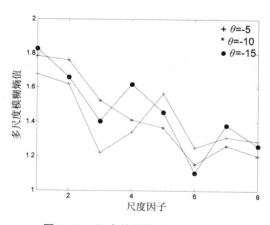

图 5.36　组合信号的多尺度模糊熵

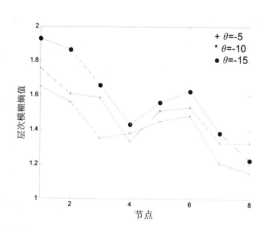

图 5.37　组合信号的层次模糊熵

5.5.5　往复压缩机气阀故障诊断实例

1. 算法流程

本节提出最优品质因子信号共振稀疏分解与层次模糊熵的往复压缩机故障诊断方法。该方法首先利用分层混合优化方式优选品质因子，然后利用最优品质因子进行信号共振稀疏分解，提取含有主要故障信息的低共振分量，再对低共振分量进行层次模糊熵分析，定量描述信号特征，最后利用 SVM 进行诊断、识别。该方法具体过程如下。

（1）选取往复压缩机振动信号进行分层混合优化，优选高、低品质因子。

（2）利用最优品质因子对往复压缩机振动信号进行信号共振稀疏分解，得到高、低共振分量。

（3）计算分解得到的低共振分量的层次模糊熵值，形成特征矩阵。

（4）将各状态的特征向量输入支持向量机中进行识别，诊断故障类型。

基于最优品质因子信号共振稀疏分解与层次模糊熵的故障诊断方法流程如图 5.38 所示。

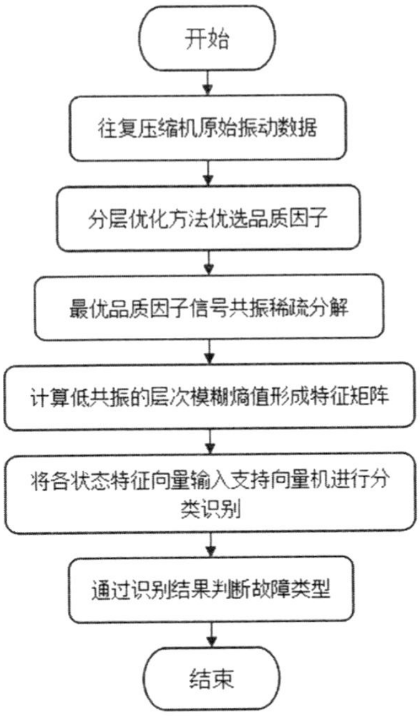

图 5.38　故障诊断流程图

2. 往复压缩机气阀故障诊断

利用 2D12 型往复压缩机模拟气阀三种常见故障，利用传感器采集故障状态和正常状态的振动信号，选取每种状态两个周期的振动数据进行分析，信号采样频率为 50kHz，同样进行 5kHz 的间隔采样，每种状态信号的时域波形如图 5.16（a-d）所示。

采用本节所述的方法对往复压缩机气阀四种状态振动信号进行品质因子寻优（分层优化参数设置同 5.5.2 节所述），算法由于采用了分层结构，底层使用遗传算法，贡献全局搜索能力，将底层的全部子群与局部搜索的精英群隔离，保证种群多样性；顶层粒子群算法，加快收敛速度，提高运算率。算法结合层次模糊熵通过层次划分与粗粒化分析；同时，构造信号的低频分量与高频分量，充分考虑粗粒化对频谱划分的影响，有效分割频谱特征，避免信息遗漏。层次模糊熵通过构造信号不同频段信息，计算每个节点得到的层次化序列的模糊熵值，再对同一节点不同分段的熵值进行优化，可同时分析信号的低频成分与高频成分，对信号特征的描述更为全面。

具体结果如表 5-11 所示，然后利用最优品质因子进行信号共振稀疏分解，各状态的分解结果如图 5.39 至图 5.42 所示。

表 5-11　四种状态品质因子

品质因子	正常状态	阀片断裂	阀片有缺口	气阀少弹簧
高 Q	6.08	6.47	8.59	8.32
低 Q	1.17	1.12	1.05	1.26

　　图 5.39 至图 5.42 中，分解结果从上到下依次是高共振分量、低共振分量和重构信号的残余分量，从图中可以看出信号分解过程中残余分量能量很少，保证了重构信号的有效性。

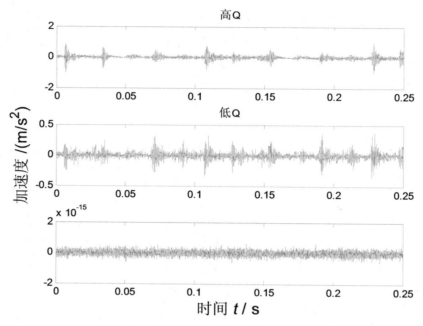

图 5.39　气阀正常状态信号共振稀疏分解结果

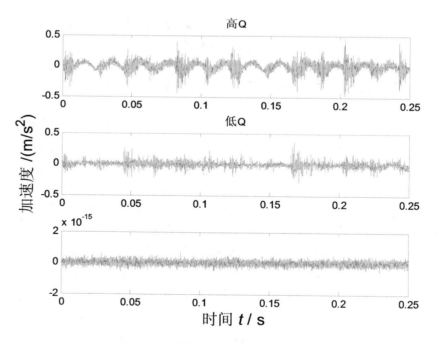

图 5.40　阀片断裂信号共振稀疏分解结果

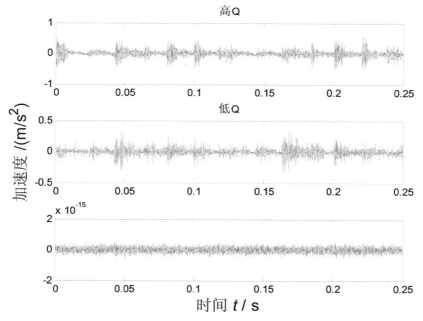

图 5.41　阀片有缺口信号共振稀疏分解结果

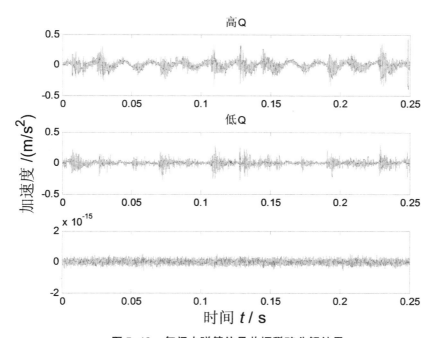

图 5.42　气阀少弹簧信号共振稀疏分解结果

选取上述分解中的低共振分量做层次模糊熵分析，构建特征向量。设置层次模糊熵的参数为：嵌入维数 m 为 2、相似容限 r 为 $0.15SD$、边界梯度 n 为 2、分解层数 k 为 3 层。各状态的特征向量如表 5 – 12 所示。

表 5 – 12　各状态特征向量

故障位置	节点						
	Fen1	Fen2	Fen3	Fen4	Fen5	Fen6	Fen7
正常	1.6889	1.5658	1.3212	1.2126	1.1023	1.4137	1.7212
阀片断裂	1.8457	1.9323	1.3023	1.1746	1.3471	1.7928	1.7098
阀片有缺口	1.7981	1.6312	1.2987	1.0313	1.1727	1.4612	1.6636
气阀少弹簧	1.8231	1.6637	0.9653	0.9878	1.1167	1.5207	1.5787

　　选取径向基函数作为 SVM 的核函数，利用遗传算法进行参数寻优，优化结果为 $\gamma = 11.706$，惩罚参数 $C = 3.2042$，此时系统准确率为 98%。选取气阀四种状态各 30 组数据进行最优品质因子信号共振稀疏分解；将得到的低共振分量进行层次模糊熵分析，提取特征向量，构建特征矩阵；经归一化和预降维处理后，以每种工况的 20 组特征向量作为训练样本，剩余 10 组特征向量作为测试样本，建立 SVM 并进行诊断测试，分类结果如图 5.43 所示。图 5.43 中故障类型分为 1、2、3、4，依次代表往复压缩机的振动状态为气阀正常工作、阀片断裂、阀片有缺口和气阀缺少弹簧。观察图 5.43 可知，仅当阀片有缺口时出现一个错分现象，系统整体分类准确率为 97.5%，验证了本方法的有效性。

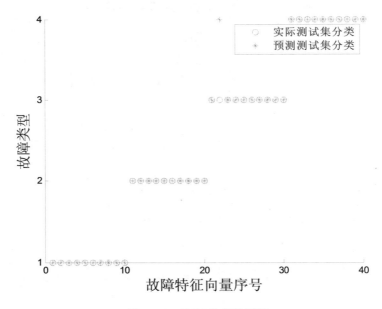

图 5.43　SVM 分类结果图

　　为了比较品质因子优化和层次模糊熵在信号分解和表征信号特征方面的优越性，选取上述四种状态振动信号各 100 组进行最优品质因子信号共振稀疏分解；将得到的低共振分量进行层次模糊熵分析（分解层数为 3）。经归一化和预降维处理后，以每种工况的 70 组特征向量作为训练样本，剩余的 30 组特征向量作为测试样本，建立 SVM 并进行诊断测试。为了方便比较，利用传统方式选择品质因子，分别设置高、低品质因子为 4 和 1，冗余度 r 为 3，进行信号共振稀疏分解，计算低共振分量的层次模糊熵值。同样选取上述各状态振动信号 100 组，以每种工况的 70 组特征向量作为训练样本，剩余的 30 组作为测试样本，建立 SVM 并进行诊断测试，结果如表 5-13 所示。

选取上述 100 组数据进行最优品质因子信号共振稀疏分解，将得到的低共振分量进行尺度为 8 的多尺度模糊熵分析，以每种工况的 70 组特征向量作为训练样本，剩余的 30 组作为测试样本，建立 SVM 并进行诊断测试，结果如表 5-14 所示。由表 5-13 和表 5-14 可知，手动选择品质因子往往带有随意性，不能较好地分离故障信息，而基于分层混合优化的品质因子寻优可根据信号特点自适应的选择品质因子，分解效果更加明显；层次模糊熵通过层次划分可实现信号由低频到高频的有效分离，相比于多尺度模糊熵只分析信号的低频部分，层次模糊熵表征信息更加全面，描述信号特征更加准确。以往复压缩机气阀故障为实验对象，本文提出的最优品质因子信号共振稀疏分解与层次模糊熵结合的故障诊断方法识别效果均为最好，从而验证了该方法的优越性。

表 5-13　不同品质因子识别准确率

故障位置	最优品质因子信号共振稀疏分解与 HFE			信号共振稀疏分解与 HFE		
	错分数	识别率（%）	总体识别率（%）	错分数	识别率（%）	总体识别率（%）
正常	0	100		2	93.3	
阀片断裂	0	100	97.5	4	86.7	89.2
阀片有缺口	2	93.3		3	90	
气阀少弹簧	1	96.7		4	86.7	

表 5-14　不同方法识别准确率

故障位置	信号共振稀疏分解与 HFE			信号共振稀疏分解与 MFE		
	错分数	识别率（%）	总体识别率（%）	错分数	识别率（%）	总体识别率（%）
正常	0	100		1	96.7	
阀片断裂	0	100	97.5	3	90	93.3
阀片有缺口	2	93.3		2	93.3	
气阀少弹簧	1	96.7		2	93.3	

5.6　VMD 与 MFDFA 融合的气阀故障诊断方法

根据第二章介绍的自适应分解技术我们了解到，VMD 作为有效的模态分解手段，为气阀类故障的不同失效模式表现的振动响应提供有效的故障分离手段；同时，针对气阀因果型故障特征和振动信号波动表现，MFDFA 法在有效分离自身演化的趋势的同时，结合多重分形奇异谱参数意义，建立描述全局性周期延迟或异化特征的有效语言，并反映故障特征与参数间的映射关系，通过奇异谱特征参数优选，为非线性时序的多层次、精细化分形分析提供有效的表征语言。将 VMD 与 MFDFA 结合用于气阀故障特征识别，既能有效刻画信号局部概率测度的不均匀特征，又准确描述了具有多重分形特征的混沌时间序列的动态行为。

5.6.1 多重分形奇异谱

（1）MFDFA 算法

DFA（Detrend Fluctuation Analysis）分析法是 Peng[26]等人在 1994 年基于 DNA 机理率先提出的，该方法利用标度指数地滤去脱氧核糖核酸内分子链序列中的各阶趋势成分，成功的探测其中的相关与可能性程度。Kantelhardt 等在 DFA 基础上提出的多重分形去趋势波动分析方法（简写为 MFDFA）[27]，该法能方便地计算标度指数和多重分形谱，并进行有效的分析，基于 MFDFA 相关性分析已经在生命科学、环境科学、经济学和机械故障诊断等领域得到广泛应用，其中，Hurst 指数相关分析已经被证明是研究非平稳时序长程相关性的最可靠、最重要的工具之一。

MFDFA 具体算法步骤如下：

①对序列 $\{x_k | k = 1, 2, \cdots, N\}$ 去均值，构造求和序列

$$Y(i) = \sum_{k=1}^{i} (x_k - \langle x \rangle), i = 1, 2, \cdots, N \qquad (5-58)$$

$$\langle x \rangle = \frac{1}{N} \sum_{k=1}^{N} x_k \qquad (5-59)$$

②将 $Y(i)$ 划分成 $N_s = \text{int}(N/S)$ 个长度为 s 相互不重叠的子区间，为保证信息完整可得到 $2N_s$ 个子区间；以最小二乘法拟合 k 阶多项式，可得：

当 $m = 1$，2，$\cdots$，N_s 时

$$F^2(s, m) = \frac{1}{s} \sum_{i=1}^{s} \{Y[(m-1)s+i] - y_m(i)\}^2 \qquad (5-60)$$

当 $m = N_s + 1, N_s + 2, \cdots, 2N_s$ 时，

$$F^2(s, m) = \frac{1}{s} \sum_{i=1}^{s} \{Y[N-(m-1)s+i] - y_m(i)\}^2 \qquad (5-61)$$

③计算 $F^2(s, m)$ 均值，并表示为 q 阶波动函数 $F_q(s)$

$$F_q(s) = \left\{ \frac{1}{2N_s} \sum_{m=1}^{2N_s} [F^2(s, m)]^{\frac{q}{2}} \right\}^{\frac{1}{q}} \qquad (5-62)$$

当 $q > 0$ 时，$F_q(s)$ 反映了时间序列的大波动趋势；而 $q = 2$ 时，MF-DFA 就退化成了 DFA；当 $q < 0$ 时，$F_q(s)$ 反映了时间序列的小波动趋势；$q = 0$ 时，

$$F_o(s) = \exp\left\{ \frac{1}{4N_s} \sum_{m=1}^{2N_s} \ln[F^2(s, m)] \right\} \propto s^{h(0)} \qquad (5-63)$$

④若时间序列是自相似的，那么 $F_q(s)$ 的 q 阶波动趋势与时间尺度 s 满足以下幂律关系：

$$F_q(s) \propto s^{h(q)} \qquad (5-64)$$

式中，$h(q)$ 即为广义 Hurst 指数；对 $F_q(s)$ 和 s 的双对数函数进行分析，可以得到波动函数的标度性，对具有多重分形特性的时间序列分析时，$h(q)$ 表现为依赖于 q 的函数。

⑤该时间序列的多重分形集的 Hausdorff 维数为：

$$f\left(\alpha\left(q\right)\right)=\lim_{\delta\to0}\frac{\sum_i\mu_i\left(q,\delta\right)\ln\left[\mu_i\left(q,\delta\right)\right]}{\ln\delta} \qquad (5-65)$$

序列的整体奇异性平均值为：

$$\alpha\left(q\right)=\lim_{\delta\to0}\frac{\sum_i\mu_i\left(q,\delta\right)\ln\left[p_i\left(\delta\right)\right]}{\ln\delta} \qquad (5-66)$$

以上二者与 $h(q)$ 关系可表示为：

$$\alpha=\frac{d\tau(q)}{dq}=h(q)+qh^{'}(q) \qquad (5-67)$$

$$f\left(\alpha\right)=q\alpha-\tau\left(q\right)=q\left[\alpha-h\left(q\right)\right]+1 \qquad (5-68)$$

（2）多重分形奇异谱

多重分形奇异谱（Multi-fractal Singularity Spectrum，MSS）可利用 MFDFA 方法得到，谱参数能够描述多重分形时间序列的动态行为，同时，奇异指数反映了分形在小区域内的增长概率，并表征了局部概率测度中时间序列分布的不均匀程度。

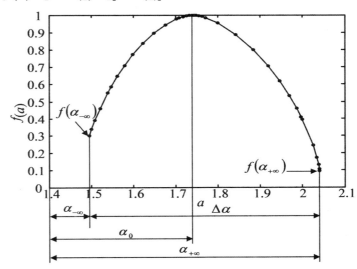

图 5.44　多重分形奇异谱特征参数

结合图 5.44 分析 "倒钟形" 奇异谱的形态特征和物理意义，我们知道，奇异谱的左端点的斜率 $\alpha_{-\infty}$ 对应奇异指数的最大波动性，该点的 $q\to+\infty$；同理，奇异谱的右端点 $\alpha_{+\infty}$，对应奇异指数的最小波动性，该点的 $q\to-\infty$；同时，谱宽 $\Delta\alpha=\alpha_{-\infty}-\alpha_{+\infty}$ 反映了整个分形结构中时间序列概率测度分布的不均匀程度；而极值点 $q=0$ 的斜率，使得多重分形奇异谱的极值等于 Hausdorff 维数，$\alpha(0)$ 反映了 $q=0$ 时的局部概率测度在时间序列分布的不均匀状态。

结合上述多重分形奇异谱参数的物理意义，分析和评估谱参数对阀片故障类间状态识别的特征差异，图 5.45 给出了正常状态和阀片断裂状态振动信号的多重分形奇异谱。

表 5-15 列出了图 5.45 中多

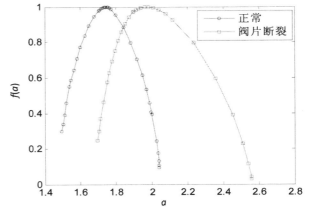

图 5.45　正常与阀片断裂状态振动信号的多重分形奇异谱比较

重分形奇异谱参数。从图表中分析，我们可以看到多重分形奇异谱的形状和位置坐标的明显差异，验证了基于多重分形奇异谱的形态参数能有效反映振动信号在概率分布上的可辨识度。

表 5–15　正常与阀片断裂状态多重分形奇异谱参数比较

阀片状态	MSS 参数					
	$\alpha_{+\infty}$	$f(\alpha_{+\infty})$	α_0	$\alpha_{-\infty}$	$f(\alpha_{-\infty})$	$\Delta\alpha$
正常	2.0401	0.0937	1.7438	1.4955	0.2983	0.5447
阀片断裂	2.5587	0.2487	1.9591	1.6961	0.0303	0.8626

基于以上讨论，多重分形奇异谱的三个特征点有明确的物理意义和明显的特征敏感性，本章采用由其组成的 6 维特征值（$\alpha_{-\infty}$, $f(\alpha_{-\infty})$, $\alpha(0)$, $\alpha_{+\infty}$, $f(\alpha_{+\infty})$), $\Delta\alpha$）作为基本特征向量，提取各工况状态下的特征值，以便对非线性时序的奇异性征兆进行识别。

5.6.2　特征提取方法

（1）方法的引入

VMD 可以自适应地分解成一系列模态分量信号，其包含了原始振动信号的特定频段信息，而 MFDFA 可通过去趋势算法消除时间序列非平稳趋势的影响，利用不同阶数波动函数分析不同层次时间序列的尺度行为，可充分描述和揭示非平稳时间序列中的多重分形奇异谱分布特征。

从第 3 章中 VMD 算法对参数的要求可知，分解层次也就是预设的 K 值对应不同故障状态的层次信息，因此，有必要对所有故障状态的振动信号进行 VMD 分解。考虑到 VMD 分量冗余性对趋势波动去除的影响，以及融合算法对目标分类的需要，需要统一分解尺度 K。通过第 4 章对轴承间隙故障的识别可知，基于 VMD 分量 BLIMF 的相关与冗余分析，能最大限度地保留状态特征，并提升故障间在分形奇异谱中的特征差异。

为解决以上问题，采用最大相关最小冗余性法[28]（Minimum Redundancy Maximum Relevance，mRMR）自适应选择 VMD 的预分解尺度 K。MRMR 准则本质上是一种特征选择方法，其核心思想是利用互信息计算相关和冗余的特征参数与分类目标；从理论上讲，该信号的理想分解的结果应该是每个 BLIMF 分量与原信号相关性大，以保证原信号特性的良好继承。

（2）参数的设定

假定往复压缩机信号 $x(t)$ 经 VMD 分解后，可获得 K 个 BLIMF 分量，即：$\{u_k\} = \{u_1, u_2, \cdots, u_K\}$，这 K 个 BLIMF 的相关性 D 可表示为：

$$D = \frac{1}{K}\sum_{u_i \in \{u_k\}} I(u_i, x) \tag{5-69}$$

其中，$I(u_i, x)$ 代表 $u_i(t)$ 和 $x(t)$ 之间的互相关信息；

同样，对 K 个 BLIMF 分量，冗余 R 可以表示为：

$$R = \frac{2}{K(K-1)}\sum_{u_i,u_j \in \{u_k\}, and i \neq j} I(u_i, u_j) \tag{5-70}$$

即，MRMR 准则表示如下：

$$\max(M), M = D - \beta R \tag{5-71}$$

其中 M 是 mRMR 的判别函数，β 为调整系数。由于 BLIMF 分量与原信号之间的相关性比冗余更为重要，在算法中选择 $\beta = 0.6$。

（3）算法分析与流程

基于以上知识，我们可得到包含特定频段信息的多重分形信号，通过 MFDFA 方法对每个 BLIMF 计算，获得一组特征向量矩阵。但该特征组中的特征向量并不都是状态的"有用"特征信息，同时，对于往复式压缩机气阀的诊断而言，大量的特征向量会降低其鲁棒性，甚至导致诊断精度的下降，因此需采用一种从特征向量组提升信息的方法。主成分分析（Principal Component Analysis，PCA）是提取数据特征的有效方法，通过构造一个新的综合变量来代替原始变量，可简单有效反映原始变量的完整信息[29]。

在上述讨论的基础上，提出基于 VMD 与 MFDFA 的气阀故障振动信号特征提取方法，基于 VMD 与 MFDFA 的气阀故障诊断流程具体计算过程如图 5.46 所示。

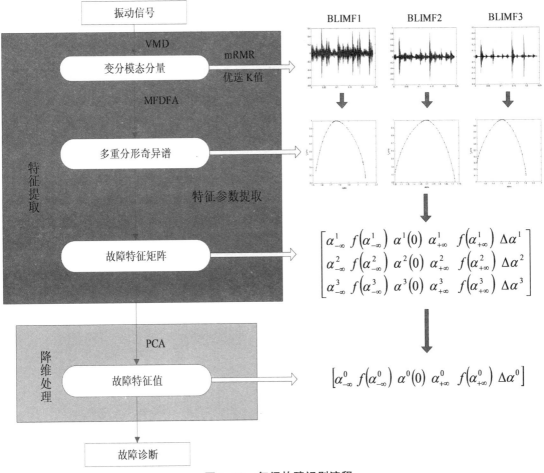

图 5.46　气阀故障识别流程

具体计算过程如下：

①利用 VMD 方法将不同工作状态的原始信号分解成若干个 BLIMF，分解值 K 通常从 2 到 8。

②为了用相同的层次 K 对 VMD 分解，首先计算各故障状态的 BLIMF 下的判别函数 M 值，对每个故障状态中的 M 值求和，然后重复计算所有参数 K（通常从 2 到 8），并选择最大 M 值下的 BLIMF 对应的 K 为最优分解层次。

③在优选的 K 值下，基于 MFDFA 算法提取每个 BLIMF 分量的特征参数，即选择左端点（$\alpha_{-\infty}$，$f(\alpha_{-\infty})$），右端点（$\alpha_{+\infty}$，$f(\alpha_{+\infty})$），极值点 $\alpha(0)$ 和谱宽值 $\Delta\alpha$，构造包含多重分形奇异谱特征的 6 维向量（$f(\alpha_{-\infty})$，$\alpha(0)$，$\alpha_{-\infty}$，$\alpha_{+\infty}$，$f(\alpha_{+\infty})$，$\Delta\alpha$），即每个状态向量包含 6 个元素。

④由于大量的元素会影响诊断精度，利用 PCA 方法对其预处理，即选择经 PCA 降维分析得到的特征参数，作为最终的故障特征向量。

⑤结合故障间特点，优选智能化识别方式，最终实现压缩机气阀故障的诊断。

5.6.3　参数设定与比较

首先，我们结合上一节对 VMD 参数选择的讨论，利用 MRMR 方法确定了 4 种状态下的 VMD 预分解尺度参数 K，即根据式 5 – 69 至式 5 – 71，对四种不同的振动信号阀故障分解个数从 $K=2$，3，…，8，依次分别重复计算；然后，将不同 K 值下的每个故障状态的 M 值结果绘于图 5.47。

从图中可见，M 值随着分解值 K 呈现先增大后减小的趋势，当 $K=3$ 时，四种不同状态的 M 值总和达到最大。因此，在下面的研究中，我们选择 $K=3$ 作为 VMD 分解气阀故障信号的最优参数。

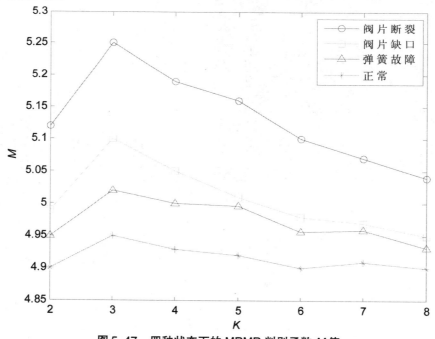

图 5.47　四种状态下的 MRMR 判别函数 M 值

对 VMD 分解获得的前 3 个 BLIMF 分量，通过 MFDFA 算法提取各分量的多重分形奇异谱，在 MSS 的计算中标度指数 q 值选择为 – 10 到 10。为了更好地分析各故障状态下各分量的多重分形奇异谱的差异，将各状态同一分量分别对比，如图 5.48 至图 5.50 所示。

从图中可观察到，经过有效分解的本征模态分量的奇异谱，能显示出各状态间的明显特征差异，奇异谱中心值、谱宽、极值和左右极限点斜率都具有明显的可分性，同时我们注意到，信号具有明显的多重分形特性，正常状态下 $\Delta\alpha, \Delta f$ 最小，利用上一节中提出的 6 维参量，运用适当的模式识别方式可有效地对故障分类和诊断。

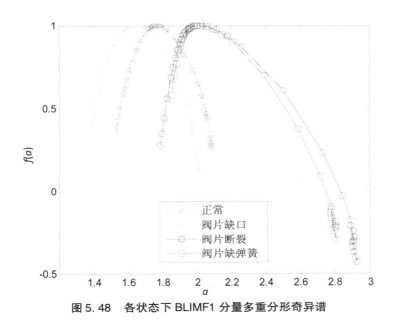

图 5.48　各状态下 BLIMF1 分量多重分形奇异谱

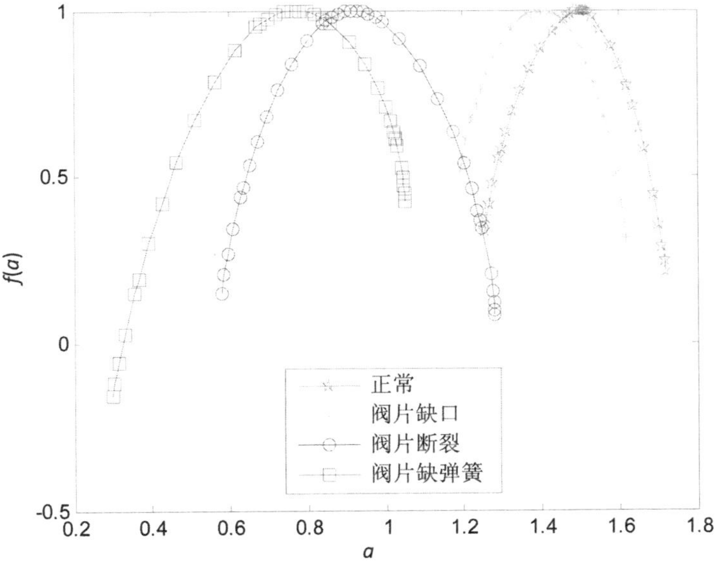

图 5.49　各状态下 BLIMF2 分量多重分形奇异谱

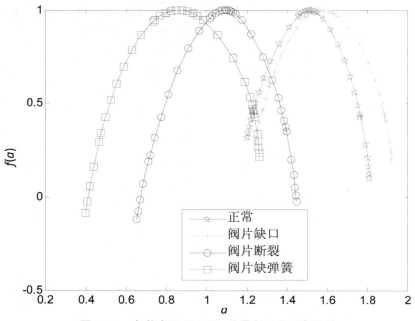

图 5.50 各状态下 BLIMF3 分量多重分形奇异谱

为方便分析，对每种状态分别计算三组 BLIMF 分量奇异谱特征向量，将其整理并列于表 5-16 中；可见各状态下的特征量差异较大，显示出良好可分性。

表 5-16 不同气阀状态下各 BLIMF 分量的多重分形奇异谱参数

气阀故障类型		MSS 参数					
		$\alpha_{+\infty}$	$f(\alpha_{+\infty})$	$\alpha(0)$	$\alpha_{-\infty}$	$f(\alpha_{-\infty})$	$\Delta\alpha$
正常	BLIMF1	1.8559	0.1644	1.5740	1.3428	0.3884	0.5131
	BLIMF2	1.8922	0.0797	1.5815	1.2689	0.2040	0.6233
	BLIMF3	1.8234	0.2714	1.5503	1.2102	0.4092	0.6133
阀片断裂	BLIMF1	2.5227	-0.0992	1.9543	1.6839	0.0954	0.8388
	BLIMF2	1.6836	-0.0979	1.3301	0.9827	0.1959	0.7009
	BLIMF3	1.8544	-0.2050	1.3104	0.8019	-0.0101	1.0525
阀片缺口	BLIMF1	1.9940	0.0008	1.5264	1.2443	0.3788	0.7497
	BLIMF2	1.7502	0.0980	1.3867	1.1139	0.5932	0.6362
	BLIMF3	1.8354	0.1800	1.5057	1.1384	0.3682	0.6970
弹簧失效	BLIMF1	2.8369	-0.3271	2.0045	1.8578	0.6212	0.9791
	BLIMF2	1.0954	-0.1606	0.5830	0.2464	0.1829	0.8490
	BLIMF3	1.0827	0.1442	0.6979	0.1635	0.0619	0.9192

然后，根据上一节的诊断流程，利用 PCA 技术提取并突出特征信息，将最后提升后的特征向量列于表 5-17 中；在每种故障状态下，特征单元由表 5-16 的 18 个缩减到 6 个，有助于提高识别效率和准确性。

表 5 - 17　不同气阀状态下最终状态特征值

气阀故障类型	最终状态特征值					
正常	− 0. 0357	− 0. 1070	0. 1650	0. 0340	− 0. 1293	0. 0730
阀片断裂	− 0. 8435	0. 0079	0. 4011	− 0. 2479	0. 4423	0. 2400
阀片缺口	0. 1960	0. 0694	− 0. 2091	0. 0571	0. 0131	− 0. 1265
弹簧失效	1. 8864	0. 0035	− 0. 9158	− 0. 1818	− 0. 9707	0. 1783

5.6.4　故障模拟与识别验证

（1）故障模拟与特征提取

结合 5. 1 节中典型气阀振动信号波动趋势特点分析，分别对 2D12 型压缩机一、二级气阀模拟 3 种故障，分别为气阀阀片断裂、阀片缺口和阀片缺弹簧；为对故障识别方法实现有效验证，针对大量采样数据，在每一个阀门状态中抽取了 150 个特征向量样本，其中 100 个作为训练样本，其他 50 个作为测试样本，为比较分析的方便，采用相同数量的样本训练和测试，分别利用五种方法进行特征提取，这五种方法分别为：

①VMD_MFDFA 和 PCA 法；

②EMD_MFDFA 和 PCA 法；

③小波包 MFDFA 和 PCA 法；

④MFDFA 和 PCA 法；

⑤VMD_MFDFA 法。

（2）识别方法与参数设置

为进一步评估本章所述的基于 VMD 和 MFDFA 特征提取方法的有效性，在故障模式识别中引入了两种方法，分别是二叉树支持向量机（Binary Tree Support Vector Machine，BTSVM）和卷积神经网络（Convolutional Neural Network，CNN）；对于 BTSVM 法，利用遗传算法优化后取核函数 γ = 3. 57 和误差惩罚参数 C = 1. 85；对于 CNN 法，由于网络构成包括输入层、卷积层、采样层、全连接层和输出层[30,31]，且卷积核的大小和数目以 CNN 的采样宽度对故障分类结果有重要影响。因此，根据特征向量数据的研究，将卷积核大小设为 2 × 1：卷积核的个数为 8，采样宽度为 2 × 1，基于经验和长期实验确定全连接隐层神经元数为 8；同时，模型网络的权值和偏置值被初始化为 0 ~ 1 之间的随机数。

（3）识别结果与结论

对于每个故障状态，50 个测试样本经 BTSVM 和 CNN 识别，其结果如表 5 - 18 所示。

结果表明，在同样数量的样本条件下，本章提出的 VMD_MFDFA 和 PCA 结合的诊断方法，其分类故障识别准确率和总准确率均优于其他四种特征提取方法。同时，EMD_MFDFA 和 PCA、小波包的 MFDFA 和 PCA 识别准确率略高于单一的 MFDFA 和 PCA 法。可见，采用自适应分解算法对提高 MFDFA 的抗噪声干扰能力并突出特征信息是十分有效和必要的。

表 5 – 18　不同方法识别精度比较

特征提取方法	气阀状态识别准确率（%）								总识别率（%）	
	正常		弹簧故障		阀片断裂		阀片缺口			
	BTSVM	CNN	BTSVM	CNN	BTSVM	CNN	BTSVM	CNN	BTSVM	CNN
VMD_MFDFA &PCA	98	100	96	98	100	98	98	100	98	99
EMD_MFDFA & PCA	96	98	92	94	96	96	90	92	93.5	95
Wavelet packet – MFDFA & PCA	92	92	90	92	92	94	90	90	91	92
MFDFA & PCA	90	90	88	90	90	92	90	92	89.5	91
VMD_MFDFA	94	94	92	92	94	96	90	92	92	93

从表 5 – 18 中我们也观察到，PCA 技术明显提升了 VMD_MFDFA 法的故障识别率，也验证了使用 PCA 法的必要性，是一种提高往复压缩机气阀故障分类诊断准确性的有效算法。

5.7　本章小结

本章从往复压缩机气阀故障对设备连续运行的重要影响入手，结合故障类型与时域波动特征的响应关系，基于融合手段提出了基于形态学滤波与 EWT 最优品因稀疏分解与 HFE 融合 VMD_MFDFA 3 种气阀故障特征提取方法。

（1）首先结合改进经验小波变换方法与数学形态学方法，通过对尺度变换参数的优选对频谱进行自适应分解，依据信号所处的不同状态进行自适应滤波，最后使用形态谱熵进行故障模式识别。

（2）针对往复压缩机气阀振动的复杂性与非平稳性，将品质因子优化与信号共振稀疏分解及层次模糊熵相结合，通过筛选低共振分量计算层次模糊熵，构建特征矩阵，利用 SVM 作为模式分类识别诊断特征，对多分类的气阀故障实现了有效诊断，验证了其有效性。

（3）应用 VMD 方法从模态分量间相关和冗余关系角度优选分解层次，采用 MFDFA 构造并提取奇异谱特征值矩阵，再经过主分量分级技术降维，并提升各状态信号的特征向量，结合二叉树支持向量机和卷积神经网络两种故障识别方式比较分析，实现对往复压缩机不同气阀故障模式特征的有效识别，且效果优良。

参考文献

［1］余良俭. 往复压缩机故障诊断技术现状与发展趋势 ［J］. 流体机械，2014（1）：36 – 39.

［2］王金东. 往复压缩机状态检测与故障诊断技术研究 ［D］. 哈尔滨工业大学博士后研究报告，2003.

［3］李志农，朱明，褚福磊，等. 基于经验小波变换的机械故障诊断方法研究 ［J］. 仪器仪表学报，2014，35（11）：2423 – 2432.

［4］J. Gilles. Empirical wavelet transform. IEEE Trans. Signal Process，2013，61（16）：3999 – 4010.

［5］Hongrui Cao，Fei Fan，Kai Zhou，Zhengjia He. Wheel – bearing fault diagnosis of trains using empirical wavelet transform. Measurement，2016，82：439 – 449.

［6］J. Gilles，G. Tran，S. Osher，2D empirical transforms. Wavelets，ridgelets，and curvelets revisited. SIAMJ. Imaging Sci.，2014，7（1）：157 – 186.

［7］　J. Gilles, K. Heal. A parameterless scale - spaceapproachto find meaningful modes in histograms - applicationto image and spectrumsegmentation. Int. J. Wavelets Multiresolution Inf. Process, 2014, 12（06）.

［8］　陈白帆，蔡自兴. 基于尺度空间理论的 Harris 角点检测［J］. 中南大学学报（自然科学版），2005，36（5）：751 - 754.

［9］　董宁娟. 基于参数识别的往复压缩机气阀故障诊断方法研究［D］. 哈尔滨：哈尔滨工业大学，2006.

［10］　赵俊龙. 往复式压缩机振动信号特征分析及故障诊断方法研究［D］. 大连：大连理工大学，2010.

［11］　Jun Pan, Jinglong Chen, Yanyang Zi, Yueming Li, Zhengjia He. Mono - component feature extraction for mechanical fault diagnosis using modified empirical wavelet transform viadata - driven adaptive Fourier spectrum segment. Mechanical Systems and Signal Processing, 2016, 72 - 73：160 - 183.

［12］　李兵，张培山，米双山，等. 机械故障信号的数学形态学分析与智能分类［M］. 北京：国防工业出版社，2011.

［13］　李春枝，何建荣，田光明. 数学形态滤波在振动信号分析中的应用研究［J］. 计算机工程与科学，2008，30（9）：126 - 128.

［14］　章立军，杨德斌，徐金梧，等. 基于数学形态学滤波的齿轮故障特征提取方法［J］. 机械工程学报，2007，43（2）：71 - 75.

［15］　高洪波，刘杰，李允公. 基于改进数学形态谱的齿轮箱轴承故障特征提取［J］. 振动工程学报，2015，28（5）：831 - 838.

［16］　于江林，王金东. 往复压缩机状态检测与维修技术［M］. 哈尔滨：东北林业大学出版社，2010.

［17］　崔宝珍. 自适应形态滤波与局域波分解理论及滚动轴承故障诊断［D］. 太原：中北大学，2013.

［18］　郝如江，卢文秀，褚福磊. 滚动轴承故障信号的多尺度形态学分析［J］. 机械工程学报，2008，44（11）：160 - 165.

［19］　黄文涛，付强，窦宏印. 基于自适应优化品质因子的共振稀疏分解方法及其在行星齿轮箱复合故障诊断中的应用［J］. 机械工程学报，2016，52（15）：44 - 51.

［20］　Afonso M V, Bioucas J M, Figueiredo M A T. Fast Image Recovery Using Variable Splitting and Con - strained Optimization［J］. IEEE Trans. on Image Processing, 2010, 19（9）：2345 - 2356.

［21］　Afonso M V, Bioucas J M, Figueiredo M A T. An augmented Lagrangian approach to the constrained optimization formulation of imaging inverse problems［J］. IEEE Transactions on Image Processing, 2011, 20（3）：681 - 695.

［22］　吴立华，白洁，左亚军，等. 基于 Matlab 的遗传算法在结构优化设计中的应用［J］. 机电工程技术，2017，46（10）：44 - 47.

［23］　程声烽，程小华，杨露. 基于改进粒子群算法的小波神经网络在变压器故障诊断中的应用［J］. 电力系统保护与控制，2014，42（9）：37 - 42.

［24］　Jiang Ying, Peng C K, Xu Yuesheng. Hierarchical entropy analysis for biological signals［J］. Journal of Computational and Applied Mathematics, 2011, 236：728 - 742.

［25］　李永波，徐敏强，赵海洋，等. 基于层次模糊熵和改进支持向量机的轴承诊断方法研究［J］. 振动工程学报，2016，29（1）：184 - 192.

［26］　Peng C K, Buldyrev S V, Harlin S, etal. Mosaic organization of DNA nucleotides［J］. Physical ReviewE, 1994, 49（2）：1685 - 1689.

［27］　Kantelhardt J W, Zschiegner S A, Koscielny - Bunde E, et al. Multi - fractal detrended fluctuation analysis of nonstationary time series［J］. Physica A, 2002, 316（1）：87 - 114.

［28］　Ding C, Peng H. Minimum redundancy feature selection from microarray gene expression data［J］. Journal of Bioinformatics and Computational Biology, 2005, 3（2）：185 - 205.

［29］　R. Dunia, S. Joe Qin. Joint diagnosis of process and sensor faults using principal component analysis［J］. Control Eng. Pract. 6（1998）：457 - 469.

［30］　Karpathy A, Toderici G, Shetty S, et al. Large - scale video classification with convolutional neural networks［C］//IEEE Conference on Computer Vision and Pattern Recognition, 2014：1725 - 1732.

［31］　Oquab M, Bottou L, Laptev I, et al. Learning and transferring mid - level image representations using convolutional neural networks［C］//Computer Vision and Pattern Recognition. IEEE, 2014：1717 - 1724.

第6章 往复压缩机典型故障状态评估及预警技术

设备性能衰退评估的概念是由美国威斯康星大学和密歇根大学联合多家企业创建的智能维护系统中心（Center for Intelligent Maintenance Systems，IMS Center）率先提出的，其目的是从各种模式识别方法的自身特点出发，致力于主动维护模式和智能维护的基础技术与方法研究[1]。预测学作为一门交叉型、广泛型学科，在诸如人口预测、地震预报、经济与天体预测等宏观领域发挥了巨大而积极的作用。在机械故障诊断学蓬勃发展的今天，设备状态预测已成为其不可或缺的重要环节，它从研究数据的历史和现状出发，通过机理分析和严密的数学计算，预测设备运行趋势并计算残余寿命。

翁文波院士在其著作《预测学》中曾谈到，预测论必须建立在认识论基础上，而认识体系是由抽象、物理和信息三层次组成[2]。对于复杂的非线性系统而言，造成预测不准确的原因主要表现在三方面，即：系统动力模型与实际的差异、初始条件的影响和计算误差。由于计算误差可随计算机技术和相关容错算法的不断发展得以优化，而合理的抽象和物理——即系统预测模型和初始条件敏感性的处理方法，是摆在非线性系统预测面前的两大难题。压缩机故障预测必须建立在设备状态参数分析与故障程度评估基础上，将设备性能衰退与演化过程分析技术相结合，从而预测出设备在未来一段时间内的运行状态和可能出现的故障，即设备故障预示研究，可为提早预防和修复故障提供依据，有利于设备的安全运行和维护管理。

我们也知道，故障诊断方法研究是设备评估的基础，以保证往复压缩机连续生产与可靠运行为目的，性能衰退评估与预测方法研究已成为故障诊断领域的研究重点和热点，并且有多种性能衰退评估模型被相继提出。此外，由于往复压缩机故障形式具有多样性，完全准确获取其状态信息是不现实的。但通过经验积累和故障统计，往复压缩机的典型故障形式是确定的，其状态信息是可以获取的。若通过故障状态评估方法判断往复压缩机发生各种典型故障的可能性，而不是确定其发生的是哪一种具体故障，显然更具有可行性和工程意义。

6.1 改进 BTSVM 的轴承间隙状态评估

大型往复压缩机由于结构复杂，激励源众多，部件运动形式多样，其故障特征表现出复杂的非线性，而且故障特征相互耦合，样本数量少。鉴于 SVM 在解决非线性、小样本以及局部极小等问题的优势，是往复压缩机故障特征诊断识别的理想方法。

支持向量机（SVM）是以 Vapnik 等人提出的统计学习理论为基础发展而来的一种通用机器学习方法，在解决非线性、小样本以及高维模式识别等问题中具有诸多优势。SVM是二类分类器，而实际分类往往为多类问题，目前，SVM 解决多类分类问题的方法有：一对多（OAA）[3]、一对一（OAO）[4]、有向无环图（DDAG）[5]和二叉树（BT）[6]等。其中，与一对一、一对多和有向无环图等方法相比，二叉树 SVM 具有分类器数目与重复训练样本数量少，分类速度快，不存在拒识区域等优点，是一种非常适合故障诊断的 SVM 多类分类算法。

二叉树 SVM 的推广能力依赖于二叉树的生成顺序，必须利用合理的策略来生成二叉树结构。类的可分性测度设计是有效设计二叉树 SVM 多类分类器层次结构的基础。类间样本距离是广泛采用的类间可分性标准。此外，以类内样本分布作为可分性测度，将分布最广的类最先分离出来。类间样本距离和类内样本分布从不同的角度描述了样本的可分性，若基于二者的优点，将两者结合作为类的可分性测度，可更全面反映样本的可分性。

误差惩罚参数和所选用核函数的核参数是影响 SVM 性能的主要因素，目前，通常利用以训练样本得出的识别准确率为目标优选误差惩罚参数和核参数。在多分类 SVM 参数寻优过程中，多个 SVM 子分类器通常使用统一的参数设置，虽然节省了大量的训练时间，但是却降低了各 SVM 子分类器性能，从而影响整体识别准确率[7]。多分类算法中每个 SVM 子分类器的参数是相互独立的，因此，可以对每个 SVM 进行独立的参数寻优过程，使各个 SVM 均处于最佳性能，从而提高整体识别准确率。

SVM 是通过建立最大间隔超平面来实现分类的，对于不属于两类的特征向量也会根据与两类向量的相似性而被分到其中的一类，分类结果仅表明此向量属于这一类的概率性更大[8]。因此，SVM 对同一类特征向量样本集的分类结果具有概率统计的特性，利用这一特性可以建立往复压缩机故障状态评估模型。

6.1.1　支持向量机常用多类分类方法

（1）一对多（One - against - all）

一对多方法（OAA）是由 Vapnik 等人提出的[3]，对于 N（$N > 2$）类问题，该方法构造 N 个两类 SVM 分类器，以第 i 类样本作为正的训练样本，而其他类样本作为负的训练样本，训练第 i 个 SVM。在决策阶段，利用 N 个两类 SVM 对样本进行测试，最后以各个两类 SVM 输出的最大值判别样本所属类别。

一对多方法的优点是仅需训练 N 个两类 SVM，故其 SVM 数量少，所以分类速度较快。该方法的不足是在训练过程中每个 SVM 都需要以全部样本作为训练样本，由于训练样本数量大，SVM 的训练速度相对较慢，因此，训练效率低。再者，该方法以两类 SVM 分类器的输出取符号函数，则有可能存在测试样本同属于多类或不属于任何一类的问题。

（2）一对一（One - against - one）

一对一方法（OAO）是由 Knerr 等提出的[4]，对于 N 类分类问题，该方法由 N 类中的任意两类训练样本训练得出 SVM 子分类器，共需要构造 $N(N-1)/2$ 个 SVM 子分类器。在决策阶段，采用组合投票法，得票最多的类即为测试样本所属的类。

一对一方法的优点是在每个 SVM 子分类器中只考虑到两类样本，所以训练过程简单，单个子分类器的训练时间短。缺点是 SVM 的数目 $N(N-1)/2$ 随类数 N 的增加而急剧增加，导致在决策时速度很慢；若某个子分类器不规范，就可能导致整个分类器趋于过学习，而且还存在着推广误差无界；此外，还存在拒识区域问题。

（3）有向无环图方法（Decision Directed Acyclic Graph）

有向无环图方法（DDAG）是 Platt 等提出的[5]，对于 N 类问题，该方法在训练阶段与一对一方法相同，将 $N(N-1)/2$ 个两类 SVM 分类器组合成多类分类器。然而在决策阶段，从根节点开始使用有向无环图，对于特定样本，从根点开始根据各个节点 SVM 子分类器的分类结果决定其走向，直至到达叶子节点，判断得出该样本的所属类别。

有向无环图方法优点是决策效率要比一对多和一对一方法高，不足是根节点的选择对分类结果有较大影响，根节点的子分类器不同，其分类结果也会有所不同，使分类结果具有不确定性。

（4）二叉树法（Binary Tree）

二叉树方法（BT）是由 Vural 和 Dy 提出的[6]，对于 N 类问题，该方法在根节点先将全部类别分为两个子类，再在下一节点将两个子类划分成两个次级子类。依此类推，直至所有节点仅包含一类为止，该节点为二叉树中的叶子，共构造 $N-1$ 个两类 SVM 分类器。在决策阶段，从根节点开始根据分类器的输出值决定其走向左分支还是右分支，直至到达叶子节点，得到样本类别。

二叉树方法的优点是分类过程中按层次将所有类别分成两个子类，直到只包含一个单独的类别为止，并无传统方法存在的拒识区域问题，仅需构造 $N-1$ 个 SVM 分类器，而且在测试过程中并不一定经历所有分类器，训练与决策效率比上述三种方法要高。不足是二叉树层次结构对整个分类器的精度影响较大。

6.1.2　改进二叉树支持向量机

1. 类的可分性测度

二叉树多分类方法中各类所属区域取决于二叉树的生成顺序，也就是 SVM 子分类器在二叉树中所处位置。为提高算法分类性能，必须利用合理的依据来构建二叉树层次结构。二叉树结构中，越是上层节点的性能对整个分类器的性能影响越大。因此，应将最易分割的类置于二叉树的上层节点。

类的可分性测度设计是有效设计二叉树 SVM 分类器层次结构的基础。在分类器的结构设计中，类间样本距离是衡量两个类可分测度的一种重要依据，类别之间的距离越大，可分性越大，越容易分割。类间样本距离这一依据已被广泛接受并应用，文献[9]和[10]以两类样本的最短距离作为可分性测度构建了二叉树 SVM。

此外，文献[11]和[12]提出了以类内样本分布作为可分性测度，指出每个类的分割顺序决定了其占有的分割区域，先分割出来的类占有的分割区域更大，若让分布广的类占有较大的分割区域，则在类与类之间构造的分类超平面分布更加规则均衡，有利于提高整个分类系统的推广能力。

三类样本的分布情况如图 6.1 所示，其中，类 A 分布最广，类 B 次之，类 C 分布最集中。在构造二叉树分类层次结构时，可以先把分布最广的类 A 先分出来[如图 6.1（a）]，则类 A 在特征空间上所占据的面积最大，所构造的分类超平面 S 分布更加规则均衡，分类系统的推广能力好；也可以先把分布集中的类 C 先分出来[如图 6.1（b）]，则类 C 在特征空间占据的面积最大，所构造的分类超平面 S 分布曲折复杂，分类系统的推广能力相对较差。所以，为了让分布广的类占有较大的分割区域，提高整个分类系统的推广能力，应将分布广的类最先分割出来更合理。

上述研究或以类间样本距离或以类内样本分布情况作为可分性测度，从不同的角度描述了样本的可分性。为了更全面地反映样本可分性，可在借鉴两种标准的基础上，将二者结

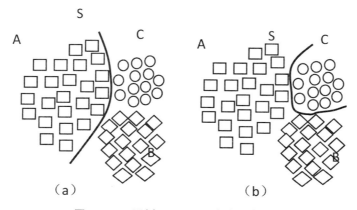

图 6.1　二叉树 SVM 不同次序分类情况

合作为类的可分性测度,综合考虑类间距离和类内样本分布的影响,即提出将类间距离越大且类内分布越广的类最先分离出来的原则。

2. 基于样本距离与分布的可分性测度

为实现将类间距离越大且类内样本分布越广的类最先分离出来这一原则,需建立相应的可分性测度。在先前研究中,学者分别使用了多种不同性质的参数对类间距离或类内分布进行可分性描述,而为了使所建立的可分性测度能合理的融合两种标准,应以同一性质参数对两种标准进行定量评价。此外,由于无法获知各类样本的真实分布,可通过计算各类有限样本集的类间距离和类内分布来对真实值作近似估计。而样本集距离法既可度量类间距离和类内分布范围,又可对真实样本分布情况作近似估计,是融合两类可分性标准的理想参数。计算样本集距离的方法有很多种,常用的有欧氏距离、闵可夫斯基距离和马氏距离等,由于欧氏距离具有计算方便,高维特征空间转换不复杂等特点而被广泛采用。

类内样本距离反映了同类样本的分布范围。在此,采用类内样本平均欧氏距离来衡量类内样本分布范围。类内样本平均距离越小,分布范围越集中,反之亦然。对于同一类特征构成的样本集合 $\{a_i, i = 1, 2, \cdots, k_a\}$,类内样本平均距离定义如下:

计算类内样本欧氏距离:

$$d_{ij}{}^a = d(a_i, a_j) \qquad (6-1)$$

计算样本 a_i 到其他类内样本的平均距离:

$$D_i^a = \frac{1}{k_a - 1} \sum_{j=1}^{k_a} d_{ij}^a, \quad i \neq j \qquad (6-2)$$

计算类内所有样本到其他类内样本的平均距离:

$$AV^a = \frac{1}{k_a} \sum_{i=1}^{k_a} D_i^a \qquad (6-3)$$

类间样本距离反映了不同类的可分离程度。在此,用类间样本平均欧氏距离来衡量,类间样本平均距离越大,类间可分程度越好,反之亦然。对于两类样本集合 $\{a_i, i = 1, 2, \cdots, k_a\}$ 和 $\{b_j, j = 1, 2, \cdots, k_b\}$,其中 $a_i \in A$ 类,$b_j \in B$ 类,则 A 类与 B 类的类间样本平均距离定义如下:

计算两个不同类别样本之间的欧氏距离:

$$d_{ij}{}^{ab} = d(a_i, b_j) \qquad (6-4)$$

计算样本 a_i 到类别 B 各样本间的平均距离:

$$D_i^{ab} = \frac{1}{k_b} \sum_{j=1}^{k_b} d_{ij}^{ab} \qquad (6-5)$$

计算两个不同类别样本集 A 和 B 之间的平均距离：

$$AVI^{ab} = \frac{1}{k_a} \sum_{i=1}^{k_a} D_i^{ab} \qquad (6-6)$$

根据类间距离越大且类内样本分布越广的类最先被分离出来的原则,如果设计的某种可分性测度能在类间距离越大,类内样本分布越广时数值越大,则称这种测度是好的。虽然类内样本平均距离和类间样本平均距离是对两种不同标准的定量描述,但它们是样本集距离的两种具体形式,属于同一性质参数,在数量级上接近,因此,通过权值将二者结合起来定义可分性测度,可定量的融合两种评价标准,可分性测度具体定义为

$$I_{A,B} = AVI^{ab} + K(AV^a + AV^b) \qquad (6-7)$$

式中 AVI^{ab} 为样本集合 A 与 B 的类间样本平均距离, AV^a 和 AV^b 分别为样本集合 A 和 B 的类内样本平均距离, K 为权值系数,调节类间平均距离与类内平均距离的权重。当各类类间平均距离相等时,样本分布范围越广的两类, $I_{A,B}$ 越大,则可分性越强;同理,当各类类内平均距离相等时,样本类间平均距离越远的两类, $I_{A,B}$ 越大,则可分性越强。由此可知,可分性测度 $I_{A,B}$ 既反映了类间距离,又反映了类内分布范围。

虽然所提出的可分性测度结合了类间距离与类内分布情况,但是,二者对类的可分性的影响是否完全相同,具有怎样的权重关系,并无相关理论依据进行定量分析。因此,可借鉴参数优化的思想,在所提出的可分性测度中引入权值系数 K 来确定二者的权重。

由于不同权值所对应的二叉树结构可能不同, K 值的选取可以针对具体问题,在一定范围的取值序列内,通过目标优化的方式确定。对于权值取值范围,由于当权值大于或小于某一数值时,某一标准对可分性测度的影响较小,不会对层次结构产生影响,因此,可选取此时权值的临界值作为序列的取值范围。对于权值的优化选取方式,由于权值序列对应着不同的二叉树层次结构,而不同层次结构 SVM 的识别准确率也不同,因此,可根据最高的识别准确率确定最优权值。

3. 算法步骤与流程

二叉树存在两种层次结构,一是完全二叉树,在每个节点处,由多个类与多个类构造分类超平面;二是偏二叉树,在每个节点处,由一个类与其他类构造分类超平面。在此只考虑偏二叉树情况,改进二叉树 SVM 的计算流程图如图 6.2 所示,具体步骤如下:

（1）根据训练样本,计算各类类内样本平均距离 AV 和类间样本平均距离 AVI;

（2）确定权值 K 取值,以 2 的多次幂作为取值序列的元素,以 2^0 作为权值 K 序列的初始值,计算得出各类间的可分性测度 $SI = I_{i,j}, i, j = 1, 2, \cdots, N, i \neq j$。构造表示可分性测度的对称矩阵为

$$SI = \begin{bmatrix} 0 & I_{1,2} & \cdots & I_{1,N-1} & I_{1,N} \\ I_{2,1} & 0 & \cdots & I_{2,N-1} & I_{2,N} \\ \vdots & \vdots & \ddots & \vdots & \vdots \\ I_{N-1,1} & I_{N-1,2} & \cdots & 0 & I_{N-1,N} \\ I_{N,1} & I_{N,2} & \cdots & I_{N,N-1} & 0 \end{bmatrix};$$

（3）对可分性测度矩阵 SI 的每一行分别求和,并按和值大小对各类进行可分性排序,若

数值相等,序号小的在前,确定二叉树层次结构;

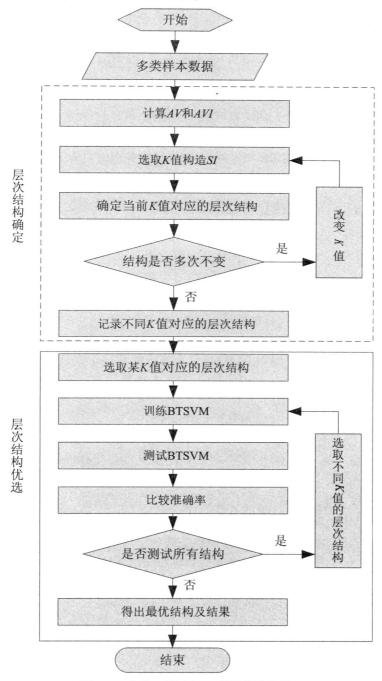

图 6.2　改进二叉树 SVM 的计算流程图

(4)不断增加或降低权值 K 元素的指数,以获得新的权值,重复步骤(2)和(3)确定不同权值所对应的层次结构,直至指数的多次增加或降低不会对二叉树层次结构产生影响,以此时两个临界值作为序列的取值范围,具体每次权值指数的增量可结合计算精度确定;

(5)根据权值序列中一具体 K 值对应的层次结构,将可分性最大类的样本集作为第一个 SVM 的正类,将余下 $N-1$ 类合并,作为第一个 SVM 的负类,以正负两类训练 SVM,得到

子分类器结构参数;

(6)在余下的 $N-1$ 类样本集中选出可分性最大的类样本集作为第二个 SVM 的正类,将余下 $N-2$ 类合并,作为第二个 SVM 的负类,以正负两类训练 SVM,得到子分类器结构参数;

(7)重复根据可分性排序建立 SVM 的过程,直至建立 $N-1$ 个 SVM 子分类器,完成二叉树 SVM 的构建;

(8)利用训练样本测试当前权值 K 下二叉树 SVM 的识别准确率;

(9)选取权值序列中不同 K 值所对应的层次结构,重复过程(5)至(8),根据最高的识别准确率确定最优的层次结构,以最优层次结构所对应的权值 K 为最优权值,若不同权值的最高识别准确率相同,以最小的权值 K 为最优,最优权值 K 值所对应的层次结构即为改进二叉树层次结构。

6.1.3 改进 BTSVM 独立参数优化方法

1. 独立参数优化问题的提出

SVM 在模式识别过程中,影响其性能的主要因素是误差惩罚参数和所选用核函数的核参数,然而,二者的选择尚无理论依据。目前,通常利用以训练样本得出的识别准确率为目标优选误差惩罚参数和核参数。SVM 是针对二分类问题提出的,对于多分类问题,通过将 SVM 子分类器组合起来求解。在参数寻优过程中,多个 SVM 子分类器均使用同样的参数设置。由于每个 SVM 子分类器识别的样本是不同的,虽然使用相同的参数设置会节省大量的训练时间,但是却降低了各个 SVM 的准确率,从而影响整体识别性能。多分类算法中每个 SVM 子分类器的参数是相互独立的,其中一个 SVM 参数的改变不会对其他 SVM 性能产生影响。因此,可以对多分类算法中的每个 SVM 进行独立的参数寻优过程,使多分类算法中的各个 SVM 均处于最佳性能,提高整体的识别准确率。

2. 算法步骤与流程

针对二叉树多分类 SVM 算法,提出独立参数 SVM 的寻优过程的步骤如下:

(1)根据训练样本中各类样本的可分性测度建立二叉树结构,确定二叉树每个子分类器对应的两类训练样本集;

(2)在取值范围内选择一组误差惩罚参数和核参数组合建立 SVM,以二叉树第一分支节点所对应的训练样本集进行测试得出识别正确率,再改变误差惩罚参数和核参数组合重新建立并测试 SVM,直至找到最高识别准确率所对应的参数组合为该分支子分类器的最优参数;

(3)逐次选取下一分支所对应的训练样本集,寻找该分支子分类器的最优参数,直至寻找到二叉树所有子分类器的最优参数完成整个多分类算法的参数寻优过程。

该寻优过程的流程图如图 6.3 所示。

3. 标准数据集试验

为了评价所提出的改进二叉树 SVM 多分类算法的性能,在此以 UCI 机器学习数据库的 wine、segment 和 vowel 数据集对一对一、一对多、以类间样本平均距离为可分性测度的距离二叉树、以类内样本平均距离为可分性测度的分布二叉树、改进二叉树算法及独立参数改进二叉树算法进行试验测试,各算法均在 LibSVM 工具箱基础上修改实现。各数据集的信息如表 6-1 所示。

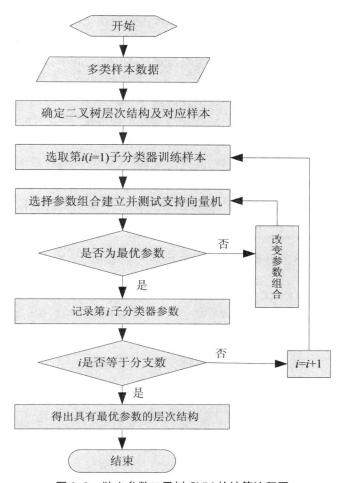

图 6.3　独立参数二叉树 SVM 的计算流程图

表 6 - 1　数据集信息统计表

数据集	训练样本数	测试样本数	类别数	属性数
wine	89	89	3	13
segment	2100	210	7	19
vowel	528	462	11	10

为了避免样本中各属性取值范围差异的影响,对样本数据进行了归一化预处理,线性调整到 $[0,1]$。此外,为了提高计算速度,利用主元分析(PCA)对样本进行了降维处理。对于 SVM,核参数和误差惩罚参数 C 是影响其性能的主要因素。径向基核函数是广泛应用的 SVM 核函数,具体形式为 $K(x,x_i) = \exp\{-\gamma \parallel x - x_i \parallel^2\}$,其中,核参数为 γ。在此,各算法均选用径向基核函数,以遗传算法优化核参数 γ 和误差惩罚参数 C 的参数组合。

对于改进二叉树 SVM,可分性测度中权值 K 的取值不同所对应的二叉树层次结构可能不同。因此,针对每个问题,以权值 K 继续增大或减小时,二叉树层次结构不发生变化的临界值,作为取值范围确定权值 K 的取值序列。对于不同的权值 K,以最高识别准确率确定权

值 K 的最优取值。其中,对于同一权值 K,遗传算法多次优化的 SVM 参数组合 $[\gamma,C]$ 会略有不同,在此,以 5 次优化过程中最高的识别准确率作为最优权值 K 所对应的识别准确率。

各种算法所对应的最优参数和识别结果如表 6-2 所示,其中,$[\gamma,C]$ 为 SVM 最优参数组合,K 为最优权值,R 为最高识别准确率,T_{train} 为训练时间,T_{test} 为测试时间,SVs 为支持向量数目。同一数据集中不同算法的最高识别准确率、最少测试时间和最少支持向量数以加粗表示。从表 6-2 中可以看出,对于 wine 和 segment 数据集,独立参数改进二叉树 SVM 的识别准确率最高,对于 vowel 数据集,独立参数改进二叉树 SVM 识别准确率与一对一算法一致,且高于其他算法。对于所有数据集,改进二叉树 SVM 的识别准确率均高于距离二叉树 SVM 和分布二叉树 SVM,验证了改进二叉树算法的优越性,而且独立参数改进二叉树算法的识别准确率均高于改进二叉树算法,验证了独立参数 SVM 寻优算法的优越性。

表 6-2 各算法最优参数和识别准确率

数据集	一对一	一对多	距离 BT	分布 BT	改进 BT	独立参数改进 BT
	$[\gamma,C]$, $R(\%)$,T_{train}, T_{test},SVs	$[\gamma,C]$, $R(\%)$,T_{train}, T_{test},SVs	$[\gamma,C]$, $R(\%)$,T_{train}, T_{test},SVs	$[\gamma,C]$, $R(\%)$,T_{train}, T_{test},SVs	$[\gamma,C]$, $R(\%)$,T_{train}, T_{test},K,SVs	$R(\%)$, T_{train},T_{test}, K,SVs
wine	$(14.5,25.8)$, $97.75,7.65$, $0.064,78$	$(4.2,15.7)$, $95.50,5.32$, $0.044,72$	$(2.6,14.6)$, $96.62,4.89$, $0.042,58$	$(7.4,25.3)$, $97.75,4.67$, $0.040,60$	$(5.5,18.8)$, $98.87,18.60$, $0.038,2^1,56$	100.00, $67.2,0.035$, $2^1,52$
segment	$(4.3,15.8)$, $99.05,123.12$ $2.13,676$	$(1.5,33.6)$, $98.10,89.23$ $1.89,576$	$(3.5,24.2)$, $99.05,78.34$ $1.63,453$	$(1.8,15.6)$, $98.57,76.12$ $1.59,436$	$(3.2,24.3)$, $99.52,174.64$ $1.53,2^0,415$	100.00, 372.32, $1.48,2^0,413$
vowel	$(1.5,22.6)$ $88.74,43.32$ $0.23,468$	$(4.7,13.8)$ $87.87,40.67$ $0.18,453$	$(2.6,15.3)$ $88.31,38.45$ $0.16,428$	$(4.9,13.5)$ $88.31,37.42$ $0.16,432$	$(4.5,13.8)$ $88.53,136.32$ $0.15,2^{-1},413$	88.74, $442.65,0.14$, $2^{-1},402$

再者,支持向量数目多少直接反映了所建立 SVM 的泛化性能,对不同二叉树多分类算法,支持向量数目越少说明泛化性能越好,同时具有更高的识别准确率和测试效率。由表 6-2 可知,由于层次结构的选择过程,虽然改进二叉树算法的训练时间要明显长于另两种二叉树算法,但是其具有更少的支持向量数目和更短的测试时间,说明了改进二叉树算法在泛化性能方面的优越性。同样由于独立参数改进二叉树算法具有独立参数的优化过程,在训练时间上要更长于改进二叉树算法,但支持向量数目和测试时间进一步降低,说明了该算法在泛化性能方面优越性更突出。

6.1.4　往复压缩机轴承间隙故障识别

1. 故障试验信号位置特征识别

鉴于往复压缩机振动信号具有非线性特性，其不同位置故障状态的特征之间也呈现非线性关系，因此，SVM 是其理想的模式识别方法。对故障模拟试验中测得的振动信号，利用多重分形和奇异值分解方法分别提取了 4 种不同位置轴承间隙故障和正常状态的特征向量。在此，取上述 5 种状态各 100 组特征向量作为样本集，经归一化和降维预处理后，以每种工况的 60 组样本作为训练样本，计算各状态类内样本平均距离和类间样本平均距离。根据权值 K 取值序列确定方法，以 1 为指数增量，确定二叉树层次结构，发现当权值 K 大于 2^4 或小于 2^{-4} 时，二叉树层次结构已不发生变化，因此，确定此样本集权值 K 的取值序列为 $[2^{-4}, 2^{-3}, \cdots, 2^3, 2^4]$。

对于各个子分类器 SVM，首先使用统一的核参数 γ 和误差惩罚参数 C 进行优化。对于某一权值 K 所对应的二叉树层次结构，应用 LibSVM 工具箱，选用径向基核函数，以遗传算法优化统一核参数 γ 和误差惩罚参数 C 的参数组合，再以每种工况的另外 40 组样本为测试样本，测试得出识别准确率。对于同一权值 K，进行 5 次遗传算法 SVM 参数优化，以最高的识别准确率作为当前权值 K 所对应的识别准确率。各权值所对应的二叉树层次结构和最高识别准确率如表 6 - 3 所示。由表 6 - 3 可知，在 K 取值 2^{-1} 时所对应的识别准确率最高，因此确定二叉树的层次结构为：W5（一级连杆大头）＞W2（二级连杆大头）＞W4（一级连杆小头）＞W3（二级连杆小头）＞W1（正常）。

随后，对于各个子分类器 SVM，分别使用独立的核参数 γ 和误差惩罚参数 C 进行优化。其训练与测试样本以及权值 K 的确定方法与统一参数法相同。各权值所对应的二叉树层次结构及其最高识别准确率如表 6 - 4 所示。由表 6 - 4 可知，二叉树的最优层次结构未发生变化，同样在 K 取值 2^{-1} 时所对应的识别准确率最高，但与表 6 - 3 相比各层次结构的最高识别准确率均有所提高，说明了独立参数优化方法的优越性。

表 6 - 3　各权值 K 对应的改进二叉树层次结构和识别准确率

权值 K	二叉树层次结构					最高识别准确率（％）
2^{-4}	W4	W2	W5	W1	W3	91.0
2^{-3}	W4	W2	W5	W3	W1	91.0
2^{-2}	W5	W2	W3	W4	W1	94.5
2^{-1}	W5	W2	W4	W3	W1	95.5
2^0	W2	W5	W3	W4	W1	95.0
2^1	W2	W5	W4	W3	W1	95.0
2^2	W4	W3	W5	W1	W2	93.0
2^3	W3	W4	W5	W1	W2	92.5
2^4	W3	W4	W1	W5	W2	91.0

表6-4　各权值 K 对应的独立参数改进二叉树层次结构和识别准确率

权值 K	二叉树层次结构					最高识别准确率（%）
2^{-4}	W4	W2	W5	W1	W3	91.5
2^{-3}	W4	W2	W5	W3	W1	91.5
2^{-2}	W5	W2	W3	W4	W1	95.5
2^{-1}	W5	W2	W4	W3	W1	96.5
2^{0}	W2	W5	W3	W4	W1	96.0
2^{1}	W2	W5	W4	W3	W1	95.5
2^{2}	W4	W3	W5	W1	W2	93.5
2^{3}	W3	W4	W5	W1	W2	92.5
2^{4}	W3	W4	W1	W5	W2	91.5

为评价改进二叉树SVM的性能，以同样的训练样本集建立了距离二叉树SVM和分布二叉树SVM，并以相同的测试样本集进行了测试。各算法所对应的层次结构，以及各层次结构所对应的各节点识别准确率和平均识别准确率如表6-5所示。由表6-5可知，不仅独立参数改进二叉树SVM的平均识别准确率最高，而且其各节点子分类器的识别准确率均为最高值，表明改进二叉树SVM的层次结构能够将最易分离的样本最先分离出来，证明了其性能的优越性及其对往复压缩机不同位置轴承间隙故障特征识别的适用性。

表6-5　不同位置轴承故障试验特征各算法层次结构及其识别准确率

算法	各层次结构及其识别准确率（%）					平均准确率（%）
距离 BT	W4	W2	W5	W1	W3	91.0
	95.0	92.5	92.5	87.5	87.5	
分布 BT	W3	W4	W1	W5	W2	91.0
	97.5	92.5	92.5	87.5	85.0	
改进 BT	W5	W2	W4	W3	W1	95.5
	100	97.5	95.0	92.5	92.5	
独立参数改进 BT	W5	W2	W4	W3	W1	96.5
	100	100	97.5	92.5	92.5	

6.1.5　往复压缩机轴承间隙故障状态评估

1. 基于支持向量机的状态评估方法

往复压缩机结构复杂，激励源众多，且工况多变，其故障形式具有多样性。故障诊断是以先验知识为基础的，若实现某类型或某程度故障的准确诊断，必须获得该故障的状态信息，以特征提取和模式识别方法对其进行诊断。然而，对于众多的故障形式，完全准确获取其状态信息是不现实的，但通过经验积累和故障统计，往复压缩机的典型故障形式是确定的，其状态信息是可以获取的。若通过故障状态评估方法判断往复压缩机发生各种典型故障的可能性，而不是确定其发生的是哪一种具体故障，显然更具有可行性和工程意义。

对于往复压缩机传动机构轴承间隙故障而言，其典型故障形式是确定的，主要是两级连杆大头和小头不同位置的轴瓦磨损发生间隙过大故障，以及每个位置轴瓦发生轻度、中度和重度磨损三种程度的故障。往复压缩机轴承故障诊断的主要目标是首先诊断故障发生在什么位置，再诊断其具体处于什么程度。然而在实际运行过程中，往往是多个轴承同时在磨损，只是其中某一个轴承磨损相对更严重且特征更突出一些，而且这个轴承的磨损程度也不一定恰好是以上三种程度，更可能处于其中两者之间。因此，以状态评估方法首先估计故障位置概率，再估计故障程度概率，显然更有实际工程意义。

SVM 是通过在两类特征向量样本集中选取支持向量，并利用其建立具有最大间隔的超平面来实现分类的。所建立的超平面将特征空间分为两部分，被识别的特征向量经映射后处于特征空间的哪一部分，就对应着哪一类别。然而，对于不属于两类的特征向量在输入该 SVM 后也会根据与两类向量的相似性被分到其中的一类，分类结果仅表明此向量属于这一类的概率更大。对于多个类别，同样是特征向量被分为哪一类，说明它属于这一类的概率更大。一个特征向量样本分类结果属于确定性问题，只能说其属于某一类的概率是 1，而属于其他类的概率均为 0。若对同一状态提取多个特征向量形成样本集，识别结果就会多样化，而哪个类的得票数越多，说明状态属于这一类的概率越大，反之，属于这一类的概率越小。因此，提出以某一状态特征向量样本集的多类 SVM 识别结果评估所属其状态概率的指标：

$$P(S_t = i \mid x_1, x_2, \cdots, x_j, \cdots, x_M) = \sum_{j=1}^{M} I_i(y_j)/M , \tag{6-8}$$

$$I_i(y_j) = \begin{cases} 0 & y_j \neq i \\ 1 & y_j = i \end{cases},$$

其中，S_t 为当前状态，i 为目标状态，x_j 为状态 S_t 的特征向量，y_j 为特征向量 x_j 的识别结果，M 为特征向量集样本数目。具有 5 个目标状态的二叉树 SVM 状态评估流程如图 6.4 所示。

当前状态 S_t 处于所有 N 个目标状态的概率之和为 1，即

$$\sum_{i=1}^{N} P(S_t = i \mid x_1, x_2, \cdots, x_j, \cdots, x_M) = 1 \tag{6-9}$$

在当前状态下获取状态特征向量样本集，通过已建立的轴承故障位置识别 SVM，即可先估计出其故障发生位置的概率，选定概率最高的故障位置，再利用已建立的轴承故障程度识别 SVM 估计其故障程度的概率，即可实现对轴承故障状态的全面评估。

2. 典型故障形式状态评估

在本章上一节中，分别利用试验信号特征和仿真信号特征建立了二叉树 SVM 分类识别器。对于一个样本分类器输出的结果是确定值，若仅用多个同一状态的特征向量样本集去测试 SVM，则其每个二叉树分支节点得票数占总数的百分比正是被测试状态属于该目标状态的概率，相比模式识别结果，不仅考虑了最大可能类别的概率情况，也考虑了其他分类的可能性。

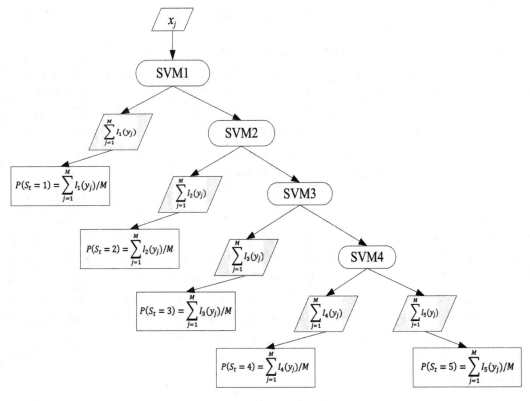

图6.4　二叉树 SVM 状态评估流程图

利用先前训练测试 SVM 时所使用的特征向量样本集，对建立的独立参数改进二叉树 SVM 进行故障评估，其中每种状态的特征向量样本集包含 100 组样本。以试验信号特征进行的故障位置评估结果如表 6－6 所示，以仿真信号特征进行的故障位置评估结果如表 6－8 所示，以仿真信号特征进行的故障程度评估结果如表 6－9 所示。由于进行状态评估所使用的样本集正是训练测试 SVM 所使用的样本集，因此，每种状态都在其相应的目标状态处得到了较高的概率，而且这一概率与先前模式识别过程中，测试样本集得到的识别准确率是基本一致的。

表6－6　基于试验信号特征的轴承间隙故障位置状态评估结果

实际状态	目标状态概率				
	W1	W2	W3	W4	W5
W1	0.93	0.03	0.02	0.01	0.00
W2	0.00	1.00	0.00	0.00	0.00
W3	0.01	0.03	0.92	0.03	0.01
W4	0.00	0.00	0.01	0.98	0.01
W5	0.00	0.00	0.00	0.00	1.00

表 6 - 8　基于仿真信号特征的轴承间隙故障位置状态评估结果

实际状态	目标状态概率				
	W1	W2	W3	W4	W5
W1	0.95	0.02	0.02	0.01	0.00
W2	0.00	1.00	0.00	0.00	0.00
W3	0.01	0.02	0.96	0.01	0.00
W4	0.00	0.01	0.01	0.98	0.00
W5	0.00	0.00	0.00	0.00	1.00

表 6 - 8　基于仿真信号特征的轴承间隙故障程度状态评估结果

实际状态	目标状态概率			
	C1	C2	C3	C4
C1	0.95	0.02	0.02	0.01
C2	0.00	1.00	0.00	0.00
C3	0.00	0.02	1.00	0.00
C4	0.00	0.01	0.01	0.98

SVD 算法是一种矩阵正交化方法，因其具有比例与旋转不变特性，展示出其稳定性良好的固有特性，已经在信号降噪和故障模式识别等领域得到广泛应用。VMD 与多重分形理论相结合的算法在往复压缩机故障特征识别中表现优秀，不过，算法分析的数据多数是基于贫数据或短周期的，然而，基于故障性能衰退是对全寿命周期的分析，必然要求长时间采样分析的一致性，SVD 法的周期信号探测与基于信噪分离的降维运算能有效解决这一问题。

同时，由于性能衰退评估的基本出发点是可靠性，模糊 C 均值聚类中的"隶属度"可认为是可靠性的直观描述，且 KFCM 是一种理论完善、应用广泛的聚类分析方法。该方法通过均方逼近理论构造非线性约束型规划函数，并以类内加权平均误差和函数交替优化求目标函数极小值，显示出比传统的统计理论更优越的分类性能。

通过对往复压缩机振动信号传递路径的复杂性分析，并考虑到统计参数的一致性和敏感性要求，将矩阵正交化分解的奇异值分解（Singular Value Decomposition，SVD）方法用于分离故障特征，经 VMD 分解并提取多重分形奇异谱特征参数，建立核模糊 C 均值聚类（Kernel fuzzy C - means clustering，KFCM）与二叉树支持向量机相结合的评估模型，从而实现不同故障特征的聚类，并为预测和故障分类提供归一化指标。

6.2 MSS_KFCM 的轴承性能衰退评估

6.2.1 SVD 降噪与 MSS 指标

SVD 作为最有用和高效的数学工具之一，一直是现代数值分析领域研究的热点。在信号处理领域，其独立于傅里叶变换原理，却表现出类似于传统时频分析方法的信号处理能力，而且以其独特的降噪和特征提升等处理特点成为故障诊断的一个重要分支。

故障诊断的实质是数据处理，用向量的形式将数据 A 作 SVD 分解可表示为：

$$A = USV = \sum_{i=1}^{p} A_i = \sum_{i=1}^{p} u_i \sigma_i v_i \qquad (6-10)$$

其中，S 是一个对角矩阵，可表示为 $S = diag(\lambda_1, \lambda_2, \cdots, \lambda_k, o)$ 或其转置，$k = \min(m, n)$，$\lambda_1, \lambda_2, \cdots, \lambda_k$ 为矩阵 A 按降序排列的奇异值，o 为零矩阵，$S \in R^{m \times n}$，$A_i \in R^{m \times n}$，$u_i \in R^{m \times 1}$，$v_i \in R^{n \times 1}$，$i = 1, 2, \ldots, p = \min(m, n)$，这就表明任意的矩阵 A 是可以分解成三个矩阵。V 表示了原始域的标准正交基，U 表示经变换后的标准正交基，S 表示了基变换所对应向量之间的关系。对相同信号采用不同的基变换，得到的结果差异明显。

1. SVD 矩阵重构结构

在利用 SVD 进行信号处理之前，一般需构造待分解信号矩阵，考虑两种常见矩阵——Hankel 型（也称为重构吸引子型）和连续截取型[13]。

（1）重构吸引子型

已知等采样间隔的信号序列 $X = [x(1), x(2), \cdots, x(N)]$，按每行放置 n 个采样点，取 $x(2), x(3), \cdots, x(n+1)$ 为第 2 行，即每行依次后移一个采样间隔，类似相空间重构 G_P 算法原理，只是该时间延迟固定为一个采样时间间隔。若连续构造 m 行，则形成 $m \times n$ 的矩阵：

$$A = \begin{bmatrix} x(1) & x(2) & \ldots & x(n) \\ x(2) & x(3) & \ldots & x(n+1) \\ \cdots & \cdots & \cdots & \cdots \\ x(m) & x(m+1) & \ldots & x(N) \end{bmatrix} \qquad (6-11)$$

式中，$N = m + n - 1$ 且 $n \geq 2, m \geq 2$。矩阵 $A \in R^{m \times n}$，即为 Hankel 矩阵，也称为重构吸引子矩阵。

我们注意到，重构吸引子型矩阵进行 SVD 分解后，再按式 6-10 分解可得到 p 个分量矩阵 A_i。如果将 A_i 用行向量 $H_{ij}(j = 1, 2 \cdots, m)$ 表示，$H_{ij} \in R^{1 \times n}$，则 $A_i = [H_{i,1}, H_{i,2} \cdots, H_{i,m}]^T$；显然，矩阵 A 的各行向量就等于全部 A_i 对应各行的行向量的直接相加；若 A_i 去除第一行得到的矩阵用列向量 $L_{i,k}, (k = 1, 2, \cdots, n)$ 表示，$L \in R^{(m-1) \times 1}$，则矩阵 A 除去首行后矩阵用列向量表示，则 $A' = [L_1, L_2, \cdots, L_n]$，$A'$ 的最后一列有：$L_n = L_{1,n} + L_{2,n} + \cdots + L_{P,n}$。

由重构吸引子型矩阵的特点，只需取用矩阵 A 第一行向量 H_i，并在向量 $H_{1,i}$ 后面直接连上 A'_i 的列向量 $L_{i,n}$ 的转置，可方便地将矩阵 A 还原为信号序列 X，即：

$$[H_1, L_n^T] = [H_{1,1} + H_{2,1} + \cdots H_{p,1}, L_{1,n}^T + L_{2,n}^T + \cdots L_{p,n}^T] \qquad (6-12)$$

$$X = X_1 + X_2 + \cdots X_p \tag{6-13}$$

（2）连续截取型

同样对于等采样间隔的信号序列 $X = [x(1), x(2), \cdots, x(N)]$，按每行放置 n 个采样点，若取 $x(n+1), x(n+2), \cdots, x(2n)$ 为第 2 行，即每行等长连续截取信号序列构造 m 行，形成阶数为 $m \times n$ 的矩阵为：

$$A = \begin{bmatrix} x(1) & x(2) & \ldots & x(n) \\ x(n+1) & x(n+2) & \ldots & x(2n) \\ \cdots & \cdots & \cdots & \cdots \\ x((m-1)n+1) & x((m-1)n+2) & \ldots & x(mn) \end{bmatrix} \tag{6-14}$$

式中，$m = int\ (N/n)$ 且 $n \geqslant 2, m \geqslant 2$，矩阵 $A \in R^{m \times n}$，由连续截取型矩阵 A 的构造特点可知，若将 A_i 的全部行向量按顺序首尾相接，也可得到一个分量信号 X_i，从而利用式 6-11，可将所有 A_i 表示成对原信号 X_i 的一种分解。用上述 Hankel 矩阵类似的方法也同样可以证明，原信号与分量信号满足关系 $X = X_1 + X_2 + \cdots X_p$。

以上两种矩阵构造经 SVD 得到所有分量信号 X_i，均具有线性叠加的便利性，也就是可选择适当的分量迅速恢复原信号，且二者具有零相位偏移特性。

2. SVD 与奇异值选择

（1）SVD 降噪原理

若已知信号重构吸引子的轨迹矩阵，并且该信号中包含一定的噪声成分或突变信息，那么 D_m 可以写成

$$D_m = D + W + N \tag{6-15}$$

其中，W 为包含突变特征信息的矩阵，N 为噪声，称为是对矩阵 D 的一个"摄动"；若 D_m 已知，而 D、W 和 N 未知，可以通过对 D_m 的矩阵奇异值分解原理，研究奇异值分布规律与特点，从而分离 D 与 W 并去除 N 以实现特征增强[14]。

根据上面的奇异值分解可知，$D_m = USV$，U 和 V 分别为 $m \times m$ 和 $n \times n$ 矩阵，且 $UU' = I$，$VV' = I$。S 为 $m \times n$ 的对角矩阵，对角线元素按从大到小排列为 $\lambda_1, \lambda_2, \lambda_3, \cdots, \lambda_r$，$r$ 为 $min\ (m, n)$。由于含有噪声的信号轨迹矩阵 D_m 必定为列满秩矩阵，若 D 为奇异的，假定 D 的秩为 $k\ (k < n)$，那么保留 D_m 的前 k 个奇异值而其他奇异值置 0，利用 Hankel 型或连续截取型两种矩阵的还原方法，可使原信号降噪而增强原信号的信噪比。通过有效的矩阵构造和特征增强手段，并合理选择奇异值个数，则可从 D_m 得到原信号中的周期和故障成分。

VMD 算法可有效提取数据中的 BLIMF 模态，可使不同的故障特征以调频调幅有限带宽模态的形式表现出来。考虑到压缩机振动冲击的多源性，振动信号具有多模态耦合、类周期相似性和低信噪比等特点，需要有效的特征提升手段。因此，利用公式（6-14）表示的 SVD 降噪原理对信号重构分解，以实现特征提升。这是对基于 VMD 与多重分形结合算法的有益补充，总结如下：

①SVD 具有较强的奇异性检测能力，对具有一定 Lip 指数的奇异点比 haar 和 db4 等小波有更好的识别效果。

②VMD 虽然具有一定抗噪性，但基于多重分形特征的噪声敏感性而言，借助 SVD 的分离降噪能力，可更好地去除故障信号中的摄动成分。

因此，为建立有效的故障性能衰退指标，结合 SVD 在周期检波方面的优势，以长时采样信号整周期截断的方法，形成列向量数量固定的连续截断型矩阵，经 VMD 分解与

SVD 结合的方法提取特征成分，经参数优化可形成稳定性更好的特征指标。

（2）参数选择与优化

大量试验数据表明，对于周期信号的 SVD 降噪问题，可将矩阵的每一行重构以保证矩阵的行向量均为信号的一个周期，则矩阵分解处理后得到的奇异值中，前几个奇异值很大而其他的奇异值较小，可选择奇异值进行重构实现信号去噪。可采用 SVD 降噪原理对时间序列预处理，进而实现特征的有效提取和向量优化，以建立特征衰退评估指标。

另外，有限长度的信号重构难以再现特征的一致性，提取的评估指标的代表性不够理想。为实现本章提出的 SVD 与 VMD 相结合的算法，有以下 2 个问题需要解决：

①列向量个数固定的长序列矩阵不同时，信号 VMD 分解偏差对结果的影响。

②基于 VMD 分解的特征增强算法对奇异值 λ 逆运算重构个数 n 的确定。

第一个问题可利用信号的归一化方式解决，考虑到故障特征成分通常包含在信号的低频段，以及信号幅值在 SVD 分解中的影响，文中采用能量归一化的方法，可有效消除周期差异对分解模态的影响，同时零偏移特性消除了对故障特征成分提取的有效性的影响。归一化公式如下：

$$B'_i(t) = B_i^2(t) / \sqrt{\int_{-\infty}^{+\infty} B_i^2(t)dt} \qquad (6-16)$$

式中，$B_i(t)$ 表示第 i 个分量的原始信号。

针对第二个问题，即奇异值个数的选择问题，学者们提出了许多方法，主要有奇异熵增量法[15]，奇异值百分比法[16]等，但是这些方法是对信号周期成分未知的前提下，基于对奇异值曲线几何意义分析而得到的，因无法确定信号内在周期和特征"摄动"的一种估计。

以二级大头连杆轴承中度磨损状态为例，选择敏感测点采样，采样频率 50kHz，结合键相信号，每行为一周期，对 30 个采样周期构造连续截断型矩阵，根据 mRMR 方法计算分解尺度 K，其优选分解尺度为 $K=4$，随后进行 VMD 分解，保留主分量，并构造 120 行，6024 列的连续截断型矩阵，采用中心差商法[17]，计算得到中心差商如图 6.5 所示。

从图 6.5 可见，通过中心差商法计算的最优 SVD 重构个数为 2，同时在最优模态个数 K 值处出现了局部峰值，证实了中心差商法在整周期信号检波和奇异值特征提取的有效性。因此，构造整周期截断型矩阵，并采用 VMD 分解，基于 SVD 与中心差商法优选重构个数，实现模态优选、特征提升和降噪的技术路线，适合于建立部件性能衰退的评估指标。

3. MSS 参数评估指标

在多重分形理论中可知，奇异谱指数与广义维数有等价变换关系，是分析信号局部分形特征的有效工具，基于谱形态特征参量的有效提取和分析在众多的领域得到了广泛应用。

如图 5.44 所示的奇异谱特征参数：α_0、$\Delta\alpha$、B、$\Delta f = f(\alpha_{+\infty}) - f(\alpha_{-\infty})$，其定义与物理意义分别为：$\alpha_0$ 定义为中心值，代表信号的长程相关性，其值越大相关性越强；$\Delta\alpha$ 是谱宽度，描述振动信号的波动程度，值越大波动越剧烈；B 称为对称度，定义为 α_0 附近的谱曲线拟合值，当其大于 0 时，曲线形状左倾，这时对应小奇异性指数，反之，曲线奇异性强；Δf 为峰值差，它是振动信号大小峰值的变化速度所占的比例的真实反映，其值小于 0，则概率最大子集数目大于概率最小子集数目。

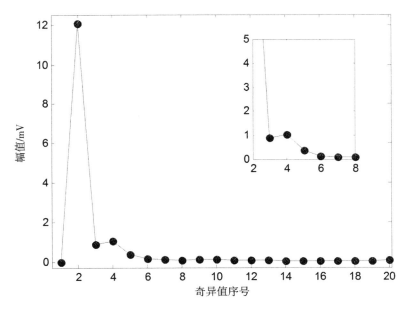

图 6.5　中心差商法奇异值分布曲线

特征参数对状态的敏感性是评价状态特征提取方法的重要指标，如何提升不同状态特征之间的可分性是评估指标选择和建模的前提。首先提取 30 个周期的（采样频率 50kHz）二级连杆轴承中度磨损故障敏感测点的多重分形奇异谱特征量，比较分析各特征向量的稳定性和可分性，结果如图 6.6 所示。

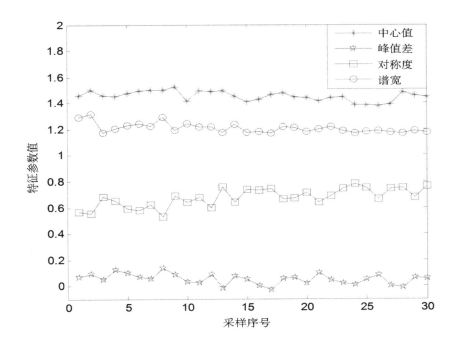

图 6.6　振动信号多重分形奇异谱特征值

谱中心值 α_0 和谱宽 $\Delta\alpha$ 相对其余参数而言，稳定性更好，可作为设备状态衰退的评估指标。同时也注意到，由于没有经过 VMD 分解重构和 SVD 归一化，各周期的 MSS 谱形态特征值有明显的波动特征，应采取有效的信号特征增强手段进行处理，以便优化特征指标，并作为刻画和辨识各状态特征的有效工具。

6.2.2　基于 KFCM 的轴承间隙故障分类

作为数据挖掘的主要任务之一，聚类分析是一种无监督的学习过程，KFCM 算法是在模糊 C 均值（Fuzzy C - Means，FCM）算法基础上改进而来的，核函数的引入使得在欧氏空间中线性不可分的数据，因映射到高维核空间中而线性可分，使得聚类算法的应用性扩展至非线性领域，在文本分析、语言识别、图像处理等领域获得广泛的应用[18]。

1. KFCM 聚类算法

KFCM 属于一种基于划分的（Partitioning Method，PM）聚类算法，相比于 K 均值（K - Means，KM）聚类，因约束函数引入模糊数学中的隶属度概念，提高了待分类样本数据的适用性，同时，由于核函数的引入，利用隐式映射实现了数据样本在高维空间良好的可分性。对于给定的数据样本集合，其算法原理如公式 6 - 17 所示：

$$\begin{cases} \min J = \sum_{j=1}^{k}\sum_{i=1}^{n} u_{ij}^m d_k(x_i,v_j); \\ s.t\ \ u\in[0,1],i=1,\cdots,n,j=1,\cdots,k \\ \sum_{j=1}^{k} u_{ij}=1,i=1,\cdots,n;\sum_{i=1}^{n}u_{ij}>0,j=1,\cdots,k; \end{cases} \quad (6-17)$$

其中，m 表示模糊程度，$X=\{x_1,\cdots,x_n\}\in R^d$，n 表示样本个数，$V=\{V_1,\cdots,V_k\}$ 表示将其划分为 k 类，$j=1,2,\cdots,k$，第 V_j 类的聚类中心为 v_j，所有的 u_{ij} 构成隶属度矩阵 U。目标函数的三个约束函数分别表示：一个数据样本是否属于某一类；一个样本数据只能属于一类，每个类是非空的且至少包含一个样本；因此定义核函数 $H(x,y)$ 且满足 $H(x,y)=\varphi(x)^T\varphi(y)$。

根据 Lagrange 乘数法，使目标函数 J 值最小的条件是：

$$u_{ij}=\frac{(1/d_k(x_i,v_j))^{\frac{1}{m-1}}}{\sum_{j=1}^{k}(d_k(x_i,v_j))^{\frac{1}{m-1}}} \quad (6-18)$$

$$\varphi(v_j)=\frac{\sum_{i=1}^{n}u_{ij}^m\varphi(x_i)}{\sum_{i=1}^{n}u_{ij}^m} \quad (6-19)$$

$d_k(x_i,v_j)$ 表示基于核变换后的高维空间中欧氏距离，由于非线性映射采用隐式形式，故核空间的欧氏距离可表示为：

$$d_k(x_i,v_j)=\|\varphi(x_i)-\varphi(v_j)\|^2=\varphi^2(x_i)-2\varphi(x_i)\varphi(v_j)+\varphi^2(v_j) \quad (6-20)$$

KFCM 算法可简单描述为如下步骤：

（1）初始化隶属度矩阵 U，设定阈值 r 和迭代次数 n；

（2）根据公式 6 - 20 计算距离 $d_k(x_i,v_j)$；

（3）根据公式 6 - 18 更新隶属度矩阵 U；

（4）重复（2）（3）步骤，直至阈值 $\| U_{i+1} - U_i \|^2 < r$ 或者最大迭代次数 n 时终止。

2. 特征向量与算法流程

（1）特征向量选择与评价

①特征向量分析。

上一节的分析表明，基于 VMD 与 SVD 相结合的归一化模态增强和周期信号特征提升方法，适合于往复压缩机衰退评估指标的提取，同时 MSS 谱形态特征蕴含的物理意义明确，可为建立基于 KFCM 的特征识别算法提供合理的聚类指标。

在基于聚类算法进行故障诊断的研究和实践中，特征向量的选择应基于两点考虑：

一是，向量应反映不同状态（待分类别）间的差异化特征本质。

二是，该特征向量应具有良好的类间可分性和状态敏感性。

显然，简单的统计类参数无法展示非线性系统动力学复杂分形本质，基于样本熵或近似熵的方法展示的时间序列复杂度是单一尺度的，多尺度熵虽能从不同尺度展现信号的复杂程度，但其对尺度因子过度依赖的敏感性制约了其在聚类分析中的应用，考虑到往复压缩机轴承故障振动响应的复杂性，本章选择 MSS 参数构造 KFCM 聚类算法的识别特征向量。

②KFCM 聚类效果的评价指标。

KFCM 聚类效果可通过分类系数 F、目标误差率 E 和平均模糊熵 S 三个指标评价：

分类系数：$F = \dfrac{1}{N} \displaystyle\sum_{j=1}^{k} \sum_{i=1}^{n} u_{ij}^{v}$

目标误差率：$E = \displaystyle\sum_{j=1}^{k} \sum_{i=1}^{n} u_{ij}^{m} \| \varphi(x_i) - \varphi(v_j) \|^2 ; E\% = (E_c - E_A) \times 100 / E_A ;$

平均模糊熵：$S = \dfrac{1}{N} \displaystyle\sum_{j=1}^{k} \sum_{i=1}^{n} u_{ij} \ln u_{ij}$

其中，分类系数值越接近 1，目标误差率和平均模糊熵值越接近 0，聚类效果越好。

（2）算法步骤和流程

基于振动信号长周期采样构造连续截断型矩阵，通过 VMD 分解并保留主 BLIMF 模态分量，能量归一化后经 SVD 分解，并求逆。由于 VMD 的抗噪声特点而突出了各个变分模态的特征周期，SVD 分解求逆剔除了"摄动"成分，通过提取多重分形谱形态参数，再以 KFCM 算法优选特征值，形成稳定且可分性良好的特征向量。这一处理过程，为特征衰退指标的建立和故障识别提供了有效的技术手段，具体算法步骤如下：

①采集测点信号，构造连续截断型矩阵，利用 VMD 方法分别计算各行的预分解尺度 K，并分解各行向量，得到 BLIMF 主分量矩阵；

②归一化后 SVD 分解，中心差商法求奇异值的重构个数，提升模态特征成分；

③以模态增强后的降噪信号计算多重分形奇异谱，提取多重分形奇异谱形态特征值，选择可分性与敏感性向量；

④基于 KFCM 算法形成聚类；找到聚类中心以形成该状态下特征识别指标；对各工况按①—④步骤计算，形成不同性能衰退工况下特征谱聚类中心；

⑤依据设备故障程度（以轴承磨损故障为例）按正常、轻度、中度和重度故障的实测数据建立寿命周期的状态类别，建立基于不同谱参数的阈值指标；

⑥对监测信号提取多重分形谱参数特征指标，计算其与各聚类中心的欧氏距离，判定部件故障程度；

⑦利用聚类中心的欧式距离平均值，对设备性能衰退及寿命进行评估。

基于 MSS 与 KFCM 的性能衰退评估流程如图 6.7 所示。

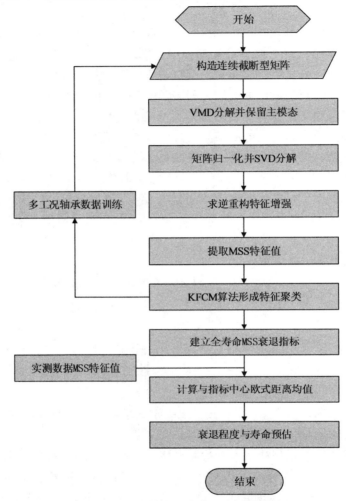

图6.7　基于 MSS 与 KFCM 的性能衰退评估流程图

6.2.3　轴承性能衰退评估实例

在不同工况条件下，对 2D12 型双作用对动式往复压缩机轴承开展了不同间隙程度的故障模拟实验研究。由于制造安装精度和公差配合等原因，各摩擦副间隙的存在是不可避免的，长期使用时，由于磨损使间隙增大，造成振动信号在幅值、特别是分形测度复杂性方面有明显的阶段性变化，这种变化可通过精细化的分形分析，并借助数学理论与工具实现定量化识别。

1. 模拟故障与特征增强

根据活塞式压缩机相关技术标准和使用手册，并结合 2D12 型往复压缩机长期维修实践，曲轴与轴承间隙正常值设定为 0.17 ± 0.05 mm。以曲轴与二级连杆大头轴承的间隙故障为研究对象，模拟故障实验将（大头）轴承间隙设置为 0.15mm、0.25mm、0.32mm 和 0.40mm，即划分为正常、轻微磨损、中度磨损和重度磨损四种状态，用本章提出的算法，计算各状态 MSS 指标衰退聚类中心，以满足性能退化评估研究需求。

对以上 4 种模拟工况采样，采样频率均为 50kHz，采样时间 4s，分别取各模拟工况下 30 个周期数据，作为构造连续阶段型矩阵的长序列，每行为一个周期，经 VMD 算法分解得到主分量矩阵，计算预设分解尺度 K，得到四种工况下（正常状态、轻微磨损、中度磨损和重度磨损四种）的最佳分解值，依次为 $K_n = 2$，$K_l = 3$，$K_m = 4$，$K_S = 4$。按照式 4 – 4 进行能量归一化处理，经 SVD 分解重构得到特征增强矩阵，提取 MSS 的 4 种谱特征向量，将分解前后的各周期 MSS 特征值绘于图 6.8 和图 6.9 中。

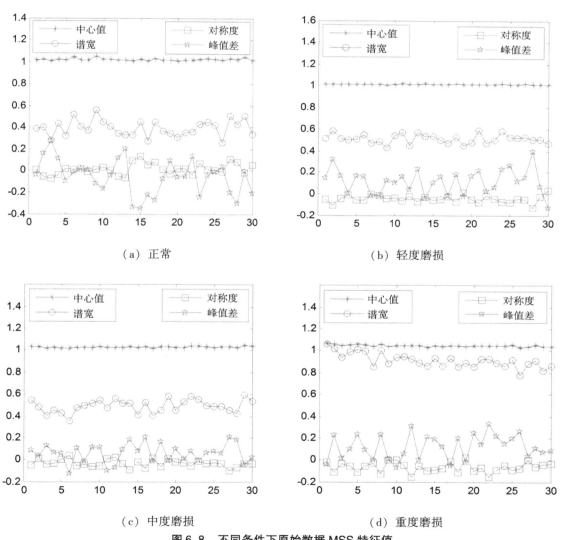

（a）正常　　　　　　　　　　　　　　（b）轻度磨损

（c）中度磨损　　　　　　　　　　　　（d）重度磨损

图6.8　不同条件下原始数据 MSS 特征值

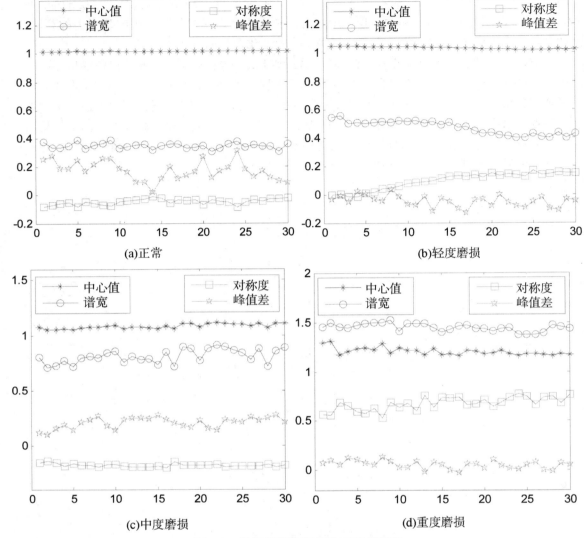

图 6.9　数据经算法处理后 MSS 特征值

经算法前后对比可见，本章提出的归一化特征增强算法，明显提高了 MSS 特征值向量的平稳性和可分性，特别是对于谱宽 $\Delta\alpha$ 和谱中心值 α_0 参数，其不同故障程度间的特征可分性明显增强，突出了各自特征模态的可辨识性。而其余两个参数——对称度和峰值差，在波动性方面也较不用算法处理表现更平稳，证实了 VMD 与 SVD 相结合对 MSS 参数特征增强的有效性。

2. 聚类分析与特征指标

下面针对 2D12 往复压缩机二级连杆滑动轴承不同磨损程度的特征指标，采用上述特征增强算法进行聚类分析。

在 KFCM 算法中，核函数取为高斯核函数，形式为：

$$\varphi(x_i, v_j) = \exp[-\parallel x_i - v_j \parallel^2 / 2\varepsilon^2] \tag{6-21}$$

式中，高斯核参数 ε 取 1，预定聚类数目 $C = 4$，加权指数 $z = 2$，当相邻迭代间隶属度差值 r 小于 $1e-5$ 时算法终止。

为分析和比较 MSS 各特征参数的可分性，以及提出的增强算法的有效性，选择最具稳定性的谱中心值 α_0 为基本特征量，分别与其余 3 个参数（谱宽 $\Delta\alpha$、峰值差 Δf 和对称度 B）构成二维聚类，各训练样本 MSS 特征向量集聚类结果如图 6.10 至图 6.12 所示（左图为处理前）。

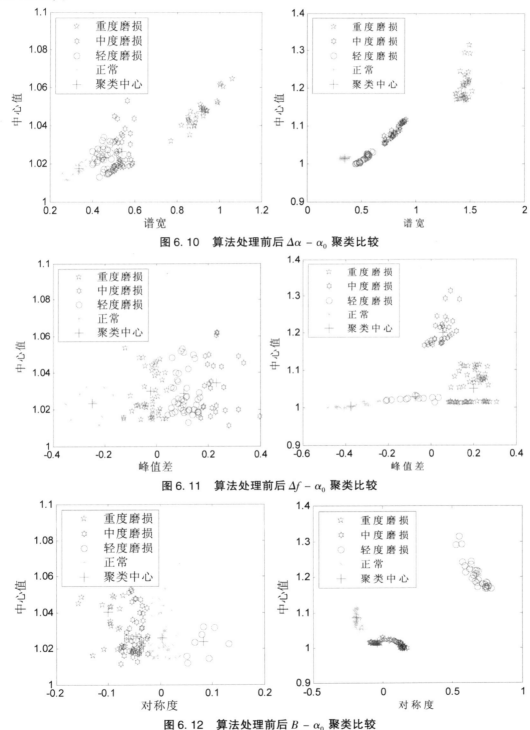

图 6.10 算法处理前后 $\Delta\alpha - \alpha_0$ 聚类比较

图 6.11 算法处理前后 $\Delta f - \alpha_0$ 聚类比较

图 6.12 算法处理前后 $B - \alpha_0$ 聚类比较

由图可见应用算法处理后，各 MSS 特征值团聚性有显著增加，特别是谱宽和对称度两个参数的聚类效果较好，将 MSS 聚类指标中心整理于表 6-9 中。

表 6-9　应用算法处理后各种状态下不同特征参数聚类中心

工况	聚类中心		
	$\Delta\alpha - \alpha_0$	$\Delta f - \alpha_0$	$B - \alpha_0$
正常状态	$(0.3522, 1.0140)$	$(-0.0749, 1.0284)$	$(-0.0997, 1.0403)$
轻度磨损	$(0.5380, 1.0165)$	$(-0.3750, 1.0048)$	$(0.0040, 1.0261)$
中度磨损	$(0.8204, 1.0872)$	$(0.2009, 1.0510)$	$(-0.0472, 1.0268)$
重度磨损	$(1.4523, 1.2067)$	$(0.0565, 1.2001)$	$(0.0833, 1.0240)$

3. 轴承性能衰退评估

（1）模糊二叉树 SVM 算法

Vapnik 等人提出支持向量机统计学习理论已在模式识别等领域取得巨大成功，在解决多分类问题中，偏二叉树 SVM 分类器以其分类速度快、重复训练样本数量少、无拒绝分类区域等优点，成为小样本、非线性的故障诊断领域理想分类算法。

SVM 通过高维映射将特征向量样本集做概率统计分类，KFCM 是 K 类故障模式分类问题，将二者结合的算法称为模糊二叉树 SVM，文献［18］称之为 FSMBTC（Fuzzy SVM - based Multilevel Binary Tree Classifier），结合上一节特征向量聚类的二分特性，可利用 FSMBTC 建立往复压缩机轴承间隙故障状态特征衰退指标评估模型。

以二级大头轴承 4 种模拟间隙故障状态为研究对象，将这 4 种状态各 30 组奇异谱特征值作为训练样本。针对相同测点 4 种间隙程度的另外各 30 组数据，计算得到的奇异谱特征向量为测试样本，即 30 组训练样本，30 组测试样本，具体算法步骤如下：

①用 KFCM 计算每类学习样本模糊聚类中心 $C = \{C_1, C_2, C_3, C_4\}$，共 4 类 $[A_1, A_2, A_3, A_4]$，则每类对应一个聚类中心。利用模糊聚类将 C 聚成两类，设 C_1 聚成了一类，记 A_1 类，$A_1 \subset C$，C_2、C_3、C_4，记为 A_2 类，$A_2 \subset C$。以 A_1 对应的学习样本置为负类，A_2 对应的学习样本置为正类，$A_1 \cap A_2 \subset \Phi$，$A_1 \cup A_2 \subset C$，构造二叉树分类器 SVM_1；

②将正样本 A_2 聚类成两类 B_1 和 B_2，同理把两类聚类中心对应的样本置为正类和负类，$B_1 \cap B_2 \subset \Phi$，$B_1 \cup B_2 \subset A_2$，$B_1 \subset A_2$，$B_2 \subset A_2$，构造二叉树分类器 SVM_2；

③以此类推，构造子分类器 SVM_3，直至每类只含一个聚类中心，所有分类器构成了一个基于模糊聚类的二叉树结构。

明显看出对于 N 类问题，仅需构建 $N-1$ 个二叉树分类器，在 OVA 算法下，需构建 N 个两类分类，而用 OVO 算法，则需 $N(N-1)/2$ 个分类器，基于模糊聚类的二叉树算法分类训练和识别速度较高。

具体聚类中心指标分级算法流程示意图如图 6.13 所示。

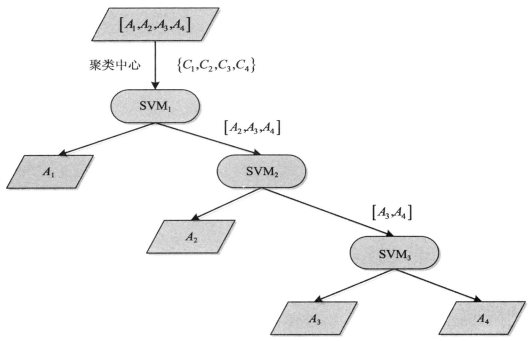

图 6.13　基于指标分级聚类的 FSMBTC 流程图

（2）算法评估

采集图 4.4 中二级大头敏感测点 6 处的振动信号，分别计算各信号的奇异谱，选择谱宽 $\Delta\alpha$、谱中心值 α_0、峰值差 Δf、对称度 B 共 4 个特征参数，对训练样本计算其在正常、轻度磨损、中度磨损、重度磨损四种状态下的聚类中心，对测试样本按 FSMBTC 法对轴承故障状态分级，从而实现压缩机轴承性能衰退评估。

为了对比和验证经 SVD 归一化处理的聚类算法的有效性，分析模糊二叉树 SVM 分类识别效果。采用相同的模拟数据，对经 EMD 方法处理得到的重构信号特征向量进行 KFCM 聚类（其中 EMD 特征模态重构个数，按文献［19］提出的能量比率选择和确定），与基于本文提出的 VMD 法聚类进行比较，如表 6 – 10 所示。表中采用了 2 种评估方法，一是直接计算特征值与聚类中心的最小欧氏距离法（ $d(i,j) = \min\left(\sqrt{(X_i - x_j)^2 + (Y_i - y_j)^2}\right)$ ），二是 FSMBTC 法。

表 6 – 10　不同聚类算法评价指标比较

算法类型		平均识别率	评价指标		
			分类系数 F	平均模糊熵 S	目标误差率 E
EMD	ED	77.8%	0.69	0.43	21.9%
	FSMBTC	92.2%	0.86	0.31	14.9%
VMD	ED	93.6%	0.90	0.27	10.2%
	FSMBTC	97.8%	0.93	0.12	6.67%

从表 6 – 10 可见，基于 VMD 法提取奇异谱特征指标的 FSMBTC 评估算法，可实现轴承磨损故障的有效评估，评价指标参数和准确率优于 EMD 算法。

采用 VMD 加 FSMBTC 的信号处理与分析法，对 30 组训练样本进行了轴承性能衰退状态的评估，其目标状态概率结果如表 6 – 11 所示，评估结果准确率极高。

表 6 – 11   基于 VMD 与 FSMBTC 的轴承故障状态评估结果

状态类型	目标状态概率		
	$\Delta\alpha - \alpha_0$	$\Delta f - \alpha_0$	$B - \alpha_0$
正常	0.96	0.93	0.97
轻度磨损	0.99	0.95	0.98
中度磨损	0.96	0.93	0.96
重度磨损	1.0	0.97	1.0

6.3   PSR 与 MFSS 的轴承间隙故障预测技术

Packard 在 1980 年提出用时间序列相空间重构理论，从静态点与时间关系结合的角度再现了系统动态演化轨迹，是解决复杂非线性时间序列演化趋势分析的有效方法。由于熵值是基于混沌分形时间序列复杂程度的直观表征，石博强等人提出一种基于最大预测可信尺度的序列相空间重构算法，这丰富了混沌分形重构理论的内涵[20]；同时，推动了复杂系统预测技术的发展。

我们注意到，往复压缩机是一个典型的非线性系统，其振动信号表现出的类周期振荡和混沌分形特征——即长期不可预测性。对该类信号预测而言，一味地追求某时段振动预测幅值与实测值的误差，而忽略最大预测可信尺度显然是不可取的，而预测可信尺度又受系统初始敏感性制约表现出时变性，因此，建立在定参数模型基础上，局限在某时刻、某几个有限离散点值的预测结果，因无法展现信号完整周期内精细化特征而失去实际意义。

本章从往复压缩机振动信号内蕴含的系统演化状态出发，在对常用预测方法的适用性问题的分析基础上，从信息熵增量最小化角度，将最大预测可信尺度算法引入预测模型，基于 VMD 算法计算不同模态下混沌时间序列的预测可信时间尺度，构造相空间重构型动态非参数预测模型，以优选的奇异谱特征指标为预测值，实现了设备状态的有效预测。

6.3.1   系统状态预测方法与适用性

（1）通用预测方法的局限性

目前，以参数型预测为主的方法有：时间序列模型、卡尔曼滤波、回归分析和神经网络分析等。基于时间序列的预测又可分为 AR、MA 和 ARMA 等回归分析模型，该类预测模型通常要进行序列模型的识别、模型定阶、参数估计和模型验证等步骤，模型技术虽较成熟，但由于其参数不能移植，参数的初始化复杂，较适合平稳时间序列预测。卡尔曼滤波方法参数估计量大，对处理平稳数据有较高精度，不适用于非线性及随机性系统的状态预测。回归分析模型将决定预测对象的因素作为自变量，而将预测对象作为因变量，建立自变量和因变量间关系的数学回归方程，根据回归方程的参数不同，可分为：一元或多元线性预测、非线性回归预测等模型。其预测模型结构简单，计算速度较高，但对非线性系统的复杂情况及外在偶然因素考虑不充分，存在较大的局限性[21]。基于 BP、模糊或高阶神经网络的方法，可通过大量训练使模型达到最优，不过，其训练时间和函数映射的复杂性，使其在复杂非线性系统模型构建机制上，无法展现实时预测的优势[22]。

综合以上基于模型参数的预测方法的分析，可以明确，对于具有混沌特征的复杂非线性机械系统，所具有的初始敏感性及在运行状态中的"奇异点"引起的特征状态突变，使得基于模型和参数训练的 Eager 型算法很难发挥其训练和学习优势。

（2）基于非参数回归预测的 KNN 方法

非参数回归方法是一种近年来在预测学中常用的建模方法，特别适合于不确定性、非线性动态系统。作为数据挖掘中经典的 Lazy 型算法，KNN 算法原理是从训练集中找到与待预测数据最邻近的 K 个样本，然后根据邻近样本的主要特征与分类来判定新数据的类别。

该算法的核心在于：其认为系统内在复杂的映射关系均包含在历史数据中，它既没有针对历史数据建立一个训练模型，也没有将历史数据做特殊处理。适合于多分类（Multi - Modal，MM）问题，即对象具有多个类别或特征，特别在对待稀有事件的分类问题时，其预测效果要比参数建模精确得多，对 KNN 算法可简单概括总结如下。

优点：

①理论简单成熟，可做分类也可做回归；

②适用于非线性分类；

③训练时间复杂度比支持向量机之类的算法低，算法复杂度仅为 $O(n)$；

④对数据没有假设，准确度高；

⑤对于类域的交叉或重叠较多的待分样本集来说，KNN 方法更为适合。

缺点：

①对多特征类别分类时，其计算量较大；

②对样本不平衡性敏感，致使稀有类别的预测性能下降；

③预测速度较逻辑回归类算法慢；

④单一的 KNN 模型与决策树类模型相比，可解释性不强。

KNN 算法适用于复杂系统预测的可行性研究，不过，也需要采用一定的优化手段，增强算法的适应能力和可解释性，即，需要在对非线性时变系统动态演化趋势分析的基础上，用往复机械振动信号时间序列构建有效的预测的方法。

6.3.2　系统演化与相空间重构

（1）混沌系统时间序列演化特征

持有确定论观点的"牛顿力学"论者认为，长期预测是可行且不受时间限制的，该论点也正是参数（数值）预测的理论依据。自 20 世纪 80 年代混沌分形理论提出以来，"蝴蝶效应"论者认为，对于复杂非线性的非确定性系统而言，长期预测是不可信的，因为系统初始状态量的离散性和内在随机因素影响造成的预测误差，会使任何预测模型因系统长期演变，让初始关联点变得毫不相关。

如图 6.14，示意了一个混沌分形系统的预测误差。图中 A、B、C 和 D 是离散系统的初始特征量，r 为观测误差，若可预测时间尺度选择合理，特征向量选择正确（选择 A 或者 B），那么 t 时刻后的有效特征向量的预测误差小于 r，则认为预测是精确的，否则，对 C、D 而言，预测是不可信的。可见，预测的可行与否，从本质上取决于状态量的离散程度和系统复杂度。

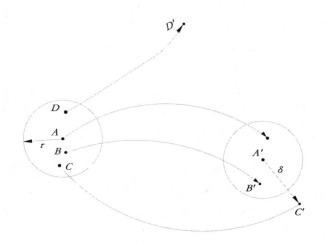

图 6.14　复杂系统初始敏感性造成的预测误差示意

基于以上预测误差分析可知，对于确定性的非线性复杂系统，虽然其状态初值确定了其演变状态，只要合理选择特征参数并有效计算可预测时间，其预测结果在一定的时间或区间必然有效。由于在状态（相）空间中，两条相关曲线虽然不能永久保持稳定状态，如图 6.14 中 AA′ 和 BB′ 的轨迹，但二者在短期内，系统运动轨迹发散度较小，短期预测不仅可行且意义重大。显然易见，该非线性系统的长期行为也是不可预测的，换句话说，长期预测仅能获得可信度较差的统计意义上的结果。

在大型往复机械系统故障诊断的长期实践中，我们常常把机械系统在使用过程中某一状态（或采样时间段）作为静态点研究。如采集设备的振动信号，分析其状态和特征（故障）模式。若放大研究的尺度或以变尺度观点观察系统的状态历程，即考虑状态点相空间吸引子静态点集与时间的关系，从动态轨迹角度研究其演化规律，这就是相空间重构原理。

（2）相空间重构理论

混沌时间序列预测分析是以 Packard 和 Tokens 所提出的相空间重构理论为基础的，他们认为单变量的时间序列，是复杂动力系统各要素相互作用结果的一维表征，其中隐含着动力系统的所有信息，可用如下方程描述一个 N 维动力系统：

$$\dot{x}_1 = f_1(x_1, x_2, \cdots, x_n);$$
$$\dot{x}_2 = f_2(x_1, x_2, \cdots, x_n);$$
$$\cdots \qquad\qquad\qquad (6-22)$$
$$\dot{x}_n = f_n(x_1, x_2, \cdots, x_n);$$

其中，$(x_1, x_2, \cdots, x_n)$ 是该系统状态空间的坐标。将上式微商化，得 N 阶微分方程：$x_1^{(n)} = F(x_1, \dot{x}_1, \ddot{x}_2, \cdots, x_n^{(n-1)})$，方程应包含该动力系统的所有信息。

Tokens 等人假设被研究的动力系统维数为 D，则存在一个大小恰当的嵌入值 τ，可构造一个相空间，将系统轨迹复原。法国科学家 D. Ruelle 用离散的时间序列代替公式 6-22 中的连续变量，并证明了两种方法是微分同胚的。

对于一个 D 维动力系统的信号时间序列，可将其延拓成一个式 6 -23 所示的 m 维空间的相型分布：

$$\begin{bmatrix} x(t_1) & x(t_2) & \ldots & x(t_n-(m-1)\tau) \\ x(t_1+\tau) & x(t_2+\tau) & \ldots & x(t_n-(m-2)\tau) \\ \ldots & \ldots & \ldots & \ldots \\ x(t_1+(m-1)\tau) & x(t_2+(m-1)\tau) & \ldots & x(t_n) \end{bmatrix} \quad (6-23)$$

式中，$t_1,t_2,\cdots,t_n$ 为采样时刻，τ 为时间延迟，m 为嵌入维数，该相型分布下的矩阵即为重构相空间矩阵。

6.3.3　基于最大预测可信尺度的系统预测

众所周知，确定性系统和随机过程之间是由混沌理论联系在一起的。例如，在复杂非线性设备诊断实践中，零部件都达到了某种标准。但其细小的差异仍然构成了初始条件的不确定，使结果呈现伪随机性，而动力方程是确定性的，显然，混沌论加深了学者们对确定性及一定特征（故障）随机性的认知，体现两种观点的辩证统一。

时间序列是系统输入和输出的特征载体，系统各部件的影响机制和演化趋势蕴含其中，非线性时间序列模型作为表征复杂机械系统动力学特性，已在时间序列分析理论领域得到了广泛应用。前一节中我们介绍了相空间重构理论，由 Grassberger 和 Procaccia 提出的 G_P 算法，从相空间重构角度找到分形标度关系，结合信息熵饱和原理可计算最大预测可信尺度。

可见，信息熵理论可用于分析非线性系统的演化过程，并可提高非线性复杂系统的预测可信度，同相空间重构理论相结合，可实现时间序列复杂系统预测模型的构建。

1. 预测可信时间尺度模型

（1）重分形与 Renyi 熵

根据分形理论知识，关联维数可表示为 2 阶信息维，即

$$D_2 = \lim_{r\to 0} \frac{\ln\sum_{i=1}^{N} p_i^2(r)}{\ln(r)} \quad (6-24)$$

在计算关联维致的 G_P 算法中，需要先对时间序列进行相空间重构，以维度为 m 的相型分布（式 6 -23）为例，矩阵中相连的 m 个点作为延拓相空间中的一个矢量点，设 k_i 为点列（共 N 个点）在第 i 个单元的区域 s_i 的个数，即存在：$P(r)_i = \lim_{N\to\infty} \frac{k_i}{N}$，考虑单元尺度 r（在 G_P 算法中，r 又称为相似容限）和单元 s_i 中点的个数，2 阶信息维可近似为：

$$D_2 = \lim_{r\to 0} \frac{\ln C_m(r)}{\ln(r)} = \frac{\lim_{N\to 0}\frac{1}{N^2}\sum_{i=1}^{k}(k_i^2-k_i)}{\ln(r)} = \frac{\sum_{i=1}^{k}(\lim_{N\to 0}\frac{k_i^2}{N^2}-\lim_{N\to 0}\frac{k_i}{N^2})}{\ln(r)} \approx \frac{\sum_{i=1}^{k}P_i^2(r)}{\ln(r)} \quad (6-25)$$

其中，$C_m(r)$ 是小于 r 的"点对"所占比例数，根据多重分形广义维的定义与形式，我们可以仿照给出 q 阶 Renyi 熵的定义：

$$K_q = -\lim_{r\to 0}\lim_{k\to\infty}(\frac{1}{q-1}\frac{1}{k\tau}\ln\sum_{i=1}^{k}P_i^q(r)) ; \quad (6-26)$$

显然，当 $q = 2$ 时，上式有：

$$K_2 = -\lim_{r \to 0}\lim_{k \to \infty}\left(\frac{1}{k\tau}\sum_{i=1}^{k}P_i^2(r)\right) \qquad (6-27)$$

（2）信息熵与预测时间

在 Shannon 信息论中，熵的计算公式表示为：

$$I_k = -\sum_{i}^{k}P_i \ln P_i \qquad (6-28)$$

对于公式 6-23 中的 m 维时间序列的相空间点对，若引入 G_P 算法的思想，即将其划分为 k 个尺寸为 r^m 的单元，则单元序列 s_i 的生成概率 p_i 的信息熵为 I_k，该熵值必正比于以精度 r 确定的系统单元区域序列 s_i（或称轨道）所需的信息。

换句话说，如果已知系统先前处于的区域序列是 $s_1^*,\cdots,s_i^*\cdots,s_n^*$，要预测 s_{n+1}^* 的信息，这意味着，当 $r \to 0$ 时，$I_{k+1} - I_k$ 的差值度量了系统从时间 $(k-1)\tau$ 到 $k\tau$ 的信息损失。

那么，该信息损失值就是 Kolmogorov 熵（简称 K 熵），该熵值可表示为：

$$K = \lim_{\tau \to 0}\lim_{k \to \infty}\left(\frac{1}{k\tau}\sum_{i=1}^{k}(I_{i+1}-I_i)\right) = -\lim_{\tau \to 0}\lim_{k \to \infty}\left(\frac{1}{k\tau}\sum_{i=1}^{k}P_i \ln P_i\right) \qquad (6-29)$$

K 熵也可通过对公式 6-26 的一阶 Renyi 熵求极限得到，其表征信息的损失量越大，系统的不确定性越大，K 熵是刻画系统复杂程度的有效工具。

若用 K 熵的变化值计算系统的最大可预测时间，可采用如下方法和步骤：

1）设 t 时刻信息量为 $I(t)$，经过 Δt 后的信息量为 $I(t+\Delta t)$；
2）则有，$I(t+\Delta t) = I(t) - K\Delta t$；
3）若令 $I(t)=1$，而当 $I(t+\Delta t)=0$ 时，得到系统的最大可预测时间为 $T = 1/K$。

文献［20］认为在 T 以内的预测是准确的，若预测时间大于该值，只能说该预测是统计意义上的。

结合上面基于 K 熵损失和 G_P 算法的思想，可将两者结合计算最大预测可信尺度 T，因 Renyi 熵具有性质 $K_q \leq K_{q+1}$。在实际应用中，由于 Kolmogorov 熵计算较困难，一般把 Renyi 熵下界值 K_2 作为 K 熵的近似估计。

设时间序列间隔为 τ_0，即当 $\tau = \tau_0$ 时，由公式 6-29 得

$$K_2 = -\lim_{r \to 0}\lim_{k \to \infty}\left(\frac{1}{k\tau}\sum_{i=1}^{k}P(r)_i^2\right) = -\lim_{r \to 0}\lim_{k \to \infty}\left(\frac{1}{k\tau_0}\sum_{i=1}^{k}\ln C_m(r)\right);$$
$$(6-30)$$

即存在：$C_m(r) \propto \exp(-k_m\tau_0 K_2)$；

故有：

$$K_2 = \lim_{m \to \infty}\lim_{r \to 0}\frac{1}{\tau_0}\ln\frac{C_m(r)}{C_{m+1}(r)} \quad (6-31)$$

综上所述，计算复杂系统时间序列最大可预测时间尺度的计算流程图如图 6.15 所示。

根据以上计算流程可知，得到该系统最大可预测时间为 $T \approx 1/K_2$。

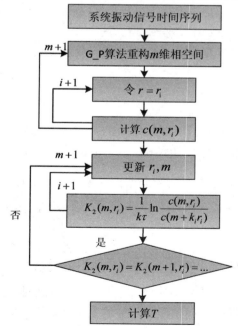

图 6.15 系统时间序列最大预测可信时间计算流程

2. 相空间重构型 KNN 预测

传统的 KNN 预测算法原理是，对原 n 个数据构造 m 个序列并找到其最邻近的 k 个值，然后依据 k 个点的加权值作为第 $n+1$ 个数据的预测值。该算法认为，系统的内在复杂的映射关系均包含在历史数据中，它既没有针对历史数据建立训练模型，也没有将历史数据作处理，特别适合于非线性问题的快速分类。然而该方法的可解释性较差，且无法从理论角度展现系统的演化趋势与过程，把相空间重构理论引入 KNN 预测算法，可将混沌时间序列预测原理描述如下：

对离散时间序列：$\{x(t_1), x(t_2), \cdots, x(t_n); y\}$，其中，前 n 项表示这个离散采样序列在 n 个不同时刻的特征，最后一项 y 表示基于该序列空间的预测数据新分类目标，结合混沌时间序列重构算法后，可将该采样时刻数据点相空间分布重构成以下相型分布：

$$\begin{pmatrix} x(t_1) & x(t_2) & \cdots & x(t_n - (m-1)\tau_0) \\ x(t_1 + \tau_0) & x(t_2 + \tau_0) & \cdots & x(t_n - (m-2)\tau_0) \\ \vdots & \vdots & \vdots & \vdots \\ x(t_1 + (m-1)\tau_0) & x(t_2 + (m-1)\tau_0) & \cdots & x(t_n) \end{pmatrix}$$

以每一行为预测向量，即构造 m 个数据向量 $a = \{a_1 \quad a_2 \quad \cdots \quad a_{m-1} \quad a_m\}$ 作为建模域，其中每个向量作为待预测向量 a_{m+1} 的子序列，找到其最近的 k 个邻近，在计算子序列的邻近距离时，为了避免高维空间欧氏距离"大吃小"的现象，采取计算向量间余弦距离的方法，通过计算，从向量 $a_1, a_2 \cdots a_{m-1}$ 中找出了 a_m 的最近邻，记为 $\beta_1, \beta_2 \cdots \beta_{k-1}, \beta_k$，因为是用 $\{x(t_1 + (m-1)\tau_0), x_2(t_2 + (m-1)\tau_0), \cdots, x_n\}$ 来预测 x_{n+1}，所以在该时间延迟下，这 k 个向量的最末分量的下一个值即被认为是 x_{n+1} 的最近邻。

例如，假设 $\beta_1 = \{x(t_1), x(t_2), \cdots x(t_n - (m-1)\tau_0)\}$ 是数据 a_m 的一个最近邻，则基于该采样间距的下一个采样点值取 $x(t_{n+1} - (m-1)\tau_0)$ 作为 x_{n+1} 的下一个最近邻（令 $m_1 = x(t_{n+1} - (m-1)\tau_0)$），这样便得到了 x_{n+1} 的 k 个最近邻 $m_1, m_2 \cdots m_{k-1}, m_k$，然后求 k 个数的平均即可得到预测值。即：

$$x_{n+1} = \frac{\sum_{i=1}^{k} m_i}{k} \tag{6-32}$$

3. 基于 MSS 的时变预测模型

（1）预测常见问题

将相空间重构的方法引入 KNN 预测算法，并将预测值纳入序列，再利用 G_P 算法重构相空间以形成新的建模域，能够产生整个系统的动态模型，不过，忽略了如下几个问题：

①基于相空间分布的时变 KNN 建模域，忽略了最大预测可信尺度对数据误差的约束问题；

②复杂系统时间序列的总体特征依不同层次的模态特征表现，模型未能考虑各自演化趋势与贡献；

③仅能获得振动序列时域离散值（加速度）的预测意义不大，预测仅表征序列的瞬时值，不能为诊断分析和寿命预测提供更多信息。

以上问题说明，基于时间序列相空间重构与 KNN 结合的变参数滚动预测法，对预测可信时间欠考虑，特别是对模型内部不同层次特征量的演化与制约考虑不足，限制了预测模型应用的精度与可信度。

（2）基于预测可信尺度的 MSS 动态 VMD_KNN 预测模型

结合前几章对往复压缩机故障表征的研究，并针对预测存在不足的分析，本章从预测本质和复杂机械系统状态特征出发，将预测可信时间尺度概念和 VMD 算法引入 KNN 预测算法，并基于奇异谱分布选择特征参数，构造待预测序列，提出基于往复压缩机振动时间序列 MSS 特征值的动态 VMD_KNN 预测方法，基本步骤如下：

①等间隔提取测点的"短时"周期振动信号，构造待预测特征时间序列 X_0；$X_0 = \{x_1, x_2 \ldots, x_p; \quad x_i, x_{i+1} \cdots, x_{i+p-1} \quad \cdots \quad x_{n-p-1}, x_{n-p} \ldots, x_n\}$；

②对 X_0 作 VMD 分解，依采样时段计算各采样段模态的预测时间尺度 $[T_1, T_2 \cdots T_n]$；

③提取各模态的"短时"多重分形奇异谱特征值，按提取间隔形成特征序列；

④创建不同模态谱序列的初始建模域，按相重构算法计算嵌入维 m 和时延 τ；

⑤基于预测模型计算该相型分布的 k 邻近，以离差均值求得预测谱值；

⑥重复④—⑤步骤，建模域滚动前移，再预测；

⑦以各模态的 $\min[T_1, T_2 \cdots T_n]$ 为截止时间，形成预测特征谱序列。

（3）改进算法预测流程

基于最大可信尺度的振动时间序列 MSS 参数预测流程图如图 6.16 所示。

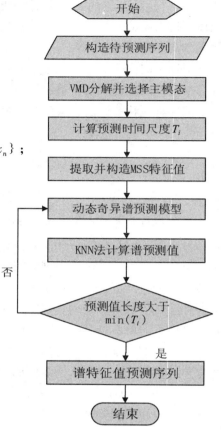

图 6.16　基于最大可信尺度的振动时间序列 MSS 参数预测流程

6.3.4　往复压缩机预测实例

依照以上流程，选择 2D12 型往复压缩机测点数据（一、二级轴承故障和气阀故障），结合其振动时间序列发展演化趋势，分析序列长度、采样频率等参数对预测可信时间的影响，基于参数优化分析并以二级连杆大头轴承间隙故障为例，分析预测方法的有效性。

1. 预测时间与参数分析

（1）参数对预测时间尺度的影响

按照混沌时间序列模型的计算流程，以二级大头轴承中度磨损敏感测点振动信号的采样序列为例，对最大预测可信尺度的影响参数进行分析。

图 6.17（a）表示出采样序列不同相似容限 r 下，2 阶 Reyin 熵 K_2 随嵌入维数 m 的饱和情况，即 $K_2(m, r)$ 在嵌入维数 $m = 13$ 附近出现向下跳变，即在此时 K_2 对 m 饱和。在 m 附近搜索不随 r 变化的 K_2 值，如图 6.17（b）所示（其中 r 为序列下标，不是实际值），计算得到预测时间为 $T \approx 1/K_2 = 32$，即预测可信时段约为 32 个采样间隔，若增加采样间隔，可实现振动状态的中长期预测与寿命分析。

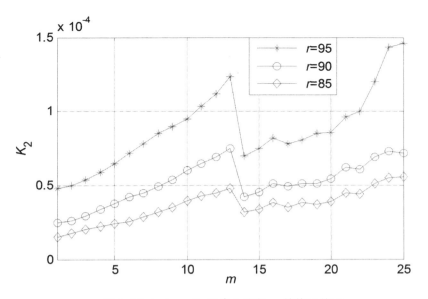

图 6.17（a） K_2 随嵌入维数 m 的饱和关系

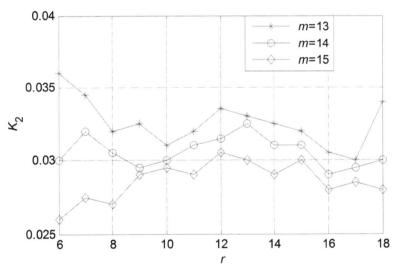

图 6.17（b） 饱和相似容限 r 下对应的 K_2

考虑到压缩机振动信号类周期性，结合键相信号和采样频率将信号分割成不同周期，考虑采样频率和序列长度，分析各参数对不同采样序列嵌入维数 m 和最大预测时间 T 的影响，并将结果汇总于表 6－12，其中 Δt 表示采样时间间隔。

表 6－14 影响振动时间序列最大预测尺度的参数分析

序列长度	采样频率	饱和维数 m_0	K_2 估计值	最大预测尺度	采样周期
12050	25kHz	14	0.030	32 Δt	4
6024	25kHz	14	0.028	35 Δt	2
6024	50kHz	13	0.032	33 Δt	1
1205	10kHz	13	0.029	34 Δt	1
1205	5kHz	10	0.020	50 Δt	0.5
603	5kHz	8	0.016	62 Δt	1

从表 6 – 12 可见，对于轴承中度磨损故障，在采样序列满足波动趋势与分辨率的情况下，保证一个振动周期采样，即序列长度在 1000 点以上，最大可预测尺度基本饱和在 30 个采样间隔左右，这体现了振动序列的类周期特点，且该序列长度与时间序列相空间重构理论中要求的最小适宜时间序列长度是一致的。

将序列长度和采样频率固定，选择有代表性的轴承测点，对正常状态和故障状态分析比较（故障类型及工况模拟同前节所述），观察在不同故障工况下，各参数对最大预测尺度的影响，结果整理于表 6 – 13。

表 6 – 13　不同工况振动时间序列预测可信尺度影响参数分析

数据类别	数据长度	饱和维数 m_0	K_2 估计值	最大预测尺度	采样周期
二级轴承正常	1205	8	0.017	61 Δt	1
二级阀片正常	1205	11	0.034	28 Δt	1
二级阀片缺口	1205	16	0.085	12 Δt	1
二级阀片断裂	1205	18	0.093	10 Δt	1
二级阀片缺弹簧	1205	16	0.078	12 Δt	1
二级轴承轻度磨损	1205	11	0.026	39 Δt	1
二级轴承中度磨损	1205	14	0.031	32 Δt	1
二级轴承严重磨损	1205	–	–	–	1

表 6 – 13 显示，对于不同故障类型，预测可信时间值差异显著。对轴承测点信号而言，正常情况下的预测可信尺度较大。轻中度故障情况下由于类周期特征弱化，且分形特征无标度区增大，熵值增加，预测可信时间缩短。严重磨损状态下，系统熵值不收敛而趋向混沌态，无法预测。

可见，预测可信时间尺度的预测模型，反映了系统动态演化趋势，预测时间可信尺度的模型是提高预测算法可信度和精度的前提保证。

（2）基于预测可信尺度的 VMD_KNN 算法

通过对以上时间序列的预测参数分析，对振动信号预测而言，受预测可信尺度限制，即便得到未来某有限时刻、误差较小的振动加速度值，也无法利用有限离散预测数据值做特征提取与分析。

也就是说，对于振动时间序列预测而言，受到两方面因素制约：

第一，振动信号内部的分形本质限定了预测只能得到有限的几个离散可信点；

第二，从信号分析的要求看，预测得到的序列要展现至少一个周期内的振动特征，以满足对其进一步分析和处理的需求，同时，过分强调增加采样间隔，虽能增加预测时间尺度，但必然会与复杂系统动力学演化的长期不可预测性相悖。

因此，我们考虑在构造采样序列时，以每个采样时刻的"短时"周期采样序列代替瞬时值构造待建模序列，保证体现每个"短时"采样时刻包含至少一个振动周期的同时，获得一定时段的代表性采样序列，通过 VMD 分解选择主模态，计算各主模态多重分形奇异谱的谱宽 $\Delta \alpha$、峰值差 Δf、中心值 α_0 和对称度参数 B 等特征量，并提取鲁棒性和可分性较好的谱特征值，考虑各模态的预测可信尺度，构造基于各"短时"采样时刻谱特征值时间序列的相空间序列，构造变参数 KNN 建模域，在较高可信度下实现预测和谱特征提取。

2. 预测实例与方法评估

下面按照本节提出的 VMD_KNN 预测流程，通过实例对预测结果进行误差分析。

（1）VMD_KNN 算法预测实例

以 2D12 型往复压缩机二级大头轴承中度磨损故障为例，为保证采样的有效长度，同时考虑到非线性混沌序列演化趋势和采样间隔对预测有效性的时限因素，对长期采样序列每间隔 2min 截取 2 个周期约 2410 个采样点（采样频率 10kHz），获得 2 个小时的间隔采样数据，为便于程序化计算，采用 mRMR 法统一各采样时段的 VMD 分解个数为 4，计算各模态序列的最大预测可信时间为 $T = [43\Delta t \quad 30\Delta t \quad 35\Delta t \quad 33\Delta t]$，可知，至少在计算点后 60min 内的预测值是可信的。KNN 算法中取邻近值 $K = 3$，序列相空间滚动更新，构造新建模域对序列再预测，以实时再现系统动力演化趋势。

在预测前，根据对图 6.6 中各 MSS 特征值的稳定性和可分性分析，谱中心值 α_0 和谱宽 $\Delta\alpha$ 稳定性较好，各特征值均具有明显的非线性分形特征，可利用相空间重构改进的 KNN 预测模型加以预测，并可对得到的预测结果进一步分析，实现故障分类、性能评估和寿命预测。

得到的预测值如图 6.18 和图 6.19 中虚线所示，从模态分量的特征参数预测趋势可见，该预测算法得到的谱参数表现出振动信号蕴含的波动和分形特征。谱宽和中心值两个谱参数，对于不同的模态分量其预测值和实际值都表现出具有较好的追随性，特别是前 20～25 个预测可信时间间隔以内，也就是 50min 内的预测值的吻合度较高，证明该采样间隔下得到的预测值可信度较高。

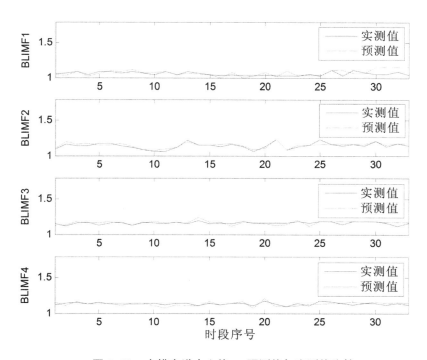

图 6.18　主模态谱中心值 α_0 预测值与实测值比较

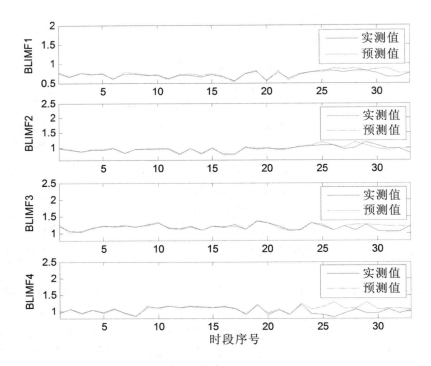

图 6.19   主模态谱宽 $\Delta\alpha$ 预测值与实测值比较

（2）方法对比

下面对 KNN、VMD_KNN 和 VMD&PSR_KNN 共 3 种预测方法做对比分析，采用相同的实测数据，分别用回归分析和误差分析两种方法进行评估。两种方法均选择了可分性和鲁棒性较好的两个谱特征参数（谱宽 $\Delta\alpha$ 和谱中心值 α_0）为评估对象。其中，回归分析采用线性拟合回归的方式，构造拟合方程 $Y_{\text{predict}} = R \times X_{\text{actual}} + ERR$，其中 Y_{predict} 和 X_{actual} 分别表示预测值和实测值，ERR 为误差项；R 为曲线斜率，其值越接近 1 则曲线预测效果越好。回归分析对比结果整理于图 6.20、图 6.21 中。

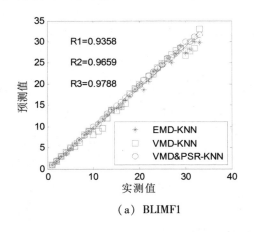

（a）BLIMF1

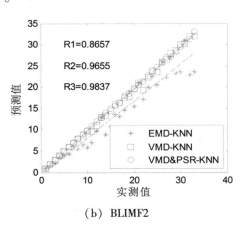

（b）BLIMF2

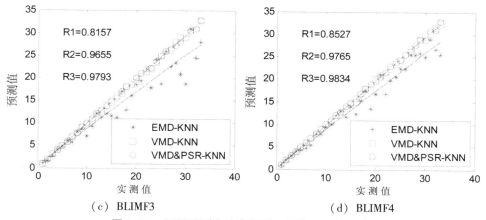

（c）BLIMF3　　　　　　　　　（d）BLIMF4

图 6.20　不同预测方法奇异谱中心值 α_0 回归分析

从图 6.20 和图 6.21 中可见，本章提出的 VMD&PSR_KNN 法在 4 个模态中的预测回归曲线斜率均高于前两种方法。进一步分析还可注意到：基于 VMD 分解的方法较传统 KNN 方法，在稳定性较好的奇异谱中心值 α_0 的预测方面表现优秀，特别是空间重构型 VMD&PSR_KNN 预测方法在有效的预测可信时间内，对谱中心值 α_0 的预测效果最佳。

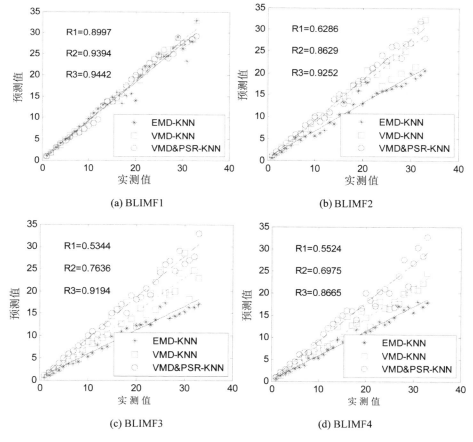

（a）BLIMF1　　　　　　　　　（b）BLIMF2

（c）BLIMF3　　　　　　　　　（d）BLIMF4

图 6.21　不同预测方法奇异谱谱宽 $\Delta\alpha$ 回归分析

在误差分析中，选择标准差（Standard Deviation，STD）和均方根误差（Root Mean Square Error，RMSE）两个指标，各模态参数误差见表 6 – 14 和表 6 – 15。

表 6 – 14　振动信号奇异谱中心值 α_0 预测与实测误差比较

| | | 多重分形奇异谱中心值 α_0 | | | |
		BLIMF1	BLIMF2	BLIMF3	BLIMF4
KNN	STD	0.1482	0.1242	0.8860	0.8471
	RMSE	0.1787	0.1499	0.8346	1.0847
VMD—KNN	STD	0.0827	0.1004	0.1058	0.1546
	RMSE	0.0759	0.0954	0.0881	0.1361
VMD&PSR—KNN	STD	0.0460	0.0477	0.0242	0.0539
	RMSE	0.0596	0.0527	0.0311	0.0492

表 6 – 15　振动信号奇异谱谱宽 $\Delta\alpha$ 预测与实测误差比较

| | | 多重分形奇异谱谱宽 $\Delta\alpha$ | | | |
		BLIMF1	BLIMF2	BLIMF3	BLIMF4
KNN	STD	0.4651	0.5734	0.6527	0.5239
	RMSE	0.4759	0.2482	1.0673	0.8546
VMD—KNN	STD	0.1643	0.1631	0.5724	0.9231
	RMSE	0.1748	0.2527	0.3697	0.6529
VMD&PSR—KNN	STD	0.0694	0.0971	0.0354	0.1327
	RMSE	0.0357	0.18027	0.0579	0.1754

从表 6 – 14 和 6 – 15 中可见，VMD&PSR_KNN 预测序列与实测序列的误差最小，经奇异谱特征提取与分析，考虑预测值在 20 – 25 个采样间隔内的误差情况，可实现未来40 – 50min 的振动特征预测。更为重要的是，结合第四章提出的基于谱值聚类的设备性能衰退评估算法，预测的谱值 $\Delta\alpha - \alpha_0$ 趋近重度磨损状态下的奇异谱聚类中心，其性能衰退已处于严重劣化，与故障实际状态一致，此时应停机检修。

6.4　VMD_SVR 的压缩机关键部件运行可靠性预测技术

我们知道，支持向量机理论是以 VC 维理论和结构风险最小原理为基础的一种机器学习语言。支持向量机对数据处理主要包括两方面内容：分类问题和回归问题。支持向量回归机（Support Vector Regression Machine，SVR）是支持向量机在数据回归方面的应用，最大优点是训练速度快、回归预测准确率高。同时，它在小样本数据分类、回归问题具有识别率高和误差小的优点。

采用机器学习语言对数据进行处理的过程，可以将学习过程简化成以下模型，如图 6.22 所示。

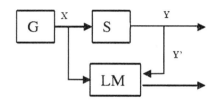

G – 数据发生器；S – 目标算子；LM – 学习机器；X – 输入信号；Y – 目标输出；Y' – 实际输出

图6.22 机器学习模型

从图6.22机器学习模型中可以看出，机器学习过程就是数据发生器产生信号X，通过目标算子S，产生目标输出Y，在此过程中，学习机器对上述过程进行学习，当目标输出和实际输出越来越接近时，机器学习模型预测能力越强，预测结果越准确。

6.4.1 支持向量回归理论

（1）支持向量回归机定义

对于给定训练集 $T = \{(x_1,y_1),\cdots,(x_l,y_l)\} \in (X \times Y)^l$。其中，输入向量 $x_i \in X = R^n, i = 1,2,\cdots,l$，输出向量 $y_i \in Y = R, i = 1,2,\cdots,l$。假设训练样本 $X \times Y$ 属于概率密度函数为 $P(x,y)$ 上独立分布的样本点，根据训练样本构建回归函数 $f(x)$，使其在函数 $f(x)$ 条件下，损失函数 $c(x,y,f)$ 的期望风险 $R[f] = \int c(x,y,f)dP(x,y)$ 极值点最小。

（2）支持向量回归机原理

支持向量机是针对模式识别问题提出的，具有鲁棒性和稀疏性。回归问题是随着模式识别问题的不断发展、理论知识不断完善发展而来的，通过不敏感损失函数（ε）来衡量支持向量回归机预测模型可靠性。其中，ε 的表达式如下

$$c(x,y,f(x)) = \left| y - f(x) \right|_\varepsilon \tag{6-33}$$

则

$$\left| y - f(x) \right|_\varepsilon = max\ \{0, \left| y - f(x) \right| - \varepsilon\} \tag{6-34}$$

在使用支持向量回归机模型对样本集进行预测过程中，通常先设定一个很小的数作为 ε 的取值。当通过回归函数 $y - f(x)$ 预测得到的结果和实际数值之差小于等于损失函数 ε 的数值时，预测结果是在误差允许范围内，属于有效预测值。

假设函数 $f^*(x)$ 和 $f(x)$ 之间的最大误差为 ε，则 $f(x)$ 存在于由 $f^*(x) - \varepsilon$ 和 $f^*(x) + \varepsilon$ 所组成空间内。如图6.23所示，三条实线分别代表 $f^*(x) - \varepsilon$、$f^*(x)$ 和 $f^*(x) + \varepsilon$，虚线表示函数 $f(x)$。其中，$f^*(x) + \varepsilon$

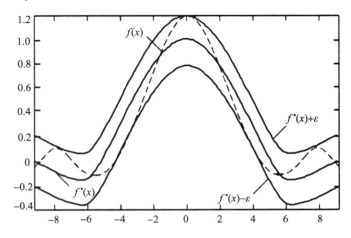

图6.23 支持向量回归算法的示意图

代表 $f^*(x)$ 向上的最大变动；$f^*(x) - \varepsilon$ 代表 $f^*(x)$ 向下的最大变动。

（一） ε - SVR 预测过程主要包括以下四个步骤

（1）给定训练样本 $T = \{(x_1, y_1), \cdots, (x_l, y_l)\} \in (X \times Y)^l$，其中，$x_i \in X = R^n, i = 1, 2, \cdots, l,$ ；$y_i \in Y = R, i = 1, 2, \cdots, l$。

（2）指定不敏感损失函数 ε 和误差惩罚参数 C 的值，并选择适合的核函数 $K(x, x')$ 类型。

（3）构造并求解最优化问题：

$$\frac{\min}{\alpha} \sum_{i,j=1}^{l} (\alpha_i^* - \alpha_i)(\alpha_j^* - \alpha_j) K(x_i - x_j)$$

$$+ \varepsilon \sum_{i=1}^{l} (\alpha_i^* + \alpha_i) - \sum_{i=1}^{l} y_i(\alpha_i^* - \alpha_i)$$

$$\text{S. t. } \sum_{i=1}^{l} y_i \alpha_i = 0, \ 0 \leqslant \alpha_i, \alpha_i^* \leqslant \frac{C}{l}, \ i = 1, 2, \cdots, l$$

得最优解

$$\overrightarrow{\alpha} = (\bar{\alpha}_1, \bar{\alpha}_1^*, \cdots, \bar{\alpha}_l, \bar{\alpha}_l^*)^T \tag{6-35}$$

（4）构造决策函数 $f(x)$

$$f(x) = \sum_{i=1}^{l} (\bar{\alpha}_i^* - \bar{\alpha}_i) K(x_i, x) + \bar{b}$$

$\bar{\alpha}_k^*$ 和 $\bar{\alpha}_j$ 数据区间 $\left(0, \dfrac{C}{l}\right)$

当选择 $\bar{\alpha}_j$ 时，

$$\bar{b} = y_j - \sum_{i=1}^{l} (\bar{\alpha}_i^* - \bar{\alpha}_i)(x_i \cdot x_j) + \varepsilon \tag{6-36}$$

当选择 $\bar{\alpha}_k^*$ 时，

$$\bar{b} = y_k - \sum_{i=1}^{l} (\bar{\alpha}_i^* - \bar{\alpha}_i)(x_i \cdot x_k) - \varepsilon \tag{6-37}$$

（二）支持向量回归机的参数

核函数类型、核函数参数、损失函数参数 ε 和惩罚参数 C 都对支持向量回归机预测结果有重要影响，不同的核函数参数对训练结果有不同作用，具体表现如下。

（1）核函数类型直接关系到映射函数和特征空间的构建，不同的核函数类型对应不同的映射函数和特征空间。

（2）核函数参数 δ 决定域宽度，对数据空间复杂性有重要影响。此外，对 VC 维和 ε 的确定也是至关重要的。

（3）ε 不敏感损失函数的选择直接关系到决策函数在 VC 维上的稀疏性，以及支持向量回归机模型的鲁棒性和模型预测精度。

（4）惩罚参数 C 主要是用来调整置信区间大小和选择经验风险值。当惩罚参数 C 较大时，VC 维权重减小，经验风险值权重增大，此时，支持向量回归机泛化能力较差；反之，当惩罚参数 C 较小时，VC 维权重增加，经验风险值权重减小，系统敏感性下降，此时，构建的支持向量回归机模型简单，但是预测结果的误差较大，所以，要根据实际需要选择合适的惩罚参数 C 值。

影响支持向量回归机网络构建的主要因素包含核函数类型和核函数参数。其中，常见的核函数主要有四种类型：线性核函数、多项式核函数、径向基核函数（RBF）和 Sigmoid 核函数。

①线性核函数

$$K(x, x_i) = x. \, x_i \qquad\qquad (6-38)$$

②多项式核函数

$$K(x, x_i) = \left[(x. \, x_i) + 1 \right]^q \qquad\qquad (6-39)$$

③径向基核函数

$$K(x, x_i) = exp\left[-\frac{\|x - x_i\|^2}{2\sigma^2} \right] \qquad\qquad (6-40)$$

④Sigmoid 核函数

$$K(x, x_i) = tanh\left(v(x, x_i) + C \right) \qquad\qquad (6-41)$$

选择不同核函数类型对支持向量机网络的构建有重要影响。它是通过将低维空间向量映射到高维空间，构建最优超平面。其中，最常用的核函数类型是高斯径向基核函数（RBF），主要是由于高斯核函数参数少，使用简洁、方便，输出权值可以由算法本身计算得出。

6.4.2　基于 VMD_SVR 理论的气阀运行可靠性预测

1. 气阀运行可靠性数据处理

为了保证往复压缩机正常运行，对往复压缩机关键零部件运行状况进行实时监控，以某炼化公司 2D12 型往复压缩机气阀振动信号为实例，对往复压缩机关键零部件数据进行预处理，图 6.24 为气阀可靠性预测数据处理流程图。对往复压缩机气阀实验数据进行处理，主要包括 4 个步骤。

图 6.24　气阀可靠性预测数据处理流程图

（1）采集往复压缩机气阀不同运行状态下的振动信号 $x(t)$ 作为原始信号，利用公式 VMD 对原始信号 $x(t)$ 进行变分模态分解，得到一系列限定带宽固有模态分量，分别记作 BLIMF1、BLIMF2 …。

（2）利用第 4 章中提出的预设分解尺度计算方法，计算经上述分解得到固有模态分量 BLIMF1、BLIMF2... 的信息熵值，并提取包含往复压缩机气阀运行状态的信息熵值。

（3）基于往复压缩机气阀运行状态，确定不同运行状态下气阀运行可靠性。欧氏距离可以对多维空间两种状态之间的差异进行描述。因此，采用欧氏距离来衡量往复压缩机在理想运行条件下和故障条件下运行状况之间的差异。

二维空间欧氏距离计算公式：

$$\rho_i = \sqrt[2]{(x_1 - x_2)^2 + (y_1 - y_2)^2}$$

三维空间欧氏距离计算公式：

$$\rho_i = \sqrt[2]{(x_1 - x_2)^2 + (y_1 - y_2)^2 + (z_1 - z_2)^2}$$

n 维空间欧氏距离计算公式：

$$\rho_i = \sqrt[2]{(x_i - y_i)^2} \quad (i = 1, 2, \cdots, n) \tag{6-42}$$

其中：

$$x_i = (x_1, x_2, \cdots, x_n); y_i = (y_1, y_2, \cdots, y_n)$$

首先，利用欧式距离公式 6-42，计算气阀在正常运行状态下和故障条件下气阀运行故障发生率的欧氏距离，分别记作 ρ_1，ρ_2，$\cdots$，ρ_n。

其次，对不同状态下往复压缩机气阀运行故障发生率数据进行归一化处理，公式如式 6-43。

$$\rho_i^{\cdot} = \frac{\rho_i}{\sum\limits_{i=1}^{n} \rho_i} \tag{6-43}$$

（4）利用气阀运行可靠性和气阀故障发生率之间的关系，计算往复压缩机气阀运行可靠性 $R(t)$。

$$R(t) = 1 - \rho_i^{\cdot} \tag{6-44}$$

6.4.3　建立气阀运行可靠性 SVR 模型

选择某炼化公司 2D12-70 型往复压缩机气阀振动信号为实例，按照故障率高低，依次将序号编写为实验 1，实验 2，$\cdots$，实验 30，以气阀运行可靠性预测实验数据为依据建立其运行可靠性支持向量回归机模型，具体步骤如下。

（1）数据背景介绍

将往复压缩机气阀振动信号存储在一个 80×6 的 double 型矩阵中，并将其命名为 qifa. mat，表 6-16 给出了气阀运行可靠性预测前 30 组实验数据。其中，行数代表实验次数；第 1-5 列代表气阀在某一运行条件下的信息熵值；第 6 列代表在此运行状态下运行的气阀故障发生率。图 6.25 所示为气阀故障发生率曲线图。

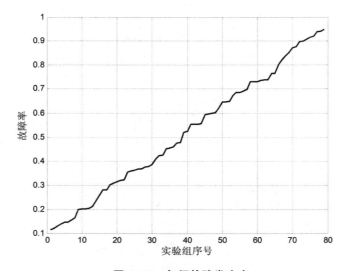

图 6.25　气阀故障发生率

表 6 - 16　30 组气阀运行可靠性预测实验数据

序号	BLIMF1 熵值	BLIMF2 熵值	BLIMF3 熵值	BLIMF4 熵值	BLIMF5 熵值	故障率
实验 1	0.4623	0.9618	1.4991	2.0202	2.8245	0.1000
实验 2	0.4671	1.3111	1.3807	1.3037	2.2141	0.1147
实验 3	0.4684	0.7061	1.3223	1.8396	2.3224	0.1186
实验 4	0.4721	1.6246	1.4477	1.4349	2.2357	0.1299
实验 5	0.4749	1.2822	1.5528	1.9879	2.2679	0.1385
实验 6	0.4776	0.9132	1.7613	2.0994	1.6306	0.1467
实验 7	0.4778	1.1906	1.5763	1.6045	2.2621	0.1473
实验 8	0.4800	1.3347	1.7411	2.0925	2.1652	0.1541
实验 9	0.4830	0.9810	1.6596	1.9379	2.4881	0.1632
实验 10	0.4946	0.6914	1.4932	1.7791	2.4937	0.1987
实验 11	0.4952	1.2296	1.8337	1.9032	2.5581	0.2005
实验 12	0.4957	1.0728	1.0689	1.3257	1.2814	0.2020
实验 13	0.4967	1.2996	1.6902	2.0154	2.6782	0.2051
实验 14	0.4987	1.0049	1.2295	1.9985	2.1294	0.2112
实验 15	0.5062	0.8062	1.0174	1.5214	2.7032	0.2341
实验 16	0.5143	1.4795	1.6950	2.2611	2.4785	0.2588
实验 17	0.5215	1.1364	1.8314	1.9084	1.8915	0.2808
实验 18	0.5217	0.9841	2.3381	1.6897	2.8515	0.2814
实验 19	0.5281	1.1045	1.8487	1.5589	2.0427	0.3010
实验 20	0.5310	0.9275	1.7083	1.8286	2.9767	0.3098
实验 21	0.5329	1.0744	1.9261	2.1381	2.2539	0.3156
实验 22	0.5346	1.1774	1.4124	1.2373	1.5350	0.3208
实验 23	0.5355	1.1158	1.5849	1.3648	1.9240	0.3236
实验 24	0.5453	0.8654	1.5878	2.0033	2.5179	0.3535
实验 25	0.5471	1.1562	1.9830	1.7756	2.4194	0.3590
实验 26	0.5477	1.2352	1.7642	1.7706	2.0684	0.3608
实验 27	0.5496	1.1225	1.8341	1.2352	1.5717	0.3666
实验 28	0.5497	1.1319	2.1227	1.6900	2.9448	0.3669
实验 29	0.5527	1.1911	1.6185	1.6295	2.4095	0.3761
实验 30	0.5535	1.0471	1.0851	2.2002	2.2089	0.3785

（2）基于气阀运行状态建立 SVR 模型

往复压缩机气阀可靠性回归预测模型流程图如图 6.26 所示。为了对气阀运行可靠性进行评估，提取 VMD 分解得到的前 5 个固有模态分量，BLIMF1～BLIMF5 包含了气阀运行主要信息，计算 BLIMF1～BLIMF5 对应的信息熵值并作为训练 SVR 模型的自变量，此信息熵条件下气阀故障发生率作为因变量，利用 SVR 回归模型对其进行回归预测。

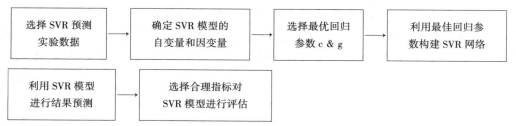

图 6.26 气阀 SVR 预测流程图

支持向量机在分类问题和回归问题方面应用非常广泛，支持向量机理论也日益完善，开发出许多实用性强的工具箱。工具箱的开发使研究人员可以减少编程时间，更专注于实际应用方面的研究。本文选择台湾大学林智仁教授开发的 LibSVM 工具箱对往复压缩机气阀运行可靠性进行预测。

首先，选择大小为 80×6，名称为 qifa. mat 矩阵作为实验数据，其中第 1～5 列作为自变量，第 6 列作为因变量。

其次，为了提高气阀可靠性预测结果，对实验数据采用 mapminmax 函数进行归一化处理。

再次，通过 LibSVM 工具箱中自带的参数寻优函数 SVMcgForRegress. m 寻找建立支持向量回归机模型最佳的惩罚参数和核函数参数（c & g）值。在选择 c & g 取值的过程中，第一步先进行粗略参数选择，如图 6.27 和图 6.28 所示为参数选择结果图。其中，图 6.27 中 SVR 参数粗略选择等高线图，横坐标代表了惩罚参数选择范围，纵坐标代表了核函数参数选择范围；图 6.28 中的 SVR 参数粗略选择 3D 图，x 轴代表了惩罚参数选择范围，y 轴代表了核函数参数选择范围，z 轴代表了分类准确率。第二步根据粗略参数选择结果，进行精细参数选择，如图 6.29 SVR 参数精细选择等高线图和图 6.30 SVR 参数精细选择 3D 图所示，其中，坐标轴意义和图 6.27、图 6.28 相同。

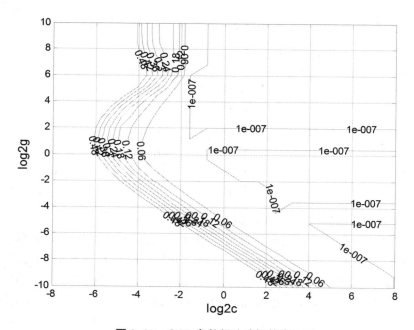

图 6.27 SVR 参数粗略选择等高线图

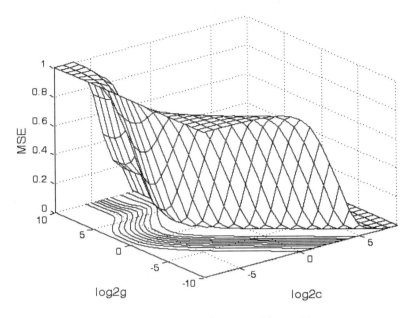

图 6.28　SVR 参数粗略选择 3D 图

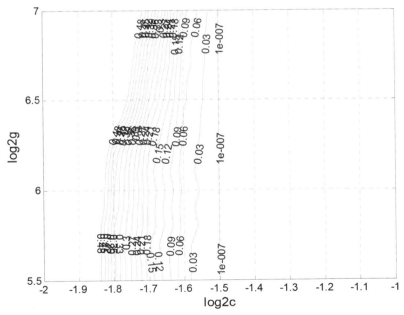

图 6.29　SVR 参数精细选择等高线图

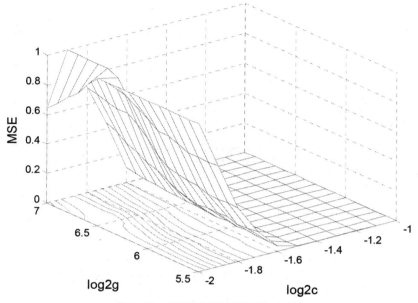

图 6.30　SVR 参数精细选择 3D 图

　　然后，根据选取的最佳惩罚参数和核函数参数（c & g）值，建立气阀可靠性评估预测模型，图 6.31 所示为原始实验数据和回归预测实验数据对比图。

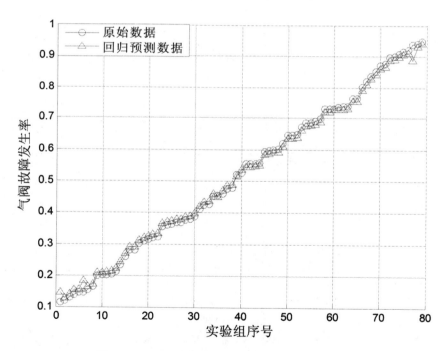

图 6.31　原始实验数据和回归预测实验数据对比图

气阀运行可靠性模型运行结果如下：

Mean squared error　= 0.000161086（regression）

Squared correlation coefficient　= 0.99916（regression）

均方误差 MSE　= 0.000161086

相关系数 R = 99.916%

最后，选择合理指标对气阀运行可靠性 SVR 模型进行检验。计算原始实验数据和回归预测实验数据的误差图和相对误差图，分别如图 6.32 和图 6.33 所示。

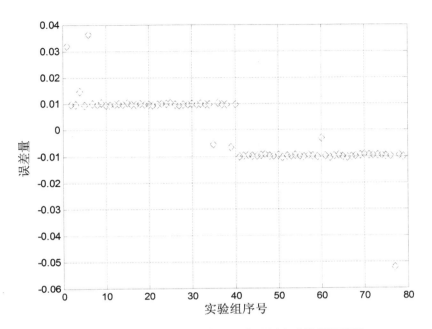

图 6.32　原始实验数据和回归预测实验数据误差图

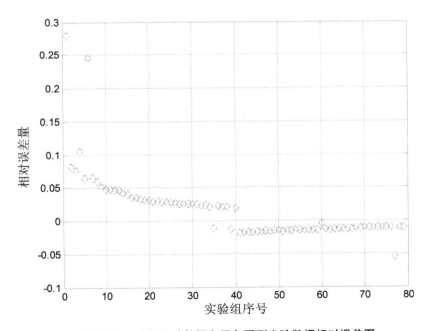

图 6.33　原始实验数据和回归预测实验数据相对误差图

6.4.4 往复压缩机关键部件可靠性预测实例

往复压缩机可靠性评估系统是以往复压缩机运行过程中关键零部件运行可靠性为基础建立的。其中，在训练往复压缩机可靠性评估系统过程中，主要选择的关键零部件有连杆大头、连杆小头、气缸和气阀。

1. 基于间隙故障的轴承运行可靠性预测

在往复压缩机长期工作的过程中，随着磨损程度的不断增加，零件之间配合的间隙不断增大。同时，随着磨损程度的加剧，零件间的冲击作用不断增加。因此，对轴承运行可靠性进行预测是提高往复压缩机运行可靠性的关键技术之一。

（一） 一级连杆大头可靠性预测

轴承位于曲轴箱内部，在不拆曲轴箱的情况下，很难对轴承运行情况进行检测。为了及时有效对轴承故障进行处理，建立了一级连杆大头轴承可靠性预测模型，通过采集一级连杆大头轴承运行振动信号，以振动信号为依据对轴承运行状态进行预测。

（1）采集一级连杆大头轴承运行振动信号并对其进行降噪处理。

（2）对降噪后的一级连杆大头轴承信号进行 VMD 分解，得到一系列 BLIMF 分量。

（3）计算步骤（2）得到前 5 个 BLIMF 分量的信息熵值，结果如图 6.34 所示。在不同运行状态下，采集一级连杆大头轴承运行振动信号，并重复进行上述操作，构建一级连杆大头轴承运行状况信息表，并依据故障发生率高低将其编号。表 6 – 17 提取了其中 30 组实验数据。

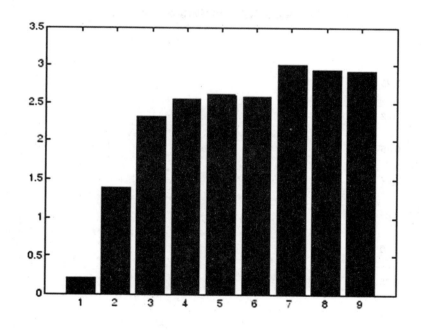

图 6.34 一级连杆大头轴承振动信号信息熵

表6-17 30组一级连杆大头轴承运行可靠性预测实验数据

序号	BLIMF1 熵值	BLIMF2 熵值	BLIMF3 熵值	BLIMF4 熵值	BLIMF5 熵值	故障率
实验 1	0.7659	0.9509	2.3465	2.2999	1.8870	0.5131
实验 2	0.7800	1.1800	1.9810	2.5072	2.4103	0.5325
实验 3	0.7802	1.0872	1.5204	2.5076	2.4281	0.5328
实验 4	0.7833	1.0446	1.8272	2.5471	2.4064	0.5370
实验 5	0.7904	1.3344	1.7559	2.4891	2.5292	0.5467
实验 6	0.7935	0.9062	1.7516	2.5700	2.1081	0.5510
实验 7	0.8008	1.3402	2.2611	2.0595	2.4689	0.5610
实验 8	0.8050	1.4357	1.8134	2.2386	2.5619	0.5668
实验 9	0.8105	1.2813	2.1747	2.1232	2.7400	0.5743
实验 10	0.8157	1.2052	1.7978	2.1149	2.6179	0.5815
实验 11	0.8269	0.8205	1.8948	2.3947	2.5844	0.5880
实验 12	0.8211	1.2974	1.9252	2.3859	2.7546	0.5889
实验 13	0.8260	1.0885	2.2359	2.3171	2.2823	0.5956
实验 14	0.8285	1.1543	1.9363	2.1073	2.1917	0.5990
实验 15	0.8290	1.2773	2.1844	2.5496	2.6581	0.5997
实验 16	0.8292	1.1453	1.0555	2.4135	2.6679	0.6000
实验 17	0.9116	0.8371	1.9917	1.8985	2.3362	0.6108
实验 18	0.8435	0.9956	2.1596	1.9265	2.6432	0.6196
实验 19	0.8445	1.0513	1.5048	2.3835	2.5316	0.6210
实验 20	0.8456	1.2900	0.9611	1.0482	1.0512	0.6225
实验 21	0.8538	1.1424	1.6853	2.2929	2.6239	0.6337
实验 22	0.8607	1.1179	1.6865	2.3458	1.5242	0.6432
实验 23	0.8644	1.1416	1.8844	1.9485	2.1249	0.6483
实验 24	0.8648	1.3104	1.9292	2.0918	2.6996	0.6488
实验 25	0.8703	1.2046	2.0900	2.5639	2.0005	0.6564
实验 26	0.8764	1.1797	1.7890	2.4700	2.3387	0.6647
实验 27	0.9236	0.9049	2.2286	2.1368	1.4601	0.7038
实验 28	0.9194	1.0897	1.2898	2.1379	2.5959	0.7237
实验 29	0.9230	1.3717	1.8338	2.0823	2.4632	0.7287
实验 30	0.9326	1.2256	1.7821	2.4680	2.7281	0.7419

（4）以一级连杆大头轴承运行实验数据为基础，绘制其轴承故障发生率图，如图6.35所示。并对上述一级连杆大头轴承故障发生率图像进行归一化处理，如图6.36所示。

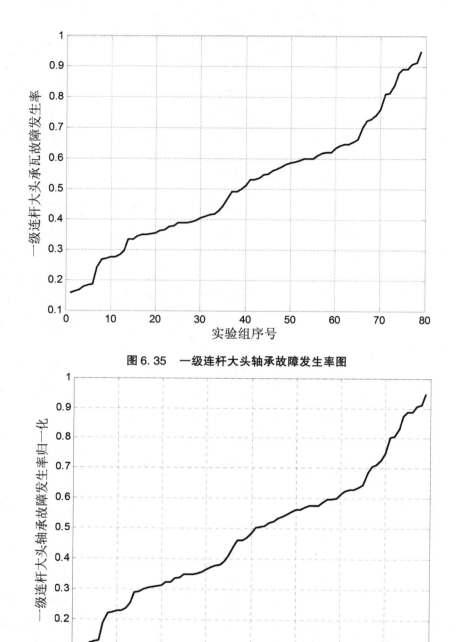

图 6.35　一级连杆大头轴承故障发生率图

图 6.36　一级连杆大头轴承故障发生率归一化处理

（5）通过 SVMcgForRegress. m 函数进行粗略参数选择。图 6.37 所示为 SVR 参数粗略选择结果图。其中，（a）等高线图，横坐标代表了惩罚参数选择范围，纵坐标代表了核函数参数选择范围；（b）3D 图，x 轴代表了惩罚参数选择范围，y 轴代表了核函数参数选择范围，z 轴代表了分类准确率。

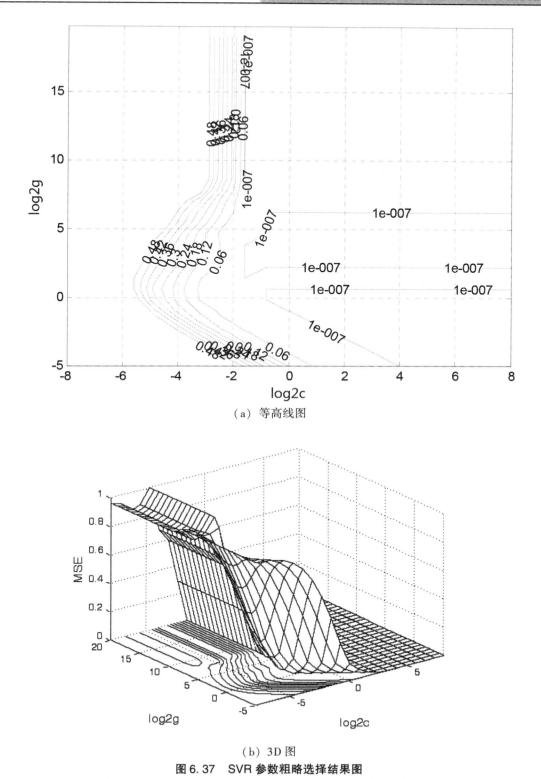

（a）等高线图

（b）3D 图

图 6.37　SVR 参数粗略选择结果图

（6）以 SVR 参数粗略选择结果图所示为基础，进行精细参数结果选择。选取原则是：在保证 SVR 回归预测模型回归预测准确率最高的情况下，选择惩罚参数数值最小的 c&g 组合，选择结果等高线图和 3D 图（如图 6.38 所示）。

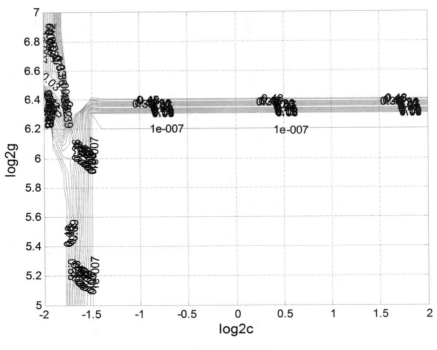

（a）等高线图

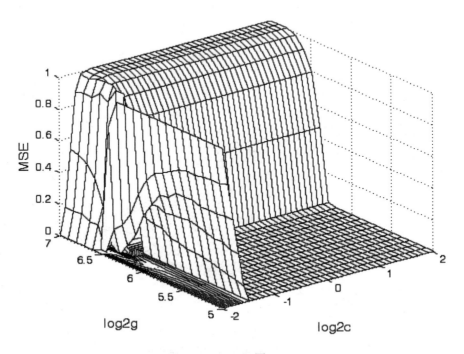

（b）3D 图

图 6.38　SVR 参数精细选择结果图

（7）建立一级连杆大头轴承运行状态 SVR 模型。图 6.39 所示为轴承原始实验数据和回归预测实验数据对比图。

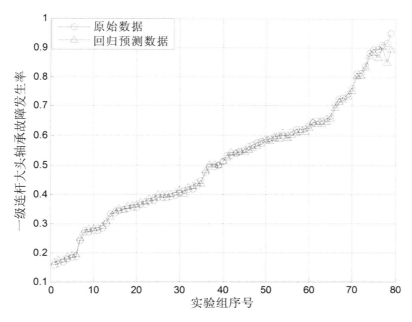

图 6.39　轴承原始实验数据和回归预测实验数据对比图

（8）对一级连杆大头轴承运行可靠性 SVR 模型进行评价。图 6.40 所示为轴承原始实验数据和回归预测实验数据误差图，图 6.41 所示为轴承原始实验数据和回归预测实验数据相对误差图。

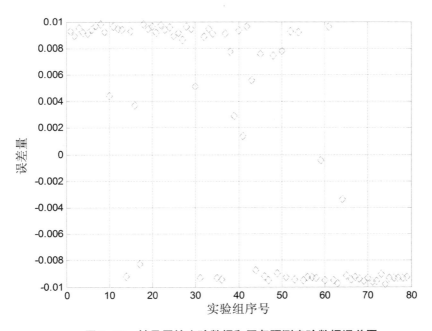

图 6.40　轴承原始实验数据和回归预测实验数据误差图

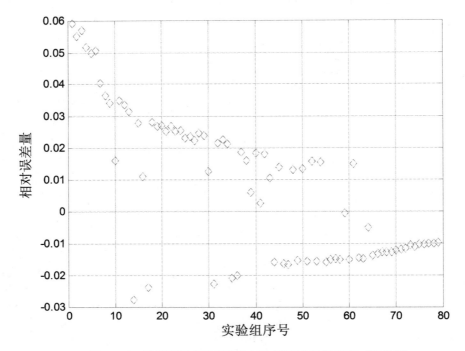

图6.41　轴承原始实验数据和回归预测实验数据相对误差图

一级连杆大头轴承可靠性模型运行结果如下：

均方误差 MSE = 0.000205945

相关系数 R = 99.7973%

(二) 一级连杆小头可靠性预测

参照一级连杆大头可靠性预测模型，建立一级连杆小头可靠性预测模型。在不同运行状态下，采集80组一级连杆小头轴承运行振动数据，并对振动信号进行前期数据处理，构建一级连杆小头轴承运行可靠性预测数据表，表6 – 18提取了其中30组实验数据。根据一级连杆小头轴承运行可靠性预测数据表格，建立一级连杆小头轴承运行SVR可靠性预测模型，结果如图6.42所示。

表6 – 18　30组一级连杆小头轴承运行可靠性预测实验数据

序号	BLIMF1 熵值	BLIMF2 熵值	BLIMF3 熵值	BLIMF4 熵值	BLIMF5 熵值	故障率
实验 1	0.8093	1.0033	2.2466	2.1047	2.7039	0.6759
实验 2	0.8105	1.2094	1.7358	2.2624	2.6322	0.6779
实验 3	0.8225	1.0794	1.8633	2.3765	3.0108	0.6979
实验 4	0.8238	1.2860	1.9553	2.6055	2.8077	0.7001
实验 5	0.8246	1.5831	2.1234	2.7842	2.7825	0.7014
实验 6	0.8268	1.4441	1.9411	2.1659	3.1666	0.7051
实验 7	0.8337	1.2648	2.1330	2.4857	2.9944	0.7166
实验 8	0.8373	1.5296	2.2404	2.1031	2.8799	0.7227
实验 9	0.8594	1.5321	1.9427	2.6104	2.9652	0.7596
实验 10	0.8607	1.3906	2.1033	2.0504	3.0967	0.7618

序号	BLIMF1 熵值	BLIMF2 熵值	BLIMF3 熵值	BLIMF4 熵值	BLIMF5 熵值	故障率
实验 11	0.8618	1.1585	2.1144	2.4685	3.1292	0.7636
实验 12	0.8709	1.4995	1.9927	2.1684	2.8048	0.7788
实验 13	0.8710	1.4389	1.7465	2.5983	2.8493	0.7790
实验 14	0.8736	1.1200	1.7841	2.4107	2.8001	0.7833
实验 15	0.8812	1.1618	1.8609	2.6014	2.8210	0.7960
实验 16	0.8821	1.4520	1.8331	2.5394	2.9894	0.7976
实验 17	0.8856	1.4445	2.0228	2.7318	2.8793	0.8034
实验 18	0.8894	1.3580	2.2350	2.5941	3.0132	0.8098
实验 19	1.0255	0.8921	1.9927	2.4198	2.9469	0.8143
实验 20	0.8926	1.1793	2.1885	2.1070	2.9509	0.8151
实验 21	0.8928	1.4892	2.0172	2.5348	3.0318	0.8154
实验 22	0.8940	1.4581	1.9046	2.3067	2.9936	0.8174
实验 23	0.9004	1.4490	2.3570	2.2683	3.0449	0.8281
实验 24	0.9041	1.7332	2.4492	2.9927	3.1721	0.8343
实验 25	0.9068	1.4334	1.6746	2.5060	3.0856	0.8388
实验 26	0.9133	1.5298	2.0166	2.5536	3.0085	0.8497
实验 27	1.0416	0.9202	2.1591	2.3767	2.6220	0.8612
实验 28	0.9231	1.2074	1.4585	1.9998	2.8317	0.8661
实验 29	0.9235	1.6510	1.9900	2.3530	2.5468	0.8668
实验 30	0.9280	1.4667	2.1939	2.3774	2.9436	0.8743

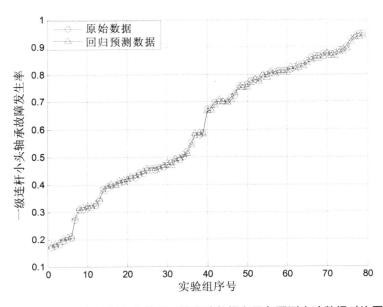

图 6.42　一级连杆小头轴承原始实验数据和回归预测实验数据对比图

一级连杆小头轴承可靠性预测模型运行结果如下：

均方误差 MSE = 9.18805e - 005

相关系数 R = 99.9307%

（三）二级连杆大头轴承可靠性预测

采用上述原理，建立二级连杆大头轴承可靠性预测模型。在不同运行状态下，用加速度传感器采集 80 组二级连杆大头轴承振动信号，对采集振动信号进行处理，构建二级连杆大头轴承运行可靠性预测数据表，并按照故障率从低到高对实验组进行编号，表 6-19 给出了 30 组二级连杆大头轴承运行可靠性预测实验数据。根据二级连杆大头轴承运行可靠性预测数据表格，建立二级连杆大头轴承 SVR 可靠性评估模型，图 6.43 所示为二级连杆大头轴承原始实验数据和回归预测实验数据对比图。

表 6-19　30 组二级连杆大头轴承运行可靠性预测实验数据

序号	BLIMF1 熵值	BLIMF2 熵值	BLIMF3 熵值	BLIMF4 熵值	BLIMF5 熵值	故障率
实验 1	0.8286	0.9075	1.9284	2.6106	3.1371	0.4555
实验 2	0.8630	1.4017	1.6465	1.9283	2.1777	0.5108
实验 3	0.8696	1.0997	1.3658	2.3615	2.1947	0.5215
实验 4	0.8820	1.3888	0.8703	1.3683	2.0347	0.5226
实验 5	0.8743	1.1993	1.6190	2.4407	2.2473	0.5290
实验 6	0.9444	0.8760	1.6560	1.0673	1.5079	0.5318
实验 7	0.8832	1.5430	1.5955	1.3378	1.8376	0.5433
实验 8	0.8873	1.4148	1.5805	2.2110	2.5791	0.5499
实验 9	0.8919	1.0681	2.3264	1.8975	1.9136	0.5573
实验 10	0.8938	1.6924	1.7161	2.4243	2.4510	0.5604
实验 11	0.8952	1.3453	1.4450	1.7131	2.2535	0.5626
实验 12	0.9050	1.4063	1.6721	2.8227	2.6174	0.5784
实验 13	0.9077	1.6311	1.8896	1.8008	1.8097	0.5827
实验 14	0.9250	1.3042	1.9566	2.5461	2.5034	0.6105
实验 15	0.9341	1.1729	1.2521	2.1520	2.2982	0.6252
实验 16	0.9366	1.2225	1.4212	1.6716	2.3177	0.6292
实验 17	0.9424	0.9452	1.9730	1.9931	2.6391	0.6385
实验 18	0.9489	1.1679	1.6067	2.6366	2.3735	0.6490
实验 19	0.9602	1.5595	2.0425	2.4856	1.4936	0.6671
实验 20	0.9653	1.6547	1.7968	2.3106	2.5030	0.6753
实验 21	1.1660	1.3516	0.9669	1.8568	1.9839	0.6779
实验 22	0.9821	1.5393	1.9172	2.4681	2.6727	0.7024
实验 23	1.0014	1.5147	1.6452	2.4847	2.1511	0.7334
实验 24	1.0045	1.4015	1.4671	1.7940	2.1352	0.7384
实验 25	1.0079	1.2558	1.4422	1.7943	2.4466	0.7439
实验 26	1.0085	1.1539	1.6297	2.4558	2.5518	0.7448

序号	BLIMF1 熵值	BLIMF2 熵值	BLIMF3 熵值	BLIMF4 熵值	BLIMF5 熵值	故障率
实验 27	1.0103	1.3785	1.3149	1.6460	1.4576	0.7477
实验 28	1.0876	1.3559	1.0269	2.1013	2.0278	0.7744
实验 29	1.0305	1.2407	1.7069	1.9451	2.4747	0.7802
实验 30	1.0327	1.3341	1.4592	2.1398	2.3396	0.7837

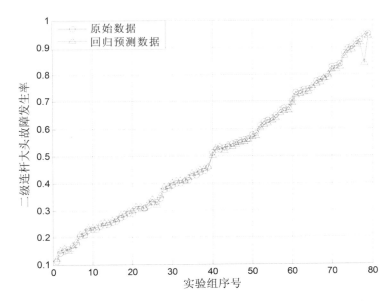

图 6.43　二级连杆大头轴承原始实验数据和回归预测实验数据对比图

二级连杆大头可靠性预测模型运行结果如下：

均方误差 MSE = 0.000238941

相关系数 R = 99.7178%

（四）二级连杆小头可靠性预测

采用加速度传感器采集 80 组二级连杆小头轴承振动信号，对采集的振动信号进行降噪、VMD 分解、信息熵值计算，建立二级连杆小头轴承运行可靠性数据表格，按照故障率从低到高将实验进行编号。其中，表 6 – 20 提取了 30 组实验数据，图 6.44 所示为轴承原始实验数据和回归预测实验数据对比图。

表 6 – 20　30 组二级连杆小头轴承运行可靠性预测实验数据

序号	BLIMF1 熵值	BLIMF2 熵值	BLIMF3 熵值	BLIMF4 熵值	BLIMF5 熵值	故障率
实验 1	0.8604	1.2044	2.1445	2.6356	2.8292	0.6460
实验 2	0.8615	1.4650	1.6036	2.3854	2.5926	0.6484
实验 3	0.8661	1.4464	2.3996	2.2520	2.4793	0.6583
实验 4	0.8762	1.2591	2.6957	2.8771	2.1039	0.6801
实验 5	0.8872	1.6617	1.7467	2.6618	2.2826	0.7039
实验 6	0.8915	1.3329	2.1404	1.7480	2.1412	0.7132
实验 7	0.8921	1.0177	2.1638	2.2017	2.2258	0.7145

序号	BLIMF1 熵值	BLIMF2 熵值	BLIMF3 熵值	BLIMF4 熵值	BLIMF5 熵值	故障率
实验 8	0.8947	1.5347	1.9667	2.3079	2.6796	0.7201
实验 9	0.8979	1.2656	1.9376	1.6133	2.1594	0.7270
实验 10	0.9079	1.4566	2.3901	2.2920	3.1517	0.7486
实验 11	0.9123	1.6934	2.1409	2.9308	2.7822	0.7581
实验 12	0.9195	1.5788	2.4562	2.4151	2.4362	0.7736
实验 13	0.9217	1.4749	2.0827	2.4733	2.7078	0.7784
实验 14	0.9285	1.6099	2.1728	2.2242	2.6412	0.7930
实验 15	0.9406	1.6004	2.1113	2.3465	2.4154	0.8192
实验 16	0.9460	1.4232	2.4909	2.8474	3.1748	0.8308
实验 17	0.9467	1.6494	2.1309	2.3190	2.7459	0.8323
实验 18	0.9487	1.5863	2.3285	2.6768	2.9847	0.8367
实验 19	0.9490	1.4638	1.9252	2.4337	2.7058	0.8373
实验 20	0.9491	1.6155	2.5487	2.5511	2.8382	0.8375
实验 21	0.9504	1.7655	2.2119	2.7042	2.6641	0.8403
实验 22	0.9522	1.3468	2.1441	2.6325	3.0622	0.8442
实验 23	0.9542	1.1269	1.8300	2.5513	2.6366	0.8485
实验 24	0.9607	1.3255	1.6495	2.3637	2.0082	0.8626
实验 25	0.9629	1.8017	1.5635	2.6873	2.5732	0.8673
实验 26	0.9633	1.8143	2.5225	2.7609	3.2168	0.8682
实验 27	0.9655	1.5042	1.9106	1.9989	2.6661	0.8729
实验 28	0.9683	1.3957	2.0749	2.6205	2.3846	0.8790
实验 29	0.9687	1.0307	2.1581	2.3811	2.9472	0.8798
实验 30	0.9687	1.4016	1.1564	2.2123	2.6688	0.8798

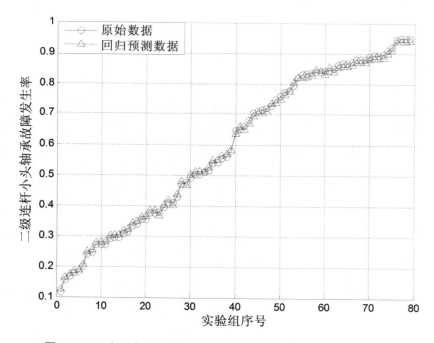

图 6.44　二级连杆小头轴承原始实验数据和回归预测实验数据对比图

二级连杆小头可靠性预测模型运行结果如下：

均方误差 MSE = 0.000205945

相关系数 R = 99.7973%

2. 气缸余隙预测

（一）一级气缸余隙预测

气缸运行可靠性对往复压缩机工作效率有重要影响。因此，对往复压缩机气缸运行可靠性进行预测具有重要意义。采集一级气缸运行振动数据，建立可靠性预测数据表，如表6-21所示。通过气缸运行可靠性数据表建立 SVR 预测模型，对不同运行状态下气缸运行可靠性进行评估，图6.45所示为一级气缸运行原始实验数据和回归预测实验数据对比图。

表6-21　30组一级气缸运行可靠性预测实验数据

序号	BLIMF1 熵值	BLIMF2 熵值	BLIMF3 熵值	BLIMF4 熵值	BLIMF5 熵值	故障率
实验 1	0.7005	0.8561	1.2087	1.7262	1.6202	0.5355
实验 2	0.7253	1.1803	1.7287	1.0190	2.0748	0.5899
实验 3	1.2663	0.7322	1.7784	1.6048	2.5333	0.6050
实验 4	0.7350	1.2016	1.5258	1.7994	2.2211	0.6111
实验 5	0.7522	1.3572	1.7325	1.3109	1.6008	0.6488
实验 6	0.7529	1.2549	1.5522	1.9367	2.0853	0.6504
实验 7	0.7596	1.1637	0.9183	1.5196	2.8373	0.6651
实验 8	0.7607	1.4901	1.8177	2.2742	2.4525	0.6675
实验 9	0.7633	1.1972	1.7500	1.5376	2.3720	0.6732
实验 10	0.7703	1.4104	1.8943	1.8110	2.3525	0.6885
实验 11	0.7744	1.4807	1.7430	1.8484	2.8892	0.6975
实验 12	0.9835	0.7816	1.4029	1.2486	2.3417	0.7133
实验 13	0.7818	1.1731	1.5849	1.6845	2.8054	0.7137
实验 14	0.7883	1.5014	1.7614	1.8191	3.0563	0.7280
实验 15	0.7931	1.3677	1.7508	1.8179	2.7920	0.7385
实验 16	0.7939	1.6677	2.0575	2.2523	2.7055	0.7402
实验 17	1.0000	0.7975	1.3396	1.4944	2.4667	0.7481
实验 18	0.8011	1.3344	2.0781	2.2139	2.2565	0.7560
实验 19	0.8048	1.6128	1.8915	2.3463	2.6019	0.7641
实验 20	0.8163	1.3050	1.5349	2.0584	2.5975	0.7893
实验 21	0.8232	1.1424	1.5296	1.4443	1.9102	0.8045
实验 22	0.8252	1.2567	1.7172	1.5199	2.3965	0.8088
实验 23	0.8257	1.1997	1.3793	1.9404	2.6231	0.8099
实验 24	0.8291	1.3598	1.6026	1.7262	2.4753	0.8174
实验 25	0.8362	1.4629	1.6908	1.7793	2.7644	0.8330
实验 26	0.8364	1.6832	1.4824	1.5949	2.8842	0.8334
实验 27	1.1132	1.2110	0.8397	1.7240	2.4592	0.8406
实验 28	0.8462	1.1244	1.6663	2.1054	2.6432	0.8549
实验 29	0.8465	1.2634	1.4601	1.5806	2.6311	0.8555
实验 30	0.8558	1.7707	1.7343	1.9516	2.9472	0.8759

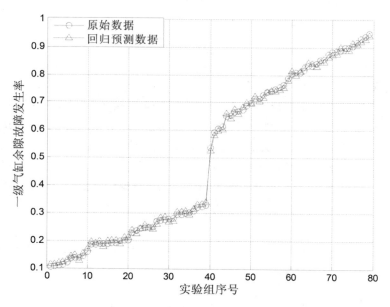

图 6.45 一级气缸运行原始实验数据和回归预测实验数据对比图

一级气缸运行可靠性预测模型运行结果如下：

均方误差 MSE $= 9.1067\mathrm{e} - 005$

相关系数 R $= 99.9142\%$

（二）二级气缸余隙预测

采集二级气缸运行实验数据，构建二级气缸运行可靠性预测实验数据表，表 6 – 22 所示为 30 组二级气缸运行可靠性预测数据中的实验数据，按照故障率从低到高进行排序，利用二级气缸运行可靠性预测实验数据训练 SVR 模型，图 6.46 所示为二级气缸运行原始实验数据和回归预测实验数据对比图。

表 6 – 22 30 组二级气缸运行可靠性实验数据

序号	BLIMF1 熵值	BLIMF2 熵值	BLIMF3 熵值	BLIMF4 熵值	BLIMF5 熵值	故障率
实验 1	0.7332	1.4526	1.5594	1.8450	1.5516	0.5993
实验 2	0.7347	1.0036	1.4687	1.1265	2.0722	0.6026
实验 3	0.7449	1.4732	1.6354	1.5843	2.8143	0.6246
实验 4	1.0508	1.3977	0.7474	2.5353	2.5707	0.6300
实验 5	0.7494	1.6115	1.5552	1.9902	2.9201	0.6343
实验 6	0.7520	1.0980	1.6559	1.1987	1.8041	0.6399
实验 7	0.7555	1.1602	0.8630	1.6805	2.6427	0.6475
实验 8	0.7557	1.4159	1.3704	1.8334	2.4669	0.6479
实验 9	0.7587	1.1536	1.1460	1.5356	2.4099	0.6544
实验 10	0.7603	1.2363	1.2428	1.6100	2.8163	0.6578
实验 11	0.7661	1.3664	1.6249	1.5445	2.7410	0.6703
实验 12	0.7725	1.1409	1.1232	1.8608	2.4778	0.6841
实验 13	0.7802	1.4863	1.6009	1.5691	2.7802	0.7008
实验 14	1.0815	1.4004	0.7814	1.7433	3.0297	0.7034

序号	BLIMF1 熵值	BLIMF2 熵值	BLIMF3 熵值	BLIMF4 熵值	BLIMF5 熵值	故障率
实验 15	0.7860	0.9323	1.6690	1.6941	2.3522	0.7133
实验 16	1.2491	1.4386	0.7877	1.9260	3.0426	0.7169
实验 17	0.7900	1.5120	1.4225	0.9665	1.2368	0.7219
实验 18	0.7901	1.2757	1.8938	1.8871	3.1351	0.7221
实验 19	1.0366	1.2075	1.6022	0.7998	2.5448	0.7431
实验 20	0.8052	0.9702	1.3173	1.2703	1.7927	0.7547
实验 21	0.9745	0.8072	1.5506	1.5267	2.0146	0.7590
实验 22	0.8103	1.4369	1.3815	1.4422	1.9125	0.7657
实验 23	0.8208	1.3781	1.5351	2.0539	2.9774	0.7884
实验 24	0.8270	1.4940	1.5197	1.3639	1.5122	0.8018
实验 25	1.1262	1.1116	0.8335	1.8135	2.5413	0.8158
实验 26	0.8418	0.8811	1.4233	1.8015	2.0264	0.8337
实验 27	0.8426	1.5275	1.4741	1.6973	2.5407	0.8354
实验 28	0.8442	1.4378	1.2671	1.9451	2.5539	0.8389
实验 29	0.8518	1.2231	1.2484	1.4869	2.0470	0.8553
实验 30	0.9728	0.8539	1.5856	1.5191	2.6133	0.8598

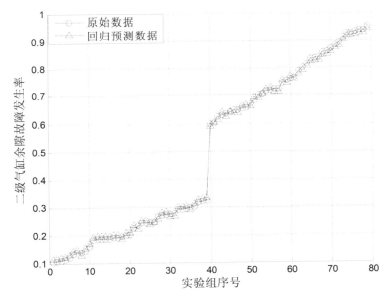

图 6.46　二级气缸运行原始实验数据和回归预测实验数据对比图

二级气缸运行可靠性预测模型运行结果如下：

均方误差 MSE $= 9.47972e - 005$

相关系数 R $= 99.9279\%$

6.5 本章小结

本章基于时频分析在往复压缩机轴承状态评估及预警的应用出发，主要开展以下几方面内容的研究与尝试。

（1）针对二叉树 SVM 参数优化过程，提出了每个 SVM 子分类器分别进行参数优化的独立参数二叉树 SVM 算法，利用 UCI 标准数据集和往复压缩机故障特征，对改进二叉树多类算法测试比较。另外，根据 SVM 分类结果的概率统计特性，建立往复压缩机轴承间隙故障状态评估模型，并以往复压缩机多体动力学仿真特征样本集对评估模型进行测试分析。

（2）通过构造长序列采样信号，利用 VMD 方法建立分解重构矩阵，基于 SVD 的信号分离原理降维，并求逆，从而提升特征分量的多重分形奇异谱特征值的稳定性，以设备典型故障状态的奇异谱特征值建立新的衰退指标，采用 KFCM 算法实现训练样本的二维聚类，并计算聚类中心，再依据测试样本与各故障聚类中心分布的特征，引入模糊 BTSVM 识别方法判定故障程度，从而实现对整机性能的衰退评估。

（3）从影响复杂非线性预测准确性的因素出发，分析了非参数预测方法在非线性分类和预测的适用性，研究了系统混沌时间序列演化规律，基于最大预测可信尺度提出了 VMD 和 KNN 结合的预测算法，以多重分形奇异谱特征值为预测参数，实现了对往复压缩机振动信号时间序列的预测。

（4）基于 VMD 分解建立了运行可靠性的 SVR 模型，对模型建立过程用到的关键技术进行了详细阐述，并选择合理指标对模型可靠性进行检验，然后，以不同运行状态条件下往复压缩机振动信号为基础，分别建立了一二级轴承连杆、气缸余隙和气阀等关键部件的可靠性评估模型，可进一步对往复压缩机整机运行可靠性进行等级划分。

参考文献

［1］Lee J. Intelligent maintenance systems（IMS）technologies［M/OL］. http://www.imscenter.net/.

［2］翁文波. 预测学［M］. 石油工业出版社，1996，4－15.

［3］V Vapnik. The nature of statistical learning theory［M］. New York：Springer，1995.

［4］S Knerr, L Personnaz, G Dreyfus. Single－layer learning revisited：a stepwise procedure for building and training a neural network［C］. In：Fogelman－Souli F, Herault J ed. Neurocomputing：algorithms, architectures and applications. Springer, Berlin, 1990.

［5］J Platt, N Cristianini, J Shawe－Taylor. Large margin DAGs for multiclass classification［J］. Adv Neural Inf Process Syst, 2000, 12：547－553.

［6］V Vural, J Dy. A hierarchical method for multi－class support vector machines［C］. In：Proceedings of the 21st international conference of ICML. 2004, Banff, Alberta, Canada.

［7］K Nishchal. Verma. etc. An Optimized Fault Diagnosis Method for Reciprocating Air Compressors Based on SVM［J］. 2011 IEEE International Conference on System Engineering and Technology. 2011：65－71.

［8］Hack－Eun Kim, Andy C. C. Tan, Joseph Mathew, etc. Bearing fault prognosis based on health state probability estimation［J］. Expert Systems with Applications, 2012, 39：5200－5213.

［9］XIA Shi yu, LI Jiu xian, XIA Liang zheng, etc. Tree－structured support vector machines for multi－

class classification [C]. Lecture Notes in Computer Science, vol4493. Berlin, Heidelberg: Springer - Verlag, 2007: 392 - 398.

[10] 唐发明, 王仲东, 陈绵云. 一种新的二叉树多类支持向量机算法 [J]. 计算机工程与应用, 2005, 41 (7): 24 - 26.

[11] 唐发明, 王仲东, 陈绵云. 支持向量机多类分类算法研究 [J]. 控制与决策, 2005, 20 (7): 746 - 749.

[12] 袁胜发, 褚福磊. 次序二叉树支持向量机多类故障诊断算法研究 [J]. 振动与冲击, 2009, 28 (3): 51 - 55.

[13] 张峻宁, 张培林, 华春蓉, 等. 改进 K - SVD 算法在曲轴轴承 AE 信号的去噪研究 [J]. 振动与冲击, 2017, 36 (21): 150 - 156.

[14] 苑宇, 李宝良, 姚世选. 基于吸引子 SVD 降噪的改进 EMD 法 [J]. 振动、测试与诊断, 2010, 30 (3): 325 - 329.

[15] 杨文献, 任兴民, 姜节胜. 基于奇异熵的信号降噪技术研究 [J]. 西北工业大学学报, 2001, 9 (3): 368 - 371.

[16] 朱锐, 杭晓晨, 姜东, 等. 基于奇异值分解的 ERA 改进算法及模态定阶 [J]. 振动、测试与诊断, 2018, 38 (1): 115 - 122.

[17] 曾作钦, 赵学智. 一种基于奇异值分解的奇异性检测新方法 [J]. 沈阳工业大学学报, 2011 (1): 102 - 107.

[18] 贺玲, 吴玲达, 蔡益朝. 数据挖掘中的聚类算法综述 [J]. 计算机应用研究, 2007, 24 (1): 10 - 13.

[19] 程军圣, 于德介, 杨宇. Hilbert - Huang 变换端点效应问题的探讨 [J]. 振动与冲击, 2005, 24 (6): 40 - 42.

[20] 石博强, 申焱华. 机械故障诊断的分形方法 [M]. 北京: 冶金工业出版社, 2001, 109 - 121.

[21] 焦巍, 刘光斌. 非线性模型预测控制的智能算法综述 [J]. 系统仿真学报, 2008 (24): 6581 - 6586.

[22] 彭显刚, 胡松峰, 吕大勇. 基于 RBF 神经网络的短期负荷预测方法综述 [J]. 电力系统保护与控制, 2011, 39 (17): 144 - 148.

第7章 往复压缩机复合故障诊断方法研究

前面章节中对往复压缩机的故障诊断是基于单一故障模式的科学假设，而在实际生产中，故障的表现是耦合的，或者是某零件的一处单一故障可能引发系统运行状态的劣化，从而引发与之关联的其他相关部位因果型的故障，即形成复合故障；或者是同时发生两个或多个相互关联、交叉影响的故障。往复压缩机因结构复杂、激励源众多，更易出现多种故障同时发生的现象[1]。针对这一现象，直接采用传统故障诊断方法对压缩机振动信号进行分析，往往不能有效地诊断出故障状态。因此，急须对往复压缩机复合故障的故障诊断方法进行研究，从而为往复压缩机故障的全面诊断提供有效途径。

7.1 盲源分离技术及其发展现状

盲信号处理（Blind Signal Processing，BSP）技术是一种结合了人工神经网络、信息理论和统计信号处理的信号处理方法，可提取、分离（恢复）出若干观测信号中各故障源信号[2]。因 BSP 技术的潜在研究价值，使其成为信号处理等学科领域研究的焦点。与此同时，众多学者也尝试将 BSP 技术应用于机械设备故障诊断中，目前 BSP 算法主要包括：用于求解瞬时混合模型问题的盲源分离算法、盲信号提取算法和独立分量分析算法；求解卷积混合模型问题的盲解卷积算法和盲均衡算法；观测信号个数小于源信号数（即欠定问题）的稀疏分量分析算法。

盲源分离（Blind Source Separation，BSS）是 BSP 技术之一，是近两年研究的热点方向。BSS 包含源估计和源分离两部分，而源数估计是影响分离效果好坏的关键，现有方法主要是基于主分量分析和奇异值分解两种[3]，均是以观测信号协方差矩阵的非零奇异值或非零特征值来估算源数目。Chen 等[4]通过计算信号的协方差矩阵特征值，设置合理阈值剔除特征值中噪声部分，确定信号源数目。除上述方法外，还包括 Aikaike 信息准则（Aikaike Info Criterion，AIC）[5]、最小描述长度（Minimum Description Length，MDL）[6]等基于特征值分解的源数估计方法。但是此类方法要求传感器数目不小于源数目，对于传感器数目小于源数目的欠定情况，无法估计出源数目。因此，欠定情况下的 BSS 算法成为目前研究的热点。在机械故障诊断领域，根据模型不同，把欠定盲源分离算法分为单通道观测信号和多通道观测信号两种。对于单通道观测信号，通常采用升维的方式，将欠定状态转化成正定或超正定状态，从而实现欠定盲分离。申永军等[7]利用相空间重构和奇异值分解方法，将单通道信号转化为多通道信号，通过对多通道信号的相关性分析，优选出最佳通道信号与原信号构成三通道信号，然后使用特征矩阵联合近似对角化方法进行分离。李志农等[8]结合 LMD 和 BSS 方法的特点，利用 LMD 方法分解观测信号，组合所得乘积函数分量与原始信号形成新的信号，然后通过白化和联合近似对角化处理得到源信号估计。

孟宗等[9]采用 EEMD 获得子带信号，利用特征值分解方法估计源数，然后依据互信息准则重构观测信号，通过白化和联合近似对角化处理，得到滚动轴承内外圈及滚动体复合故障源信号估计。汤杰等[10]融合改进变分模态分解方法，将单通道信号扩展成多通道信号，依据奇异值分解估计振源数，联合谱相关系数实现滚动轴承复合故障的时频分离。针对多通道观测信号的 BSS 方法，文献 [11] 通过构造位势函数，提出了基于位势函数的欠定盲分离源分离方法，以累积位势函数的局部极大值估计信号源数，并构造混合矩阵，实现滚动轴承复合振动信号的分离。李豫川等[12]利用稀疏分量分析方法分离经形态滤波后的观测信号，实现轴承复合故障振动信号的欠定分离。汤杰等[13]将扩展 In‑fomax 算法和独立成分分析（Independent component analysis，ICA）算法结合，提出了欠定 ICA 算法，实现齿轮箱混合故障振动信号的超定分离。在往复压缩机故障诊断中，汪红艳[14]结合盲源分离算法，提出了基于二阶统计量的 2D12 型往复压缩机混合振动信号的盲源分离方法。随着 BSP 技术的不断发展，对于具有非线性、非平稳及多变量耦合特性的往复压缩机复合故障信号而言，仍有大量的问题急须解决。

7.2　轴承间隙复合故障刚柔耦合建模

结合第二章所介绍往复压缩机轴承接触碰撞模型理论，综合连杆大、小头轴承间隙力学模型，采用多体动力学理论和接触碰撞模型建立含复合间隙的大头轴承 - 曲轴接触碰撞模型和小头轴承 - 十字头销接触碰撞仿真模型。

7.2.1　往复式压缩机动力学刚柔耦合模型

在 SolidWorks 中完成各部件的建模及装配，然后需要将装配体转换成 x_t 格式并导入 ADAMS 软件中。并利用往复压缩机系统内的传递关系，将模型中的外箱体模型导入 AN-SYS 软件中进行柔性体建模，通过柔性体中性文件导入 ADAMS 中，同传动机构共同仿真如图 7.1。

（1）刚柔耦合模型的建立

本章主要应用 ADAMS 软件对往复压缩机的三维模型添加约束力及运动副，完成往复压缩机的运动仿真，并对其进行动力学分析。在 ADAMS 中对往复压缩机模型添加运动副如表 7 - 1 所示。需要注意的是，表中列出的是压缩机在理想状态下的运动副，在进行故障模拟时，需根据具体故障的特点和传递特性进行调整，使其更符合故障实际情况。同时，在 ADAMS 中设置往复压缩机主要部件的材料属性如表 7 - 2 所示。

图 7.1　往复压缩机简化三维模型

表7－1　往复压缩机各部件间运动副

约束部位	运动副	限制的运动
曲轴	原动件	允许曲轴绕其主轴颈中心线旋转，并由电机驱动
曲轴与连杆	旋转副	允许曲轴和十字头销绕同一条共同的轴线旋转
连杆与十字头销	旋转副	允许连杆与十字头销绕同一条共同的轴线旋转
十字头销与十字头	旋转副	允许十字头销与十字头绕同一条共同的轴线旋转
十字头与活塞杆	固定副	把十字头与活塞杆固定在一起
活塞杆与活塞	固定副	把活塞杆与活塞固定在一起
活塞与气缸	移动副	允许活塞沿气缸中心直线运动
曲轴箱、气缸	固定副	曲轴箱、气缸连接部位相互固定，并于地面固定

表7－2　往复压缩机主要部件的材料属性

参数名称	往复压缩机主要部件			
外箱体	曲轴	滑动轴承	轴径	
材料	高强度灰铸铁（HT20－40）	45钢	巴氏合金	45钢
泊松比	0.3	0.3	0.3	0.3
弹性模量（GPa）	130	206	140	206
密度（kg/m³）	7210	7890	7380	7890

（2）接触碰撞模型参数的确定

由法向接触力 F_N 的确定与碰撞过程中接触刚度系数 K、接触阻尼系数 C、接触表面的最大相互渗透量 δ_m 有关，切向摩擦力则与动摩擦系数 u_d，静摩擦系数 u_s 有关。

在 ADAMS 软件仿真过程中，对间隙碰撞问题的求解过程略有差异。ADAMS 强调碰撞过程中阻尼函数与模型零部件的穿透作用，并根据响应的函数关系代替原有的阻尼因子。在求解碰撞过程中的能量损失时，ADAMS 通过穿透深度的三次阶跃函数代替原始的能量损失，并结合瞬时阻尼系数、Impact 函数，依据公式（2－62）和（2－66）定义接触力。

（3）仿真模型运动载荷的确定

往复压缩机多体动力学模型需要施加的载荷有活塞气体压力和电机驱动曲轴的转动力矩。在接近驱动电机的一端，对曲轴施加了转速为 496rpm 的旋转运动。假设气缸内的气体为理想气体，且其压缩与膨胀为等熵过程，则根据第二章所述的气缸内气体压强 P 表示公式，P_{IN} 和 P_{OUT} 为吸气压强和排气压强，S 和 S_0 为活塞行程和气缸余隙，X 为活塞位移，m 为膨胀指数，$m=1.14$。

2D12 型往复压缩机为双作用气缸，活塞两端均需施加气体力。依据压缩机的结构与工艺参数，利用 ADAMS 的 IF 函数可判断气缸工作过程，再根据公式（2－38）可计算出气缸内整个周期的气体压力，如图7.2所示。

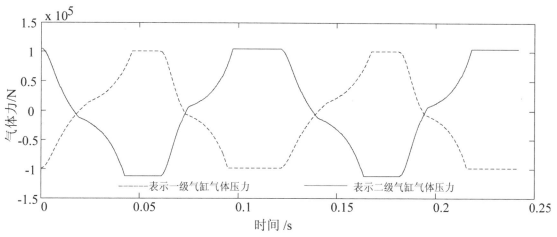

图 7.2 各级气缸活塞施加的气体压力载荷

7.2.2 轴承间隙复合故障动力学仿真与分析

往复压缩机的传动机构在正常工况下需要一定的转动间隙，其中连杆大头轴承与曲轴间的径向间隙不能大于 0.1mm；连杆小头轴承与十字头销间的径向间隙需小于 0.05mm。在对往复压缩机进行故障检修过程中，故障间隙的判定范围是 0.1mm ~ 0.3mm，如间隙超出标准的范围后，视为滑动轴承间隙故障且必须更换。文献 [15] 中提到的基于遗传算法优化间隙接触力模型广义刚度系数 K 和修订滞后阻尼因子 H' 的方法，以最优参数和间隙状态模型参数推导故障间隙模型参数，通过与试验数据联合验证，建立往复压缩机轴承间隙故障状态仿真模型。

仿真时设置曲轴转速为 $n = 496$rpm，仿真时间为 $t = 0.5$s，时间步数为 5000 步。设置间隙大小 0.05mm 为机组正常运行状态，模拟大、小头轴承间隙大小从正常至严重磨损程度。仿真计算时选用 ADAMS 软件默认的刚性积分算法（GSTIFF）作为积分器，其对常规问题计算结果较为理想。该积分器使用后向微分公式求解指数 3（index - 3）代数微分方程。在运动方程求解过程中考虑约束方程，并监控拉格朗日乘子波动引起的积分误差，积分器选择了 SI1 积分公式，从而增加了校正器在小步长求解时的稳定性和鲁棒性[16]。模型仿真的积分误差设置为 0.001，积分步长设置为 0.0001s。

以二级连杆大头轴承为例，首先，模拟二级连杆大头轴承正常状态（间隙大小 0.1mm）过程。通过 ADAMS 软件仿真获得其运动副接触力曲线，截选一段如图 7.3 所示，此轴承间隙对应的敏感测点为二级十字头滑道下端测点，该测点仿真振动加速度响应如图 7.4 所示，而往复压缩机故障模拟试验中，正常状态下该测点的典型实测加速度响应如图 7.5 所示，上述信号对应时间均为曲轴的两个旋转周期。仿真过程中，由于轴与轴承的碰撞，使得图 7.3 中正常间隙状态下的二级连杆大头轴承与曲轴间的运动副接触力出现了许多峰值，与其对应的振动加速度响应信号也出现了相对应的许多冲击信号如图 7.4 所示。这说明了该运动副接触力是二级十字头滑道下端测点振动加速度响应的主要激励源。利用该仿真模型，将二级连杆大头轴承的间隙大小增大至 0.32mm 的严重磨损程度故障，获取二级十字头滑道下端敏感测点的仿真振动加速度响应如图 7.6 所示。同样与此测点实测加速度响应如图 7.7 对比，通过对比可知，仿真与实测结果在冲击波形的幅值与时序上基本一致，说明轴承间隙过大，轴与轴承的碰撞力仍是故障状态振动信号的主要激励源。所以可以采用仿真分析间隙故障状态下参数模型的振动信号加速度响应作为轴承间隙复合故障诊断的分析数据来源。

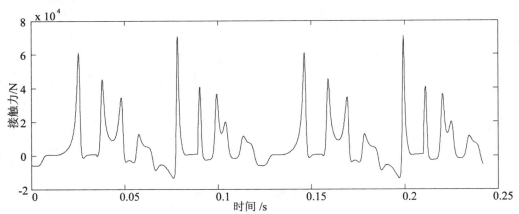

图7.3　正常间隙状态下二级连杆大头与曲轴间运动副的接触力

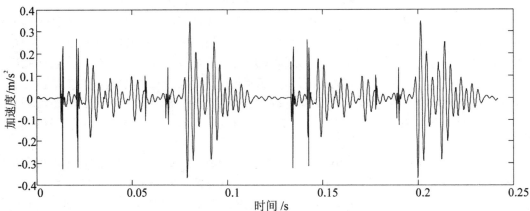

图7.4　仿真分析正常间隙状态下振动信号加速度响应

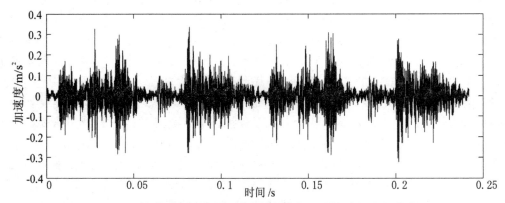

图7.5　敏感测点运动副正常间隙状态下实测振动加速度响应

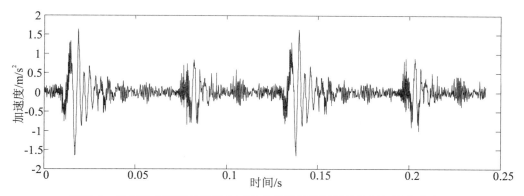

图 7.6　仿真分析间隙故障状态下优化参数模型的振动信号加速度响应

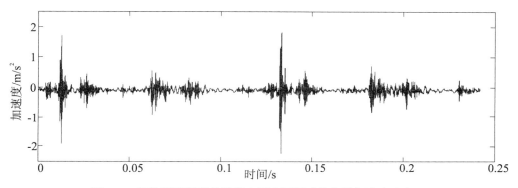

图 7.7　经降噪后间隙故障状态下实测振动信号的加速度响应

在上述研究的基础上，以含混合轴承间隙的往复压缩机传动机构为研究对象，研究两种不同间隙故障并存时往复压缩机传动机构的动力学特性。传动机构中间隙运动副位置图如图 7.8 所示，考虑在 A、B、C、D 四处转动副间隙两种故障并存的情况下，对该机构进行动力学仿真，获取各混合间隙作用下各敏感测点的加速度响应曲线。

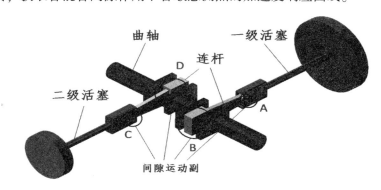

图 7.8　往复压缩机传动机构中间隙运动副位置

分别进行以下几种工况的往复压缩机轴承间隙复合故障动力学仿真研究：

（1）机构中所有运动副均为正常间隙运动副；

（2）只考虑一级连杆小头轴承 A 和一级连杆大头轴承 B 处同时存在间隙大故障；

（3）只考虑一级连杆小头轴承 A 和二级连杆大头轴承 D 处同时存在间隙大故障；

（4）只考虑一级连杆大头轴承 B 和二级连杆小头轴承 C 处同时存在间隙大故障；

（5）只考虑一级连杆大头轴承 B 和二级连杆大头轴承 D 处同时存在间隙大故障。

按照上述几种工况要求，分别模拟工况（2）到工况（5）中四种往复压缩机轴承间隙复合故障状态：只考虑一级连杆小头轴承 A 和一级连杆大头轴承 B 处同时存在间隙大小为 0.32mm 故障；只考虑一级连杆小头轴承 A 和二级连杆大头轴承 D 处同时存在间隙大小为 0.32mm 故障；只考虑一级连杆大头轴承 B 和二级连杆小头轴承 C 处同时存在间隙大小为 0.32mm 故障；只考虑一级连杆大头轴承 B 和二级连杆大头轴承 D 处同时存在间隙大小为 0.32mm 故障。图 7.9 至图 7.16 为上述仿真模拟敏感测点处各工况下轴承间隙复合故障两个周期的加速度响应曲线。针对以上几种工况下的轴承间隙复合故障状态，以 2 个完整周期时间间隔的敏感测点振动加速度仿真信号为一组故障状态数据，每种工况均采集两个敏感测点处 200 组振动加速度仿真信号数据作为往复压缩机轴承间隙复合故障诊断分析的数据集，为后续的轴承间隙复合故障诊断分析奠定了数据基础。

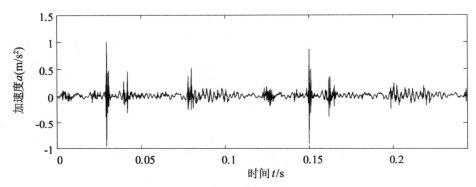

图 7.9　仿真分析中得到的一级十字头滑道下端测点处一级连杆小头、
大头轴承间隙复合故障振动加速度响应

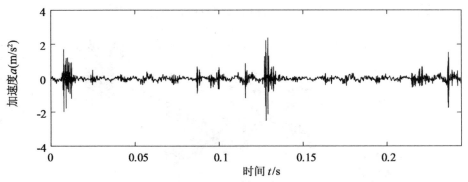

图 7.10　仿真分析中得到的一级气缸端部测点处一级连杆小头、
大头轴承间隙复合故障振动加速度响应

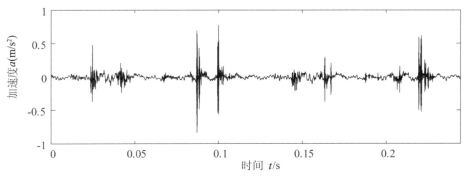

图 7.11　仿真分析中得到的一级气缸端部测点处一级连杆小头、
二级连杆大头轴承间隙复合故障振动加速度响应

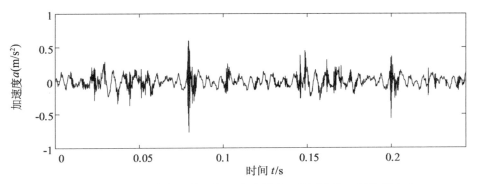

图 7.12　仿真分析中得到的二级十字头滑道下端测点处一级连杆小头、
二级连杆大头轴承间隙复合故障振动加速度响应

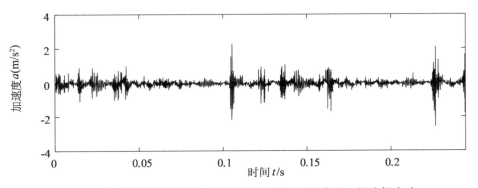

图 7.13　仿真分析中得到的一级十字头滑道下端测点处一级连杆大头、
二级连杆小头轴承间隙复合故障振动加速度响应

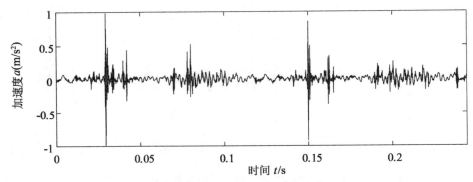

图 7.14　仿真分析中得到的二级气缸端部测点处一级连杆大头、
二级连杆小头轴承间隙复合故障振动加速度响应

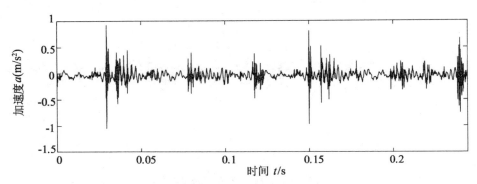

图 7.15　仿真分析中得到的一级十字头滑道下端测点处一级、
二级连杆大头轴承间隙复合故障振动加速度响应

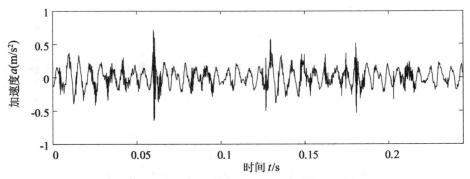

图 7.16　仿真分析中得到的二级十字头滑道下端测点处一级、
二级连杆大头轴承间隙复合故障振动加速度响应

7.3　往复压缩机复合故障振源数估计方法研究

　　当往复压缩机轴承发生复合故障时，利用加速度传感器采集到的振动信号为多种故障信息及背景噪声耦合形成，从耦合信号中成功分离出多个故障振动源的特征信息是故障诊断至关重要的一步。由于振动源数目未知，极大地限制、影响了故障信号分离结果的正确性，这是当前盲信号处理技术急需解决的问题。因此，研究往复压缩机轴承复合故障特征信号的振动源数目估计是当前研究的难点之一。当多个故障源信号混合时，针对此类盲分离问题，目前在机械故障诊断中常采用线性瞬时混合模型，且假设观测信号数量等于或大于源信号数目的源数估计方法，然而，实际工作环境及机械设备的复杂情况，导致实际工况中的振动源数超过传感器个数，而且机械系统大多数情况下为线性卷积混合，在不添加多个传感器的前提下，需要提出一种振源数目估计方法来解决此种欠定情况。

7.3.1　时变零相位滤波模式分解与时间尺度

针对往复压缩机振动信号非线性特点，受到 VMD、EWT 等自适应滤波思想的启发，本章介绍一种基于时变滤波的改进 EMD 分解性能的方法。通过估计高频信号和低频信号分量的时间尺度，然后根据时间尺度来设计截止频率随时间变化的时变滤波器，最后使用设计的时变滤波器进行滤波，得到均值信号。

1. 时变零相位滤波模式分解。由 EMD 方法原理可知，其筛分过程得到的均值信号属于低频信号。从滤波的角度出发，如果能够估计出高频分量和低频分量的时间尺度，那么就可以设计出低通滤波器，进而得到低频分量。对于线性信号而言，因其频率特征不随时间发生变化，滤波器的截止频率是固定的，介于高、低频分量的时间尺度之间。对于非线性信号而言，滤波器的截止频率随着时间变化而变化，同样也介于高、低频分量的局部时间尺度之间。对于随着时间变化，截止频率同时发生变化的滤波器，我们称之为时变滤波器。

2. 时间尺度的定义。信号的振荡形式通常由内部各分量相互作用表现出来，且以人们感官认知的特征体现出来。EMD 方法中的极值点即为常见特征，可以使用极值点的间隔来表现信号的局部时间尺度。因此认为信号的局部时间尺度由极值点密度表示。下面给出基于极值点间隔的时间尺度的定义。

对时间序列 $\{x(t_i)|i=1,2,3,\ldots,n\}$，$t \in (-\infty,+\infty)$，其中第 k 个极值点出现时刻为 t_k，则 $x(t_i)$ 局部时间尺度 $D_x(t)$

$$D_x(t_{k-1}+1:t_k) = \frac{1}{t_k - t_{k-1} + 1} \tag{7-1}$$

式中，$t_{k-1}+1:t_k$ 表示从 $t_{k-1}+1$ 到 t_k。

假设任意信号中的三个极值点在 $t_1=1$、$t_2=13$ 和 $t_3=22$ 出现，根据定义公式可知，$D_x(1:13)=1/13$ 和 $D_x(14:22)=1/9$。此时间尺度表示相邻两个极值点之间数据个数的倒数，可直接理解为极值点密度，同时极值点出现时刻也可通过 $D_x(t)$ 求出，对已知的 $D_x(t)$ 进行累加

$$\tau(t) = \sum_{t=-\infty}^{+\infty} D_x(t) \tag{7-2}$$

当 $\tau(t)$ 累加值为一整数时，就可以恢复一个极值点出现的时刻。已知 $D_x(1:13)$

$=1/13$ 和 D_x（14:20）$=1/9$，$t_1=1$，通过累加，当 $t=13$ 时，$\tau(t)=1$；当 $t=22$ 时，$\tau(t)=2$。可恢复出另外两个极值点 $t_2=13$ 和 $t_3=22$。

当 $x(t)$ 为单分量信号时，通常是局部窄带的，其极值点分布大致反映出信号的瞬时时间尺度分布情况。当 $x(t)$ 为多分量信号时，其极值点分布反映了内部所有分量共同作用，不能直接反映其时间尺度分布的特征。根据前面分析可知，当组成信号分量的频率和幅度满足一定条件时，其极值点分布能反映出信号中高频分量的时间尺度。因此，时间尺度的定义无论是对单分量信号还是多分量信号都有意义。

7.3.2　高、低频分量时间尺度估计

通过上述分析，信号的极值点分布情况能反映时间尺度信号的频率变化。当极值点出现频率较高时，局部频率就高。反之当极值点出现频率较低时，局部频率就低。因此可以直接使用极值点表示时间尺度来估计高频分量。

1. 高频分量估计。通过数值微分可以使高频分量更为明显，从而提高频率分辨率。由于数值微分是一个高频信号放大的过程，多阶数的数值微分使噪声等干扰信号的幅度迅速增大，会带来干扰性的极值点，影响分解质量，对非平稳信号进行高阶数值微分有可能改变其物理性质，使非平稳信号波形出现畸变，影响分解结果，故建议数值微分的阶数不超过 2 阶。

给出输入信号 $x(t)$ 的高频分量时间尺度估计方法：

（1）对信号 $x(t)$ 进行 2 阶数值微分，得到信号 $x^{(2)}(t)$；

（2）找出 $x^{(2)}(t)$ 所含极值点出现的时刻，记为 t_k；

（3）按 $D_x(t_{k-1}+1:t_k)=\dfrac{1}{t_k-t_{k-1}+1}$ 计算 $x^{(2)}(t)$ 的时间尺度，将其作为高频分量的时间尺度。

2. 低频分量估计。EMD 方法的筛分过程中最重要的步骤是对均值信号的估计，均值信号与输入信号相比属于低频信号，EMD 计算过程中通过取信号上下包络的均值可以得到低频分量，但是低频分量的准确与否是有前提的。当输入信号的上包络与下包络不对称时，使上下包络均值来估计低频分量有可能得到正确的结果。当上下包络对称或是近似对称时，不可能得到正确的低频分量信号。因此，对低频分量时间尺度的估计应分情况进行，根据信号的局部包络对称性来选择不同的估算方法。

严格意义上的对称应满足上下包络和为 0，对于部分单分量信号满足此性质。但是对于多分量窄带信号，信号的包络不是严格对称的。所以有必要给出包络对称性的估算方法来区分包络是否对称。

令信号的上包络线表示为 $e_+(t)$，下包络线表示为 $e_-(t)$：

如果信号的包络是严格对称的，该信号应符合两个特征：（1）信号内任意位置有 $e_+(t)+e_-(t)=0$；（2）当 $e_+(t)$ 在 t_0 出现极小值时，$e_-(t_0)$ 为包络的极大值，反之亦然；

如果信号不是严格对称的，则这两个特征是近似满足的。信号内任意位置有 $e_+(t)+e_-(t)\approx0$，当 $e_+(t)$ 在 t_0 出现极小值时，$e_-(t)$ 在 t_0 附近出现极大值，反之亦然。由此可

以得出几个包络对称性的必要条件：

包络对称的充分条件：

输入信号 $x(t)$ 在 $e_+(t)$ 相邻的两个极大值点 t_1 和 t_2 作用的区域 T，如果满足以下三个条件，则认为在 T 内 $x(t)$ 的包络是对称的。

条件 1：$\max((e_+(T)+e_-(T))/2) < \sigma \max(|e_+(T)-e_-(T)|)$ 其中 σ 为一个较小的正值，一般取 $0.05 < \sigma < 0.1$；

条件 2：在 $e_-(t)$ 的所有极值点中，在距离 t_1 或 t_2 最接近的时刻出现的极值点 t_1' 或 t_2' 应为 $e_-(t)$ 的极小值点。在 t_1 和 t_2 之间 $e_-(t)$ 存在唯一极小值点，假设出现时刻为 t_3。则在 $e_-(t)$ 的所有极值点中，在距离 t_3 最近的时刻 t_3' 出现的极值点应为 $e_-(t)$ 的极大值点；

条件 3：在 $e_-(t)$ 上，t_1' 和 t_2' 之间，除了 t_3' 以外，不存在任何其他极值点。

通过上述条件可看出，条件 1 的目的是对上下包络的均值进行幅度限制，即检查其是否满足 $e_+(t)+e_-(t) \approx 0$ 的关系。条件 2 检查包络极值点的对称关系，即上包络的极大值点应对应着下包络的极小值点，反之亦然。条件 3 检查条件 2 中的对应关系是否唯一，即要求上下包络的极值点个数应该是相等的。以上三个条件的目的是检测波形的对称性，属于充分条件。对于严格对称的波形，其上包络或下包络可能不存在极值点，故应该使用严格的包络对称条件来判断该情况的包络对称性。

严格包络对称性条件：对输入信号 $x(t)$ 在相邻的两个极大值点 t_1 和 t_2 作用的区域 T，满足 $\max((e_+(T)+e_-(T))/2) < \theta \max(|e_+(T)-e_-(T)|)$，$\theta$ 接近 0 的正值，通常 $\theta < 0.05$，$x(t)$ 被认为在 T 内的包络是严格对称的。

（1）局部包络非对称低频分量时间尺度估算

窄带信号或单分量信号通常具有对称的上包络和下包络。这样，具有非对称上下包络的信号一般为多分量宽频带信号，而且这些分量的局部频率相差较大。标准 EMD 方法筛分过程能在一定程度上提取出低频分量。但是这种方法有较大的缺点。第一个缺点是该方法目前还没有完善的理论依据，无法建立均值信号与真实低频信号之间的关系。第二个缺点是对上下包络近似对称的多分量信号，EMD 筛分过程计算得到的均值是不准确的。对于非平稳信号，以下面的实例为例，推导其拐点与低频信号分量的关系。

对于一个双分量信号 $x(t) = \cos[\varphi_1(t)] + a\cos[\varphi_2(t)]$，假设在 t 内有 $\varphi_2(t) < \varphi_1(t)$。设 t_0 为 $x(t)$ 的拐点，即 $\dfrac{\mathrm{d}^2 x(t_0)}{\mathrm{d}t} = 0$。

求 $x(t)$ 的二阶导数：

$$x''(t) = \varphi_1''(t)\sin[\varphi_1(t)] + [\varphi_1'(t)]^2\cos[\varphi_1(t)] + a\varphi_2''(t)\sin[\varphi_2(t)] + a[\varphi_2'(t)]^2\cos[\varphi_2(t)] \qquad (7-3)$$

由于 $\cos[\varphi_1(t)]$ 和 $a\cos[\varphi_2(t)]$ 都是单分量信号，相当于幅度变化率远小于载波频率的调制信号。故 $\varphi_1''(t) \approx 0$ 和 $\varphi_2''(t) \approx 0$，可得

$$x''(t) = [\varphi_1'(t)]^2\cos[\varphi_1(t)] + a[\varphi_2'(t)]^2\cos[\varphi_2(t)] \qquad (7-4)$$

在信号拐点处，满足 $x''(t_0) = 0$。得到的 $\cos[\varphi_2(t_0)]$ 代入 $x(t_0)$，可得

$$x(t_0) = a[1 - \frac{[\varphi_2'(t_0)]^2}{[\varphi_1'(t_0)]^2} \cos[\varphi_2(t_0)]] \qquad (7-5)$$

在时间 t 内有 $\varphi_2(t) < \varphi_1(t)$，可知 $x(t_0)$ 恰好落在幅度为 $a[1 - \frac{[\varphi_2'(t_0)]^2}{[\varphi_1'(t_0)]^2}]$、频率为 $\cos[\varphi_2(t_0)]$ 的信号上。因此，对 $x(t_0)$ 插值可恢复出 $\cos[\varphi_2(t_0)]$ 信号分量的时间尺度即为低频分量。插值得到的信号能得到低频分量的频率信号，但不能得到幅度信号。对于滤波方法，频率信息是重要的，而幅度信息相对来说不是重要的。上述规律对多分量信号也是成立的。

基于上述分析，对于输入信号 $x(t)$ 给出其拐点，可以运用插值方法得到低频信号分量。具体估算方法如下：

①对 $x(t)$ 进行二阶数值微分，提取过零点作为 $x(t)$ 的拐点；

②对拐点进行三次样条插值，得到信号 $s(t)$；

③然后计算信号 $s(t)$ 的时间尺度，作为低频信号的时间尺度。

这种基于拐点插值的方法适用于频率上相隔较远的信号分量，而对于窄带信号而言，虽然信号的拐点能反映低频分量的时间尺度信息，但通过插值恢复该低频信号存在较大困难，一方面由于恢复低频信号的采样点数太少不能保证插值精度，提高插值阶数可以在一定程度上改进插值精度。另一方面，提高插值精度的方法对非平稳信号效果不明显。

（2）局部包络对称低频分量时间尺度估算

对于包络是对称或近似对称的窄带信号，应从其包络中提取低频分量的时间尺度。

假设 $x(t)$ 是包括 N 个信号分量的窄带信号，则 $x(t)$ 表示为：

$$x(t) = \sum_{m=1}^{N} A_m e^{j\varphi_m(t)} = a(t) e^{j\varphi(t)} \qquad (7-6)$$

式中，A_m 和 $\varphi_m(t)$ 分别为第 m 个信号分量的幅度和相位函数。设 $\varphi_1(t) > \varphi_2(t) > \cdots > \varphi_N(t)$，由解析信号的定义可得

$$a^2(t) = \sum_{m=1}^{N} \sum_{n=1}^{N} A_m A_n \cos[\varphi_m(t) - \varphi_n(t)] \qquad (7-7)$$

$$\frac{d\varphi(t)}{dt} = \frac{1}{a^2(t)} \sum_{m=1}^{N} \left(\frac{d\varphi_m(t)}{dt} \sum_{n=1}^{N} A_m A_n \cos[\varphi_m(t) - \varphi_n(t)] \right) \qquad (7-8)$$

上式中信号 $x(t)$ 的瞬时角频率通过组成各信号分量角频率加权平均得到的。由于窄带信号中各分量的瞬时频率比较接近，使用 $\varphi_m(t) \approx \varphi_n(t)$ 和 $\varphi_1(t) > \varphi_N(t)$，进一步得到该信号的瞬时幅度

$$a(t) = \sqrt{A_1^2 + A_N^2 + 2A_1 A_N \cos[\varphi_1(t) - \varphi_N(t)] + 2\sum_{m=2}^{N-1} A_m^2} \qquad (7-9)$$

$a(t)$ 的极大值在 $\varphi_1(t) - \varphi_N(t) = 0$ 或 $n\pi$ 得到，极小值则在 $\varphi_1(t) - \varphi_N(t) = n\pi/2$，$n = 1, 2, 3, \cdots$。从极大、极小值的交替频率可看出，使用三次样条插值能够得到信号的上下包络。上下包络的时间尺度由 $\varphi_1(t) - \varphi_N(t)$ 决定，充分说明了窄带信号的低频信号分量的时间尺度可从其包络得到。具体的低频信号分量时间尺度估计步骤如下：

①使用插值方法得到由信号 $x(t)$ 极大值构成的上包络 $e_+(t)$；

②采用上文提到的高频分量时间尺度估算方法估计出 $x(t)$ 的高频分量时间尺度 $D_h(t)$；

③按照公式 $D_x(t_{k-1}+1:t_k)=\dfrac{1}{t_k-t_{k-1}+1}$ 估计 $e_+(t)$ 的时间尺度 $D_u(t)$；

④计算低频信号分量时间尺度 $D_l(t)=D_h(t)-D_u(t)$。

7.3.3　时变零相位滤波模式分解算法设计

通过前面的分析可知，当信号的高频分量和低频分量的时间尺度可估计出来时，就可以通过滤波的方法分离出高频分量和低频分量。同时为了正确分离出高低频分量，滤波器的局部截止频率就应该设置在高低频分量局部频率之间。滤波器局部截止频率可通过时变滤波器求出。通过公式（7-2）构造满足时间尺度要求的极值点间隔，把极值点作为滤波器节点，即为滤波器节点构造法。时变零相位滤波模式分解方法是在基于筛分算法的 EMD 方法的基础上提出的。对给定的信号 $x(t)$，算法过程如下：

时变零相位滤波模式分解具体算法：

步骤 1：根据高频分量时间尺度估计方法，计算出信号 $x(t)$ 的高频分量时间尺度，记为 $D_h(t)$；

步骤 2：根据局部包络非对称低频分量时间尺度估算方法和局部包络对称低频分量时间尺度估算方法，计算出信号 $x(t)$ 的两种低频分量时间尺度，记为 $D_{l_1}(t)$ 和 $D_{l_2}(t)$；

步骤 3：根据时间尺度和包络对称性定义，得到信号 $x(t)$ 的局部对称性，并依据该对称性选择步骤 2 中得到低频时间尺度。如果在 t 处关于时间轴对称，则选择 $D_{l_2}(t)$ 作为低频分量时间尺度，否则选择 $D_{l_1}(t)$，并记为 $D_l(t)$；

步骤 4：计算平均时间尺度 $D_z(t)=D_h(t)+D_l(t)$；

步骤 5：根据公式（7-2）构造节点，并对信号 $x(t)$ 进行时变零相位滤波，得到均值信号 $m(t)$；

步骤 6：令 $x(t)=x(t)-m(t)$，重复步骤 1 至步骤 5，直到信号 $x(t)$ 满足 IMF 分量判别条件输出。

时变零相位滤波模式分解算法的步骤 5 中的零相位滤波器是一种滤波思想，不涉及具体的滤波器，可以是 FIR 滤波器，也可以是 IIR 滤波器。零相位滤波中的 FRR（forward-reverse filtering，reverse output）法是先将输入信号 x(t) 按顺序进行滤波，然后将所得结果逆转后反向通过滤波器，再将结果逆转后输出，便可得到滤波信号 y(t)，其频域表达式为

$$\left.\begin{array}{l}Y_1(e^{j\omega})=X(e^{j\omega})H\left(e^{j\omega}\right)\\[4pt]Y_2(e^{j\omega})=e^{-j\omega(N-1)}Y_1\left(e^{-j\omega}\right)\\[4pt]Y_3(e^{j\omega})=Y_2(e^{j\omega})H\left(e^{j\omega}\right)\\[4pt]Y(e^{j\omega})=e^{-j\omega(N-1)}Y_3\left(e^{-j\omega}\right)\end{array}\right\} \qquad (7-10)$$

式中，$X(e^{j\omega})$ 为输入信号 x（t）的频谱；$Y(e^{j\omega})$ 为输出信号 y（t）的频谱；$H(e^{j\omega})$ 为滤波器的幅频特性。由式（7-10）可得

$$Y(e^{j\omega})=X(e^{j\omega})\left|H(e^{j\omega})\right|^2 \qquad (7-11)$$

由式（7-11）可看出，输出信号与输入信号之间只是在幅值上相差 $\left|H(e^{j\omega})\right|^2$，相位上不存在延迟或者畸变，实现了零相位滤波，如图7.17所示，图7.17（a）为适应普通IIR低通输出的结果，图7.17（b）为采用零相位低通输出的结果，从图上可以看出零相位低通输出的信号不存在延迟和畸变的问题，与原始信号基本匹配。

时变零相位滤波器可通过经典零相位滤波方法设计得出，也可以根据信号的频率变化，在每一时刻均设计一个零相位滤波器[17]，即

$$H(e^{j\omega}, t_i) = H_i(e^{j\omega}) \qquad i = 1, 2, \cdots, N \qquad (7-12)$$

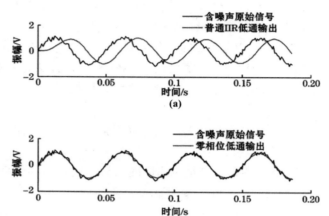

图 7.17　滤波结果对比图

假设信号为 $x(t_i)$，$i = 1, 2, \cdots, N$，EMD方法估计出的频率为 $f(t_i)$，时变零相位滤波器的设计步骤如下：

（1）初始化：给出通带波纹度 r_p，阻带波纹度 r_s；通带带宽 ω_p^i，过度带带宽 ω_s^i，中心频率 f_c^i。本文中取 $r_p = 1$ dB，$r_s = 3$ dB，$f_c^i = f(t_i)$，$\omega_p^i = 0.4f(t_i)$，$\omega_s^i = 0.1f(t_i)$；

（2）根据初始参数分别计算 t_i 时刻通带的频率带 f_{wp}^i 与过渡带的频率带 f_{ws}^i；

$$\left.\begin{array}{l}
f_{wp}^i = \left[f_c^i - \dfrac{\omega_p^i}{2}, f_c^i + \dfrac{\omega_p^i}{2}\right] \\[3mm]
f_{ws}^i = \left[f_c^i - \dfrac{\omega_p^i}{2} - \omega_s^i, f_c^i + \dfrac{\omega_p^i}{2} + \omega_s^i\right]
\end{array}\right\} \qquad (7-13)$$

（3）选取合适的滤波器作为零相位滤波器的原型来设计带通滤波器，本文选择低通巴特沃兹滤波器来进行设计，根据（2）中提到的参数，计算该滤波器系数 $a_k^i(k = 0, 1, 2, \cdots, m)$ 和 $b_j^i(j = 0, 1, 2, \cdots, n)$；

$$H_i(e^{j\omega}) = \frac{b_0^i + b_1^i e^{-j\omega} + \cdots + b_n^i e^{-jn\omega}}{a_0^i + a_1^i e^{-j\omega} + \cdots + a_m^i e^{-jm\omega}} \qquad (7-14)$$

（4）根据设计的滤波器系数 $a_k^i(k = 0, 1, 2, \cdots, m)$ 和 $b_j^i(j = 0, 1, 2, \cdots, n)$，采用零相位滤波方法对分析信号 $x(t_i)$ 进行零相位滤波，便可得到 t_i 时刻的滤波信号 $y(t_i)$。

同时，步骤6中的IMF判别条件比EMD方法要求严格，其迭代终止条件为：

假设信号 $x(t)$ 的上包络为 $u(t)$，下包络为 $l(t)$，如果满足

$$\frac{\max\left|\left(u(t)+l(t)\right)/2\right|}{\max\left|u(t)-l(t)\right|}<\theta \qquad\qquad (7-15)$$

式中，θ 预设一个较小的正值，通常 $\theta<0.5$，则 x（t）满足 IMF 的包络严格对称条件。该条件可以直接检查信号均值的最大值是否小于某个限值，不满足该条件，说明信号包络非严格对称应进行下一步筛分。

7.3.4　仿真分析

使用仿真信号验证该方法的有效性，并分析该方法的分离性能。给出一个含有三个分量的非平稳信号，如图 7.18 所示：

$$x(t)=\cos(50\pi t+20\pi t^2)+\cos(25\pi t+10\pi t^2)+\cos(\frac{25}{2}\pi t+10\pi t^2) \qquad (7-16)$$

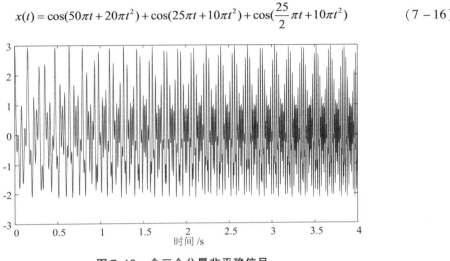

图 7.18　含三个分量非平稳信号

从式（7－12）中可以看出，分量 $\cos(25\pi t+10\pi t^2)$ 和 $\cos(\frac{25}{2}\pi t+10\pi t^2)$ 在频域上比较接近，而与分量 $\cos(50\pi t+20\pi t^2)$ 相隔较远。分别采用 EMD 和时变零相位滤波模式分解方法对其进行分解，结果如图 7.19 和图 7.20 所示。从图 7.19 中可以看出，EMD 分解得到 10 个 IMF 分量，文中给出的信号则是包含三个单分量信号。图中第 1 个 IMF 分量为高频分量，即 $\cos(50\pi t+20\pi t^2)$，然而幅度上有波动，存在一定的失真。而频率相接近的 $\cos(25\pi t+10\pi t^2)$ 和 $\cos(\frac{25}{2}\pi t+10\pi t^2)$ 分量，EMD 则没有分解出来，从 IMF2 中可发现分解结果严重失真，IMF3 – IMF10 分量明显不属于该信号。同时，从时变零相位滤波模式分解结果图的 IMF 分量个数上看，时变零相位滤波模式分解结果可以得到 3 个 IMF 分量，与该非平稳信号的分量个数一致。并且 IMF1 分量对应着 $\cos(50\pi t+20\pi t^2)$，IMF2 分量对应着 $\cos(25\pi t+10\pi t^2)$，IMF3 分量对应着 $\cos(\frac{25}{2}\pi t+10\pi t^2)$，从图像上看没有明显的波动及失真。可以看出时变零相位滤波模式分解方法能很好地实现非平稳信号的分离。

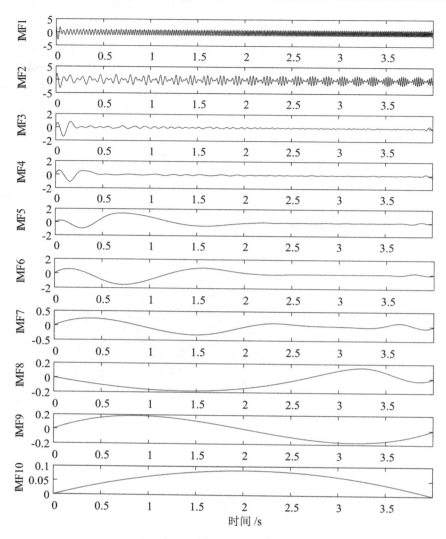

图 7.19　非平稳信号的 EMD 分解

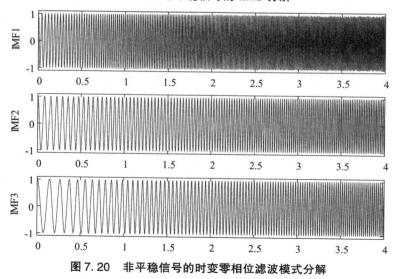

图 7.20　非平稳信号的时变零相位滤波模式分解

7.4　基于时变零相位滤波模式分解的源数估计方法

为解决往复压缩机轴承间隙复合故障振动信号的故障振源数估计问题，本节介绍一种基于时变零相位滤波模式分解和奇异值分解的振源数估计方法。该方法有两个步骤第一步是对信号进行时变零相位滤波模式分解，第二步是进行本征模函数重组，对重组信号进行奇异值分解，根据特征值分布来确定振源数。

7.4.1　故障振源数估计方法原理与结构

1. 时变零相位滤波模式分解方法把非平稳、非线性信号分解成一组本征模函数分量的集合。每个本征模函数可表示信号的一个内在特征振动形式。

通过传感器测得的信号 $x(t) = \{x_1(t), x_2(t), \cdots, x_m(t)\}$ 经时变零相位滤波模式分解为

$$x_1(t) = \sum_{i=1}^{l_1} c_{1i} + r_{ml_1}$$
$$\cdots$$
$$x_m(t) = \sum_{i=1}^{l_m} c_{mi} + r_{1l_m}$$

$$(7-17)$$

式中，c 为本征模函数，r 为残余项。

c 包含了表现振源信号和噪声信号内在振动特征的本征模函数。通过时变零相位滤波模式分解方法，可将 1 个传感器观测信号拓展为多个源信号内在特征的组合，从而解决振源数大于观测传感器个数情况的振源数估计问题。

经过时变零相位滤波模式分解后信号的相关矩阵定义为：

$$R_{imf} = E\left[x_{imf}(t) x_{mf}^H(t) \right]$$

$$(7-18)$$

当噪声对应的本征模函数和振源信号对应的本征模函数不相关时，相关矩阵则为：

$$R_{imf} = E\left[s_{imf}(t) s_{imf}^H(t) \right] + E\left[b_{imf}(t) b_{imf}^H(t) \right]$$

$$(7-19)$$

式中，b_{imf} 表示为振源信号对应的本征模函数，s_{imf} 表示为噪声对应的本征模函数。

当噪声是空间白噪声时，上式简化为：

$$R_{imf} = E\left[s_{imf}(t) s_{imf}^H(t) \right] + \sigma^2 I_{M-n}$$

$$(7-20)$$

式中，$M = l_1 + l_2 + 2$，I_{m-n} 为单位矩阵，σ^2 为噪声功率。

R_{imf} 奇异值分解（SVD）后，

$$R_{imf} = V_s \Lambda_s V_s^T + V_b \Lambda_b V_b^T$$

$$(7-21)$$

式中，$V_s \in R^{M \times n}$ 表示 n 个降序排列的主特征值 $\Lambda_s = diag\{\lambda_1 \geq \lambda_1 \cdots \geq \lambda_n\}$ 对应的特征矢量，$V_b \in R^{M \times (M-n)}$ 表示 M−n 个噪声特征值 $A_s = diag\{\lambda_{n+1}, \cdots, \lambda_M\} = \sigma^2 I$ 对应的特征矢量。理论上 R_{imf} 的 M−n 个最小特征值等于 σ^2。因此在假设噪声方差相对小和精确估计协方差矩阵的前提下，通过判断自相关矩阵最小特征值的重复个数，即可确定其噪声子空间的维数。但由于自相关矩阵是由有限长度数据估计出来的，因此其最小特征值不可能完全相等。为确定信号子空间和噪声子空间的维数，通过确定占优特征值数目来确定振动源的数量。当

信号和噪声特征值间阈值设置存在困难时，无法判断出噪声子空间的维数，这时可用信息论的方法进行源数估计。

2. 故障振源数估计方法的总体结构

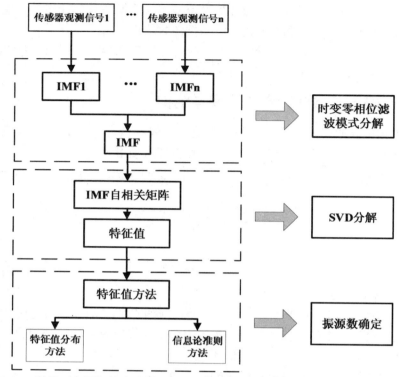

图 7.21　基于时变零相位滤波模式分解和奇异值分解的振源数估计方法的总体结构

基于时变零相位滤波模式分解和奇异值分解的振源数估计方法的总体结构如图 7.21 所示。包括：（1）时变零相位滤波模式分解获得源信号的内在特征振动形式；（2）SVD 分解获得反映振源数的特征值序列；（3）根据特征值方法的不同来确定振源数，方法有特征值分布方法和信息论准则方法。

7.4.2　特征值方法的振源数估计与计算流程

1. 基于占优特征值的振源数估计

占优特征值（DE）与非占优特征值之间会有较大的差别。本文采用相邻特征值的最大下降速比，进行最小占优特征值的确定。

$$\Delta = \max\left\{\lambda_1/\lambda_2,\cdots,\lambda_i/\lambda_{i+1},\cdots,\lambda_{M_m-1}/\lambda_{M_m}\right\}, i=1,\cdots,M_m \qquad (7-22)$$

式中，Δ 表示最小占优特征值。

从第一个占优特征值开始，到最小占优特征值为止，计算占优特征值的数目，即可确定振源信号的数量。

2. 基于 Bayesian 信息准则的振源数估计

Minaka Bayesian 选择模型（MIBS）是一个真实维数估计准则，涉及 Stiefel 流形上的积分，可用 Laplace 方法近似，它的目标是寻找一个能使代价函数最大的序号 $k=n$，$1 \leq k \leq l$，l 是非零特征值个数[18]。

$$MIBS(k) = p(x|k) \approx p_k (\sum_{j=1}^{k} \lambda_j)^{-N/2} \times \tilde{\sigma}_k^{-N(l-k)} |A_k|^{-1/2} (2\pi)^{(d_k+k)/2} N^{-k/2} \tag{7-23}$$

式中，$p_k = 2^{-k} \prod_{i=1}^{k} \Gamma(\dfrac{l-i+1}{2}) \pi^{-(l-i+1)/2}$；$|A_k| = \prod_{i=1}^{k} \prod_{j=i+1}^{l} (\hat{\lambda}_j^{-1} - \hat{\lambda}_i^{-1})(\lambda_i - \lambda_j) N$；$\tilde{\sigma}_K^2 = (\sum_{j=k+1}^{l} \lambda_j)/(l-k)$；$d_k = lk - k(k+1)/2$；$N$ 为协方差矩阵数据的长度。

该序号 n 为观测数据 $x(t)$ 隐含的维数，MIBS 可忽略不随 N 增长项，即可用 Bayesian 信息准则（BIC）近似得出：

$$BIC(k) = (\prod_{j=1}^{k} \lambda_j)^{-N/2} \tilde{\sigma}_k^{-N(l-k)/2} N^{-(d_k+k)/2} \tag{7-24}$$

采用基于信息论准则的源数估计方法之一的 BIC 准则进行源数估计，除了可对高斯性信号进行源数估计之外，BIC 准则还可对非高斯性信号进行源数估计，根据公式（7-25）确定振源信号的数量。

$$x(t) = As(t) \tag{7-25}$$

式中，$A \in R^{m \times n}$ 表示未知列满秩混合矩阵，$s(t)$ 是 n 维源矢量。

3. 故障振源数估计算法流程

（1）基于时变零相位滤波模式分解 – SVD – DE 的振源数估计算法流程（本方法不限传感器个数，以两个传感器为例）

①传感器观测获得信号 $x_1(t)$ 和 $x_2(t)$，经时变零相位滤波模式分解得到两组本征模函数 x_{1imf} 和 x_{2imf}，维数为 M_1 和 M_2；

②两组本征模函数 x_{1imf} 和 x_{2imf} 构成一组本征模函数 x_{imf}，维数 $M = M_1 + M_2$，然后对本征模函数 x_{imf} 相关矩阵进行 SVD 特征值分解，得到特征值向量；

③消除特征值向量中为 0 的元素，组成新的长度为 l 特征值向量；

④对新组成的特征值向量进行最小占优特征值的确定；

⑤根据占优特征值的数量确定振源信号的数目。

（2）基于时变零相位滤波模式分解 – SVD – BIC 的振源数估计算法流程（本方法不限传感器个数，以两个传感器为例）

①传感器观测获得信号 $x_1(t)$ 和 $x_2(t)$，经时变零相位滤波模式分解得到两组本征模函数 x_{1imf} 和 x_{2imf}，维数为 M_1 和 M_2；

②两组本征模函数 x_{1imf} 和 x_{2imf} 构成一组本征模函数 x_{imf}，维数 $M = M_1 + M_2$，然后对本征模函数 x_{imf} 相关矩阵进行 SVD 特征值分解，得到特征值向量；

③消除特征值向量中为 0 的元素，组成新的长度为 l 特征值向量；

④对新组成的特征值向量计算各个 k 的 BIC 值；

⑤确定 BIC 的最大值，所对应的 k 值就是振源信号的数目 n。

7.4.3　仿真分析

为了验证提出的基于时变零相位滤波模式分解和奇异值分解的振源数估计算法的有效性，分别采用 4~5 个不同信号混合进行仿真试验。利用混合矩阵对源信号进行卷积混合，来模拟实际信号混合情况。

模拟所用到的源信号：

$$x_1 = \sin(60\pi t)$$

$$x_2 = (1 + 0.3\sin(60\pi t))\cos(220\pi t + 0.1)$$

$$x_3 = \sin(230\pi t + 0.95)$$

$$x_4 = \sin(460\pi t)$$

$$x_5 = (1 + 0.1\sin(45\pi t))\cos(275\pi t + 0.07)$$

试验一：采用源信号 $x_1 \sim x_4$，其中含有一个调制信号。

试验二：采用源信号 $x_1 \sim x_5$，对比试验一，其中又增加了一个调制信号，相对更复杂。

混合矩阵

$$(A(z)) = \begin{pmatrix} 1 & A_{12}(z) & A_{13}(z) & A_{14}(z) & A_{15}(z) \\ A_{21}(z) & 1 & A_{23}(z) & A_{24}(z) & A_{25}(z) \end{pmatrix}$$

式中，滤波器系数为

$$A_{12} = (\begin{matrix} 0.2125 & 0.4657 & -0.1956 & -0.1505 & -0.4853 \end{matrix})^T$$

$$A_{13} = (\begin{matrix} -0.0565 & 0.0997 & 0.3056 & -0.1275 & -0.2353 \end{matrix})^T$$

$$A_{14} = (\begin{matrix} 0.3125 & -0.4052 & -0.0692 & -0.1305 & 0.2653 \end{matrix})^T$$

$$A_{15} = (\begin{matrix} -0.3321 & 0.8655 & -0.0692 & -0.4305 & -0.2653 \end{matrix})^T$$

$$A_{21} = (\begin{matrix} 0.1241 & 0.4901 & 0.0801 & -0.2537 & -0.2939 \end{matrix})^T$$

$$A_{23} = (\begin{matrix} -0.4201 & -0.3447 & 0.1322 & -0.1208 & -0.2313 \end{matrix})^T$$

$$A_{24} = (\begin{matrix} -0.0489 & 0.4316 & 0.1647 & -0.1555 & 0.1081 \end{matrix})^T$$

$$A_{25} = (\begin{matrix} 0.3512 & 0.1847 & -0.9569 & -0.0318 & -0.2653 \end{matrix})^T$$

当源信号数目为 4 时，混合矩阵需去掉虚线框。

当进行试验一时，按照基于时变零相位滤波模式分解和奇异值分解的振源数估计的两种算法流程，对混合信号进行分析。已知有两个传感器数据，对观测 1 进行时变零相位滤波模式分解，得到 6 个 IMF 分量，观测 2 进行时变零相位滤波模式分解，得到 7 个 IMF 分量。将两组 IMF 分量合并，得到 13 个 IMF 分量，形成新的观测矢量。然后计算新观测矢量的协方差矩阵，并对其进行特征值分解，得到 9 个非零特征值。特征值的下降速比如图 7.22 所示，可以看出特征值下降速比在第 4 和第 5 特征值间最大，因此前四个特征值为占优特征值，故该混合信号具有 4 个源信号。

同时，用 BIC 方法进行源数估计，得到各个 k 的 BIC 值，如图 7.23 所示。从图中可知，在 $k = n = 4$ 时，BIC 值最大，故该混合信号具有 4 个源信号，这与试验一假设的情况一致，说明提出的基于时变零相位滤波模式分解和奇异值分解的振源数估计方法可估计出正确的振源数。

按照同样的步骤对试验二的混合信号进行分析，其特征值的下降速比如图 7.24 所示，可看出特征值下降速比在第 5 和第 6 特征值间最大，因此前五个特征值为占优特征值，故该混合信号具有 5 个源信号。同时，用 BIC 法进行源数估计，得到各个 k 的 BIC 值如图 7.25 所示。从图中可知，在 $k = n = 5$ 时，BIC 值最大，故该混合信号具有 5 个源信号，这与试验二假设的情况一致，进一步说明了提出的基于时变零相位滤波模式分解和奇异值分解的振源数估计方法可估计出正确的振源数。

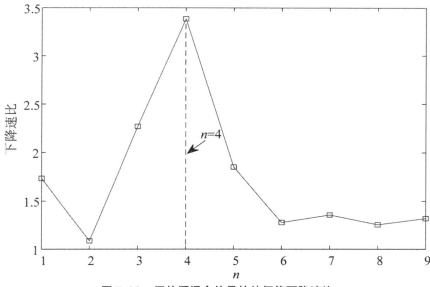

图 7.22　四信源混合信号的特征值下降速比

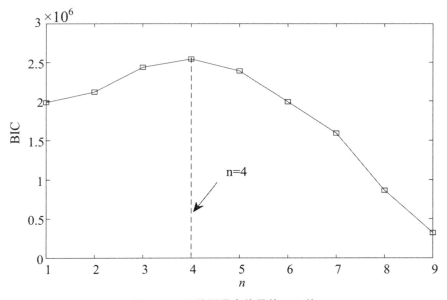

图 7.23　四信源混合信号的 BIC 值

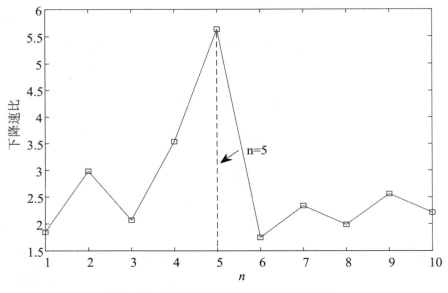

图 7.24　五信源混合信号的特征值下降速比

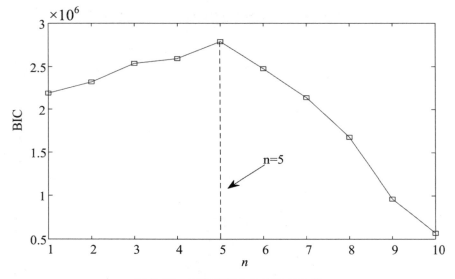

图 7.25　五信源混合信号的 BIC 值

7.4.4　压缩机轴承间隙复合故障信号振源数估计

以往复压缩机一级连杆大头轴承和一级连杆小头轴承间隙复合故障仿真振动信号为例，选取一级连杆十字头滑道下端和一级气缸端部两个传感器所测得的振动信号，利用本章提出的振源数估计方法对往复压缩机轴承间隙复合故障仿真信号，进行振源数估计研究。

按照基于时变零相位滤波模式分解和奇异值分解的振源数估计的两种算法流程，对往复压缩机轴承间隙复合故障仿真信号进行分析。对两个观测点的振动信号进行时变零相位滤波模式分解，分别得到 10 个 IMF 分量和 15 个 IMF 分量。将两组 IMF 分量合并，得到 25 个 IMF 分量，形成新的观测矢量。然后计算新观测矢量的协方差矩阵，并对其进行特征值分解，得到 17 个非零特征值。特征值的下降速比如图 7.26 所示，可以看出特征值下降速比在第 2 和第 3 特征值间最大，因此前 2 个特征值为占优特征值，故该往复压缩机轴承间隙复合故障仿真信号具有 2 个源信号。

同时，用 BIC 方法进行源数估计，得到各个 k 的 BIC 值，如图 7.27 所示。从图中可知，在 $k = n = 2$ 时，BIC 值最大，故该往复压缩机轴承间隙复合仿真故障信号具有 2 个源信号，这与特征值下降速比方法的结果一致，说明提出的基于时变零相位滤波模式分解和奇异值分解的振源数估计方法可估计出仿真信号的正确振源数。

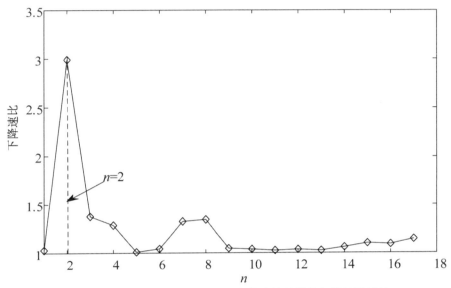

图 7.26　往复压缩机轴承间隙复合故障信号的特征值下降速比

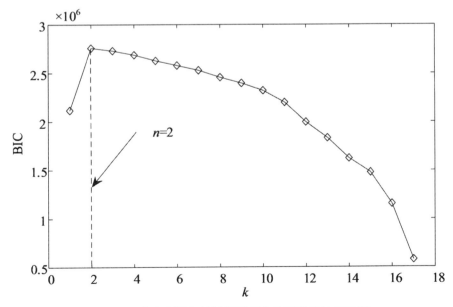

图 7.27　往复压缩机轴承间隙复合故障信号的 BIC 值

7.5 基于深度字典学习形态分量分析的特征提取方法

往复压缩机轴承出现的如连杆大、小头轴瓦间隙复合故障时，复合故障产生的冲击振动信号是由不同程度、不同形态的振动信号调制和耦合引发的，同时因各轴承故障特征形态差异性较小，此时利用常规信号分解方法不能有效分离形态相似的往复压缩机轴承间隙复合故障特征，容易导致故障误判。为此，需要开展往复压缩机轴承间隙复合故障的故障特征分离研究。

基于信号稀疏分解理论，Strack[19]于 2005 年提出了形态分量分析（Morphological component analysis，MCA）方法，MCA 方法的基本思想是利用信号组成成分的形态差异性，不同形态的信号可以用不同的字典稀疏表示，信号可分解成若干不同形态，具有实际物理意义的稀疏信号。目前，大多学者采用固定字典的 MCA 方法分析齿轮箱和轴承复合故障振动信号，可较好地提取出各故障信号特征[20-22]，但因固定字典具有确定的数学模型，如 Fourier 字典、小波字典等，不能最佳匹配被分析的复杂信号结构特征，无法精确提取出各故障信号特征。因此，如何根据故障信号本身特征来选择字典，成为 MCA 方法提取故障特征效果好坏的关键。

本节从故障信号本身特征的角度出发，通过字典学习方法，选择故障振动信号中包含的故障特征波形函数作为字典，提出了基于深度字典学习 MCA 的往复压缩机轴承复合故障特征提取方法。该方法结合了 MCA 方法和深度字典学习算法，通过深度字典学习算法对往复压缩机不同类型轴承故障振动信号进行学习，获得最佳匹配故障信号特征的字典，并替换原有 MCA 方法中表征冲击成分的 Symlet 小波字典，然后利用深度字典学习 MCA 方法对往复压缩机轴承复合故障信号进行故障特征分量提取，可实现往复压缩机轴承复合振动信号的有效分离。

7.5.1 MCA 方法

（1）稀疏表示

稀疏表示用简单的话来说就是在变量空间用尽可能少的基函数来准确表达源信号。优点在于用最少的含显式物理含义的非零系数值，来揭示信号的本质和内在结构。给定一组单位向量集合 $\varphi_i \in R^N (i = 1, 2, \cdots, L)$ 组成一个过完备原子库，构成字典 Φ

$$\Phi = \{\varphi_i \in R^N \mid \|\varphi_i\| = 1, 1 \le i \le L\} \tag{7-26}$$

假设给定任意长度的信号 $s \in Hilbert$ 空间，则信号 s 通过字典 Φ 表示为如下形式

$$s = \sum_{j=0}^{k-1} \alpha_k \varphi_k \tag{7-27}$$

其中 k 表示原子的个数，称信号 s 在字典 Φ 上为 k - 稀疏的；α_k 表示信号 s 在原子 φ_k 上的分量（系数）。这样信号 s 就可以简单地通过原子的线性组合来表示了。

需要注意的一点是 α_k 可以不是唯一的，即信号 s 在字典 Φ 上的表示方式可以不唯一，但是一般选择最稀疏（系数最少）的表示，是最简单的同时也是最优的一种表示方式。因此可通过 l_0 范数进行唯一性约束，保证求解是最稀疏的[23]。

因此想找到信号 s 在字典 Φ 上的最稀疏的表示，即是解决以下的最优化问题：

$$(P_0)\min\|\alpha\|_0 \quad s.t. \quad s=\sum_{j=0}^{k-1}\alpha_k\varphi_k \qquad (7-28)$$

其中，$\min\|\alpha\|_0$ 为系数矢量 α 的 l_0 范数，即 α 中非零元素的个数。

采用向量来表示上式的话，则可以表示如下形式：

$$(P_0)\min\|\alpha\|_0 \quad s.t. \quad s=\Phi\alpha \qquad (7-29)$$

根据最优化的理论可知，求解上述模型等同于求解欠定线性方程组 $s=\Phi\alpha$，为了保证方程组的解是唯一[24]且是全局最优的，引入以下唯一性定理。

定理：任意字典 Φ，如果欠定方程组的某解满足下式，则此解稀疏且唯一。

$$\|\alpha\|_0 < Spark(\Phi)/2 \qquad (7-30)$$

其中，$Spark$（Φ）表示字典 Φ 原子线性相关时任一组的最小个数，如图 7.28 所示，α 只有少量的非零元素。

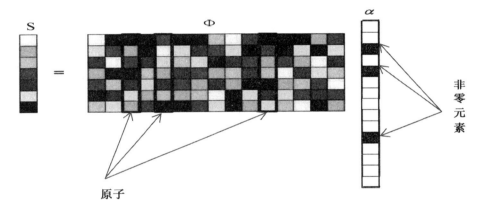

图 7.28　稀疏表示模型

依据上述分析可知，通过矢量 α 的 l_0 范数约束求解公式（7-29）的最优问题，实现了信号的稀疏化，然而该问题求解是一个 NP-hard 优化问题。虽然该问题可以通过遍历所有字典 Φ 中的所有原子实现理论上的信号稀疏表示，但实际上该问题基本上无法实现，需要采用近似替代方法求解该问题。目前，主要采用贪婪追踪、凸优化以及组合优化三类算法进行稀疏分解。

（2）稀疏分解算法

贪婪追踪算法主要的代表有匹配追踪（Matching Pursuit，MP）、正交匹配追踪（Orthogonal Matching Pursuit，OMP）以及 OMP 的相关改进算法；凸优化算法的主要代表为基追踪算法、全变分法（Total Variation，TV）等；组合优化算法虽然为了降低算法的复杂度，采用了启发式的搜索策略来寻找和源信号相匹配的原子，但是实际效果不是很理想，因此限制了其应用，应用的场景不是很多。因此下面主要介绍贪婪追踪算法中 OMP 算法、凸优化算法中的 BP 算法的原理。

①正交匹配追踪算法

考虑信号的系数表示 $s=\Phi a$，假设 s 是 k-稀疏的源信号，其中 Φ 经列规范化处理得到列向量 $\varphi_1,\varphi_2,\cdots,\varphi_N$，原子索引集表示为 $\Gamma\subset\{1,2,\cdots,N\}$，用 Φ_Γ 表示下标为 Γ 的列向量构成的子矩阵，即 $\Phi_\Gamma=\{\varphi_j,j\in\Gamma\}$，用 z_Γ 表示估计信号，是下标为 Γ 的元

素构成的子向量，即 $z_\Gamma = \{z_j, j \in \Gamma\}$。

MP 算法以 $s = \Phi a$ 初始来索引集合，以 s 来表示原始信号，以 $r^{(0)} = s$ 为初始残差向量，每次迭代过程中逐渐减小残差，直到迭代达到阈值要求。第 i 步迭代时，残差 $r^{(i)}$ 可通过下式表示：

$$r^{(i)} = r^{(i-1)} - <\varphi_j, r^{(i-1)}> \varphi_j \tag{7-31}$$

上式中残差 $r^{(i)}$ 和 φ_j 是正交的，故

$$\left\| r^{(i)} \right\|_2^2 = \left\| r^{(i-1)} \right\|_2^2 - \left| \left\langle \varphi_j, r^{(i-1)} \right\rangle \right|^2 \tag{7-32}$$

为了保证残差以最快速度下降，$\left| \left\langle \varphi_j, r^{(i-1)} \right\rangle \right|$ 必须满足其值最大，即满足原子选择的标准是与残差的相关度最高，用 $j^{(i)}$ 表示第 i 步选出的原子下标，则

$$j^{(i)} = \{ j : \max_{j \in \{1, 2, \cdots, N\}} \left| \left\langle \varphi_j, r^{(i-1)} \right\rangle \right| \} \tag{7-33}$$

$$\Gamma^{(i)} = \Gamma^{(i-1)} U j^{(i)} \tag{7-34}$$

结合公式（7-32），估计信号 $z^{(i)}$ 和残差 $r^{(i)}$ 分别为：

$$z_{\Gamma^{(i)}}^{(i)} = \{ z_{j^{(n)}} \mid z_{j^{(n)}} = <\varphi_{j^{(n)}}, r^{(n-1)}>, n = 1, 2, \cdots, i \} \tag{7-35}$$

$$r^{(i)} = s - \sum_{n=1}^{i} \left\langle \varphi_{j^{(n)}}, r^{(n-1)} \right\rangle \varphi_{j^{(n)}} \tag{7-36}$$

理想状态下原子 $\varphi_{j^{(1)}}, \varphi_{j^{(2)}}, \cdots, \varphi_{j^{(n)}}$ 均满足正交性，残差向量 $r^{(i)}$ 与 Φ_i 构成的子空间也应该满足正交性，即对任意 $m \in \{1, 2, \cdots, i\}$

$$\begin{aligned} <\varphi_{j^{(n)}}, r^{(i)}> &= <\varphi_{j^{(n)}}, s> - <\varphi_{j^{(n)}}, \sum_{n=1}^{i} <\varphi_{j^{(n)}}, r^{(n-1)}> \varphi_{j^{(n)}}> \\ &= <\varphi_{j^{(n)}}, s> - <\varphi_{j^{(n)}}, <\varphi_{j^{(n)}}, r^{(n-1)}> \varphi_{j^{(n)}}> \\ &= <\varphi_{j^{(n)}}, s> - <\varphi_{j^{(n)}}, r^{(m-1)}> \\ &= <\varphi_{j^{(n)}}, s - r^{(m-1)}> \end{aligned} \tag{7-37}$$

由上式可得，

$$s - r^{(m-1)} = \sum_{n=1}^{m-1} <\varphi_{j^{(n)}}, r^{(n-1)}> \varphi_{j^{(n)}} \tag{7-38}$$

故，

$$<\varphi_{j^{(m)}}, r^{(i)}> = <\varphi_{j^{(m)}}, \sum_{n=1}^{m-1} <\varphi_{j^{(n)}}, r^{(n-1)}> \varphi_{j^{(n)}}> = 0 \tag{7-39}$$

然而即使测量矩阵 Φ 满足有限等距条件（RIP），也只是保证了各原子间相关系数较小，却不能满足完全正交，所以 MP 算法中，残差向量 $r^{(i)}$ 与 $P^{(i)}$ 不正交，而仅与当前选择的原子 $\varphi_{j^{(i)}}$ 正交，这样就导致每次迭代的结果往往不是最优，为得到收敛信号需要进行多次迭代，增加了算法的复杂性。可以发现原因是当各个原子间不正交时，$\sum_{n=1}^{i} <\varphi_{j^{(i)}}, r^{n-1}> \varphi_{j^{(n)}}$ 就不是测量结果在 $P^{(i)}$ 的正交投影，从而导致残差向量也无法和 $P^{(i)}$ 正交。

OMP 算法的提出就是为了改进 MP 的不正交性，其选择原子的策略和 MP 算法一致，但是在使用新的原子集合进行信号估计时，首先对所有原子进行了施密特正交化，使得估

计值 $z_{j^{(1)}}^{(i)}, z_{j^{(2)}}^{(i)}, z_{j^{(3)}}^{(i)}, \cdots, z_{j^{(i)}}^{(i)}$ 和原子 $\varphi_{j^{(1)}}, \varphi_{j^{(2)}}, \varphi_{j^{(3)}}, \cdots, \varphi_{j^{(i)}}$ 组成的向量是 s 在 $P^{(i)}$ 上的正交投影，此时的残差向量表示如下：

$$r^{(i)} = s - \sum_{n=1}^{i} z_{j^{(n)}}^{(i)} \varphi_{j^{(n)}} \qquad (7-40)$$

这样就可以保证残差向量和 $P^{(i)}$ 是正交的。这样做的好处是保证了已被选入原子集合的原子不会再次被误选进来，不仅使得原子选择具有了最优性，而且随着迭代次数的增加，残差会以指数的形式快速衰减，大大加快了计算速度和收敛速度。

②基追踪算法

如上文，l_0 范数最小化是一个 NP-hard 优化问题，基追踪算法采用的是 l_1 范数最小化约束来替换 l_0 范数最小化约束，这样就把一个非凸问题转化为一个凸优化（Convex Optimization）问题，凸优化问题的求解有且只有一个解。

$$(P_1) \min \|\alpha\|_1 \quad s.t. \ s = \Phi\alpha \qquad (7-41)$$

对于 l_1 范数最小化问题，可以采用线性规划等方法来求解，因此解决了 l_0 范数最小化问题在现实中难以求解的问题。

基追踪去噪算法（Basis Pursuit Denoising，BPDN）是基追踪算法的扩展，将约束优化 (P_1) 问题转为无约束优化问题：

$$(P_{1,\lambda}) \min \|\alpha\|_1 + \lambda \|s - \Phi\alpha\| \qquad (7-42)$$

其中，参数 λ 控制着信号 s 的失真度。$(P_{1,\lambda})$ 问题具备二次规划的结构，有很多方法可以进行求解。在冗余字典 Φ 选择酉矩阵的时候，该问题存在封闭解：

$$\alpha_k = \begin{cases} 0, & \text{其他} \\ \tilde{\alpha}_k - \dfrac{sign\{\tilde{\alpha}_k\}}{\lambda}, & |\alpha_k| \geq \dfrac{1}{\lambda} \end{cases} \qquad (7-43)$$

其中，$sign\{.\}$ 是符号函数，$\tilde{\alpha}_k$ 为原子的估计值。公式（7-43）是所谓的软阈值方法。

（3）MCA 原理

MCA 理论是基于信号稀疏性和形态多样性的一种分解算法，该理论认为信号是由具有不同几何形态成分的线性组合而成，这些不同的形态部分在形态学理论中应该是截然不同的，比如阶跃和正弦部分等，其中每一个形态成分都能单独找到一个字典稀疏表示，而这个字典却不能稀疏地表示其他不同的形态成分，最后利用相关的匹配追踪算法找到这个形态成分对应字典下的最稀疏表示。MCA 分解算法可以看作是 BP 和 OMP 算法的结合[25]。

1）MCA 模型假设

假设任意信号 $s \in R^N$，由 K 个部分线性组成 $s = \sum_{i=1}^{K} s_i$，且 K 个部分都是不同形态类型的待分解信号。同时满足以下两个条件：

①每类形态成分 s_i，都存在一个超完备字典 $\Phi \in M^{N \times L_A}$ 使得 $\alpha_i^{opt} = Arg \min_{\alpha} \|\alpha\|_0 \quad s.t. \ s = \Phi\alpha$，其中 $\|\alpha_A^{opt}\|_0$ 很小，即得到一个非常稀疏的解。

②同样的其他形态成分 $s_j(j \neq i)$ 在超完备字典 $\Phi \in M^{N \times L_A}$ 中使得 $\|\alpha_A^{opt}\|_0$ 较大，s_j 在字典 Φ 上是不稀疏的。

以上两个条件可以保证信号 s 中的某一形态成分只能通过超完备字典 Φ 稀疏表示出来，而不能稀疏表示出其他形态成分。满足上述两个特性的信号 s 表示其具有稀疏性和形态多样性，这是 MCA 的适用条件或前提条件。

2）MCA 模型

对于任意一个包含有 K 个不同形态成分线性构成的信号 s，如果能找到 K 个字典 Φ 下的稀疏表示向量，那么就可以把信号 s 的不同形态成分分解出来了。该问题等效于求解以下的最优化问题：

$$\{\alpha_1^{opt}, \alpha_2^{opt}, ..., \alpha_K^{opt}\} = Arg \min_{\{\alpha_1, \alpha_2, ... \alpha_K\}} \sum_{k=1}^{K} \|\alpha_k\|_0 \quad s.t. \quad s = \sum_{k=1}^{K} \Phi_k \alpha_k \qquad (7-44)$$

从 7.5.2 中可知，该优化问题是一个非凸求解问题，在现实中难以实现，因此这里采用 BP 算法的思想，使用 l_1 范数最小化来替换 l_0 范数最小化，转换为一个可求解的线性优化问题，如式（7-45）所示：

$$\{\alpha_1^{opt}, \alpha_2^{opt}, ..., \alpha_K^{opt}\} = Arg \min_{\{\alpha_1, \alpha_2, ... \alpha_K\}} \sum_{k=1}^{K} \|\alpha_k\|_1 \quad s.t. \quad s = \sum_{k=1}^{K} \Phi_k \alpha_k \qquad (7-45)$$

式（7-45）只是模型理想中的一种，未考虑现实中模型影响因素。因此，下文介绍模型的两个主要影响因素：

①噪声

当任意信号 s 中包含了噪声，比如加性噪声，且这些噪声不能通过字典进行稀疏表示，可能导致在过完备字典 Φ 情况下，求解得到的 s 表示向量 $\{\alpha_1^{opt}, \alpha_2^{opt}, ..., \alpha_K^{opt}\}$ 并不是稀疏的，加上使用 l_1 范数替换 l_0 范数求解最优化问题，最终致使信号 s 通过完备字典 Φ 稀疏分解不成功。

对于此种因信号含噪声因素，导致字典无法稀疏地表示各形态成分的问题，可以通过修改公式（7-45），将不能被字典稀疏表示的噪声放到误差项中做近似处理：

$$\{\alpha_1^{opt}, \alpha_2^{opt}, ..., \alpha_K^{opt}\} = Arg \min_{\{\alpha_1, \alpha_2, ... \alpha_K\}} \sum_{k=1}^{K} \|\alpha_k\|_1 \quad s.t. \quad \left\| s - \sum_{k=1}^{K} \Phi_k \alpha_k \right\|_2 \leq \varepsilon \qquad (7-46)$$

式中参数 ε 表示信号 s 的噪声水平。

通过上式就可对信号做近似的稀疏分解。针对不同的噪声，式（7-46）中的误差范数选择也不相同，如均匀分布的噪声可采用 l_∞，拉普拉斯分布的噪声可采用 l_1 范数等。这里假设噪声服从零均值高斯分布，因此此处选择 l_2 范数作为误差范数。

同样式（7-46）所表示的约束优化问题可以通过选择一个合适的拉格朗日算子转化为无约束优化问题，可表示如下：

$$\{\alpha_1^{opt}, \alpha_2^{opt}, ..., \alpha_K^{opt}\} = Arg \min_{\{\alpha_1, \alpha_2, ... \alpha_K\}} \sum_{k=1}^{K} \|\alpha_k\|_1 + \lambda \left\| s - \sum_{k=1}^{K} \Phi_k \alpha_k \right\|_2^2 \qquad (7-47)$$

对于超冗余字典 $\Phi \in M^{N \times L_A}$，其 α_k 的长度为 L_A，假设 $L_A = 200 \times N$，那么存储和操作表示系数 α_k 需要的内存是输入信号的 200 倍，增加计算机负荷。为了降低内存可对式（7-47）进行修改。

由于 $s_k = \Phi_k \alpha_k$，故 $\alpha_k = \Phi_k^+ s_k + r_k$，其中 α_k 表示残余量。将式（7 - 47）中的表示系数 α_k 用形态成分 s_k 替换，得：

$$\left\{ s_1^{opt}, s_2^{opt}, \ldots, s_K^{opt} \right\} = Arg \min_{\{s_1, s_2, \ldots s_K\}} \sum_{k=1}^{K} \left\| \Phi_k^+ s_k + r_k \right\|_1 + \lambda \left\| s - \sum_{k=1}^{K} s_k \right\|_2^2 \qquad (7 - 48)$$

式中，Φ_k^+ 是 Φ_k 的伪逆（Moore - Penrose 逆），$\Phi_k^+ = (\Phi_k^T \Phi_k)^{-1} \Phi_k^T$。

若残余量 $r_k = 0$，则式（7 - 48）变为：

$$\left\{ s_1^{opt}, s_2^{opt}, \ldots, s_K^{opt} \right\} = Arg \min_{\{s_1, s_2, \ldots s_K\}} \sum_{k=1}^{K} \left\| \Phi_k^+ s_k \right\|_1 + \lambda \left\| s - \sum_{k=1}^{K} s_k \right\|_2^2 \qquad (7 - 49)$$

另外，在信号分解过程中，可针对信号特征，对单个形态成分进行限制，以提高形态成分分解的效果，如式（7 - 50）所示：

$$\left\{ s_1^{opt}, s_2^{opt}, \ldots, s_K^{opt} \right\} = Arg \min_{\{s_1, s_2, \ldots s_K\}} \sum_{k=1}^{K} \left\| \Phi_k^+ s_k \right\|_1 + \lambda \left\| s - \sum_{k=1}^{K} s_k \right\|_2^2 + \sum_{k=1}^{K} \gamma_k C_k(s_k) \qquad (7 - 50)$$

式中，$C_k(s_k)$ 表示对形态成分 s_k 的约束条件。

②字典的选择

在 MCA 算法中，字典的选择对信号形态成分的分解起到非常关键的作用。MCA 要求选择的过完备字典 Φ_k 能稀疏的表示某一个形态成分 s_k 而不能稀疏表示其他的成分，然而现实中这种字典比较难找到。字典的选择可以按照以下的保真度函数或者类似的函数来选取：

$$Quality\{\Phi_k\} = \frac{\sum_k \left\| \alpha_i^{opt} \right\|_0}{\sum_k \left\| \alpha_j^{opt} \right\|_0} \qquad (7 - 51)$$

其中，$\alpha_j^{opt} = Arg \min_\alpha \|\alpha\|_0 \quad s.t. \ s_j = \Phi_k \alpha$

虽然上面给出了字典选择的判别标准，然而由于这种字典的选择方式较复杂，因此实际中字典的选择一般不是按照理论上的最优进行选择，而往往是按照经验选择已知的字典进行形态成分分解。

3）MCA 分解算法

对于式（7 - 51）的最优化问题，Starck 给出了一种基于块坐标松弛算法（Block - coordinate Relaxation，BCR）的 MCA 数值实现方法，并且证明了使用 BCR 算法比使用 BP 算法有更高的执行效率[26]。如下为基于 BCR 的 MCA 数值实现流程：

步骤 1：初始化：设最大迭代次数 $L_{\max}$，给定初始阈值 $L_{\max}$、终止阈值 δ_1，选择表征各个形态分量的系数字典 $\Phi_k (k = 1, 2, \ldots, K)$，初始化各个形态分量 $x_k = 0 (k = 1, 2, \ldots, K)$，$r = X$；

步骤 2：对于 $j = 1 : L_{\max}$，$k = 1 : K$，假设 x_i 和 $\alpha_l (l \neq k)$ 不变，

①计算残差余量 $x_k' = X - \sum_{l=1(l \neq k)}^{K} \Phi_l \alpha_l$；

②计算形态分量变换系数 $\alpha' = \Phi_k^* x_k'$；

③利用阈值 δ_i 对变换系数 α_k' 降噪，更新变换系数 $\hat{\alpha}_k$；

④重构信号 $x_k = \varPhi_k \hat{\alpha}_k$;

⑤通过约束项修正 x_k, $\hat{x}_k = x_k - \mu\gamma\dfrac{\partial C_k(x_k)}{\partial x_k}$, μ 是最小化参数;

步骤 3:更新阈值 δ_{i+1} 继续循环,直至结束。

4)MCA 中阈值函数与更新方法

在 MCA 算法实现过程中,阈值方法的选择及其更新策略决定了 MCA 算法的计算速度和效率。

①阈值筛选方法需满足以下三个方面要求[27]:

a. 具有通用性,适合用于不同特征的字典;

b. 具有计算量小的特性;

c. 其迭代次数不能过大。

常见阈值方法可分为三种,分别是硬阈值法、软阈值法和半软阈值法[27]。硬阈值和软阈值容易理解且算法容易实现。

②阈值的更新策略,有线性更新法、指数更新法和基于 MOM 的更新策略。

考虑到算法的简洁性,本文选用硬阈值法,其筛选的准则为:

$$\alpha_k' = \begin{cases} \alpha_k, & |\alpha_k| \ge \delta_k \\ 0, & |\alpha_k| < \delta_k \end{cases} \tag{7-52}$$

为加快运算速度,采用线性递减的阈值更新方法,其表达式如下:

$$\delta_i = \delta_1 - (i-1)\dfrac{\delta_1 - \delta_{\min}}{I_{\max} - 1} \tag{7-53}$$

式中, $\delta_1 = \max\{\|\varPhi_1^T s\|_\infty, \|\varPhi_2^T s\|_\infty, \|\varPhi_i^T s\|_\infty\}$; $\delta_{\min}$ 为最小阈值; $I_{\max}$ 为最大迭代次数。

5)MCA 中字典的选择

字典是参数化波形函数的集合 $D = \{\varphi_\gamma | \gamma \in \varGamma\}$, γ 为波形函数的参数, $\varGamma$ 为参数集合。字典中的元素称为原子,任意信号都可以通过一系列原子的线性叠加形式来逼近表示,同时信号的具体特征可用原子的性质来解释。目前常用的字典中,Dirac 字典中的原子是在某一时刻的幅值为 1,其他时刻为 0,适合用来匹配信号中的脉冲成分。Fourier 字典即频率字典,用来表征频率意义,适合匹配信号中的简谐成分[28]。小波字典属于时间尺度字典,是小波函数经过平移和伸缩变换后的函数波形集合,适合匹配等比例带宽的信号。小波包字典和 Gabor 字典属于时频字典,拥有良好的时频聚集性,适合分析非平稳信号。

7.5.2 字典学习方法

上文中介绍的常用字典是通过某种数学变换构造的,字典中每个原子的形态固定,不能与实际测试信号中的复杂结构相匹配。如果针对故障信号本身进行字典学习,以学习出的含振动信号故障特征的波形函数作为字典,无疑会提高利用 MCA 方法提取故障信号特征的准确率。

1. K-SVD 字典学习

字典学习是一种构造字典和稀疏编码循环迭代更新的算法。经典的字典学习算法是 K 奇异值分解(K-Signular Value Decomposition,K-SVD)字典学习技术,与基于数学变换构造出的字典相比，学习到的字典不局限于固定的形态，而是根据信号训练样本的特点，按照稀疏约束的条件来提取信号样本的特征，学习到的字典能用很少的原子来稀疏表示样本信号。K – SVD 字典学习技术的本质是范数稀疏约束追踪和奇异值分解算法交替应用，根据训练样本依次更新字典的原子和稀疏系数。

假设矩阵 $D \in R^{n \times K}$ 表示超完备字典，向量 $y \in R^n$，$x \in R^n$ 分别表示训练样本及对应的稀疏表示系数的向量，矩阵 $Y = \{y_i\}_{i=1}^N$ 为 N 个训练样本的集合，矩阵 $X = \{x_i\}_{i=1}^N$ 为 N 个系数向量的集合，则 K – SVD 字典学习过程转化为一个凸集优化问题，用字典 D 和稀疏系数的乘积不断逼近被训练的样本集合，即

$$\min_{D,X}\{\|y - DX\|_F^2 = \min \sum_{i=1}^N \{\|y_i - Dx_i\|_2^2\}, \quad s.t.\forall i, \|x_i\|_0 \le T_0 \qquad (7-54)$$

式中，T_0 可用 L_0 范数约束稀疏系数的个数。

K – SVD 字典学习算法步骤：

（1）初始化字典：初始化字典使用部分原始数据，设置字典矩阵 $D^{(0)} \in R^{n \times K}$，并用 ℓ^2 范数对字典每一列单位标准化。

（2）稀疏编码：依据步骤（1），采用正交匹配追踪（OMP）算法，求解每个样本 y_i 的稀疏系数向量 x_i，

$$\min\{\|y_i - Dx_i\|_2^2\}, \quad s.t. \|x_i\|_0 \le T_0 \quad i=1,2,\cdots,N \qquad (7-55)$$

（3）字典更新：固定向量 x_i，更新字典 D 的每一列 d_k，下标 k 表示第 k 列原子；X 的第 k 行表示为 x_T^k，d_k 对应的稀疏系数矩阵，d_k 代表抽取原子 d_k 后的误差矩阵。此时公式（7-54）表示为：

$$\|y - DX\|_F^2 = \left\|(Y - \sum_{j \ne k} d_j x_T^j) - d_k x_T^j\right\|_F^2 = \|E_i - d_k x_T^j\|_F^2 \qquad (7-56)$$

若（7-56）满足收敛条件或达到迭代次数，得到最终的字典 D，否则转向步骤（2）。

从上述 K – SVD 字典学习算法步骤中，可以看出该算法不能保证得到全局最优的结果，但计算量小、能刻画数据最重要的特征，在实际应用中效果较好，所以应用非常广泛。

2. 深度字典学习

目前，大多数字典学习算法都是针对单层字典学习，即浅层字典学习。当故障振动信号中含有复杂的信号成分时，对其进行单层字典学习的 MCA 分析，不能有效地提取出振动信号故障特征，无法区分不同状态的故障信号。随着深度学习研究的迅速发展，可以通过深层模型的建立，不断地从低层提取特征，形成具有更抽象、更深层的特征表征。借鉴文献 [29] 中提出的单层自编码对应的字典学习模型"栈式自编码"、受限玻尔兹曼机（Restricted Boltzmann Machines，RBM）对应的字典学习模型"深度信念网络"的思想，提出了一种源于深度学习的字典学习算法——深度字典学习，该方法通过学习多级字典，来学习更深层次的数据表示。

（1）深度字典学习原理

在图 7.29（a）中，X 表示数据，D 表示字典，Z 表示为 X 的特征表示。字典学习遵

循一个综合框架，即通过学习字典使得特征与字典合成数据，$X = DZ$，同时为一单层矩阵分解，相当于单层神经网络。本文提出将单层的字典学习（图 7.29（b））扩展到多层——从而形成深度字典学习（图 7.29（c））。

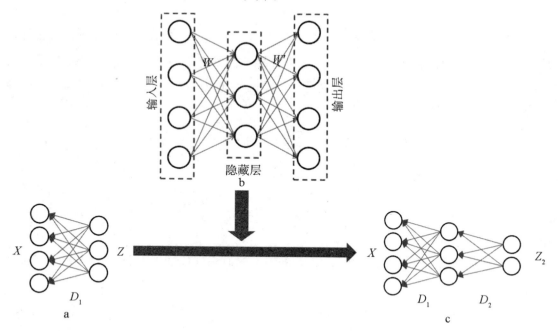

图 7.29　深度字典学习示意图

以两层为例，X 表达式则为 $X = D_1 D_2 Z_2$。学习多层词典存在两个问题：

①字典学习是一个非凸优化问题，随着层数增加，学习多层字典会变得更加复杂，目前的研究只能保证单层字典学习的收敛性；

②当多个层同时学习字典时，需要解决的参数数量增加。在训练数据有限的情况下，这可能会导致过度拟合问题的发生。

因此，建议采用贪婪的方式逐层学习[30-32]，可保证每层的收敛性，具体如图 7.30 所示。

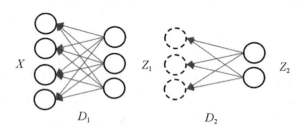

图 7.30　深度字典分层学习的示意图

在分层学习阶段，首先计算学习第一层，获得第一层的字典 D_1 和特征 Z_1，则，

$$X = D_1 Z_1 \qquad (7-57)$$

然后第一层的特征 Z_1 作为第二层的输入进行学习，得到

$$Z_1 = D_2 Z_2 \qquad (7-58)$$

在进行每层字典学习时，可以通过添加约束条件来求解特征，这里的特征可以是稠密特征，也可以是稀疏特征。

若求解稠密特征，可以直接求解目标函数：

$$\min_{D,Z}\|X - DZ\|_2^2 \tag{7-59}$$

目标函数中没有稀疏约束项，采用文献［33］中提到的交替极小化方法求解式（7-59），即分别对 Z，D 两个变量进行交替迭代极小化处理：

$$Z_k \leftarrow \min_Z \|X - D_{k-1}Z\|_2^2 \tag{7-60}$$

$$D_k \leftarrow \min_D \|X - DZ_k\|_2^2 \tag{7-61}$$

上述方法属于简单的最优方向方法[34]。式（7-60）和式（7-61）都是具有闭形式解的简单最小二乘问题。

若求解稀疏特征，只需要对特征进行 l_1 范数正则化式（7-59）：

$$\min_{D,Z}\|X - DZ\|_2^2 + \lambda\|Z\|_1 \tag{7-62}$$

然后交替迭代得

$$Z_k \leftarrow \min_Z \|X - D_{k-1}Z\|_2^2 + \lambda\|Z\|_1 \tag{7-63}$$

$$D_k \leftarrow \min_D \|X - DZ_k\|_2^2 \tag{7-64}$$

式（7-64）也是具有闭形式解的简单最小二乘问题。尽管式（7-63）的解不是解析解，但在信号处理和机器学习的文献［35］中，可以使用迭代软阈值算法（Iterative Soft Thresholding Algorithm，ISTA）来解决。具体算法如下：

$$B = Z + \frac{1}{\alpha}D_{k-1}^T(X - D_{k-1}Z) \tag{7-65}$$

$$Z \leftarrow signum(B)\max(0, |B|\frac{\lambda}{2\alpha}) \tag{7-66}$$

在进行深度字典学习中，对所有层都使用稠密字典学习，直到倒数第二层，只有最后一层使用稀疏字典学习。比如两层问题，第一层 (D_1, Z_1) 是稠密的，第二层 (D_2, Z_2) 是稀疏的。必须指出这两个字典不能合并成一个，主要是因为学习过程属于非线性的。例如，样本的维数为 m，则第一个字典的大小 $m \times n_1$、第二个字典是 $n_1 \times n_2$，学习一个大小为 $m \times n_2$ 的字典并期望得到与两个阶段字典相同的结果是不可能的。

因此，深度字典学习算法的具体步骤为：

①设置 k 层字典学习，采用矩阵分解方法对数据进行分解，提取正交向量作为初始字典 D_1 和第一层特征 Z_1。前一层的特征作为下一层的输入数据，逐层进行学习。

②第 1 到 $k-1$ 层，采用稠密特征求解方法，利用交替极小化方法求解目标函数 $\min_{D,Z}\|X - DZ\|_2^2$，得到 $D_{k-1} \leftarrow \min_D \|X - DZ_{k-1}\|_2^2$ 和 $Z_{k-1} \leftarrow \min_Z \|X - D_{k-2}Z\|_2^2$。

③然后，第 k 层采用稀疏特征求解方法，利用 l_1 范数正则化目标函数 $\min_{D,Z}\|Z_{k-1} - DZ\|_2^2$，得到 $\min_{D,Z}\|Z_{k-1} - DZ\|_2^2 + \lambda\|Z\|_1$，同样交替迭代得到 $D_k \leftarrow \min_D \|Z_{k-1} - DZ_k\|_2^2$ 和 $Z_k \leftarrow \min_Z \|Z_{k-1} - D_{k-1}Z\|_2^2 + \lambda\|Z\|_1$，其中特征 Z 使用 ISTA 算法求解，即 $Z \leftarrow signum(B)\max(0, |B|\frac{\lambda}{2\alpha})$，

其中 $B = Z + \frac{1}{\alpha} D_{k-1}^{T}(X - D_{k-1}Z)$。

（2）深度字典学习与 RBM 和自编码的联系：

①与 RBM 的联系

从图 7.31 中可以看出，RBM 是无向的，而字典学习是单向的。在这两种情况下，都是以学习网络权重、原子和给定数据表示为任务，而使用的评价函数彼此不同。对于 RBM，其评价函数是玻尔兹曼函数，通过学习网络权重和输出特性，以便使预测数据和特性之间的相似性最大化；而字典学习，其评价函数为最小化的预测数据和稀疏表示之间的欧式距离。RBM 要求预测数据介于 0 ~ 1 之间，若超出范围，需归一化处理，大多数情况下数据归一化处理后无影响，只是在特定情况下存在信息抑制现象；字典学习对预测数据无要求，可为任意复杂数据。

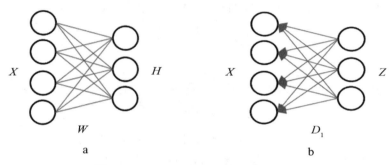

图 7.31　RBM 与字典学习示意对比图

②与自编码的联系

字典学习属于模型化合成问题，即学习字典和特征来合成预测数据，表示为 $X = D_S Z$，其中 X 是预测数据，D_S 是学习后的综合字典，Z 是稀疏系数。最小化式（7 - 67），保证预测数据尽可能地稀疏。

$$\|X - D_S Z\|_F^2 + \lambda \|Z\|_1 \qquad (7-67)$$

式（7 - 67）是所谓的合成先验表达式，目的是找到产生信号稀疏特征的一个综合字典。式（7 - 68）的替代公式是一个共稀疏分析先验字典学习[36]，其中目标是学习字典，使其应用于预测数据时，得到的系数是稀疏的，其模型是 $D_A \hat{X} = Z$。相应的最小化学习问题为：

$$\|X - \hat{X}\|_F^2 + \lambda \|D_A \hat{X}\|_1 \qquad (7-68)$$

分析并综合字典，将 $\hat{X} = D_S Z$ 和 $D_A \hat{X} = Z$ 代入式（7 - 68），得

$$\|X - D_S D_A \hat{X}\|_F^2 + \lambda \|D_A \hat{X}\|_1 \qquad (7-69)$$

式（7 - 69）是一个稀疏去噪自编码器[37]的表达式，带有线性激活的隐藏层。去掉稀疏项，则为

$$\|X - D_S D_A \hat{X}\|_F^2 \qquad (7-70)$$

该公式类似于线性激活的去噪自编码器。因此，可以用词典学习来表达自动编码器，

即自动编码器是一种学习分析词典和综合词典的模型。

7.5.3　基于深度字典学习形态分量分析的特征提取方法

1. 深度字典学习形态分量分析步骤

深度字典学习 MCA 方法步骤如下：

（1）初始化

源信号 X，最大迭代次数 $L_{\max}$，给定初始阈值 δ_1，终止阈值 $\delta_{\min}$，初始化各个形态分量 $x_k = 0\,(k = 1,2,\dots,K)$，设置表征各个形态分量的系数字典 $\Phi_k(k = 1,2,\dots,K)$。

（2）字典学习

采用深度字典学习方法对信号进行学习，得到表征各个形态分量的系数字典 $\Phi_k(k = 1,2,\dots,K)$。

（3）分离信号

对于 $j = 1:L_{\max}$，$k = 1:K$，假设 x_l 和 α_l $(l \neq k)$ 不变，

①计算残差余量 $x_k' = X - \sum\limits_{l=1(l \neq k)}^{K} \Phi_l \alpha_l$；

②计算形态分量变换系数 $\alpha' = \Phi_k^* x_k'$；

③利用阈值 δ_i 对变换系数 α_k' 降噪，更新变换系数 $\hat{\alpha}_k$；

④重构信号 $x_k = \Phi_k \hat{\alpha}_k$

⑤通过约束项修正 x_k，$\hat{x}_k = x_k - \mu\gamma \dfrac{\partial C_k(x_k)}{\partial x_k}$，$\mu$ 是最小化参数；

⑥更新阈值 δ_{i+1} 继续循环，直至结束。

2. 仿真信号分析

设置含有如下两种成分的复合信号，进行深度字典学习形态分量分析，采样频率为 4096Hz，采样点数 N 为 4096，加入噪声信号 $n(t)$ 模拟随机干扰，此时复合信号如图 7.32 所示。调整其信噪比为 $6dB$，可见复合信号中的冲击特征被噪声淹没。

$$x(t) = A \cdot \cos(2\pi f_i t)$$

$$y(t) = B \cdot \sum_{i=1}^{K} \exp(-2g\pi f_n t) \cdot \cos(2\pi f_n \sqrt{1-g^2}\, t)$$

$$s(t) = x(t) + y(t) + n(t)$$

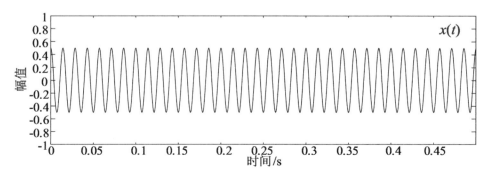

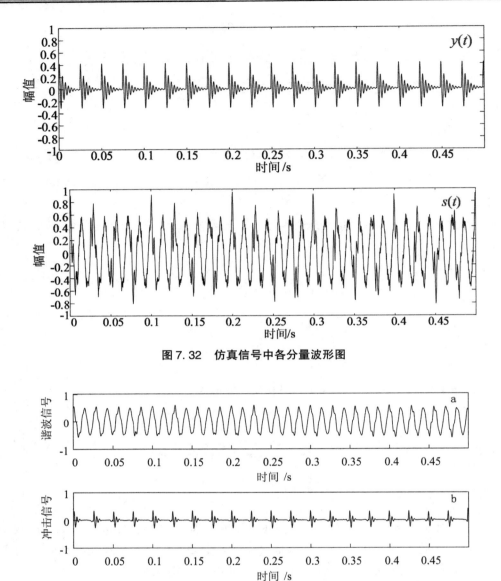

图 7.32　仿真信号中各分量波形图

图 7.33　仿真信号的原始 MCA 方法分析结果

　　对复合信号 $s(t)$ 进行原始 MCA 方法分析，结果如图 7.33 所示，其中图 7.33（a）为分离出的简谐成分，图 7.33（b）为分离出的冲击成分。与图 7.32 相比，可知分离出的冲击成分与模拟的冲击信号明显不同，分离出的简谐成分大致相同，但有明显差异。经以上仿真试验可知，强噪声背景下的原始 MCA 方法无法分离出复合故障的冲击成分，但简谐成分分离效果比较明显。

　　同样地，使用基于深度字典学习的 MCA 方法对仿真信号进行分析，结果如图 7.34。图 7.34（a）为分离出的简谐成分，图 7.34（b）为分离出的冲击成分。对比冲击和简谐成分图形，可以很明显地看出，基于深度字典学习的 MCA 方法分离出的各信号成分和仿真模拟的各信号成分基本一致，分离效果明显好于原始 MCA 方法。以上分析说明基于深度字典学习的 MCA 方法学习到的字典比构造的固定字典更能稀疏表示源信号。

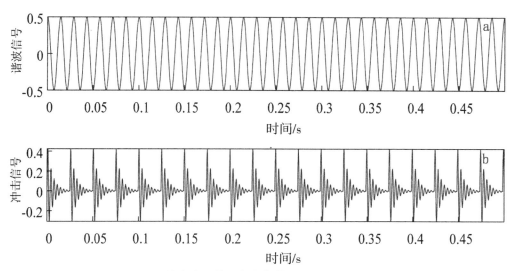

图 7.34　仿真信号的深度字典学习 MCA 方法分析结果

3. 实测信号分析

同样采用上一节中往复压缩机一级连杆大头轴承和一级连杆小头轴承间隙复合仿真故障振动信号为例，经过对往复压缩机轴承间隙复合故障仿真信号振动源数估计的研究分析，可知复合故障仿真信号的振动源数为 2。然后采用本节中提出的基于深度字典学习 MCA 方法，对其进行故障特征分离。图 7.35 为截选出的一段往复压缩机轴承间隙复合故障仿真信号波形图。

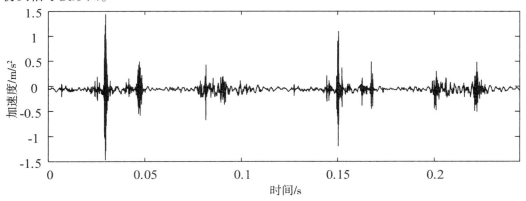

图 7.35　往复压缩机轴承间隙复合故障信号波形图

应用深度字典学习 MCA 方法分析图 7.35 显示的往复压缩机轴承间隙复合故障仿真振动信号，经形态成分分离后，其振动信号分离得到表示一级连杆大头轴承间隙大故障的冲击分量、表示一级连杆小头轴承间隙大故障的冲击分量，如图 7.36 所示。可知深度字典学习 MCA 方法能较精确地提取出往复压缩机轴承间隙复合故障信号中各故障特征分量，实现往复压缩机轴承间隙复合振动信号的有效提取。

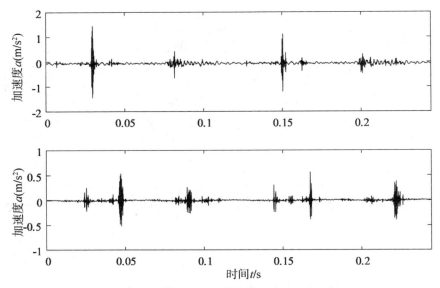

图7.36　往复压缩机轴承间隙复合故障仿真信号的深度字典学习 MCA 方法分离图

7.6　压缩机轴承间隙复合故障识别方法研究

由于现场工况和机械系统的复杂性，往复压缩机轴承故障振动信号往往表现出非平稳和非线性的特性，传统的线性分析方法在处理这类信号时有一定的局限性。因此，如近似熵、样本熵、排列熵等[38-40]一系列非线性特征提取方法在往复压缩机轴承故障检测与诊断中得到了广泛应用。然而在应用中，近似熵存在自身模态匹配的问题；样本熵在计算较长数据时，易受突变信号影响，耗时较长；排列熵虽克服了样本熵的缺点，但计算时没有考虑信号幅值间存在的关系。针对上述问题，Mostafa Rostaghi 和 Hamed Azami 提出了一种新的熵值方法——散布熵（Dispersion Entropy，DE）[41]，该方法充分考虑了幅值间关系，计算速度快，受突变信号影响小。为了全面和系统地反映时间序列的不确定性和复杂程度，两人提出了从多个时间尺度下反映时间序列复杂度的多尺度散布熵（Multiscale Dispersion Entropy，MDE），既避免了多尺度粗粒化稳定性差现象，又大大提高了算法的准确性。在此基础上，Azami 等提出了精细复合多尺度散布熵[42]（Refined composite multiscale dispersion entropy，RCMDE），RCMDE 的计算误差、特征提取效果优于 MDE，并将其应用于生物信号分析。

鉴于 RCMDE 处理非线性信号复杂性特征提取上的优点，本节将其引入到往复压缩机轴承复合故障诊断领域，介绍一种基于 RCMDE 的往复压缩机轴承故障特征定量表达方法，实现了不同程度故障特征的表征。同时，将提出的故障特征定量表示方法分别与 MDE 和 MSE 方法进行对比，试验数据分析结果表明，论文提出的方法能准确地展现故障信号的不确定性和复杂程度。

然而，当往复压缩机轴承呈现复合故障状态时，通过 RCMDE 等方法定量表示的故障特征向量，存在着很大的相关性，不易辨识。采用常用的机器学习语言无法对其进行准确的识别。因深度学习自身所具有的特征提取能力，深度学习在故障诊断领域中的应用研究越来越受到广大学者的关注。本节利用深度学习在提取特征上的优势，基于 MIC 和 GA 的

第7章 往复压缩机复合故障诊断方法研究

深度信念网络改进方法，并通过该方法与 DBN、SVM 方法结合，对往复压缩机轴承复合仿真故障数据进行分类识别。

7.6.1 轴承间隙复合故障特征定量表达方法

1. 多尺度散布熵

多尺度散布熵是在散布熵的基础上提出的，与多尺度熵等方法计算过程不同，不仅仅是粗粒化方法和散布熵的结合。由于散布熵在整个计算过程中均使用了基于正态累积分布函数映射（NCDF）的数据平均值 μ 与标准差 σ 两个参数，因此将其设置为原始数据的平均值和标准差，且在所有尺度上保持不变。

多尺度散布熵的计算步骤如下：

假设一长度为 L 的信号：$u=\{u_1,u_2,\cdots,u_L\}$。在多尺度散布熵算法中，原始信号 u 被划分成尺度长度为 τ 的不重叠数据。然后计算每段数据的平均值来得出粗粒化信号，如下所示：

$$x_j^{(\tau)}=\frac{1}{\tau}\sum_{b=(j-1)\tau+1}^{j\tau}u_b,\quad 1\leq j\leq\left\lfloor\frac{L}{\tau}\right\rfloor=N \tag{7-71}$$

然后计算各尺度因子下粗粒化信号的散布熵值。

（1）首先，将 $x_j(j=1,2,...,N)$ 映射到 $[1,c]$ 范围内的 c 个类别。为此，NCDF 方法在最大或最小值明显大于或小于信号平均值或中值的情况下，可以克服大多数 x_i 被分配给仅少数类别的问题。NCDF 将 x 映射到 $[0,1]$ 范围内的 $y=\{y_1,y_2,\cdots,y_N\}$：

$$y_j=\frac{1}{\sigma\sqrt{2\pi}}\int_{-\infty}^{x_j}e^{\frac{-(t-\mu)^2}{2\sigma^2}}dt \tag{7-72}$$

其中，σ 和 μ 分别是时间序列 x 的标准差和均值。

然后，采用线性算法将 y_i 分配到 $[1,c]$ 范围内的一个整数，这样，对每一个映射信号，$z_j^c=round(c\cdot y_j+0.5)$，其中 z_j^c 表示分类时间序列的第 j 类，并且取整数。尽管这一步采用了线性方法，然而由于 NCDF 使得整个映射过程中都是非线性的。

（2）时间序列 $z_i^{q,c}$ 是由嵌入维数 q 和延迟时间 d 构成的：

$$z_i^{q,c}=\left\{z_i^c,z_{i+d}^c,\cdots,z_{i+(q-1)d}^c\right\}$$
$$i=1,2,...,N-(q-1)d \tag{7-73}$$

每一个时间序列 $z_i^{q,c}$ 映射到一个散布模式 $\pi_{v_0v_1...v_{m-1}}$，其中 $z_i^c=v_0$，$z_{i+d}^c=v_1,...,z_{i+(q-1)d}^c=v_{q-1}$。由于信号具有 q 个类别，并且每个类别可以是从 1 到 c 的整数之一，因此可认为每个时间序列 $z_i^{q,c}$ 分配到的散布模式数量等于 c^q。

（3）对于每个 c^q 潜在散布模式 $\pi_{v_0v_1...v_{q-1}}$，相对频率如下：

$$p\left(\pi_{v_0v_1...v_{q-1}}\right)=\frac{Number\left\{i\left|i\leq N-(q-1)d,z_i^{q,c}\,has\,type\,\pi_{v_0v_1...v_{q-1}}\right.\right\}}{N-(q-1)d} \tag{7-74}$$

式中，$p\left(\pi_{v_0v_1...v_{q-1}}\right)$ 表示分配给 $z_i^{q,c}$ 的散布模式 $\pi_{v_0v_1...v_{q-1}}$ 数量。

301

（4）最后，依据信息熵的定义，计算散布熵值如下：

$$DE(x,q,c,d) = -\sum_{\pi=1}^{c^d} p\left(\pi_{v_0 v_1 \cdots v_{q-1}}\right) \cdot \ln\left(p\left(\pi_{v_0 v_1 \cdots v_{q-1}}\right)\right) \qquad (7-75)$$

式中，散布熵 DE 的单位是奈特/nat。

（5）各尺度因子 τ 下的 MDE 定义为：

$$MDE(x,q,c,d,\tau) = \frac{1}{\tau}\sum_{i=1}^{\tau} DE\left(x^{\tau},q,c,d\right) \qquad (7-76)$$

2. 精细复合多尺度散布熵

通过 MDE 的计算步骤，可看出 MDE 的多尺度化过程与 MPE 和 MSE 等相同，都是对数据进行等距分割再求平均，如图 7.37 所示。这种处理方式计算过程少、速度快，但是，在分割数据时没有考虑分割后的数据之间的关系而造成统计信息的缺失，并且根据初始点位置的不同，得出的结果存在一定的偏差。RCMDE 对原始信号的预处理过程是在 MDE 的基础上进一步细化，在求尺度因子为 τ 的 RCMDE 时，先将原始信号按初始点 $[1,\tau]$ 连续地分割成长度为 τ 的小段并求每个小段的平均值，再将这些平均值按顺序排列作为一个粗粒化序列，共得到 τ 个粗粒化序列，如图 7.38 所示。

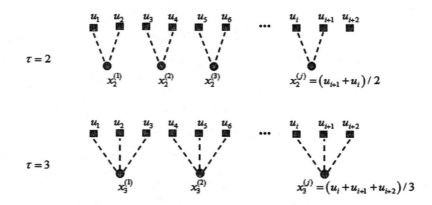

图 7.37　尺度因子 $\tau=2$ 和 $\tau=3$ 时的多尺度化方法

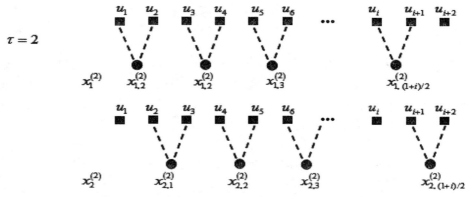

图 7.38　尺度因子 $\tau=2$ 时的精细复合多尺度化方法

在计算 RCMDE 时，先计算每个粗粒化序列的散布模式的概率，再求这些散布模式的概率的平均值，最后计算 RCMDE。这种对信号的精细化处理方式能够有效地减少 MDE 算法粗粒化过程中部分统计信息的丢失，并且通过多初始点位置取平均的方式能够有效地解决初始点位置对计算结果的影响，减小计算偏差。

RCMDE 的具体计算步骤如下：

（1）对于原始数据 $u=\{u_1,u_2,\cdots,u_L\}$，第 k 个粗粒化序列 $x_k^\tau=\{x_{k,1}^{(\tau)},x_{k,2}^{(\tau)},\cdots\}$，

$$x_{k,j}^{(\tau)}=\frac{1}{\tau}\sum_{b=k+\tau(j+1)}^{k+j\tau-1}u_b,\ 1\le j\le\frac{L}{\tau},1\le k\le\tau \qquad (7-77)$$

（2）各尺度因子 τ 下的 RCMDE 定义为：

$$MDE(x,q,c,d,\tau)=-\sum_{\pi=1}^{c^q}\bar{P}\left(\pi_{v_0v_1\cdots v_{q-1}}\right)\ln\left(\bar{P}\left(\pi_{v_0v_1\cdots v_{q-1}}\right)\right) \qquad (7-78)$$

式中，$\bar{P}\left(\pi_{v_0v_1\cdots v_{q-1}}\right)=\frac{1}{\tau}\sum_1^\tau P_k^{(\tau)}$ 表示粗粒化序列 x_k^τ 散布模式 π 的概率平均值。

3. MDE 和 RCMDE 的参数选择

通过上述对 MDE 和 RCMDE 计算公式的研究，可以看出直接影响 MDE 和 RCMDE 计算数值大小的三个参数为嵌入维数 q、延迟时间 d 和类别 c。

（1）延迟时间 d：在实际运算中，建议延迟时间 $d=1$，因为当 $d>1$ 时，计算时可能会导致一些重要频率信息丢失，甚至出现混叠现象；

（2）类别 c：很明显 c 值一定要大于 1，因为当 $c=1$ 时，只有一种散布模式。在计算散布熵时，为了使用可靠的统计数据，建议散布模式的数量 c^q 小于信号的长度。当 c 取值太小时，两个相差很远的振幅值可能被分配到一个相似的类中；当 c 取值太大时，一个很小的差异可能会改变它们的类别，因此散布熵方法可能对噪声比较敏感。如果在没有噪声的影响下，选择较大的 c 值即可。此外，c 值太大时，虽然计算的散布熵值更可靠，但会导致计算时间变长。建议 c 在 4~8 之间取值；

（3）嵌入维数 q：如果嵌入维数 q 太小，信号中可能无法检测到动态变化，而 q 太大则可能导致散布熵算法无法观察到小的变化。通常选取嵌入维数 $q=2$ 或 3。

4. RCMDE、MDE 与 MSE 仿真信号对比分析

通过对高斯白噪声和 $1/f$ 噪声仿真信号的对比分析，研究 RCMDE 方法相比于 MDE 方法和 MSE 方法更具优越性。分别各选取长度为 1000 个采样点的 40 组高斯白噪声信号和 $1/f$ 噪声仿真信号数据，比较 RCMDE 熵与 MDE 熵、MSE 熵值。RCMDE 和 MDE 方法的参数按照 7.6.2 节中的要求设置：嵌入维数 $q=2$、延迟时间 $d=1$、类别 $c=4$、最大尺度因子 $\tau_{max}=20$，MSE 方法的参数设置为：嵌入维数 $q=2$、相似容限 $r=0.15$、延迟时间 $d=1$、最大尺度因子 $\tau_{max}=20$。图 7.39 和图 7.40 为高斯白噪声信号和 $1/f$ 噪声信号的 RCMDE 熵与 MDE 熵、MSE 熵值曲线比较图。

从图 7.39 和图 7.40 中可以看出，RCMDE、MDE 和 MSE 三种方法熵值的整体趋势相同，高斯白噪声的三种熵值呈现出随着 τ 增大，不断减小直至平稳的状态，说明高斯白噪声的主要信息集中在小尺度上；$1/f$ 噪声熵值变化则相对平稳，表明 $1/f$ 噪声结构更复杂。图中两种噪声的 MSE 熵值也明显小于 RCMDE 和 MDE 熵值，而且 MSE 熵值曲线波动更剧烈，误差相对较大。反之，RCMDE 和 MDE 熵值曲线相对平滑且误差较小。这说明 RCM-

DE 和 MDE 方法比 MSE 方法在处理这两种信号时，具有较高的稳定性和准确性。并且，对比 RCMDE 方法和 MDE 方法熵值的均值标准差曲线图如图 7.41 和图 7.42，可以明显地看出，RCMDE 方法比 MDE 方法的稳定性和准确性要更高，充分表明 RCMDE 方法相对其他两种方法在处理非平稳信号方面所具有的优越性。

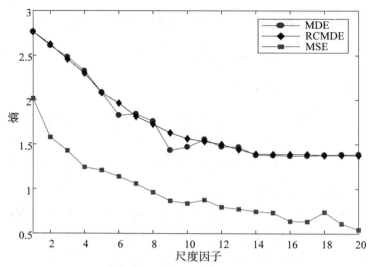

图 7.39　高斯白噪声的 RCMDE、MDE 和 MSE 熵值曲线图

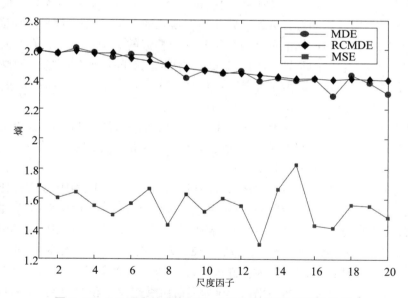

图 7.40　1/f 噪声的 RCMDE、MDE 和 MSE 熵值曲线图

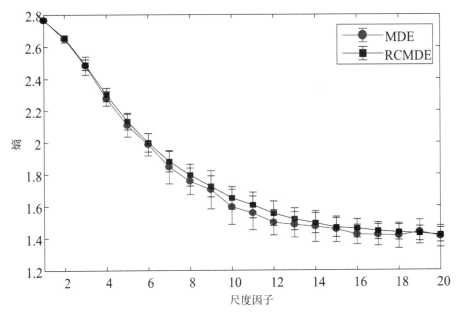

图 7.41　高斯白噪声的 RCMDE 和 MDE 均值标准差曲线

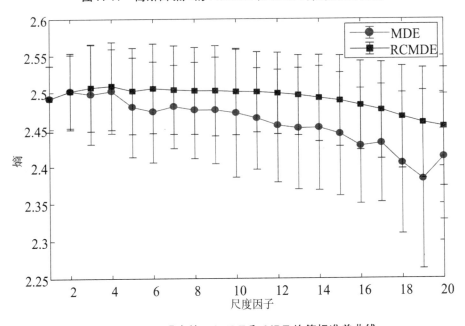

图 7.42　1/f 噪声的 RCMDE 和 MDE 均值标准差曲线

5. RCMDE、MDE 与 MSE 实测信号对比分析

以第四章分离提取出的往复压缩机轴承间隙复合故障仿真振动信号为研究对象，研究对比分析实测信号的 RCMDE 方法相比于 MDE 方法和 MSE 方法的优越性。分别各选取 20 组长度为 2 个整周期的一级连杆大头轴承间隙大和一级连杆小头轴承间隙大故障信号数据，比较 RCMDE 熵与 MDE 熵、MSE 熵值。RCMDE 和 MDE 方法的参数同样按照 7.6.2 节中的要求设置：嵌入维数 $q = 2$、延迟时间 $d = 1$、类别 $c = 4$、最大尺度因子 $\tau_{\max} = 20$，MSE 方法的参数也同样设置为：嵌入维数 $q = 2$、相似容限 $r = 0.15$、延迟时间 $d = 1$、最大

尺度因子 $\tau_{\max}=20$。图 7.43 和图 7.44 为连杆大头轴承间隙大和连杆小头轴承间隙大故障信号的 RCMDE 熵与 MDE 熵、MSE 熵值曲线比较图。

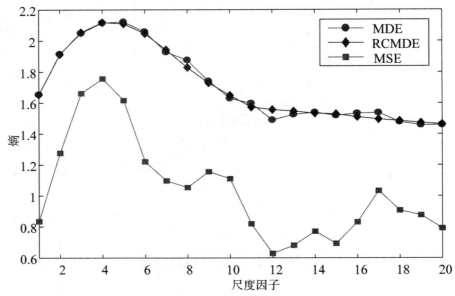

图 7.43　连杆大头轴承间隙大的 RCMDE、MDE 和 MSE 熵值曲线图

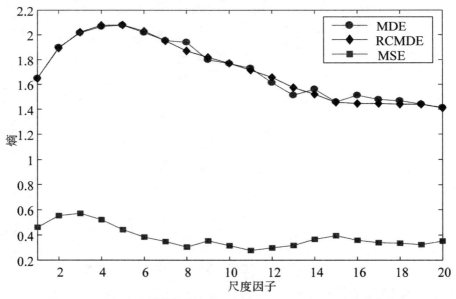

图 7.44　连杆小头轴承间隙大的 RCMDE、MDE 和 MSE 熵值曲线图

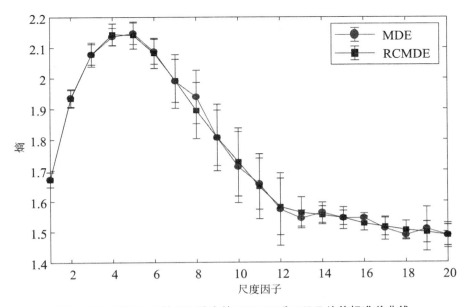

图 7.45　连杆大头轴承间隙大的 RCMDE 和 MDE 均值标准差曲线

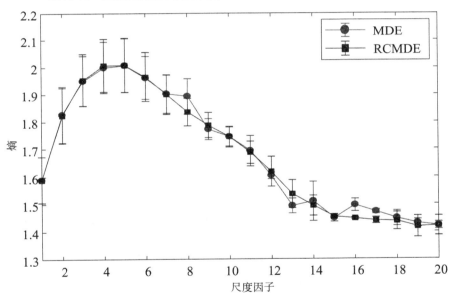

图 7.46　连杆小头轴承间隙大的 RCMDE 和 MDE 均值标准差曲线

　　从图 7.43 和图 7.44 中可以看出，RCMDE、MDE 和 MSE 三种方法熵值的整体趋势相同，这两种往复压缩机轴承间隙故障振动信号的三种熵值呈现出随着 τ 增大，先增大，随后不断减小直至平稳的状态。图中两种故障振动信号的 MSE 熵值也明显小于 RCMDE 和 MDE 熵值，而且 MSE 熵值曲线波动更剧烈，误差相对较大。反之，RCMDE 和 MDE 熵值曲线相对平滑且误差较小。这说明 RCMDE 和 MDE 方法比 MSE 方法在处理这两种信号时，具有较高的稳定性和准确性。并且，对比 RCMDE 方法和 MDE 方法熵值的均值标准差曲线图如图 7.45 和图 7.46，可以明显地看出，针对往复压缩机轴承振动信号，同样地 RCMDE 方法的稳定性和准确性要比 MDE 方法更高，充分表明 RCMDE 方法相对其他两种方法在处理往复压缩机轴承间隙故障振动信号方面具有良好的优越性。

7.6.2 轴承间隙复合故障智能识别方法研究

根据上文中提出的 RCMDE 往复压缩机轴承间隙故障特征定量表达方法，对往复压缩机轴承常见的四种故障振动信号进行定量描述，会发现往复压缩机轴承常见的四种故障振动信号 RCMDE 熵值曲线可能出现混叠交叉的现象，选用传统的机器学习方法（如 BP，SVM）无法准确识别出其故障类型。

近年来，深度学习作为机器学习领域中一种新兴起的研究方法，其具有强大的特征提取能力，目前广泛应用于语音识别、图像识别等领域。深度学习是模仿人脑实现逐层处理数据的方法。经过 10 多年的发展，深度学习方法基于父类演化原理，产生了大量的训练算法和学习结构，其中应用最为广泛的有监督的深度置信网络（Deep Belief Network，DBN）和无监督的卷积神经网络（Convolutional Neural Networks，CNN）两种深度学习算法。由于 CNN 方法一般应用于图像处理方面，同时 CNN 的网络结构复杂，对硬件要求和训练时间限制较多。在机械设备故障诊断中，主要是通过数据驱动实现特征提取并分类，因此，本文将主要研究基于 DBN 的往复压缩机轴承复合故障智能识别方法。

1. 受限玻尔兹曼机

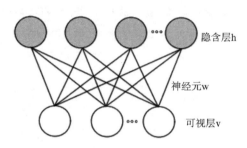

图 7.47 RBM 结构

受限玻尔兹曼机（Resticted Boltzmann Machine，RBM）是一种随机神经网络，分为可视层与隐含层两层结构。图 7.47 展示了一个完整的 RBM 结构图，图中可视层 v 为输入数据，隐含层 h 为特征提取器，两层之间通过各神经元 w 互相独立的连接，即某一可视层 v 神经元具有确定状态，与之相关联的隐藏层 h 的神经元状态，不受该层其他神经元影响。因此，在训练时 RBM 可同时计算整层神经元，加大了算法的并行性，提高了计算效率。

同时，RBM 是种可以有效地模拟各类数据分布形式的能量模型[43]，通过无监督学习，提供最优目标解拟合原始数据。可视层 v 与隐藏层 h 之间的能量模型表示为：

$$E(v,h;\theta) = -\sum_{i=1}^{m} b_i v_i - \sum_{j=1}^{n} c_j h_j - \sum_{i,j=1}^{m,n} W_{ij} v_i h_j \qquad (7-79)$$

式中：m、n——可视层、隐含层的节点数；

b、v——可视层的偏置、神经元；

c、h——隐含层的偏置、神经元；

W——可视层与隐含层的连接权重。

θ——RBM 的参数 $\{W,b,c\}$

$$W = \begin{cases} w_{1,1} & w_{2,1} & w_{3,1} \cdots & w_{m,1} \\ w_{1,2} & w_{2,2} & w_{3,2} \cdots & w_{m,1} \\ \cdots & \cdots & \cdots & \cdots \\ w_{1,n} & w_{2,n} & w_{3,n} \cdots & w_{m,n} \end{cases} \tag{7-80}$$

其中，$W_{m,n}$ 表示第 m 个显元与第 n 个隐元之间的连接权重。

利用式（7-79）可得到（v，h）联合概率分布：

$$p_\theta(v,h) = \frac{1}{Z(\theta)} e^{-E(v,h;\theta)} \tag{7-81}$$

其中，Z 为归一化因子，$Z(\theta) = \sum_{v,h} \exp(-E(v,h;\theta))$。且 $P_\theta(v) = \frac{1}{Z(\theta)} \sum_h e^{-E(v,h;\theta)}$

各层单元激活是相互独立的。对于 m 个可视层单元和 n 个隐藏层单元，已知隐含层，则可视层 v 的条件概率为：

$$p_\theta(v|h) = \prod_{i=1}^{m} p_\theta(v_i|h) \tag{7-82}$$

反之，隐含层 h 的条件概率为：

$$p_\theta(h|v) = \prod_{j=1}^{n} p_\theta(h_j|v) \tag{7-83}$$

训练 RBM 使分配给训练集 V 的概率乘积最大化：

$$arg \max_W \prod_{v \in V} P_\theta(v) \tag{7-84}$$

等价于训练集 V 上的极大似然函数：

$$arg \max_W L(\theta) = arg \max_W E[log P_\theta(v)] \tag{7-85}$$

RBM 训练的目的是为了求得最佳的网络参数，以对数据的本质特征进行精准的表达，Hinton[44]提出了对比散度（Contrastive Divergence，CD）算法快速训练 RBM，其结构图如图 7.48 所示。

RBM 中，隐含层神经元被开启的概率为：

$$p_\theta(h_j = 1|v) = \sigma(c_j + \sum_{i=1}^{m} w_{i,j} v_i) \tag{7-86}$$

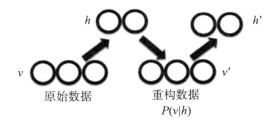

图 7.48　CD 算法结构

式中，$\sigma(x)$ 为 sigmoid 激活函数，$\sigma(x) = \frac{1}{1+e^{-x}}$。

相应的，隐含层神经元未被开启的概率为：

$$p_\theta(h_j = 0|v) = 1 - p_\theta(h_j = 1|v) \tag{7-87}$$

由于双向连接，可视层被开启的概率为：

$$p_\theta(v_i = 1|h) = \sigma(b_i + \sum_{j=1}^{m} w_{i,j} h_j) \tag{7-88}$$

同时，可视层未被开启的概率为：

$$p_\theta(v_i = 1|h) = 1 - p_\theta(v_i = 0|h) \tag{7-89}$$

RBM 可视层单元可以是多项式分布，隐含层单元是二项式分布。故可视层的逻辑函数形式为：

$$p_\theta(v_i^k=1|h)=\frac{\exp(a_i^k+\sum_j W_{ij}^k h_j)}{\sum_{k'=1}^K \exp(a_i^{k'}+\sum_j W_{ij}^{k'} h_j)}\qquad(7-90)$$

其中，K 是可视层离散值个数。

采用对比散度算法实现 RBM 模型训练时，选择重构误差（Reconstruction Error，RE）作为 RBM 模型的评价指标，即

$$RE=RE+\|v^{(0)}-v^{(k)}\|\qquad(7-91)$$

RE 是由训练样本与经模型学习后的重构样本决定的，反映 RBM 模型对训练样本的似然度，但 RE 稳定性不高[45]。然而，RE 计算简单效率高，常被作为 RBM 模型的最佳指标。

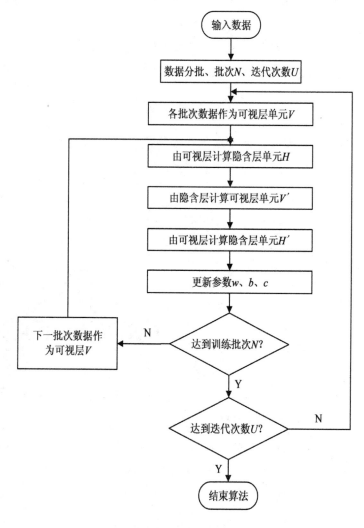

图 7.49　RBM 计算过程

对比散度算法具体求解 {W，b，c} 的过程为：

（1）初始化 W、b、c；

（2）原始数据作为可视层 v，依据式（7 – 79）计算隐含层 h；

（3）再利用式（7 – 90）对可视层 v 进行重构，得到 v′；

（4）通过 v′计算 h′；

（5）利用公式（7 – 92）至（7 – 94）更新参数 {W，b，c}，λ 为学习率。

$$w = w + \lambda \times [p(h = 1|v)^T - p(h' = 1|v')v'^T] \tag{7 – 92}$$

$$b = b + \lambda \times (v - v') \tag{7 – 93}$$

$$c = c + \lambda \times (h - h') \tag{7 – 94}$$

计算中，将输入数据划分为若干个批次进行计算，可提高对参数 {w，b，c} 更新的效率，同时增加迭代次数可以经过大量的计算使参数的最终结果更好地拟合原始数据，划分批次为 N、迭代次数为 U 的 RBM 计算过程如图 7.49 所示。

2. 深度置信网络

DBN 是由多个 RBM 堆叠而成的具有无监督特征学习与有监督参数调整的概率生成模型[46]，它的判别模型是考虑 P（Observation | Label）和 P（Label | Observation）组成的联合概率分布，通过堆叠 RBM 的 CD 快速学习算法与贪婪学习方式，从原始数据中发现更深层次的数据分布特征，逐层特征提取，并反向获得原始数据低维特征矩阵，使用最顶层分类器实现 DBN 深度学习。

DBN 方法中每一层 RBM 的输出作为下一层 RBM 的输入，反复运算直到网络训练结束为止，在自下而上的无监督过程中，RBM 可以不断地从大量数据中挖掘出深层次的特征并有效地表达。在获取数据的低维特征之后，仍需要结合分类器对数据进行具体的分类，对分类器的选择应根据实际需要，DBN 网络使用 Softmax 分类器。DBN 的结构如图 7.50 所示，由图可知，DBN 由多个无监督 RBM 组成的特征提取部分和有监督 BP 反向微调部分组成。DBN 模型训练主要分为预训练阶段和微调阶段：

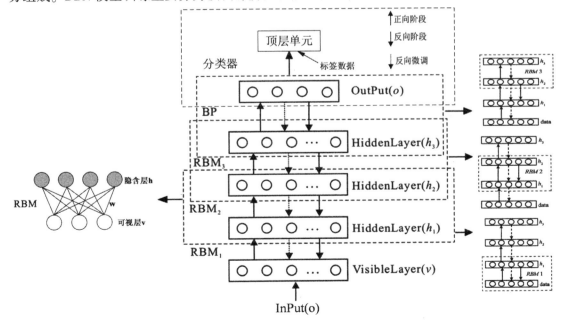

图 7.50　DBN 结构

（1）预训练阶段：该阶段主要通过无监督的堆叠 RBM 进行预训练，在训练过程中，每一个 RBM 都分为正向计算与反向重构两个过程，通过分批训练与多次迭代的方式自下而上计算，并确保每一层 RBM 局部最优[47]；

（2）微调阶段：堆叠 RBM 提取特征之后，结合带标签的数据，采用有监督的 BP 神经网络训练，自上而下地进行微调所有参数，以保证整体的全局最优。

3. 基于 MIC 和 GA 的深度置信网络改进方法

通过对 DBN 网络学习过程的研究发现，RBM 网络的评价指标和 DBN 网络学习率影响着 DBN 网络的学习能力和分类精度。因此，本文提出了基于 MIC 和 GA 的深度置信网络改进方法。

（1）最大信息系数（Maximal Information Coefficient，MIC）

MIC 是一种确定两个变量相关度的标准，具有广泛性和公平性[48]，可更好地检测出变量间的依赖关系。

对于包含两个节点变量 X，Y 的数据集 N，其中 X 和 Y 的特征矩阵是一个无限矩阵，则信息系数为：

$$M(X,Y|N_{i,j}) = \frac{I^*(X,Y,N,i,j)}{\log\min(i,j)} \tag{7-95}$$

其中，$I^*(X,Y,N,i,j) = \max I(X,Y,N|_G,i,j)$ 表示 G 被划分为 $i \times j$ 个网络中 X,Y 的最大互信息。而节点变量的最大信息系数为：

$$MIC(X,Y|N) = \max_{i \times j < B(n)} \{M(X,Y|N)_{i,j}\} \tag{7-96}$$

其中，$B(n) = n^{0.6}$，$i \times j < B(n)$ 表示 G 划分维度的限制。

由于最大信息系数具备对称性，则

$$MIC(X,Y) = MIC(Y,X) \tag{7-97}$$

当 $0 \leq MIC \leq 1$，MIC 具备以下性质：

a. 非常数关系的无噪声函数的 MIC 值为 1；

b. 已经确定函数关系 Y = f（X）的两个变量 MIC 值为 1；

c. 具有统计独立的两个随机变量 MIC 值接近 0。

（2）遗传算法

遗传算法（Genetic Algorithm，GA）是一种以自然选择和演变过程为基础，具有较强全局非线性优化能力的智能优化方法，在机器学习、数据库优化等方面应用广泛[49]。利用遗传算法求解优化问题时，GA 算法求解过程经过编码、初始群体生成、适应度值设计、评价检测选择、交叉、变异 6 个步骤，获得适应性更好的新一代种群，具体流程如图 7.51。

a. 编码和初始化：对优化对象进行编码，并初始化各相关参数；

b. 适应度值设计：针对研究对象，设计研究问题的目标函数；

c. 选择：以"优胜劣汰"原则，确定参加下一次繁殖的父代；

d. 交叉：根据当前基因库的潜能，产生新个体，并记录其良好特征；

e. 突变：当前基因库无编码信息需求时，自发突变产生新个体。

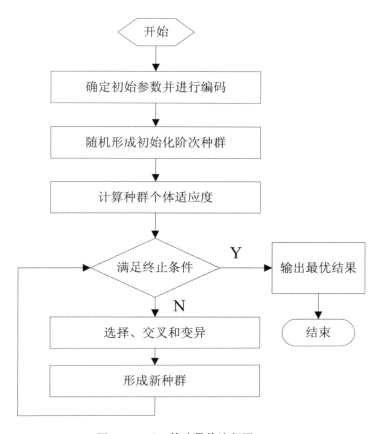

图 7.51 GA 算法具体流程图

（3）基于 MIC 和 GA 的深度置信网络改进方法

将 MIC 和 GA 算法引入到 DBN 网络学习中，选择 MIC 作为网络评价指标取代重构误差（即遗传算法的适应度函数），MIC 值越大隐含层节点表示可视层节点的能力越强，故最大化 MIC 来寻找最佳学习率，以达到最小化重构误差和优化学习模型结构的效果，有效提高网络的分类精度。具体算法实现如下：

a. 输入：训练样本 v，隐含层节点数 m，种群大小 c_g，交叉概率 p_c、变异概率 p_m，

目标函数 $V_{MIC} = \sum_{i=1}^{n} MIC(v(:,i), v'(:,i))$ （$i = 1$，2，…，n，n 为样本 v 属性个数），最大迭代次数 K，最大训练周期 K，初始权重矩阵 $W = 0$，初始可视层偏置向量 $b = 0$，初始隐含层偏置向量 $c = 0$。

b. 输出：学习率 η_{ga}，网络初始参数 $\theta_{ga} = \{w, b, c\}$，测试分类结果。

步骤 1：根据训练样本 v 和隐含层节点数 m，建立 DBN 模型，对 DBN 首层 RBM 网络利用模型进行学习；

步骤 2：初始化首层 RBM 网络，设可视层初始状态 $v_0 = v$，及网络模型初始参数 $W = 0$，$b = 0$，$c = 0$；

步骤 3：根据公式（7 - 86）和（7 - 88）计算重构可视层样本 v' 和隐含层状态向量 h，根据 $\Delta\theta = \Delta\theta + \eta(<.>^{(0)} - <.>^{(k)})$ 更新网络参数，最终得到网络参数 W，b，c；

步骤 4：将重构可视层样本 v' 代入公式 （7-96） 和 （7-97），计算 RBM 模型网络评价指标，即适应度值 $V_{MIC} = \sum_{i=1}^{n} MIC(s(:,i), s'(:,i))$ （$i = 1, 2, ..., n$，n 为样本 s 属性个数），V_{ABC} 越大，说明 RBM 模型对训练样本 s 的似然度越大；

步骤 5：根据 GA 法则对适应度值大的优良个体进行遗传选择、交叉、变异操作，得到下一代种群；

步骤 6：看是否满足最大迭代次数 K，不满足跳转回步骤 2 继续学习，否则，输出最佳学习率 η_{ga}，及 V_{MIC} 最大情况下的网络初始参数 θ_{ga}；

步骤 7：利用贪心策略对构建的 DBN 网络拆分，分成一组 RBM 网络；

步骤 8：初始化网络：用第 6 步得到的学习率 η_{ga} 及 V_{MIC} 最大情况下的网络初始参数 θ_{ga} 初始化网络，即 DBN 无监督学习过程中的学习率为 η_{ga}，首层 RBM 网络参数为 θ_{ga}；

步骤 9：无监督学习：利用对比散度算法对第 8 步得到的一组 RBM 网络，进行一次 Gibbs 采样学习；

步骤 10：利用梯度公式 （7-98） 更新网络参数 W，b，c；

$$\Delta w_{j,i} = <h_j v_i>^{(0)} - <h_j v_i>^{(k)}$$
$$\Delta b_i = <v_i>^{(0)} - <v_i>^{(k)} \qquad\qquad (7-98)$$
$$\Delta c_j = <h_j>^{(0)} - <h_j>^{(k)}$$

其中，$<.>^{(0)}$ 表示 RBM 模型的初始状态值，$<.>^{(\infty)}$ RBM 模型 Gibbs 多步采样之后趋于稳定的状态值。

步骤 11：看是否满足最大训练次数，不满足跳转回步骤 9 继续进行训练，否则，对剩下的 RBM 进行步骤 9 至步骤 11 的学习，直到所有的 RBM 被学习；

步骤 12：上述过程可得到无监督 DBN 学习的参数 W，b，c，然后加入有标签数据，利用 BP 网络的反向传播规则对 DBN 网络进行有监督微调，并利用其对测试样本进行分类，并输出测试分类结果。

4. 实验验证分类识别性能

本文选取 UCI 机器学习数据库的 Wine、Glass 和 Diabetes 数据集分别对改进的 DBN 方法和 DBN 方法的分类性能进行评价。数据集的基本信息如表 7-3 所示。

表 7-3　数据集信息统计表

数据集	训练样本数	测试样本数	类别数	属性数
Wine	89	89	3	13
Glass	107	107	6	9
Diabetes	400	368	2	8

进行 DBN 学习之前，需要对数据进行预处理，要求每个数值大小在 [0, 1] 之间。两种方法所对应的识别结果如表 7-4 所示。从表 7-4 中可以看出，对于 Wine、Glass 和 Diabetes 数据集，采用改进 DBN 方法的识别平均误差和标准差明显低于 DBN 方法，验证了改进 DBN 方法的优越性。

表 7 − 4　两种算法的识别结果

分类识别方法	数据样本（平均误差率% ±标准差%）		
	Wine	Glass	Diabetes
改进 DBN	0.53% ±0.39%	0.56% ±0.41%	0.29% ±0.23%
DBN	3.73% ±1.29%	2.98% ±1.31%	2.75% ±1.22%

5. 基于改进 DBN 的轴承间隙复合故障诊断框架

随着"大数据机械"和机械设备故障诊断智能化的发展，传统的信号处理技术和浅层学习诊断方法已经不适合于机械设备故障精确分类研究，本文在对 DBN 网络改进的基础上，提出基于改进 DBN 的往复压缩机轴承复合故障诊断总体框架。

基于改进 DBN 往复压缩机轴承复合故障诊断具体步骤如下所示：

（1）故障诊断问题定义

故障诊断前，需明确诊断对象和故障类型。例如往复压缩机轴承状态类型（正常状态、一级连杆大头轴承间隙大、一级连杆小头轴承间隙大、二级连杆大头轴承间隙大、二级连杆小头轴承间隙大故障）一一对应设置数据标签，即类别属性。

（2）设置改进 DBN 模型相关参数。

设置改进 DBN 模型相关参数：隐含层节点数 m，种群大小 c_g，交叉概率 p_c、变异概率 p_m，最大迭代次数 K，初始权重矩阵 $W = 0$，初始可视层偏置向量 $b = 0$，初始隐含层偏置向量 $c = 0$ 等。

（3）故障数据预处理

进行 DBN 学习之前，需要对故障数据进行预处理，在 DBN 故障识别中，要求每个数值大小在 [0，1] 之间。故本文 DBN 中每个样本对应一个 5 维数组标签：正常状态 [1 0 0 0 0]、一级连杆大头轴瓦间隙大 [0 1 0 0 0]、一级连杆小头轴瓦间隙大 [0 0 1 0 0]、二级连杆大头轴瓦间隙大 [0 0 0 1 0]、二级连杆小头轴瓦间隙大故障 [0 0 0 0 1]，划分训练集和测试集，并做归一化处理，完成与改进 DBN 模型的匹配。

（4）故障内在特征提取

把预处理后的数据集放入改进 DBN 模型，提取内在特征，为后续故障类型识别做铺垫。

（5）识别故障

通过加入有标签数据，利用 BP 网络的反向传播规则对改进 DBN 网络相关参数进行有监督微调，输入测试集到已经训练过的诊断模型中，对故障进行识别。

7.6.3　轴承间隙复合故障诊断实例分析

1. 往复压缩机轴承间隙复合故障诊断整体方案

通过往复压缩机轴承间隙复合故障多体动力学研究，获得往复压缩机轴承间隙复合故障仿真实验数据，供本文提出的往复压缩机轴承复合故障诊断方法分析使用，解决了往复压缩机多类型轴承间隙复合故障的运行状态数据获取问题。以第 2 章中动力学仿真研究的五种工况下，往复压缩机轴承间隙复合故障仿真振动信号为主要研究对象，采用本文中提到的往复压缩机轴承间隙复合故障诊断方法对其进行分析，可识别诊断出各工况下复合故障中含有的往复压缩机轴承故障类型。整个复合故障诊断方案主要由数据获取、特征提取和类型诊断识别三个环节组成，具体环节如下：

①数据获取环节：

以 7.2 节中五种工况进行往复压缩机轴承间隙复合故障动力学仿真研究，因为仿真研究时仅考虑两种间隙故障并存情况，所以利用往复压缩机轴承间隙复合故障仿真实验数据进行故障诊断研究时，针对不同工况状态需要选择不同位置传感器测点仿真信号具体分析，具体传感器测点选择如表 7 - 5 所示。从表中可以看出，每种工况状态的仿真实验数据均是由两个传感器测点数据构成的。

表 7 - 5　仿真实验数据测点选择

仿真实验数据	传感器测点选择
正常状态	两级十字头滑道下端测点
一级连杆小头、大头轴承处同时存在间隙大故障	一级十字头滑道下端和一级气缸端部测点
一级连杆小头轴承和二级连杆大头轴承处同时存在间隙大故障	一级气缸端部和二级十字头滑道下端测点
一级连杆大头轴承和二级连杆小头轴承处同时存在间隙大故障	一级十字头滑道下端和二级气缸端部测点
一级连杆大头轴承和二级连杆大头轴承处同时存在间隙大故障	两级十字头滑道下端测点

②特征提取环节：信号的特征提取是故障诊断中关键的一环，信号特征提取的准确性会影响故障诊断的准确性。该环节主要包括振源数估计和振源分离两部分，采用基于时变零相位滤波模式分解和奇异值分解的振源数估计算法，对往复压缩机轴承间隙复合故障仿真信号进行振源数估计研究。振源数估计后，再使用基于深度字典学习 MCA 的故障特征提取方法，分离出往复压缩机轴承间隙复合故障信号中的各振源信号。

③类型诊断环节：在轴承故障的诊断中存在两个关键，首先是能够有效提取体现故障本质特性的鉴别特征；其次是利用所提取鉴别特征选取合适的模式识别技术实现故障类型判别。因此，通过深度字典学习 MCA 方法分离出往复压缩机轴承间隙复合故障信号中的各振源信号后，为了能够反映信号复杂性特征，获取信号更多的特征信息，再利用 RCM-DE 方法定量表征各振源信号，形成各故障状态的特征向量。采用基于 MIC 和 GA 的改进 DBN 故障诊断方法对其进行故障识别，并且同 SVM 和 DBN 方法进行比较。

2. 往复压缩机轴承间隙复合故障实验分析

在往复压缩机轴承间隙复合故障实验分析中，仅对 7.2.2 节中提到的工况（2）只考虑一级连杆小头轴承和一级连杆大头轴承处同时存在间隙大故障情况做具体分析。首先，选取通过仿真分析得到的一级十字头滑道下端和一级气缸端部测点，截选出其中一个测点的 2 整周期信号如图 7.52。然后，采用基于时变零相位滤波模式分解和奇异值分解的振源数估计算法对其进行振源数估计，通过特征值向量中占优特征值的数量确定振源信号的数目，根据图 7.53 中特征值的下降速比可知，在第 2 和第 3 特征值间特征值下降速比最大，因此前 2 个特征值为占优特征值，故此信号的振源信号数目为 2。

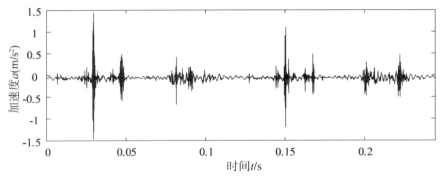

图 7.52　往复压缩机轴承间隙复合故障仿真实验测试信号

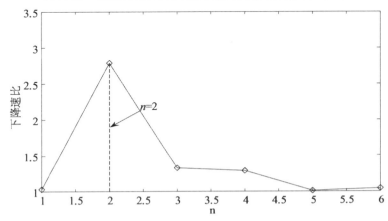

图 7.53　特征值向量下降速比

依据估计的振源数目，利用深度字典学习 MCA 方法对往复压缩机轴承复合故障信号进行故障特征分量提取，可实现一级连杆小头轴瓦和一级连杆大头轴瓦故障振动信号的有效分离，图 7.54 中的两个振动信号即为分离得到的一级连杆小头轴瓦和一级连杆大头轴瓦故障振动信号。然后，对分离出的两种故障振动信号，分别计算其 RCMDE 熵值，如图 7.55 所示。

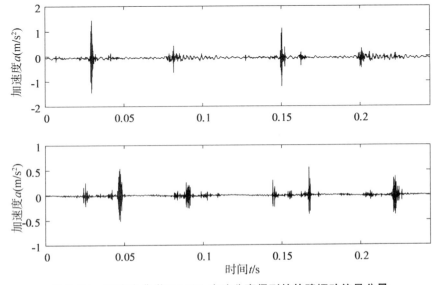

图 7.54　深度字典学习 MCA 方法分离得到的故障振动信号分量

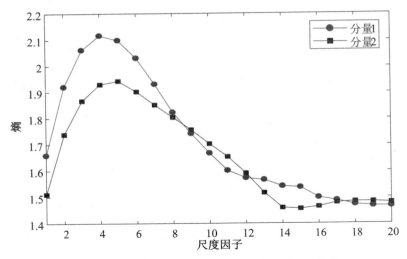

图 7.55　分离后两种故障振动信号的 RCMDE 熵值

表 7 - 6　往复压缩机轴承间隙复合故障诊断数据样本要求

样本名称	组数	样本维度	数据标签集
训练样本	60	60×80	60×5
测试样本	40	40×80	40×5
有标签验证样本	20	20×80	20×5

以上为一组往复压缩机轴承间隙复合故障振动信号的盲源分离和特征提取计算过程，在此基础上，随机选取此种复合故障振动信号数据 100 组经上述过程处理后，构成改进 DBN 方法的数据样本集，并预处理数据样本集，具体要求满足表 7 - 6 所示，其中有标签验证样本集为往复压缩机轴承间隙四种故障状态的有表样本。设置改进 DBN 模型相关参数：由于样本中含有两种故障类型，故隐含层节点数 $m = 2$，种群大小 $c_g = 10$，交叉概率 $p_c = 0.7$、变异概率 $p_m = 0.0001$，最大迭代次数 $c_k = 20$，初始权重矩阵 $W = 0$，初始可视层偏置向量 $b = 0$，初始隐含层偏置向量 $c = 0$ 等。把预处理后的数据集放入改进 DBN 模型中，对故障进行识别。在基于 MIC 和 GA 的改进 DBN 算法中，该 DBN 网络大小为 20 - 13 - 2，通过 GA 算法学习获得最佳学习率为 0.01，对测试、训练数据集及所有样本进行预测，其分类误差如表 7 - 7 所示。同时，为了验证本文提出方法的优越性，将相同样本输入到 DBN 和 SVM 方法中进行对比分析，识别结果如表 7 - 7 所示。

表 7 - 7　往复压缩机轴承间隙复合故障多种诊断识别方法比较

分类识别方法	各样本分类误差（平均误差率% ±标准差%）		
	训练样本 n = 60	测试样本 n = 40	所有样本 n = 100
改进 DBN	$1.73\% \pm 0.97\%$	$0.86\% \pm 0.61\%$	$0.91\% \pm 0.82\%$
DBN	$3.89\% \pm 1.28\%$	$1.98\% \pm 1.00\%$	$2.75\% \pm 1.17\%$
SVM	$9.47\% \pm 2.92\%$	$7.73\% \pm 2.10\%$	$8.26\% \pm 2.51\%$

由表 7 - 7 可知，通过改进 DBN 识别测试、训练数据集及所有样本的分类误差最低，明显好于 DBN 和 SVM 方法的识别结果。同时，SVM 方法的分类识别结果与 DBN 方法的分类结果相差较大。通过以上分析结果可知，该改进 DBN 方法可以对往复压缩机轴承间

隙复合故障进行正确分类识别，验证了该方法的有效性和优越性。

7.7　本章小结

本章结合往复压缩机轴承间隙复合故障刚柔耦合建模、故障振源数估计问题深入介绍了轴承间隙复合故障特征提取方法与基于深度学习网络的轴承复合故障特征识别方法，初步探索了一套面向未来大数据背景的压缩机轴承复合故障诊断理论方法，主要包括以下几个方面。

（1）提出了基于时变零相位滤波模式分解和奇异值分解的故障振源数估计方法，通过两种不同的特征值方法可分别确定故障振源数目，并通过往复压缩机轴承间隙复合故障仿真信号进行了验证。

（2）提出了一种基于深度字典学习 MCA 的往复压缩机轴承复合故障特征提取方法，通过实测信号证实其能将往复压缩机轴承复合故障信号的特征成分有效分离。

（3）提出了基于 RCMDE 的往复压缩机轴承间隙复合故障特征定量表达方法，对经深度字典学习 MCA 方法分离出的各故障分量，采用 RCMDE 方法定量表示各故障状态特征，构成状态特征向量。通过仿真和实测信号对比分析，验证了 RCMDE 方法在处理往复压缩机轴承间隙故障振动信号方面具有良好的优越性。

（4）基于 MIC 和 GA 的深度置信网络改进方法，解决了往复压缩机不同轴承间隙故障振动信号 RCMDE 熵值混叠交叉现象，并通过与 DBN、SVM 识别方法对比，表明该方法具有更高的识别准确率。

参考文献

［1］余良俭. 往复压缩机故障诊断技术现状与发展趋势［J］. 流体机械，2014（1）：36 – 39.

［2］JuttenC.，HeraultJ.. Blind separation of sources，part I：An adaptive algorithm basedon neuromimetic architecture［J］. Signal processing，1991，24（1）：1 – 10.

［3］叶红仙. 机械系统振动源的盲分离方法研究［D］. 杭州：浙江大学，2008.

［4］Fishler E.，Messer H.. Order statistics approach for determining the number of sources using an array of sensors［J］. IEEE Signal Processing Letters，1999，6（7）：179 – 182.

［5］Kompella M. S.，Davies P.，Bernhard R. J.，et al. A technique to determine the number of inco-herent sources contributing to the response of a system［J］. Mechanical systems and signal processing，1994，8（4）：363 – 380.

［6］Chen W.，Wong K. M.，Reilly J. P.. Detection of the number of signals：A predicted eigen – threshold approach［J］. Signal Processing，IEEE Transactions on，1991，39（5）：1088 – 1098.

［7］申永军，杨绍普，孔德顺. 基于奇异值分解的欠定盲信号分离新方法及应用［J］. 机械工程学报，2009，45（8）：64 – 70.

［8］李志农，刘王兵，易小兵. 基于局域均值分解的机械故障欠定盲源分离方法研究［J］. 机械工程学报，2011，47（7）：97 – 102.

［9］孟宗，蔡龙. 基于 EEMD 子带提取相关机械振动信号单通道盲源分离［J］. 振动与冲击，2014，33（20）：40 – 46 + 51.

［10］汤杰，陈剑，杨斌. 基于 IVMD 的单通道盲源分离方法及其应用［J］. 组合机床与自动化加工技术，2018，7：25 – 30.

［11］张赟，李本威，王永华. 基于位势函数的欠定盲源分离识别诊断方法［J］. 航空动力学报，

2010，25（1）：218－223.

［12＼李豫川，伍星，迟毅林，等. 基于形态滤波和稀疏分量分析的滚动轴承故障盲分离［J］. 振动与冲击，2011，30（12）：170－174.

［13］杨杰，俞文文，田吴，等. 基于独立分量分析的欠定盲源分离方法［J］. 振动与冲击，2013，32（7）：30－33.

［14］汪红艳. 盲源分离及其在 2D12 型往复式压缩机故障诊断中的应用［D］. 哈尔滨：哈尔滨工业大学，2007.

［15］赵海洋. 往复压缩机轴承间隙故障诊断与状态评估方法研究［D］. 哈尔滨：哈尔滨工业大学，2014.

［16］Khemili I.，Romdhane L.. Dynamic analysis of a flexible slider－crank mechanism with clearance［J］. European Journal of Mechanics A/Solids，2008，27：882－898.

［17］彭富强，于德介，吴春燕. 基于自适应时变滤波阶比跟踪的齿轮箱故障诊断［J］. 机械工程学报，2012，48（7）：77－85.

［18］Minka T. P.. Automatic Choice of Dimensionality for Pca［J］. Advances in Neural Information Processing Systems，2001，13：598－604.

［19］Starck J. L.，Moudden Y.，Bobin J.，et al. Morphological component analysis［J］. Journal of the Brazilian Computer Society，2004，10（3）：31－41.

［20］杨杰，郑海起，关贞珍，等. 基于形态成分分析的轴承复合故障诊断［J］. 轴承，2011，8：38－42.

［21］李辉，郑海起，唐力伟. 基于改进形态分量分析的齿轮箱轴承多故障诊断研究［J］. 振动与冲击，2012，31（12）：135－140.

［22］陈向民，于德介，李蓉. 齿轮箱复合故障振动信号的形态分量分析［J］. 机械工程学报，2014，50（3）：108－115.

［23］Donoho D. L. Compressed sensing［J］. IEEE Transactions on Information Theory，2006，52（4）：1289－1306.

［24］姜鹏飞. 基于稀疏表示与字典学习的图像去噪算法研究［D］. 西安：西安电子科技大学，2011.

［25］李映，张艳宁，许星. 基于信号稀疏表示的形态成分分析：进展和展望［J］. 电子学报，2009，37（1）：146－152.

［26］Starck J. L.，Elad M.，Donoho D. Image decomposition via the combination ofsparse representatntions and variational approach［J］. IEEE Trans. Image Processing，2005，14（10）：1570－1582P.

［27］牛志雷. 基于形态分量分析的齿轮箱故障诊断研究［D］. 石家庄：石家庄铁道大学，2016.

［28］陈向民. 基于形态分量分析的线调频小波路径追踪的机械故障诊断方法研究［D］. 长沙：湖南大学，2013.

［29］Trigeorgis，George，Konstantinos Bousmalis，et al. A deep matrix factorization method for learning attribute representations［J］. IEEE transactions on pattern analysis and machine intelligence 39，2017，3：417－429.

［30］Bengio Y.，Lamblin P.，Popovici P.，et al. Greedy LayerWise Training of Deep Networks［J］. Advances in Neural Information Processing Systems，2007.

［31］Hinton G. E.，Osindero S.，Teh Y. W.. A fast learning algorithm for deep belief nets［J］. Neural Computation，2006，18：1527－1554.

［32］Bengio Y.. Learning deep architectures for AI［J］. Foundations and Trends in Machine Learning，2009，1（2）：1－127.

［33］Makhzani A．，Frey B．．K – Sparse Autoencoders［J］．International Conference on Learning Repre-
sentation，sarXiv：1312. 5663，2013.

［34］Engan K．，Aase S．，Hakon – Husoy J．．Method of optimal directions for frame design［J］．IEEE
International Conference on Acoustics，Speech，and Signal Processing，1999.

［35］Daubechies I．，Defrise M．，Mol C．D．．An iterative thresholding algorithm for linear inverse prob-
lems with a sparsity constraint［J］．Communications on Pure and Applied Mathematics，2004，57：
1413 – 1457.

［36］Rubinstein R．，Peleg T．，Elad M．．Analysis K – SVD：A DictionaryLearning Algorithm for the A-
nalysis Sparse Model［J］．IEEE Transactionson Signal Processing，2013，61（3）：661 – 677.

［37］Salakhutdinov R．，Hinton G．．Deep Boltzmann Machines［J］．International Conference on Artificial
Intelligence and Statistics，2009.

［38］Farhad K．，Ryan F．，Christopher G．W．，et al．The effect of timedelay on approximate & sample
entropy calculations［J］．Physica D：Nonlinear Phenomena，2008，237（23）：3069 – 3074.

［39］Ying Li，Jindong Wang，Haiyang Zhao，et al．Fault diagnosis method based on modified multiscale
entropy and global distance evaluation for valve fault of reciprocating compressor［J］．Strojniški vest-
nik – Journal of Mechanical Engineering，2019，65（2）：123 – 135.

［40］Ruqiang Yan，Yongbin Liu，Robert XGao．Permutation entropy：A nonlinear statistical measure
forstatus characterization of rotary machines［J］．MechanicalSystems and Signal Processing，2011，
29：474 – 484.

［41］Rostaghi M．，AzamiH．．Dispersion entropy：a measure for time – series analysis［J］．IEEE Signal
Processing Letters，2016，23（5）：610 – 614.

［42］Azami H．，Rostaghi M．，Abasolo D．，et al．Refined Composite Multiscale Dispersion Entropy and
its Application to Biomedical Signals［J］．IEEE Transactions on Biomedical Engineering，2017，99：
1 – 8.

［43］夏创文．高速公路网运行监测若干关键技术研究［D］．华南理工大学，2013.

［44］Hinton G．E．．Training products of experts by minimizing contrastive，divergence［J］．Neural
Computation，2002，14（8）：1771 – 1800.

［45］Hinton G．E．．A practical guide to training Restricted Boltzmann Machines［C］．Dep．of Computer
Science，University of Toronto Tech Rep，2010：1 – 20.

［46］刘方园，王水花，张煜东．深度置信网络模型及应用研究综述［J］．计算机工程与应用，
2018，54（01）：11 – 18.

［47］赵旻昊．基于深度学习的数据融合在 FPSO 监测预警系统上的应用［D］．天津：天津大
学，2014.

［48］David N．R．，Yakir A．R．，Hilary K．F．，et al．Detecting novel associations in large data sets
［J］．Science，2011，334（6062）：1518 – 1524.

［49］Houck C．R．，Joines J．A．，Kay M．G．．A genetic algorithm for function optimization：a Matlab
implementation［R］NCSU – IE Technical Report．Carolina：North Carolina State University，1995.

第8章 往复压缩机诊断技术展望

当前随着互联网、物联网、云计算、大数据等为代表的新一轮技术快速兴起与普及，社会数据的增长速度比以往任何时期都要迅猛[1-4]。数据规模呈指数倍增长，数据种类更加丰富，数据结构也愈加复杂。2012 年美国政府投资 2 亿美元启动"大数据研究和发展计划"[5]，将大数据上升到国家战略层面。我国工信部于 2014 年发布了《大数据白皮书》，指出大数据对传统信息技术带来了革命性的挑战和颠覆性的创新，正悄然改变着我们的生活以及理解世界的方式，并渗透到了各个领域[6]。随后，2015 年国务院印发了《促进大数据发展行动纲要》，进一步确定数据是国家的基础性战略资源，并引导和鼓励各个领域在大数据分析方法及关键应用技术等方面开展探索研究[7]。在机械领域，风力发电设备、航空发动机等大型机械装备正在朝着高精、高效方向发展，其安全可靠运行就至关重要，必须依靠故障诊断理论与方法保驾护航。伴随着诊断装备群的大规模、多测点、数据采样的高频率、装备从开始服役到寿命终止的数据收集历时长，海量的数据也推动着故障诊断领域进入了"大数据"时代。例如：中国华电集团公司新能源远程诊断平台监测着蒙东、黑龙江、山东、浙江等国内 17 个区域 110 个风场的 4000 余台风机，通过获取振动与 SCADA 系统信号，实时反映风机的运行状态；劳斯莱斯公司实时监控着全世界数以万计的飞机发动机，每台发动机约有 100 个传感器，采集着振动、压力、温度、速度等信息，每年利用卫星传送千万亿字节（Petabyte，PB）级的数据，并产生约 5 亿份诊断报告[8]。由以上案例可见，机械大数据不仅具有大数据的共性，更有本领域的特性[9]：

（1）大容量，数据量达到 PB 级以上，依靠诊断专家和专业技术人员手动分析很不现实，需要新理论与新方法进行自动分析；

（2）低密度，机械装备在服役过程中长期处于正常工作状态，导致监测数据蕴含的信息重复性大，数据价值密度低，需要数据提纯；

（3）多样性，数据涵盖了多种装备不同工况下多物理源辐射出的大量信息，信息之间相互耦合，导致故障信息表征十分困难；

（4）时效性，机械装备各部分紧密关联，微小故障就可能快速引起连锁反应导致装备受损，需要保证数据处理的时效性，高效诊断故障并及时预警。

机械大数据的特性促使故障诊断急须在现有基础上做出转变，并带来前所未有的机遇。

（1）学术思维的转变：由以观察现象、积累知识、设计算法、提取特征、分析决策为主线的传统学术思维转向以机理为基础、数据为中心、计算为手段、智能数据解析与决策为需求的新学术思维。

（2）研究对象的转变：由针对齿轮、轴承、转子等机械装备关键零部件的单层次监测诊断转向针对各零部件相互作用、多故障相互耦合的整机装备或复杂系统的多层次监测诊断。

（3）分析手段的转变：由人为选择可靠数据、采用信号处理方法提取故障微弱特征的切片式分析手段转向多工况交替变换下、多随机因素影响下智能解析故障整个动态演化过程的全局分析手段。

（4）诊断目标的转变：由准确及时识别机械故障萌生与演变，减少或避免重大灾难性事故发生转向利用大数据全面掌控机械装备群健康动态，整合资源进行智能维护，优化生产环境，保障生产质量，提高生产效率。

综上所述，机械大数据已经成为揭示机械故障演化过程及本质的重要资源，数据量的规模、解释运用的能力也将成为当代机械故障诊断最为重要的部分。但机械装备本身结构和机理复杂，再加上其所处复杂环境的干扰，以及其复杂任务带来的工况变化，致使机械装备大数据分析、处理与诊断困难重重。正所谓"工欲善其事必先利其器"。智能故障诊断有望成为大数据下机械装备数据处理与故障诊断的一把利器：通过提取装备多物理源监测数据中蕴含的多域故障信息，利用专家系统等智能识别装备故障并预测其剩余使用寿命，以便制定维修策略保障装备健康运行[10-11]。智能诊断摆脱了传统故障诊断方法过分依赖诊断专家和专业技术人员的困境，打破了机械装备诊断数据量大与诊断专家相对稀少之间的僵局，是智能制造的关键组成，成为"中国制造2025"的重要内容。本章主要综述机械智能故障诊断的研究现状，揭示出大数据下往复压缩机故障诊断研究存在的挑战，并通过分析大数据下往复压缩机智能故障诊断的潜在方向与发展趋势，指出应对现有挑战的可能途径。

8.1　大数据背景下的深度监测与智能诊断趋势

机械故障的诊断首先要利用先进传感技术获取机械的运行状态参数，同时检测各个部件的运行情况，从中发现异常信号并展开进一步的分析诊断及故障处理。机械故障的判断需要利用声学、信号学和摩擦学等领域知识，通过不同途径获得的信号必须要经过分析才能够具有应用价值。以信号处理基础为基础特征的机械故障信息表能够帮助技术人员在最短时间内做出判断，这也是大数据技术应用于故障诊断的雏形。国内外专家围绕机械故障信息提取展开了一系列研究并积累了丰富经验，在故障诊断时可以根据时域、频域及时频域方面的典型特征做出及时判断，在最短时间内提取问题，为问题的解决奠定基础。机械智能故障诊断主要为了获取机械故障的典型特征，利用智能模型对故障做出判断或进行预测，争取在最短时间内解决机械故障或将机械故障消灭于萌芽，具体流程如图8.1所示。在实际研究过程中，研究者取得了一定成果，但仍然需要进行优化和深入探索。

机械大数据所蕴含的海量信息和知识，可以从更高的层面和视角帮助研究人员来了解设备的运行状况，提高研究人员的洞察力和决策能力。而这些有价值的信息和知识却隐藏于机械设备的大数据中，需要针对性的理论、方法与技术进行深度挖掘。因此，大数据时代的智能故障诊断理论与方法就遇到了新的挑战。

（1）首先目前大多数研究均是采用单一物理源信号诊断数据量小的单台设备，故大多数情况下可以人为选择有价值的信号分析诊断。然而在大数据时代，通常采用传感器网络收集多物理源信号以全面反映设备状态。由于多源信号差异大、采样策略形式多，导致数据质量参差不齐，呈现"碎片化"的特点，如果继续依赖诊断专家人为选择信号犹如大海捞针。

（2）其次，对于常见的基于信号处理技术的特征提取方法，均是专门针对特定问题，

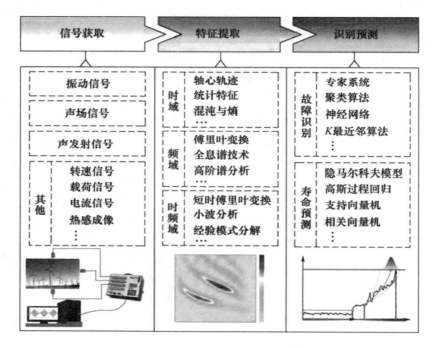

图 8.1 机械智能故障诊断流程图

在深入了解设备故障机理和掌握信号处理技术的基础上，设计特征提取算法实现故障信息的表征。但面对多工况交替、多故障信息耦合、模式不明且多变的机械大数据，人为设计涵盖所有信息的故障特征根本无从着手。

（3）机械故障机理与演化规律可能会以振动、声场、热图像等多源异构大数据为媒介被显性地表达出来。而现有的智能算法只能对机械健康状态进行决策，无法胜任分析萃取机械大数据中反映机械故障本质、演化机理信息的任务。

（4）现有的机械智能故障识别方法采用的是浅层智能模型，而大数据下的机械故障多呈现为耦合性、不确定性和并发性。这时再使用自学习能力弱、特征提取与模型建立相较孤立的浅层智能模型，会导致其故障识别精度低、泛化能力弱。因此智能诊断模型由"浅"入"深"势在必行。

（5）现有智能诊断方法大多研究单标记的识别问题，然而在大数据背景下，单标记体系不仅割裂了机械装备不同故障之间的联系，而且也难以完整描述装备故障位置、类型、程度等种类繁多的健康状态信息，需要引入多标记体系，研究多故障模式的识别问题。

（6）现有数据驱动的寿命预测方法均是针对退化数据本身寻找单个零部件的失效规律，并未考虑不同零部件之间相互作用对机械系统失效过程的影响。机械系统是由多个零部件耦合的统一整体，单个零部件的性能退化势必"传染"其他零部件，引起机械系统的"多症并发"，进而威胁整个机械装备安全运行。因此，充分利用大数据资源实现整个机械系统寿命预测是大数据下故障诊断的一大挑战。

针对机械大数据诊断的特点与挑战，对于往复压缩机而言，应该从以下几方面深入开展大数据下的故障诊断研究工作，为往复压缩机的诊断与维护提供可靠的理论依据和有效的技术手段，进而全面释放大数据所蕴含的信息潜能。

（1）建立标准大数据库。数据是往复压缩机诊断研究开展的重要基础和资源，规划和建立标准大数据库对诊断技术创新、故障演化机理揭示、大规模科研合作等具有战略意义。可以从以下几方面着手：建立获取、存储、传输大数据的通用标准；学者共享标准试验台实验方案和数据；企业共享往复压缩机长期监测数据和典型案例；注重收集往复压缩机从正常状态到故障状态的全寿命动态演变数据；注重记录演变过程中各个零部件状态信息等。

（2）大数据可靠性评估。由于监测获得的往复压缩机数据规模庞大、信号来源分散、采样形式多变、随机因素干扰等原因，数据呈现"碎片化"特点，因此需要提高大数据的可靠性，夯实智能诊断理论与方法的数据基础。因此，可以开展如下研究工作：多通道传感器网络的数据利用准则研究，可以更高效合理地使用大数据；多源信号的重采样、尺度与维度转换等数据规整算法研究，可以提高信号的一致性；建立数据质量评价标准，考量数据完整性、准确性和时效性；提出子空间聚类等智能数据清洗算法，改善大数据质量等。

（3）故障信息智能表征。往复压缩机的故障作用规律往往"隐喻"在大数据中。以数据驱动方式解析信号组成，提取故障特征，实现大数据下故障信息的智能表征，才能充分利用大数据的价值。为此，可以开展以下研究工作：针对往复压缩机大数据的稀疏特点，研究稀疏表达方法，如稀疏字典学习、稀疏非负分解等，探索稀疏表达方法的物理意义，如字典可视为特征波形基函数集等；结合往复压缩机故障信号形成原理，即响应信号是故障激励、随机噪声等与系统传递函数卷积的结果，提出卷积形式的重构误差反馈学习机制；针对高维数据通常呈现低维特征的特点，提出大数据下高维特征提取问题向低维转化的方法；结合解析的数据结构与记录的故障信息，发掘故障表征的新模式，促进故障机理研究，并注重往复压缩机早期故障微弱特征与复合故障耦合征兆的研究。

（4）基于深度学习的往复压缩机故障识别。大数据下智能诊断需要新理论与新方法。深度学习作为一种大数据处理工具，通过构建深层模型，模拟大脑学习过程，实现自动特征提取、复杂映射关系拟合，最终刻画数据丰富的内在信息并提升故障识别精度。建议研究以下内容：研究浅层稀疏网络特征提取方法，剖析故障信息提取的优化机理，建立基于数据重构理论的无监督学习网络评价准则，完成单层故障信息的提取；建立具有深层结构的深度学习网络，以原始往复压缩机信号为输入，逐层抽象地完成故障特征自适应提取过程，并自动识别装备健康状况；研究往复压缩机健康状态的多标记体系，全面高效地描述大数据下往复压缩机系统的故障信息，建立多标记故障的深度学习网络，并利用深度学习网络学习多标记故障的相关性，推断缺失标记；研究往复压缩机多源异构大数据知识推理，建立多源协同特征变换，形成融合多物理信息源的深度学习模型。

（5）大数据驱动下的寿命预测。大数据蕴含了丰富的往复压缩机健康状态退化信息，给往复压缩机剩余寿命预测提供了强有力的数据支撑，为寿命预测理论发展带来新的契机。可以从以下几方面进行研究：研究加速寿命试验中往复压缩机的寿命衰退行为，利用大数据探索往复压缩机寿命衰退的演化机制；建立基于记忆机理的递归深度网络，从大数据中自动构建寿命预测指标集，定量表征故障演化趋势；充分挖掘大数据中隐藏的故障状态信息，建立基于自主学习的自适应门限设定机制；考虑工况变化对监测指标的影响，建立多因素预测模型实现变工况下的寿命预测；研究往复压缩机不同零部件之间的相互耦合关系，建立多模型混合策略实现对系统的寿命预测；研究零部件不同故障对往复压缩机寿命退化的规律，建立往复压缩机故障识别与寿命预测有机结合的混合模型。

（6）可视化研究。通过交互式视觉表现方式，帮助呈现、理解、诠释大数据内涵，使得故障表征规律"拨云见日"，实现可靠的决策，推动往复压缩机故障新现象新知识的发现。可以从以下几方面开展研究：以智能模型结构参数可视化、提取特征与预测指标可视化、识别与预测结果可视化为主线，解析往复压缩机故障信息的表达模式，直观反映机械大数据的本质；利用可视化结果，研究发现故障与响应信号之间的因果关系以及特征之间、故障模式之间的相互关系；研究交互式与一体化的智能解析、识别与预测结果呈现方法，多层次、多角度展示往复压缩机的健康状态等。

（7）远程诊断系统。以计算、信息、通信、控制等技术为依托的远程诊断，集成故障诊断方法，进行往复压缩机大数据的采集、存储、分析、挖掘、决策与预测，远程实现往复压缩机群健康信息的解析、汇总与管理。可以开展下述研究：研究压缩感知技术，突破奈奎斯特采样定理限制，采集极少量数据获得最大限度的机械运行信息，方便数据通信与存储；采用 Hadoop、Spark 等框架搭建云计算开发环境，结合大规模并行处理等技术进行往复压缩机大数据存储共享、智能故障诊断算法的分布式计算等；研究可扩展学习算法，提升智能模型的在线学习及监测诊断能力；研究往复压缩机故障控制技术，出现故障时，采取紧急控制措施避免事故发生，实现往复压缩机的远程监控；借鉴信息物理系统（Cyber-physicalsystems，CPS）的技术优势，将往复压缩机的工作环境与远程诊断的网络环境协同起来，实现往复压缩机大数据实时感知、动态分析、故障控制与管理决策，促进生产环境的全面智能化。

8.2 "监测—预示—评估—保护"的故障诊断模式

因此，综合上文往复压缩机大数据诊断的特点与挑战，运用多种人工智能技术各自的优点，扬长避短、博采众长，并结合现代信号处理技术与特征提取方法的智能故障诊断监测与预示保护技术便应运而生。用智能故障诊断监测与预示保护技术对大型往复压缩机进行状态监测、故障诊断与智能预示，能够有效地提高监测诊断系统的敏感性、鲁棒性、精确性，降低误诊率和漏诊率，在不用理解系统机理和分析数据的情况下，为一般的操作人员提供准确的诊断评估，进而起到对往复压缩机进行保护的作用，即"监测－预示－评估－保护"的故障诊断模式，如图 8.2 所示。

数据是开展往复压缩机故障诊断研究的重要资源，对于运行产生的海量数据，首先通过传感器测得现场运行设备或实验台设备数据，建立标准和通用的大数据库，对数据进行分析处理进而揭示往复压缩机故障机理和演化规律；同时，在大数据背景下的数据量十分庞大、数据来源较为分散、采集的形式不一，存在着随机因素干扰，表现为"碎片化"特点，所以，在进行智能诊断之前，有必要提高数据质量，为往复压缩机建立良好的数据基础；由于故障演变规律通常深度"隐藏"在数据背后，需要利用特定技术手段对采集到的信号数据进行分析解释，以提取出故障特征信息，完成大数据前提下的故障信息和故障规律的智能化表征，才能最大化地发掘和利用监测大数据的真正价值；推动着往复压缩机故障诊断领域也进入新的阶段。大数据分析技术中，以深度学习为代表的大数据分析处理方法，模拟人类大脑的思维学习过程，通过构造深层学习模型，完成特征和故障类别间复杂映射关系的拟合，刻画出大数据的丰富内蕴信息并实现故障的精准识别；并且从蕴含了大量、丰富的设备健康状态、故障导致的性能衰退信息的大数据中，探索往复压缩机及零部

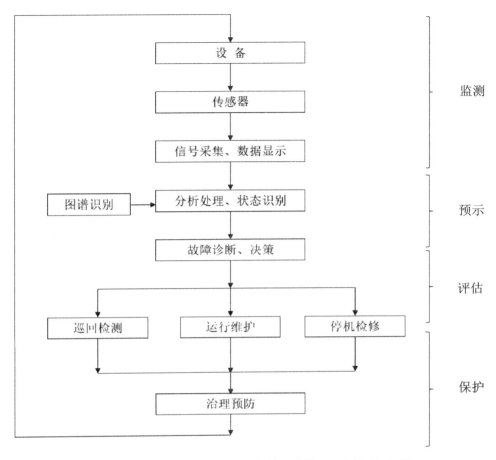

图 8.2　"监测—预示—评估—保护"的故障诊断模式流程图

件的性能退化的演化机制，建立深层网络，自主从往复压缩机的海量监测数据中提取特征构造往复压缩机寿命预测相关的特征指标集，定量地描述故障变化形式和趋势，对于隐藏在数据中的状态故障信息进行充分的发掘，为往复压缩机的寿命趋向评估和预测研究给予强大的数据支撑，进一步促进往复压缩机寿命趋势预测相关理论的快速发展。在上述内容的基础上，以传统诊断方法为基底，集成了通信、计算、控制、信息等处理方式，完成了往复压缩机监控大数据的获取和储存工作，并完成了数据解释、挖掘、预测与决策，以达到对往复压缩机机群进行远程地运行信息的解释分析、汇总与管理，最终实现往复压缩机大数据的即时感知与动态解析、故障监控与决策管理，促进往复压缩机异常监控与诊断的大范围高端化，保障往复压缩机能够安全可靠运行，为往复压缩机故障诊断提供更加全面的诊断意见。

8.3　结束语

本章分析了机械故障诊断大数据的特性，阐述了智能故障诊断在大数据背景下的机遇，揭示了现有智能故障诊断理论与方法的问题与挑战。给出了大数据背景下往复压缩机智能诊断的潜在方向与发展趋势，认为应该从标准大数据库建立、大数据可靠性评估、故障信息智能表征、基于深度学习的故障识别等方面展开深入研究，将以大数据为驱动的往复压缩机智能故障诊断应用于工程实践。

参考文献

［1］LEI Yaguo, JIA Feng, LIN Jing, et al. An intelligent fault diagnosis method using unsupervised feature learning towards mechanical big data ［J］. IEEE Transactions on Industrial Electronics, 2016, 63 (5): 3137 – 3147.

［2］李国杰, 程学旗. 大数据研究: 未来科技及经济社会发展的重大战略领域—大数据的研究现状与科学思考 ［J］. 中国科学院院刊, 2012, 27 (6): 647 – 657.

［3］QIN S J. Process data analytics in the era of big data ［J］. AIChE Journal, 2014, 60 (9): 3092 – 3100.

［4］刘智慧, 张泉灵. 大数据技术研究综述 ［J］. 浙江大学学报, 2014, 48 (6): 957 – 972.

［5］郎杨琴, 孔丽华. 美国发布 "大数据的研究和发展计划" ［J］. 科研信息化技术与应用, 2012, 3 (2): 89 – 93.

［6］工业和信息化部信息电信研究院. 工信部电信研究院大数据白皮书 ［EB/OL］. ［2014 – 05 – 12］. http://www.cctime.com/html/2014 – 5 – 12/20145121139179652.htm.

［7］中华人民共和国国务院. 促进大数据发展行动纲要 ［EB/OL］. ［2015 – 11 – 16］. http://www.gov.cn/zhengce/content/ 2015 – 09/05/content_10137.htm.

［8］雷亚国, 贾峰, 孔德同, 林京, 邢赛博. 大数据下机械智能故障诊断的机遇与挑战 ［J］. 机械工程学报, 201854 (05): 94 – 104.

［9］雷亚国, 贾峰, 周昕, 等. 基于深度学习理论的机械装备大数据健康监测方法 ［J］. 机械工程学报, 2015, 51 (21): 49 – 56.

［10］雷亚国, 何正嘉. 混合智能故障诊断与预示技术的应用进展 ［J］. 振动与冲击, 2011, 30 (9): 129 – 135.

［11］王国彪, 何正嘉, 陈雪峰, 等. 机械故障诊断基础研究 "何去何从" ［J］. 机械工程学报, 2013, 49 (1): 63 – 72.